"十四五"时期
国家重点出版物出版专项规划项目

航天先进技术研究与应用/
电子与信息工程系列

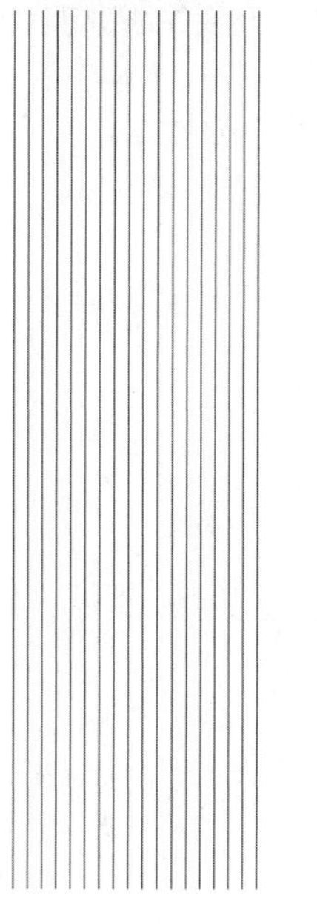

单片机实践教程

Microcontroller Practice Course

主　编　黄利军
副主编　罗　辉　刘海妹　李晓锋　刘　岳
主　审　米贤武

哈爾濱工業大學出版社
HARBIN INSTITUTE OF TECHNOLOGY PRESS

内容简介

本书以 STC8H 系列单片机为例，从实战出发，重实践、轻理论，介绍单片机系统的基本应用。本书由浅入深，完整地介绍单片机应用技术，帮助读者系统地掌握单片机技术，避开枯燥繁杂的理论介绍，以实验过程和实验现象为主导，循序渐进地讲述 STC8H 系列单片机 C 语言和汇编语言编程方法以及硬件结构和功能应用。全书共 3 篇，分别为入门篇（单片机基础知识、单片机开发环境等）、内外部资源操作篇（显示器、键盘、功率接口设计、定时器/计数器、A/D 转换器和 D/A 转换器、串行接口、单片机的串行总线、单片机抗干扰等）、应用实战篇（单片机应用系统的设计与调试、单片机与无线通信、单片机与运动控制、单片机应用中的无线技术等）。本书配实例代码，旨在帮助读者更快、更好地掌握单片机知识和应用技能。

本书可作为电子信息类、电气类、机电类专业相关课程的教材，也可作为大学生创新训练中心和基地培训教材，还可供使用 51 单片机从事项目开发的初学者或技术人员学习和参考。

图书在版编目（CIP）数据

单片机实践教程/黄利军主编. —哈尔滨：哈尔滨工业大学出版社，2024. 8. —（航天先进技术研究与应用/电子与信息工程系列）. —ISBN 978-7-5767-1475-3

Ⅰ. TP368. 1

中国国家版本馆 CIP 数据核字第 2024R73C69 号

策划编辑　许雅莹
责任编辑　李长波　左仕琦
封面设计　刘长友
出版发行　哈尔滨工业大学出版社
社　　址　哈尔滨市南岗区复华四道街 10 号　邮编 150006
传　　真　0451-86414749
网　　址　http://hitpress. hit. edu. cn
印　　刷　哈尔滨博奇印刷有限公司
开　　本　787 mm×1 092 mm　1/16　印张 21.25　字数 530 千字
版　　次　2024 年 8 月第 1 版　2024 年 8 月第 1 次印刷
书　　号　ISBN 978-7-5767-1475-3
定　　价　48.00 元

《单片机实践教程》

编委会

前 言

PREFACE

本书主要面向电子信息类、电气类、机电类相关应用型专业，以应用型人才培养为目标，以专业能力和创新实践能力培养为核心培养理念，在每一章中建立“以实际项目编程为背景、以解决实际问题为主线、以实验过程和实验现象为主题”的体系。

本书的特色是避免单纯的理论讲解，根据实际项目内容，立足于边学边做，遵循由简到繁、循序渐进的编排方式。本书的大部分内容来自各类赛事中基础类和综合类项目的设计和编写经验，力求做到单片机的 C 语言代码能够直接应用到工程项目中去，且代码风格良好。因此，本书可以为读者参加电子设计大赛、物联网大赛、机器人大赛等学科竞赛提供单片机编程基础。同时，本书以企业对单片机人才的需求为指导，通过与企业共建的方式编写，有望成为国内外处于领先水平的优秀教材。

针对没有系统学习过计算机技术和微电子电路技术，又想快速掌握单片机应用技术的人员，主要包括电子信息类低年级本科生、非电子信息类本科生、电子信息类专科学生、非电子信息类工程技术人员等，特别是参加电子信息类竞赛的学生，本书可用于初期培训。

本书的特点如下：

(1)本书主要以实际工程项目编程为背景，以解决实际问题为主线，以实验过程和实验现象为主题，由浅入深、循序渐进地讲述利用 C 语言进行 STC8H 系列单片机的编程方法、硬件结构和各种功能应用。

(2)本书各章的大部分内容来自团队的科研及指导学科竞赛工作实践，内容涵盖多年来项目编程设计经验总结的精华，并且贯穿一些关于学习方法的建议。

(3)本书内容丰富，实用性强，重在结合理论与实践、知识与能力、专业与职业、实训与工程等方面，许多单片机 C 语言代码可以直接应用到工程项目中。

(4)本书不同于传统地讲述单片机的图书，避免单纯的理论讲解，大部分例程以实际硬件实验板实验现象为依据，通过单片机 C 语言程序来分析单片机工作原理。读者在学习过程中既能知其然，又能知其所以然，从实际动手设计过程中彻底理解和掌握单片机。

(5)本书适用范围广，可以作为电子信息类、电气类、机电类专业相关课程的教材，也可作为大学生创新训练中心和基地培训教材，还可供使用 51 单片机从事项目开发的初学者或技术人员学习和参考。

本书由怀化学院黄利军、李鸿、吴小云、米成全、胡楚喻和刘子豪(第6、7、10、11、12、13章),永州职业技术学院罗辉和刘东来(第1、2、5章),湖南安全技术职业学院刘海妹和刘湘黔(第3、4章),张家界航空工业职业技术学院李晓锋(第8、9章),长沙职业技术学院陈晓鹏和刘岳(第14章)等编写。全书由黄利军统稿,米贤武主审。

本书在编写过程中参考了有关文献和资料,在此对本书所列参考文献的作者表示衷心的感谢!

由于单片机及嵌入式系统发展迅速,编者水平有限,书中难免有疏漏之处,编者愿与同行交流,不断改进。欢迎批评指正。

编　者

2024年6月

目　录

CONTENTS

第一篇　入门篇

第二篇　内外部资源操作篇

第三篇 应用实战篇

第一篇　入门篇

第1章　单片机基础知识

1.1　单片机介绍

1.1.1　单片机初识

单片机是一种集成电路芯片。它采用超大规模技术将具有数据处理能力的中央处理器(central processing unit, CPU)、存储器(含程序存储器 ROM 和数据存储器 RAM)、输入输出口(I/O 口)电路集成在同一块芯片上,构成一个既小巧又很完善的计算机硬件系统,在单片机程序的控制下能准确、迅速、高效地完成程序设计者事先规定的任务。图1.1所示的三种不同微机形态均能实现计算机基本应用,所以说,单片机几乎具有计算机的全部功能。

(a) 系统机应用形态

(b) 单板机应用形态

(c) 单片机应用形态

图1.1　微型计算机的三种应用形态

由此来看,单片机有着一般微处理器芯片所不具备的功能,它可单独地完成现代工业控制所要求的智能化控制功能,这是单片机最大的特征。

单片机芯片在没有被开发前,它只是具备极强功能的超大规模集成电路,如果对它进行应用开发,它便是一个微型计算机控制系统,但它与单板机或个人计算机(PC)有着本质的区别。单板机是一种将微处理器芯片、存储器芯片、输入输出接口芯片安装在同一块印制电路板上的微型计算机,其典型代表是20世纪80年代北京理工大学设计的TP801。

单片机的应用属于芯片级应用,需要单片机学习者与使用者了解单片机芯片的结构和指令系统,以及其他集成电路应用技术和系统设计所需要的理论和技术,用这种特定的芯片设计应用程序,从而使该芯片具备特定的功能。

不同的单片机有着不同的硬件特征和软件特征，即它们的技术特征均不尽相同，这里的技术特征包括功能特性、控制特性和电气特性等，这些信息需要从生产厂商的技术手册中得到。硬件特征取决于单片机芯片的内部结构，用户要使用某种单片机，必须了解该型产品是否满足需要的功能和应用系统所要求的特性指标。软件特征是指指令系统特性和开发支持环境，指令系统特性即人们熟悉的单片机的寻址方式、数据处理和逻辑处理方式、输入输出特性及对电源的要求等。开发支持环境包括指令的兼容及可移植性、支持软件（包含可支持开发应用程序的软件资源）及硬件资源。要利用某型号单片机开发自己的应用系统，必须掌握其技术特征。

单片机控制系统能够取代以前利用复杂模拟电路或数字电路构成的控制系统，可以以软件控制来实现，并能够实现智能化，现在单片机控制系统几乎无所不在，例如，通信产品、家用电器、智能仪器仪表、过程控制和专用控制装置等，单片机的应用领域越来越广泛。

单片机的应用意义远不限于它的应用范畴或由此带来的经济效益，更重要的是它已从根本上改变了传统的控制方法和设计思想。单片机的应用是控制技术的一次革命，是一座重要的里程碑。

1.1.2 单片机发展概述

1946 年，第一台电子计算机诞生至今，依靠微电子技术和半导体技术的进步，从电子管—晶体管（三极管）—集成电路—大规模集成电路，计算机体积越来越小、功能越来越强。特别是近 20 年时间里，计算机技术飞速发展，计算机在工业、农业、科研、教育、国防和航空航天领域获得了广泛的应用，计算机技术已经是一个国家现代科技水平的重要标志。

单片机是指利用大规模集成电路技术把中央处理器（CPU）、数据存储器（RAM）、程序存储器（ROM）及 I/O 通信口集成在一块芯片上，构成一个最小的计算机系统，而现代的单片机则加上了中断单元、定时单元及模数转换等更复杂、更完善的电路。单片机的功能越来越强大，应用越来越广泛。

20 世纪 70 年代，微电子技术正处于发展阶段，集成电路属于中规模发展时期，各种新材料、新工艺尚未成熟，单片机仍处在初级发展阶段，元件集成规模还比较小，功能比较简单，一般只有 CPU、RAM，有的还包括一些简单的 I/O 口集成到芯片上，Fairchild 公司研制的 F8 单片微型计算机就属于这一类型，它还需配上外围的其他处理电路才构成完整的计算机系统。

1976 年，Intel 公司推出了 MCS-48 单片机，并推向市场，这个时期的单片机才是真正的 8 位单片微型计算机。它以体积小、功能全、价格低获得了广泛应用，为单片机的发展奠定了基础，成为单片机发展史上重要的里程碑。

在 MCS-48 的带领下，各大半导体公司相继研制和发展了自己的单片机，如 Zilog 公司的 Z8 系列单片机。到了 20 世纪 80 年代初，单片机已发展到了高性能阶段，典型的产品包括 Intel 公司的 MCS-51 系列单片机、Motorola 公司的 6801 和 6802 系列单片机、Rokwell 公司的 6501 及 6502 系列单片机等。此外，日本著名电气公司 NEC 和 Hitachi 都相继开发了具有自己特色的专用单片机。

20 世纪 80 年代，世界各大公司竞相研制出品种多、功能强的单片机，约有几十个系列，300 多个品种，此时的单片机均属于真正的单片化，大多集成了 CPU、RAM、ROM、数目繁多

的 I/O 接口、多种中断系统,甚至还有一些带 A/D 转换器的单片机,功能越来越强大,RAM 和 ROM 的容量也越来越大,寻址空间甚至可达 64 KB,可以说,单片机发展到了一个全新阶段,应用领域更广泛,许多家用电器均走向利用单片机控制的智能化发展道路。

1982 年以后,16 位单片机问世,代表产品是 Intel 公司的 MCS-96 系列单片机。16 位单片机比 8 位机的数据宽度增加了一倍,实时处理能力更强,主频更高,集成度达到了 12 万只晶体管,RAM 增加到了 232 KB,ROM 则达到了 8 KB,并且有 8 个中断源,同时配置了多路 A/D 转换通道、高速的 I/O 处理单元,适用于更复杂的控制系统。

20 世纪 90 年代以后,单片机飞速发展,世界各大半导体公司相继开发了功能更为强大的单片机。美国 Microchip 公司发布了一种完全不兼容 MCS-51 的新一代 PIC 系列单片机,引起了业界的广泛关注,特别是它只有 33 条精简指令集吸引了不少用户,使人们从 Intel 公司单片机的 111 条复杂指令集中走出来。PIC 系列单片机快速发展,在业界中占有一席之地。

随后研制出了更多的单片机系列,Motorola 公司相继发布了 MC68HC 系列单片机,日本的几个著名公司都研制出了性能更强的产品,但日本的单片机一般均用于专用系统控制,而不像 Intel 等公司投放到市场形成通用单片机。例如,NEC 公司生产的 uCOM87 系列单片机,其代表作 uPC7811 是一种性能相当优异的单片机;Motorola 公司的 MC68HC05 单片机以高速、低价等特点得到了用户喜欢。

Zilog 公司的 Z8 系列产品代表作是 Z8671,内含 BASIC Debug 解释程序,极大地方便用户。而美国国家半导体公司的 COP800 系列单片机则采用先进的哈佛结构。Atmel 公司则把单片机技术与先进的 Flash 存储技术完美地结合起来,发布了性能相当优秀的 AT89 系列单片机。我国台湾的 Holtek 和 Winbond 等公司也纷纷加入了单片机发展行列,凭着廉价的优势占有了一定市场。

1990 年,美国 Intel 公司推出的 80960 超级 32 位单片机引起了计算机界的轰动,产品相继投放市场,成为单片机发展史上又一个重要的里程碑。

在此期间,单片机市场中,单片机品种异彩纷呈,有 8 位、16 位甚至 32 位机,但 8 位单片机仍以它的价格低廉、品种齐全、应用软件丰富、支持环境充分、开发方便等特点而占着主导地位。而 Intel 公司凭着他们扎实的技术、性能优秀的机型和良好的基础,推出的产品仍是单片机的主流产品。20 世纪 90 年代中期,Intel 公司忙着开发个人计算机微处理器,没有足够的精力继续发展自己创造的单片机技术,而由 Philips 等公司继续发展 C51 系列单片机。

1.1.3　单片机的应用领域

单片机广泛应用于仪器仪表、工业控制、家用电器、计算机网络和通信、医用设备、专用设备的智能化管理及过程控制等领域。

1. 在仪器仪表上的应用

单片机具有体积小、功耗低、控制功能强、扩展灵活、微型化和使用方便等优点,广泛应用于仪器仪表中,结合不同类型的传感器,可实现诸如电压、功率、频率、湿度、温度、流量、速度、厚度、角度、长度、硬度、压力等物理量的测量。采用单片机控制使得仪器仪表数字化、智能化、微型化,且功能比采用模拟或数字电路更加强大。例如,精密的测量设备(功率计、示波器、各种分析仪)。

2. 在工业控制中的应用

用单片机可以构成形式多样的控制系统、数据采集系统。例如,工厂流水线的智能化管理、电梯智能化控制、各种报警系统,与计算机联网构成的二级控制系统等。

3. 在家用电器中的应用

可以这样说,现在的家用电器基本上都采用了单片机控制,例如,电饭煲、洗衣机、电冰箱、空调机、电视机、电子秤等设备。

4. 在计算机网络和通信中的应用

现代的单片机普遍具备通信接口,可以很方便地与计算机进行数据通信,为在计算机网络和通信设备间的应用提供了极好的物质条件,现在的通信设备基本都实现了单片机智能控制,例如,手机、电话机、小型程控交换机、楼宇自动通信呼叫系统、列车无线通信系统、集群移动通信系统、无线电对讲机等。

5. 在医用设备中的应用

单片机在医用设备中的用途相当广泛,例如,医用呼吸机、各种分析仪、监护仪、超声诊断设备及病床呼叫系统等。

此外,单片机在工商、金融、科研、教育、国防、航空航天等领域都有着十分广泛的用途。

1.1.4 单片机的发展趋势

随着大规模集成电路及超大规模集成电路的发展,单片机将向着更深层次发展,主要体现在以下几个方面。

1. 集成度持续提高

单片机的集成度是指在一个芯片上集成的功能模块的多少和复杂程度。随着半导体工艺的进步,单片机的集成度将不断提高,可以在更小的面积上实现更多的功能,如更高性能的处理器、更大容量的存储器、更多的I/O接口等。这将使得单片机在功能、性能、体积等方面具有更大的优势。

2. 多核心并行处理

为了满足复杂应用场景下的高性能需求,单片机正在向多核心并行处理方向发展。多核心并行处理能够同时处理多个任务,提高整体的处理能力和效率。未来,单片机将越来越多地采用多核心架构,以适应各种高性能应用的需求。

3. 功耗降低与能效提升

随着物联网、可穿戴设备等低功耗应用场景的兴起,单片机的功耗问题越来越受到关注。降低功耗、提高能效成为单片机发展的重要方向。通过采用低功耗设计、优化电源管理等技术,单片机能够在保持性能的同时降低功耗,延长设备的使用寿命。

4. 嵌入式系统广泛应用

嵌入式系统是将计算机硬件和软件集成在一起,针对特定应用而设计的专用计算机系统。单片机作为嵌入式系统的核心部件,其应用范围越来越广泛。未来,单片机将在智能家

居、工业自动化、汽车电子、医疗设备等领域得到更广泛的应用。

5. 高集成度传感器融合

随着物联网技术的发展，传感器在单片机中的应用越来越广泛。将多种传感器集成在单片机上，实现传感器数据的融合和处理，将成为未来单片机发展的重要方向。这将使得单片机在数据采集、环境监测、智能控制等领域具有更强的应用能力。

6. 物联网与 AI 技术融合

物联网和 AI 技术是当前科技领域的两大热点。将物联网和 AI 技术融合在单片机中，将使得单片机具有更强大的数据处理和分析能力，能够更好地适应复杂的应用场景。未来，单片机将在智能家居、智慧城市、智能交通等领域发挥更加重要的作用。

7. 安全性与可靠性增强

当前网络安全问题日益突出，单片机的安全性和可靠性也越来越受到重视。通过采用加密算法、安全认证等技术手段，提高单片机的安全性和可靠性，将成为未来单片机发展的重要方向。此外，单片机的可靠性也将通过优化电路设计、改进制造工艺等方式得到增强。

8. 微型化与多品种共存

随着科技的不断发展，单片机的体积将越来越小，微型化成为其发展的必然趋势。同时，为了满足不同应用场景的需求，单片机将出现多种不同类型和规格的产品，实现多品种共存。这将使得单片机在应用领域具有更加广泛的选择空间。

1.2　单片机结构及功能介绍

STC 单片机是我国自己生产的一种单片机，是宏晶科技（STC 公司）生产的单时钟/机器周期（1T）的单片机。

STC8H 系列单片机是新一代高速低功耗的强抗干扰单片机，其指令代码完全兼容系统的 8051，但其指令运行速度快。它内部集成了 MAX810 专用复位电路、多路 15 位 PWM、多路 10 ~12 位 ADC，模数转换时间可达 4 个机器周期，适用于电机控制等强电磁干扰场合。

STC 单片机支持串口程序烧写。显而易见，这种单片机对开发设备的要求很低，开发时间也大大缩短。写入单片机内的程序还可以进行加密。

1.2.1　STC8H 系列单片机概述

STC8H 系列单片机是不需要外部晶振和外部复位的单片机，是以超强抗干扰、超低价、高速、低功耗为目标的 8051 单片机，在相同的工作频率下，STC8H 系列单片机比传统的 8051 快 11.2 ~ 13.2 倍，依次按顺序执行完全部的 111 条指令，STC8H 系列单片机仅需 147 个时钟，而传统 8051 则需要 1 944 个时钟。

STC8H 系列单片机是 STC 公司生产的单时钟/机器周期（1T）的单片机，是宽电压、高速、高可靠、低功耗、强抗静电、较强抗干扰的新一代 8051 单片机，支持超级加密。MCU 内部集成高精度 R/C 时钟（±0.3%，常温下+25 ℃），-1.8% ~ +0.8% 温漂（-40 ~ +85 ℃），-1.0% ~ +0.5% 温漂（-20 ~ +65 ℃）。ISP 编程时 4 ~ 35 MHz 宽范围可设置（注意：温度范围为-40 ~ +85 ℃时，最高频率须控制在 35 MHz 以下；温度范围为-45 ~ +125 ℃时，最高频率须控制在 30 MHz 以下),可彻底省掉外部昂贵的晶振和外部复位电路(内部已集成高可靠复位电路,ISP 编程时 4 级复位门槛电压可选)。

MCU 内部有 3 个可选时钟源:内部 24 MHz 高精度 IRC(可适当调高或调低)、内部 32 kHz 低速 IRC、外部 4 ~ 33 MHz 晶振或外部时钟信号。用户代码中可自由选择时钟源,时钟源选定后经过 8 bit 的分频器分频后再将时钟信号提供给 CPU 和各个外设(如定时器、串口、SPI 等)。MCU 提供两种低功耗模式:IDLE 模式和 STOP 模式。IDLE 模式下,MCU 停止给 CPU 提供时钟, CPU 无时钟,CPU 停止执行指令,但所有的外设仍处于工作状态,此时功耗约为 1.3 mA(6 MHz 工作频率)。STOP 模式为主时钟停振模式,即传统的掉电模式/停电模式/停机模式,此时 CPU 和全部外设都停止工作,功耗可降低到 0.1 μA 以下。MCU 提供了丰富的数字外设(4 个串口、5 个定时器、2 组高级 PWM 以及 I^2C、SPI)接口与模拟外设(超高速 A/D 转换器、比较器),可满足广大用户的设计需求。STC8H 系列单片机内部集成了增强型的双数据指针,通过程序控制,可实现数据指针自动递增或递减功能,以及两组数据指针的自动切换功能。

1.2.2　STC8H 系列单片机特性

1. 内核

(1)超高速 8051 内核(1T),比传统 8051 约快 12 倍。

(2)指令代码完全兼容传统 8051。

(3)21 个中断源,4 个中断优先级。

(4)支持在线仿真。

2. 工作电压

(1)1.7 ~5.5 V。

(2)内建 LDO。

3. 工作温度

-40 ~ +85 ℃。

4. Flash 存储器

(1)28 KB Flash 空间,用于存储用户代码。

(2)支持用户配置 EEPROM 大小,512 KB 单页擦除,擦写次数可达 10 万次。

(3)支持以在系统编程(ISP)方式更新用户应用程序,无须专用编程器。

(4)支持单芯片仿真,无须专用仿真器,理论断点个数无限制。

5. SRAM

(1)128 KB 内部直接访问 RAM(DATA)。

(2)128 KB 内部间接访问 RAM(IDATA)。

(3)1 024 KB 内部扩展 RAM(内部 XDATA)。

6. 时钟控制

(1)内部 24 MHz 高精度 IRC(ISP 时可进行上下调整)。

①误差±0.3%(常温下+25 ℃)。

②-1.8% ~ +0.8% 温漂(温度范围,-40 ~ +85 ℃)。

③-1.0% ~ +0.5% 温漂(温度范围,-20 ~ +65 ℃)。

(2)内部32 kHz 低速 IRC(误差较大)。

(3)外部晶振(4 ~ 33 MHz)或外部时钟。

用户可自由选择上面的3种时钟源。

7. 复位

(1)硬件复位。

①上电复位。

②复位脚复位(高电平复位),出厂时 P5.4 默认为 I/O 口,ISP 下载时可将 P5.4 设置为复位脚。

③看门狗溢出复位。

④低压检测复位,提供4级低压检测电压:2.2 V、2.4 V、2.7 V、3.0 V。

(2)软件复位。

软件方式写复位触发寄存器。

8. 中断

(1)提供21个中断源:INT0、INT1、INT2、INT3、INT4、定时器0、定时器1、定时器2、定时器3、定时器4、串口1、串口2、串口3、串口4、A/D 转换、LVD 低压检测、SPI、I^2C、比较器、PWM1、PWM2。

(2)提供4个中断优先级。

9. 数字外设

(1)5个16位定时器:定时器0、定时器1、定时器2、定时器3、定时器4。其中,定时器0的模式3具有 NMI(不可屏蔽中断)功能,定时器0和定时器1的模式0为16位自动重载模式。

(2)4个高速串口:串口1、串口2、串口3、串口4。波特率时钟源最快可为 FOSC/4。

(3)2组高级 PWM,可实现带死区的控制信号,并支持外部异常检测功能。

(4)SPI:支持主机模式和从机模式以及主机/从机自动切换。

(5)I^2C:支持主机模式和从机模式。

10. 模拟外设

(1)超高速 A/D 转换器,支持10位高精度12通道(通道0 ~ 通道11)的模数转换。

(2)A/D 转换器的通道15用于测试内部参考电压(芯片在出厂时,内部参考电压调整为1.236 V,误差为±1%)。

11. GPIO

(1)STC8H 系列单片机有20脚、32脚、48脚和64脚等多种引脚及对应的封装,最多拥有64个 GPIO,常用的有 P0.0 ~ P0.3、P1.0 ~ P1.7、P2.0 ~ P2.7、P3.0 ~ P3.7、P5.4。

(2)所有的 GPIO 均支持如下4种模式:准双向口模式、强推挽输出模式、开漏输出模式、高阻输入模式。

(3)除 P3.0 和 P3.1 外,其余所有 I/O 口上电后的模式均为高阻输入模式,用户在使用

I/O 口时不需要先设置 I/O 口模式。

12. 封装

LQFP32。

1.2.3 引脚及说明

1. STC8H1K16 单片机引脚图

STC8H1K16 单片机引脚图如图 1.2 所示。

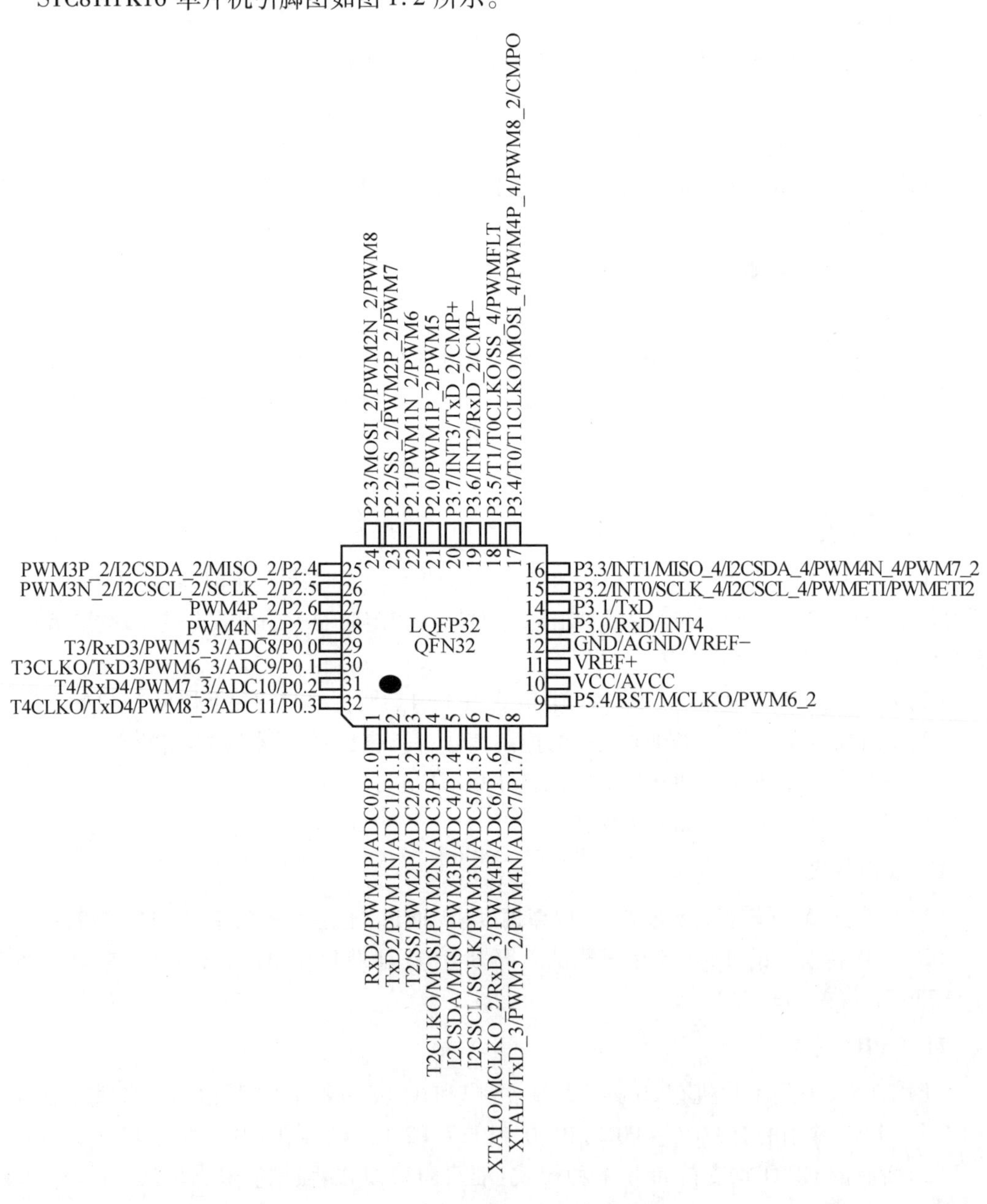

图 1.2　STC8H1K16 单片机引脚图

2. 引脚说明

LQFP(low-profile quad flat package)是日本电子机械工业会对 QFP 外形规格所做的重新制定,根据封装本体厚度分为 QFP(2.0 ~3.6 mm 厚)、LQFP(1.4 mm 厚)、TQFP(1.0 mm 厚)三种。

LQFP32 芯片封装引脚为 32 引脚,封装中等厚度,包含供电电源、输入输出口(I/O 口)、定时、通信串口、复位等。STC8H1K16 单片机引脚功能具体说明如表 1.1 所示。

表 1.1　STC8H1K16 单片机引脚功能具体说明

编号	名称	类型	说明
1	P1.0	I/O	标准 I/O 口
	RxD2	O	串口 2 的接收脚
	ADC0	I	A/D 转换器模拟输入通道 0
	PWM1P	I/O	PWM1 的捕获输入和脉冲输出正极
2	P1.1	I/O	标准 I/O 口
	TxD2	O	串口 2 的发送脚
	ADC1	I	A/D 转换器模拟输入通道 1
	PWM1N	I/O	PWM1 的捕获输入和脉冲输出负极
3	P1.2	I/O	标准 I/O 口
	ADC2	I	A/D 转换器模拟输入通道 2
	SS	I/O	SPI 从机选择
	T2	I	定时器 2 外部时钟输入
	PWM2P	I/O	PWM2 的捕获输入和脉冲输出正极
4	P1.3	I/O	标准 I/O 口
	ADC3	I	A/D 转换器模拟输入通道 3
	MOSI	I/O	SPI 主机输出从机输入
	T2CLKO	O	定时器 2 时钟分频输出
	PWM2N	I/O	PWM2 的捕获输入和脉冲输出负极
5	P1.4	I/O	标准 I/O 口
	ADC4	I	A/D 转换器模拟输入通道 4
	MISO	I/O	SPI 主机输入从机输出
	I2CSDA	I/O	I^2C 接口的数据线
	PWM3P	I/O	PWM3 的捕获输入和脉冲输出正极

续表1.1

编号	名称	类型	说明
6	P1.5	I/O	标准 I/O 口
	ADC5	I	A/D 转换器模拟输入通道 5
	SCLK	I/O	SPI 的时钟脚
	I2CSCL	I/O	I^2C 的时钟线
	PWM3N	I/O	PWM3 的捕获输入和脉冲输出负极
7	P1.6	I/O	标准 I/O 口
	ADC6	I	ADC 模拟输入通道 6
	RxD_3	I	串口 1 的接收脚
	PWM4P	I/O	PWM4 的捕获输入和脉冲输出正极
	MCLKO_2	O	主时钟分频输出
	XTALO	O	外部晶振的输出脚
8	P1.7	I/O	标准 I/O 口
	ADC7	I	A/D 转换器模拟输入通道 7
	TxD_3	O	串口 1 的发送脚
	PWM4N	I/O	PWM4 的捕获输入和脉冲输出负极
	PWM5_2	I/O	PWM5 的捕获输入和脉冲输出正极
	XTALI	I	外部晶振/外部时钟的输入脚
9	P5.4	I/O	标准 I/O 口
	RST	I	复位引脚
	MCLKO	O	主时钟分频输出
	PWM6_2	I/O	PWM6 的捕获输入和脉冲输出正极
10	VCC	VCC	电源脚
	AVCC	VCC	A/D 转换器电源
11	VREF+	I	A/D 转换器的参考电压脚
12	GND	GND	地线
	AGND	GND	A/D 转换器地线
	VREF-	I	A/D 转换器的参考电压地线
13	P3.0	I/O	标准 I/O 口
	RxD	I	串口 1 的接收脚
	INT4	I	外部中断 4

续表1.1

编号	名称	类型	说明
14	P3.1	I/O	标准 I/O 口
	TxD	O	串口 1 的发送脚
15	P3.2	I/O	标准 I/O 口
	INT0	I	外部中断 0
	SCLK_4	I/O	SPI 的时钟脚
	I2CSCL_4	I/O	I^2C 的时钟线
	PWMET1	I	PWM 外部触发输入脚 1
	PWMET2	I	PWM 外部触发输入脚 2
16	P3.3	I/O	标准 I/O 口
	INT1	I	外部中断 1
	MISO_4	I/O	SPI 主机输入从机输出
	I2CSDA_4	I/O	I^2C 的数据线
	PWM4N_4	I/O	PWM4 的捕获输入和脉冲输出负极
	PWM7_2	I/O	PWM7 的捕获输入和脉冲输出正极
17	P3.4	I/O	标准 I/O 口
	T0	I	定时器 0 外部时钟输入
	T1CLKO	O	定时器 1 时钟分频输出
	MOSI_4	I/O	SPI 主机输出从机输入
	PWM4P_4	I/O	PWM4 的捕获输入和脉冲输出正极
	PWM8_2	I/O	PWM8 的捕获输入和脉冲输出正极
	CMPO	O	比较器输出
18	P3.5	I/O	标准 I/O 口
	T1	I	定时器 1 外部时钟输入
	T0CLKO	O	定时器 0 时钟分频输出
	SS_4	I/O	SPI 从机选择
	PWMFLT	I	PWM 的外部异常检测脚
19	P3.6	I/O	标准 I/O 口
	INT2	I	外部中断 2
	RxD_2	I	串口 1 的接收脚
	CMP-	I	比较器负极输入

续表1.1

编号	名称	类型	说明
20	P3.7	I/O	标准 I/O 口
	INT3	I	外部中断 3
	TxD_2	O	串口 1 的发送脚
	CMP+	I	比较器正极输入
21	P2.0	I/O	标准 I/O 口
	PWM1P_2	I/O	PWM1 的捕获输入和脉冲输出正极
	PWM5	I/O	PWM5 的捕获输入和脉冲输出正极
22	P2.1	I/O	标准 I/O 口
	PWM1N_2	I/O	PWM1 的捕获输入和脉冲输出负极
	PWM6	I/O	PWM6 的捕获输入和脉冲输出正极
23	P2.2	I/O	标准 I/O 口
	PWM2P_2	I/O	PWM2 的捕获输入和脉冲输出正极
	PWM7	I/O	PWM7 的捕获输入和脉冲输出正极
	SS_2	I/O	SPI 从机选择
24	P2.3	I/O	标准 I/O 口
	PWM2N_2	I/O	PWM2 的捕获输入和脉冲输出负极
	PWM8	I/O	PWM8 的捕获输入和脉冲输出正极
	MOSI_2	I/O	SPI 主机输出从机输入
25	P2.4	I/O	标准 I/O 口
	PWM3P_2	I/O	PWM3 的捕获输入和脉冲输出正极
	MISO_2	I/O	SPI 主机输入从机输出
	I2CSDA_2	I/O	I^2C 的数据线
26	P2.5	I/O	标准 I/O 口
	PWM3N_2	I/O	PWM3 的捕获输入和脉冲输出负极
	SCLK_2	I/O	SPI 的时钟脚
	I2CSCL_2	I/O	I^2C 的时钟线
27	P2.6	I/O	标准 I/O 口
	PWM4P_2	I/O	PWM4 的捕获输入和脉冲输出正极
28	P2.7	I/O	标准 I/O 口
	PWM4N_2	I/O	PWM4 的捕获输入和脉冲输出负极

续表1.1

编号	名称	类型	说明
29	P0.0	I/O	标准I/O口
	ADC8	I	A/D转换器模拟输入通道8
	RxD3	I	串口3的接收脚
	T3	I	定时器3外部时钟输入
	PWM5_3	I/O	PWM5的捕获输入和脉冲输出正极
30	P0.1	I/O	标准I/O口
	ADC9	I	A/D转换器模拟输入通道9
	TxD3	O	串口3的发送脚
	T3CLKO	O	定时器3时钟分频输出
	PWM6_3	I/O	PWM6的捕获输入和脉冲输出正极
31	P0.2	I/O	标准I/O口
	ADC10	I	A/D转换器模拟输入通道10
	RxD4	I	串口4的接收脚
	T4	I	定时器4外部时钟输入
	PWM7_3	I/O	PWM7的捕获输入和脉冲输出正极
32	P0.3	I/O	标准I/O口
	ADC11	I	A/D转换器模拟输入通道11
	TxD4	O	串口4的发送脚
	T4CLKO	O	定时器4时钟分频输出
	PWM8_3	I/O	PWM8的捕获输入和脉冲输出正极

1.3　单片机最小系统的设计

1.3.1　单片机最小系统电路介绍

单片机是嵌入式系统的核心部件，可以用于各种控制和通信。单片机最小系统电路是单片机的基本电路，包括单片机芯片、电源电路、晶振电路、复位电路、烧录接口等。

1.单片机芯片

单片机芯片是最重要的电路组件，它包含中央处理器（CPU）、闪存、存储器、输入输出口（I/O口）等功能模块。选择芯片时应该考虑它的性能、可靠性、功耗等因素，同时也要注意芯片的封装形式和引脚类型。

2. 电源电路

电源电路为单片机提供了工作所需的电压和电流。在设计电源电路时需要考虑电源噪声、稳定性和滤波等问题,以确保单片机正常工作。推荐使用稳压电源或电源模块,可以减少电路设计的难度和不必要的电路复杂度。

3. 晶振电路

晶振电路提供了单片机时钟信号,在单片机运行过程中起到同步和定时的作用。晶振电路通常由晶振、电容、电阻等组成,晶振的频率、精度和功耗是晶振电路设计需要考虑的主要因素。

4. 复位电路

复位电路是保证单片机能够正常启动和工作的重要组成部分。如果没有复位电路,单片机在上电时可能会处于未知状态,无法正常执行程序。复位电路通常由电容、电阻和复位电路芯片组成,可以通过手动和自动两种方式实现复位。

5. 烧录接口

烧录接口是将程序代码写入单片机的通道。常见的烧录接口包括串行接口（UART）、并行接口（LPT）、USB 线缆等。在设计烧录接口时需要考虑接口类型、速率、稳定性和可靠性等因素,以确保烧录过程顺利完成。

1.3.2 STC8H 系列单片机最小系统

1. 系统时钟控制

系统时钟控制是指用于产生单片机工作时所需的时钟信号的电路。单片机的工作过程是:取一条指令,译码,进行微操作;再取一条指令,译码,进行微操作。各指令的微操作在时间上有严格的次序,这种微操作的时间次序称为时序。单片机的时钟信号用来为单片机芯片内部各种微操作提供时间基准。

系统时钟控制器为单片机的 CPU 和所有外设系统提供时钟源,系统时钟有 3 个时钟源可供选择:内部高精度 24 MHz 的 IRC,内部 32 kHz 的 IRC(误差较大),外部晶体振荡器或外部时钟信号。用户可通过程序分别使能和关闭各个时钟源,以及内部提供时钟分频以达到降低功耗的目的。单片机进入掉电模式后,系统时钟控制器将会关闭所有的时钟源,系统复位。

(1)内部时钟电路。

在 XTAL1 和 XTAL2 引脚上外接定时元件,内部时钟电路就能产生自激振荡。定时元件通常是石英晶体(晶振)和电容组成的并联谐振电路。晶振频率 f_{osc} 的范围是 1.2 ~ 12 MHz。电容器 C_1 和 C_2 主要起频率微调、快速起振作用,电容值为 30 pF 左右,内部时钟电路如图 1.3 所示。

(2)外部时钟电路。

XTAL1 接地,XTAL2 接外部振荡器。一般要求外部信号为高电平的持续时间大于 20 ns,且频率低于 12 MHz 的方波信号。HMOS:外部振荡信号接至 XTAL2 端,XTAL1 端接地。CMOS:外部振荡信号接至 XTAL1 端,XTAL2 端可不接地,外部时钟电路如图 1.4 所示。

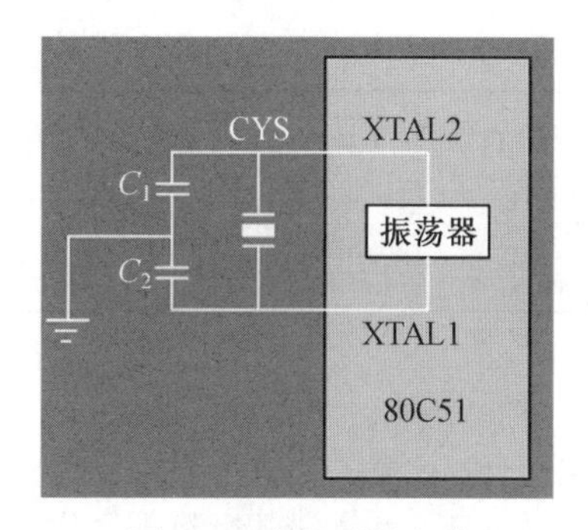

图1.3　内部时钟电路

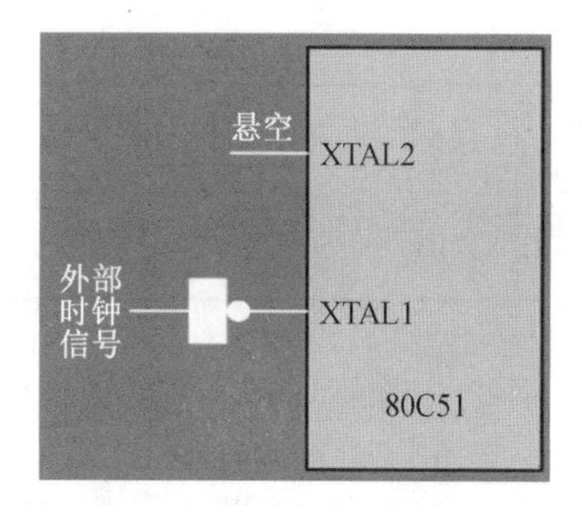

图1.4　外部时钟电路

2. STC8H 系列单片机复位

STC8H 系列单片机的复位分为硬件复位和软件复位两种。硬件复位时，所有寄存器的值会复位到初始值，系统会重新读取所有的硬件选项，同时根据硬件选项所设置的上电等待时间进行上电等待。硬件复位主要包括上电复位、低压复位、复位脚复位、看门狗复位。软件复位时，除与时钟相关的寄存器保持不变外，其余所有寄存器的值会复位到初始值，软件复位不会重新读取所有的硬件选项。软件复位主要包括写 IAP_CONTR 的 SWRST 所触发的复位。

3. 电源管理

电源管理主要由两个寄存器处理，即 PCON（电源控制寄存器）和 VOCTRL（电压控制寄存器），如表1.2所示。PCON 主要是为单片机的电源控制而设置的专用寄存器，其单元地址是87H，VOCTRL 的单元地址是 BBH。各位地址及符号详细说明如表1.3和表1.4所示。

表1.2　电源管理

符号	描述	地址	位地址与符号								复位值
			B7	B6	B5	B4	B3	B2	B1	B0	
PCON	电源控制寄存器	87H	SMOD	SMOD0	LVDF	POF	GF1	GF0	PD	IDL	0011,0000
VOCTRL	电压控制寄存器	BBH	SCC	—	—	—	—	—	0	0	0×××,××00

表1.3　电源控制寄存器

符号	地址	B7	B6	B5	B4	B3	B2	B1	B0
PCON	87H	SMOD	SMOD0	LVDF	POF	GF1	GF0	PD	IDL

注：LVDF：低压检测标志位。当系统检测到低压事件时，硬件自动将此位置1，并向 CPU 提出中断请求。此位需要用户软件清零。

POF：上电标志位。硬件自动将此位置1。

PD：掉电模式控制位。

0：无影响。

1：单片机进入掉电模式，CPU 以及全部外设均停止工作。唤醒后硬件自动清零。

IDL：IDLE（空闲）模式控制位。

0：无影响。

1：单片机进入 IDLE 模式，只有 CPU 停止工作，其他外设依然在运行。唤醒后硬件自动清零。

表 1.4　电压控制寄存器

符号	地址	B7	B6	B5	B4	B3	B2	B1	B0
VOCTRL	BBH	SCC						0	0

注:SCC:静态电流控制位。

0:选择内部静态保持电流控制线路,静态电流一般为 1.5 μA 左右。

1:选择外部静态保持电流控制线路,选择此模式时功耗更低。此模式下 STC8A8K 系列的静态电流一般为 0.15 μA 以下;STC8F2K 系列的静态电流一般为 0.1 μA 以下。注意:选择此模式进入掉电模式后,VCC 引脚的电压不能有较大波动,否则对 MCU 内核可能会有不良影响。

[B1:B0]:内部测试位,必须写入 0。

4. STC8H 系列单片机最小系统

STC8H 系列单片机内部自带晶振电路,因此,最小系统电路几乎不需要外围元件,直接加上 5 V 电源即可工作。开发时可用排针将引脚引出。但在设计开发时, 断电上电操作比较困难, 通过增设简单的开关即可解决。

1.3.3　GPIO 接口应用设计

配置 I/O 工作模式时,每个 I/O 口都需要使用两个寄存器来进行配置,如表 1.5 所示。

表 1.5　配置 I/O 工作模式

PxM0	PxM1	I/O 口工作模式
0	0	准双向口(传统 8051 端口模式,弱上拉),灌电流可达 20 mA,拉电流为 150～270 μA
0	1	推挽输出(强上拉输出,可达 20 mA,要加限流电阻)
1	0	高阻输入(电流既不能流入也不能流出)
1	1	开漏输出,内部上拉电阻断开

1. 准双向口模式

准双向口,不是真正意义上的双向口,准双向口(弱上拉)输出类型可用于输出和输入而不需要重新配置端口输出状态。这是因为当端口输出为 1(高电平)时的驱动能力很弱,允许外部装置将其拉低(例如,接下拉电阻);当端口输出为 0(低电平)时的驱动能力很强,可吸收相当大的电流。

点亮 LED 建议使用该模式,LED 负极接到单片机 I/O 口,正极加一个限流电阻后接+5 V电源,这里限流电阻的作用是防止电流过大而烧坏 LED,同时也能起分压作用。

2. 推挽输出模式

强推挽输出模式的下拉结构与开漏输出及准双向口的下拉结构相同,但当锁存器为 1 时提供持续的强上拉,推挽输出模式一般用于需要很大驱动电流的情况,比如驱动三极管带动小电机运行。强推挽引脚配置图如图 1.5 所示。

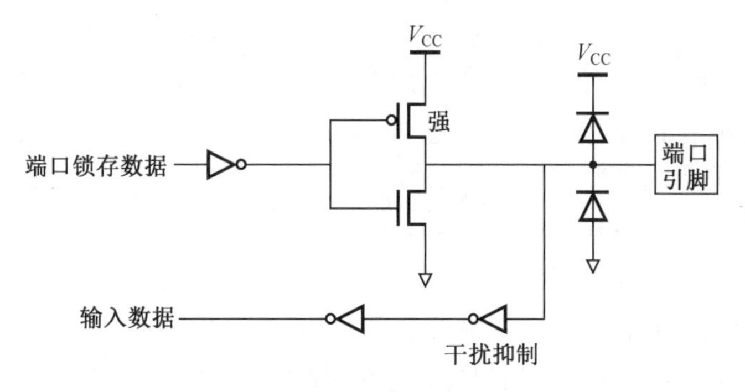

图1.5　强推挽引脚配置图

3. 高阻输入模式

电流既不能流入也不能流出，输入口带有一个施密特触发输入以及一个干扰抑制电路。当I/O口为高阻态时，也可以称为浮空输入状态，此时I/O口的状态是不确定的，既不是高电平也不是低电平，一般是用作A/D转换器检测时配置的I/O口模式。高阻输入引脚配置图如图1.6所示。

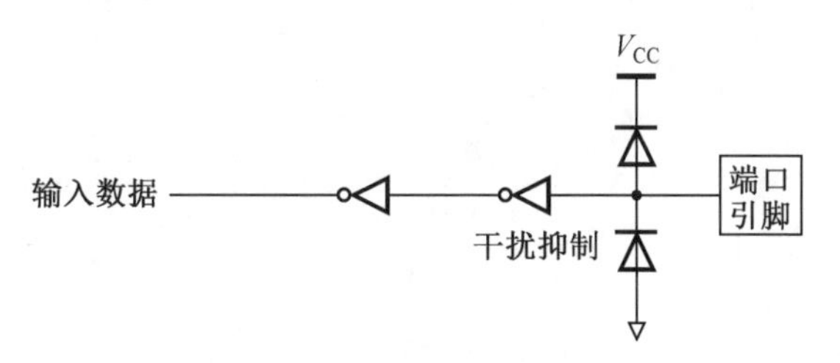

图1.6　高阻输入引脚配置图

4. 开漏输出模式

与推挽输出模式相对的，就是开漏输出模式，也就是漏极开路的输出形式，既可以读外部状态也可以对外输出（高电平或者低电平），如果需要读外部状态或对外输出高电平（无法真正地输出高电平，也就是这个高电平的驱动能力非常弱），I/O口需要外加上拉电阻。

程序示例：GPIO模式LED灯闪烁。

```
#include <STC8.h>
#include "Delay.h"
void main()
{
  //1.时钟初始化——可通过STC-ISP软件进行设置
  //2.GPIO初始化
  //M1      M0
  //00 准双向
  //01 推挽输出
  //10 高阻输入
  //11 开漏
```

```
/*配置P3.4和P3.5为推挽输出,P3.4接到系统指示灯,P3.5接PWM灯
若不设置为推挽输出,单片机默认是准双向口弱上拉的,而指示灯要给高电平才点亮,上拉电流为270 μA,灯的亮度较小;配置为推挽输出后,强上拉,电流可达20 mA,亮度较大*/
P3M1 = 0x00;//0000 0000
P3M0 = 0x30;//0011 0000
/*因外设的电源和单片机的电源是分开的,单片机要往P5.4引脚给高电平,打开PMOS开关,外设才能启动工作。所以如果想要PWM灯也闪烁,就要开启外设的供电开关,P5.4引脚输出高电平,打开PMOS开关,才能给外设(PWM灯)供电*/

P5M1 = 0x00;//0000 0000
P5M0 = 0xFF;//1111 1111
P54 = 1;//打开PMOS开关,给外设供电
//一开始让灯灭,因为指示灯的另一端接地,P3.4口高电平灯才亮,低电平灯灭
P34 = 0;

while(1)
{

  //写法一
  P34 = 0;//运行指示灯灭
  P35 = 0;//PWM灯灭
  Delay1ms(1000);
  P34 = 1;//运行指示灯亮
  P35 = 1;//PWM灯亮
  Delay1ms(1000);

  //写法二
  //P34 = ~P34;
  //Delay1ms(1000);

  //写法三
  //P3 |= 0x01<<4;
  //Delay1ms(1000);
  //P3 &= ~(0x01<<4);
  //Delay1ms(1000);
```

```
    //写法四
    //P3 |= 0x10;//0001 0000
    //Delay1ms(1000);
    //P3 &= 0xEF;//1110 1111
    //Delay1ms(1000);
  }
}
```

5. 点亮第一个 LED

单片机 I/O 口的结构决定了它灌电流的能力较强，比一般高电平时的拉电流要大，驱动能力强，所以都采用低电平点亮 LED 的方式。单片机程序由头文件、变量声明、函数声明、子函数、主函数等部分组成。

(1)调用头文件。

代码的第一行通常是调用单片机的头文件。每款单片机都有相对应的头文件，头文件其实就是一种声明，将单片机中一些常用的符号变量、特殊功能寄存器、关键字等进行定义声明。

例如，STC15W408S 单片机的头文件如下：

```
#include <STC15.H>
```

本书介绍的单片机型号是 STC8H8K64U，其头文件如下：

```
#include <STC8H.H>      //调用 STC8H 头文件
```

(2)定义变量 LED。

这里要点亮一个 LED，首先要定义它在哪个 I/O 口，单片机引出的 I/O 口有 P0.0 ~ P0.7、P1.0 ~ P1.7(无 P1.2)、P2.0 ~ P2.7、P3.2 ~ P3.7、P4.5 ~ P4.7、P5.2 和 P5.4，这里用单片机的 P1.0 口来点亮 LED。

```
sbit LED = P1^0;   //定义 LED 为 P1.0 口
```

(3)编写主函数。

```
void main()
{
  P1M0 = 0x00;P1M1 = 0x00;  //设置 P1 口为准双向口状态，弱上拉
  while(1)
  {

    LED = 0;      //LED 为低电平，即点亮 LED
  }
}
```

其中，void main()的意思是 main()函数(主函数)无返回值，void 也就是无效的、空的意思，主函数需要用大括号{}括起来，里面就是要运行的内容。

第一步，配置所调用的 I/O 口的工作模式 P1M0 = 0x00，P1M1 = 0x00(准双向口模

式)；

第二步，只需要点亮 LED，不需要外部触发，这里用的是一个 while 循环，主程序会一直执行 while(1)里的程序；

第三步，用低电平点亮 P1.0 口，即 P1.0 = 0，前面定义了 LED 为 P1.0 口，所以正确写法是 LED = 0。

第 2 章　单片机开发环境

2.1　C51 语言和汇编语言交叉编译环境介绍

2.1.1　Keil C51 简介

Keil 公司由德国的 Keil Elektronik GmbH 和美国的 Keil Software Inc 公司联合运营,2005 年被 ARM 公司收购,收购后两家公司分别更名为 ARM Germany GmbH 和 ARM Inc。Keil C51 是用于 MCS-51 系列单片机的 C51 语言开发软件。安装 MDK 组件后,可以用于 ARM 开发。

1. Keil C51 特点

(1)Keil C51 已被完全集成到一个功能强大的全新的集成开发环境(integrated development enviroment,IDE)——Keil μVision4 中。

(2)使得开发 MCS-51 系列单片机程序更为方便和快捷,程序代码运行速度快,所需存储空间小,完全可以和汇编语言相媲美。

(3)支持众多的 MCS-51 架构芯片,提供丰富的库函数和功能强大的集成开发调试工具,全 Windows 界面。可以完成编辑、仿真连接、调试等整个开发流程。同时还支持 C 语言、汇编语言和 PLM 语言等程序设计,是众多单片机应用开发软件中最优秀的软件之一。

2. 集成开发环境——Keil μVision4

Keil μVision4 覆盖了建立工程、文件编辑处理、编译连接、工程(Project)管理窗口、工具引用、软件模拟仿真以及 Monitor-51 硬件目标调试等整个开发流程。其内部集成了源程序编辑器,仿真频率最高为 33 MHz;支持单步、断点、全速运行,支持汇编语言、C 语言、混合调试,可随时查看内部数据或内部资源,在线修改源程序,支持 Keil C51 的集成开发仿真环境。

Keil μVision4 支持以下两种工作方式。

(1)软件模拟仿真(Simulator)。不需要任何 51 单片机及其外围硬件即可完成用户程序仿真调试。

(2)用户目标板调试(Monitor-51)。利用硬件目标板中的监控程序可以直接调试目标硬件系统,使用户节省购买硬件仿真器的费用。

3. Keil C51 功能模块简介

安装完 Keil C51 软件后,会在安装目录下(如 C:\Keil\C51\BIN)出现 A51. exe、C51. exe、LIB51. exe、BL51. exe 等文件,包括编译器 C51、汇编器 A51 、连接/重定位器 BL51、库管理器 LIB51、转换器 OH51、监控程序 Monitor-51、实时操作系统 RTX-51。

2.1.2　Keil C51 编译环境的使用

1. Keil C51 软件的启动

双击桌面上的“Keil μVision4”图标，如图 2.1 所示，进入 Keil C51 的集成开发环境。

图 2.1　“Keil μVision4”图标

2. 创建工程

(1)工程的特点。

Keil μVision4 把用户的每个应用程序设计都当作一个工程，用工程管理的方法把一个程序设计的中所用到的、互相管理的程序连接到一起。

(2)用法。

编写一个新的应用程序之前，要建立工程。打开一个工程时，所需要的关联程序也都跟着一起进入了调试窗口，方便用户对工程中各程序进行编写、调试和保存。

①新建工程。

在编辑界面下，选择菜单命令“Project”(工程)→“New　μVision Project”，弹出“Create New Project”对话框，新建一个工程，如图 2.2 所示。

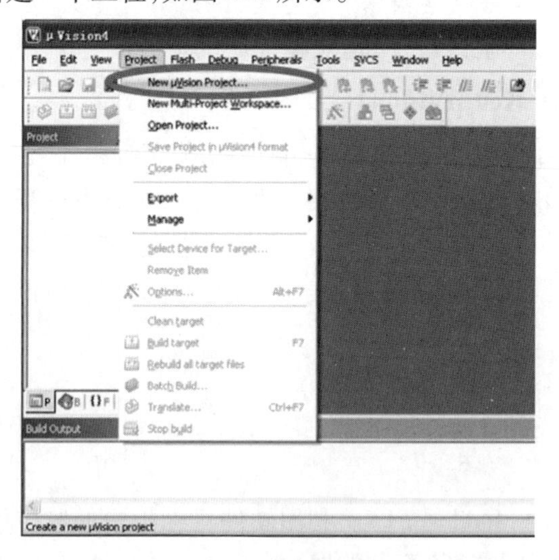

图 2.2　编辑界面

②保存工程。

在“Create New Project”对话框中，将新建的工程保存到用户指定的目录下，工程默认扩展名为“.uvproj”，如图 2.3 所示。

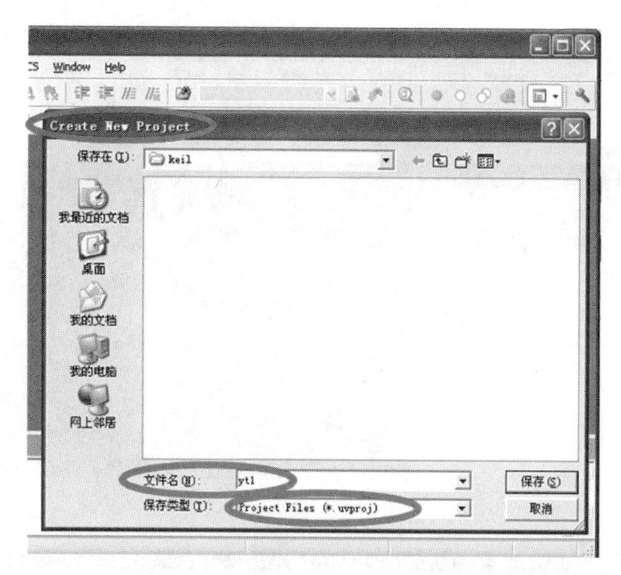

图2.3　"Create New Project"对话框

③选择器件。

保存工程后，在弹出的"Select Device for Target 'Target1'"对话框中选择所需的CPU。例如，选择Atmel公司的AT89C51，如图2.4所示。

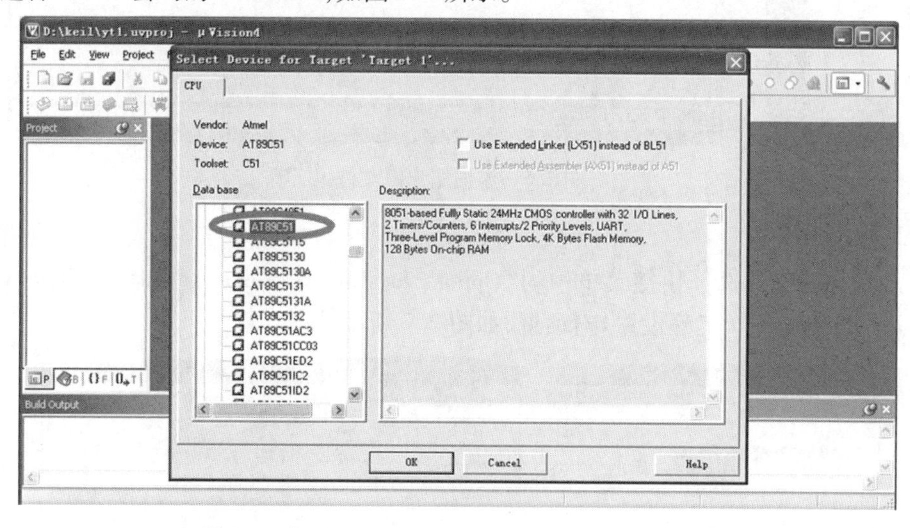

图2.4　"Select Device for Target 'Target1'"对话框

④修改目标与源代码组名称。

在工程窗口中，单击"Source Group 1"（源代码组名称），稍停片刻，再次单击，即可修改其名称，如图2.5所示。修改目标名称的方法类似。

3. 添加用户源文件

单击工具栏中的"新建"按钮（或选择菜单命令"File"→"New"）进入空白文档编辑窗口，可在此输入源程序，如图2.6所示。新建的用户源文件必须保存，单击工具栏中的"保存"按钮即可。

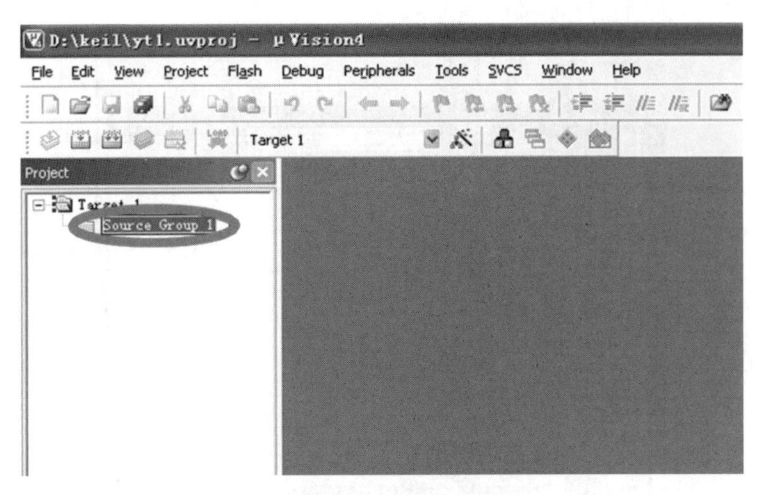

图 2.5　工程窗口

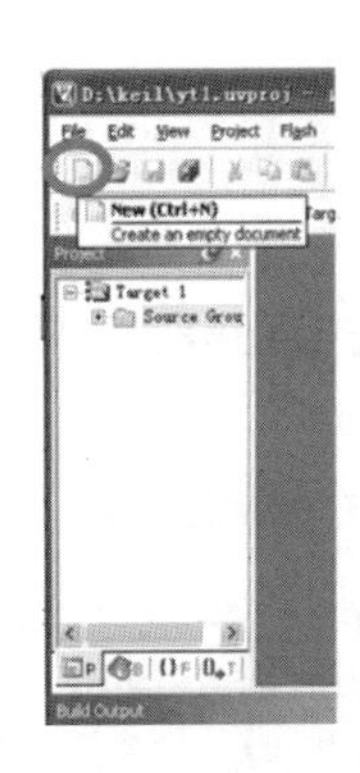

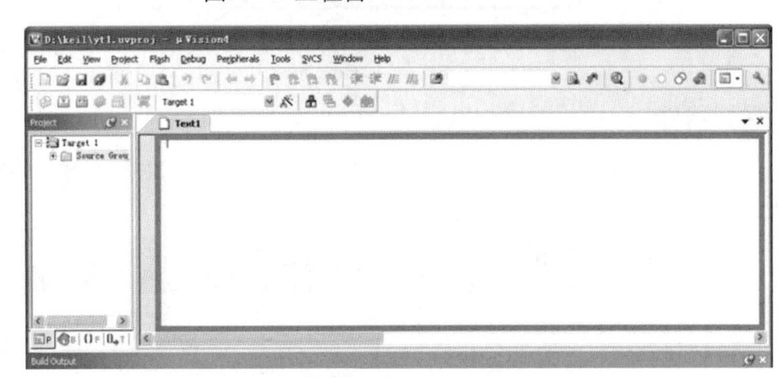

图 2.6　添加用户源文件

4. 工程的设置

右击“Target 1”,选择快捷菜单中的“Options for Target ‘Target 1’”命令,弹出“Options for Target ‘Target 1’”(工程设置)对话框,如图 2.7 所示。

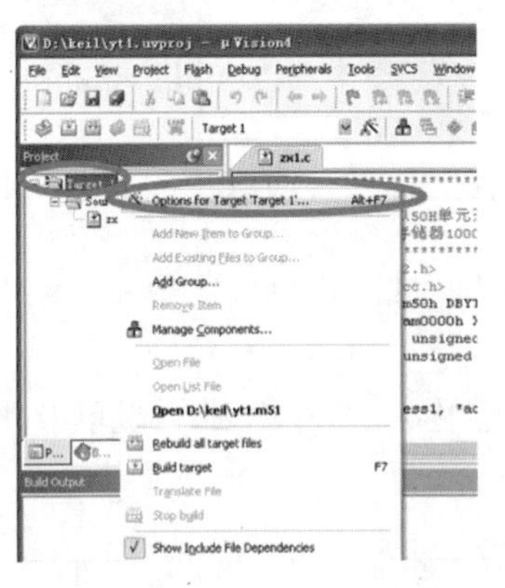

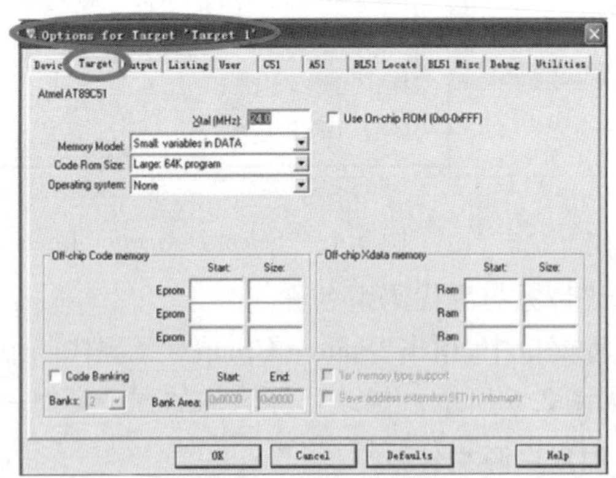

图 2.7　工程设置对话框

各选项卡的介绍如下。

(1) Device 选项卡。

选择目标 MCU 的型号。如果前面已设置过,此处可不设置。

(2)Target 选项卡。

Xtal(MHz):设置单片机的工作频率。

Memory Model:设置 RAM 的存储模式,包括 Small、Compact 和 Large,如图 2.8 所示。

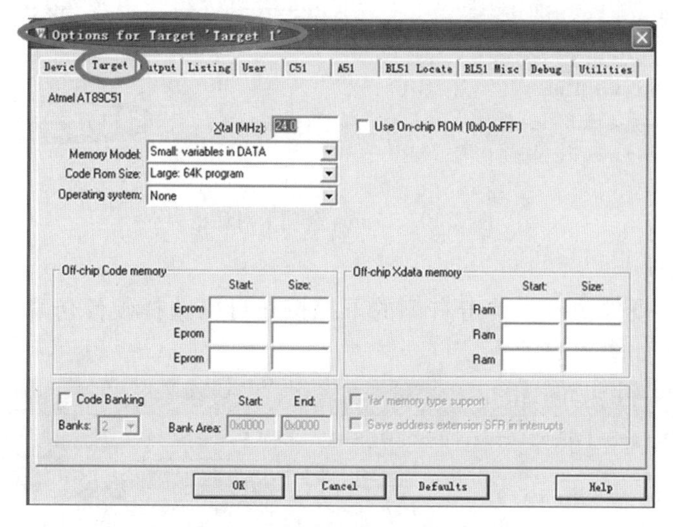

图 2.8　Target 选项卡对话框

Code Rom Size:设置 ROM 空间,包括 Small、Compact 和 Large。

Operating system:操作系统选项。None 表示不选用操作系统,系统默认;RTX Tiny 表示选用 Tiny 操作系统;RTX Full 表示选用 Full 操作系统。

(3)Output 选项卡。

Create HEX File:生成可执行代码文件,扩展名为“.hex”。该 文件可以烧录到硬件中。

其他选项通常使用默认设置,如图 2.9 所示。

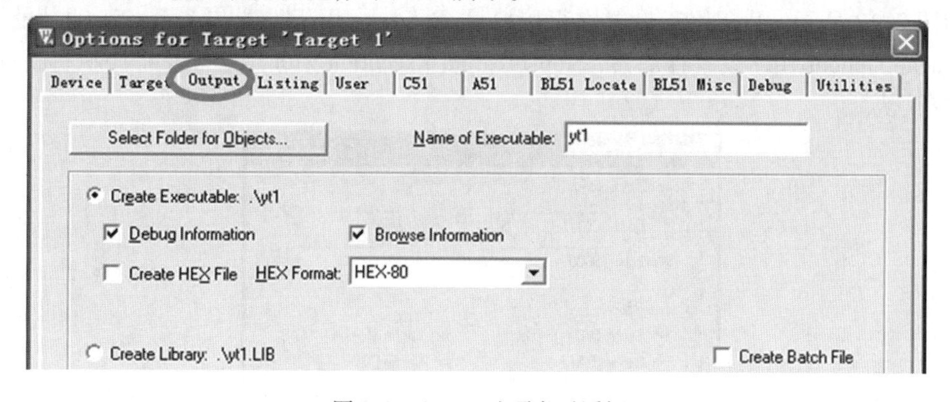

图 2.9　Output 选项卡对话框

(4)Listing 选项卡。

Listing 选项卡用于调整生成的列表文件选项,编译结束生成“.lst”文件,连接结束生成“.m51”文件。比较常用的是 C Compiler Listing 区中的 Assembly Code 选项,选中该项可以在列表文件中生成 C51 语言对应的汇编代码,如图 2.10 所示。

(5)User 选项卡。

用于设置 C51、A51、BL51 编译连接选项。

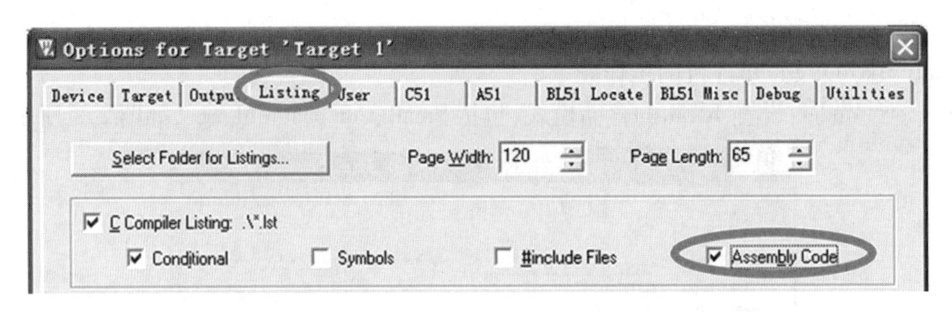

图 2.10　Listing 选项卡对话框

(6) Debug 选项卡。

Use:设置使用硬件仿真。单击右侧的下拉按钮可以选择硬件仿真目标类型,如 Keil Monitor-51 Driver,如图 2.11 所示。

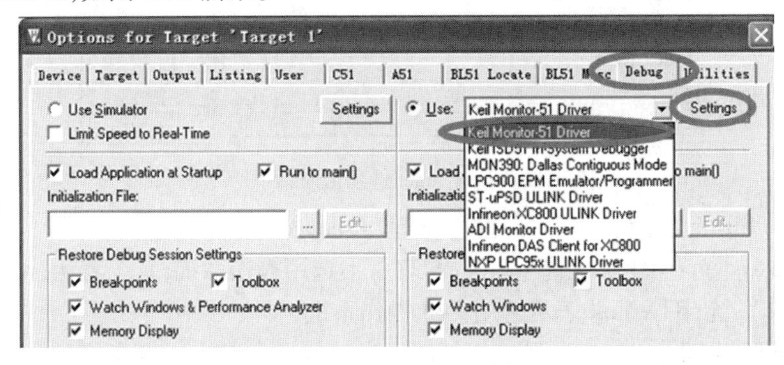

图 2.11　Debug 选项卡对话框

Settings:设置串行通信参数、设置存储器。单击 Settings 按钮, 弹出“Target Setup”对话框,如图 2.12 所示。Port 用于设置串行接口号,Baudrate 用于设置与 Keil C51 通信的波特率, Cache Options 用于设置存储器, Stop Program Execution with 用于停止程序执行,一般选择系统默认。

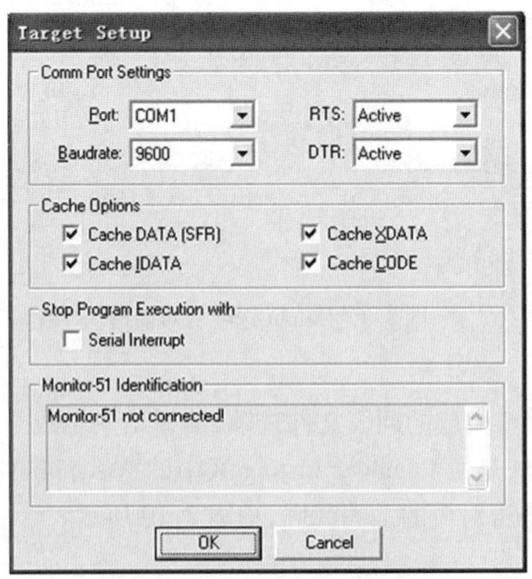

图 2.12　“Target Setup”对话框

(7) Utilities 选项卡。

Utilities 选项卡主要设置下载器相关信息,可选择默认设置。

2.2　STC8H 在线仿真

STC8H 系列单片机均支持在线仿真,包括下载用户代码、芯片复位、全速运行、单步运行、设置断点(理论断点个数为无限个,但为了提高仿真效率,目前限制为最多 20 个断点)、查看变量等基本仿真操作,方便用户调试代码,查找代码中的逻辑错误,进而缩短项目开发周期。

仿真接口可为 USB 口或者串口,单片机本身就是仿真器,不需要额外的仿真器即可实现全部的仿真功能。相应 USB 口或者串口本为仿真专用接口,但当关闭仿真功能后,用户可随意将仿真接口当作 GPIO、USB 口或者串口进行使用。

2.2.1　串口直接仿真

1. 制作串口仿真芯片

STC 单片机出厂时,仿真功能默认是关闭的,若要使用仿真功能,则需使用 STC-ISP 下载软件将目标单片机设置为仿真芯片。设置步骤如下。

(1)将目标芯片和计算机的串口连接在一起,如图 2.13 所示,并将单片机断电。

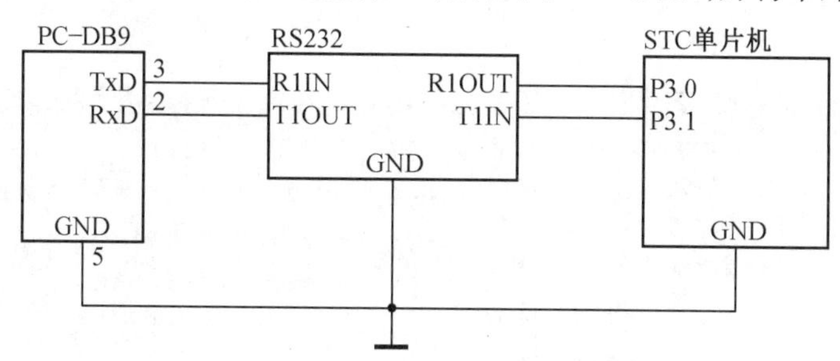

图 2.13　连接目标芯片和计算机的串口

(2)打开 STC-ISP 下载软件,按照图 2.14 所示的步骤设置仿真芯片。

(3)当出现图 2.15 所示的界面时,给单片机上电。

(4)下载完成后,仿真芯片即制作完成。

2. 在 Keil 软件中进行串口仿真设置

在 Keil 软件中打开项目文件,在“Target 1”上单击鼠标右键并选择“Options for Target ‘Target 1’”,如图 2.16 所示。

在“Options for Target‘Target 1’”对话框中,按图 2.17 所示的步骤进行串口仿真设置。

注:串口请根据实际的连接进行选择,波特率一般选择 115 200。

3. 在 Keil 软件中使用串口进行仿真

在 Keil 环境下,编辑完成源代码,并编译无误后,即可开始仿真,具体步骤如图 2.18 所示。

若芯片制作和连接均无误,则会显示仿真驱动版本,如图 2.19 所示,并可正确下载用户代码到单片机,接下来便可使用运行、单步、断点等调试功能。

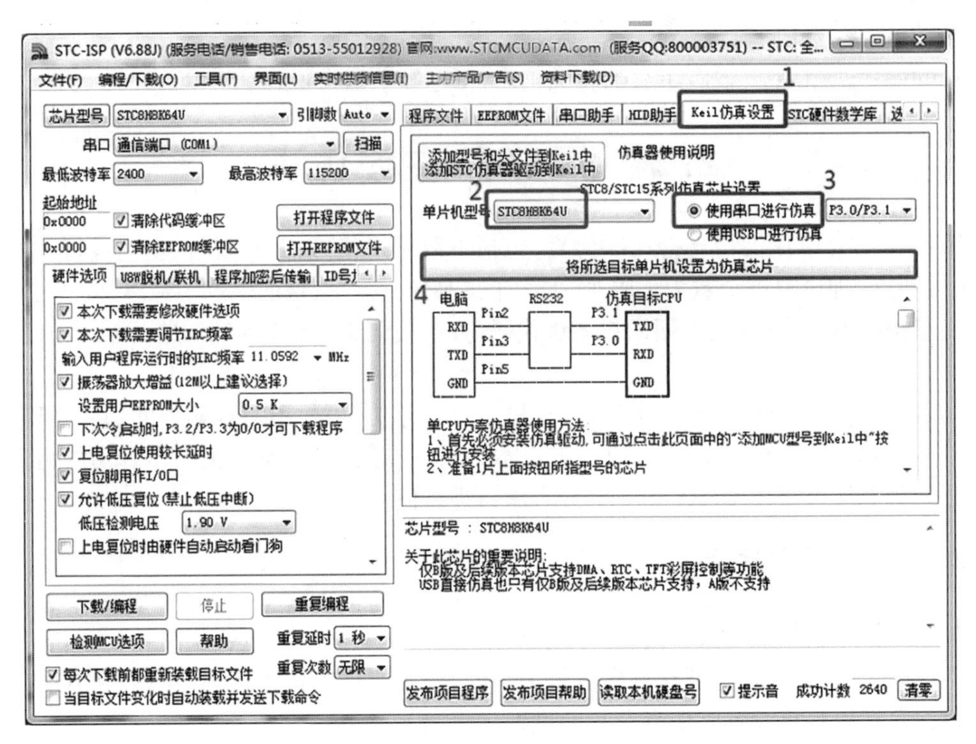

图 2.14　设置仿真芯片

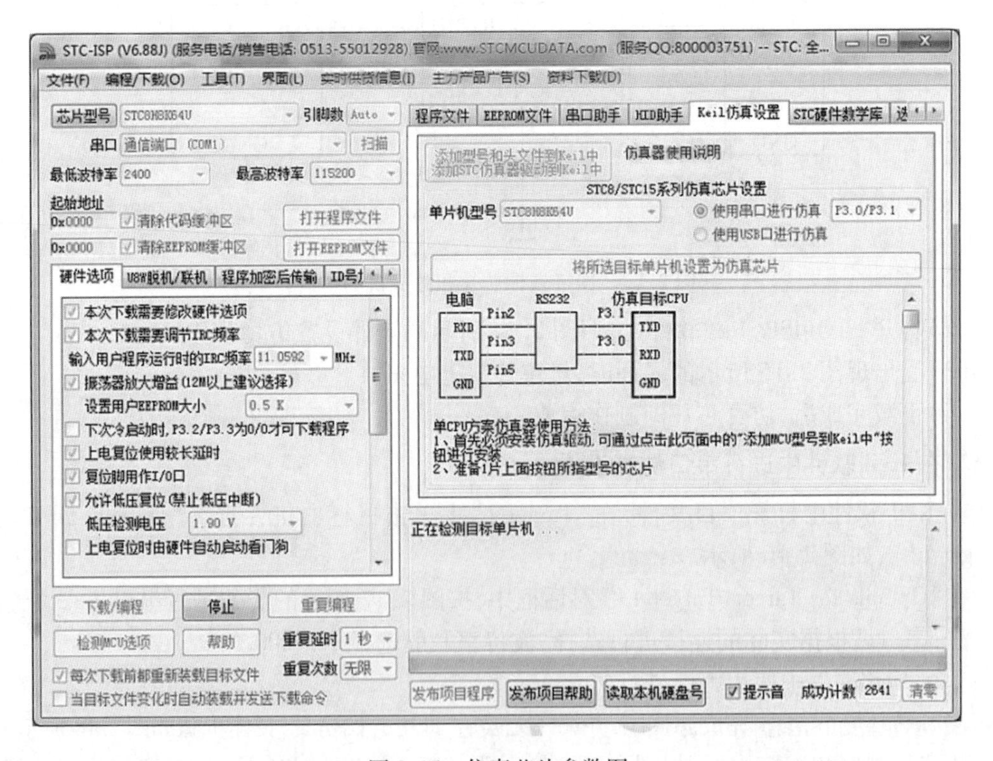

图 2.15　仿真芯片参数图

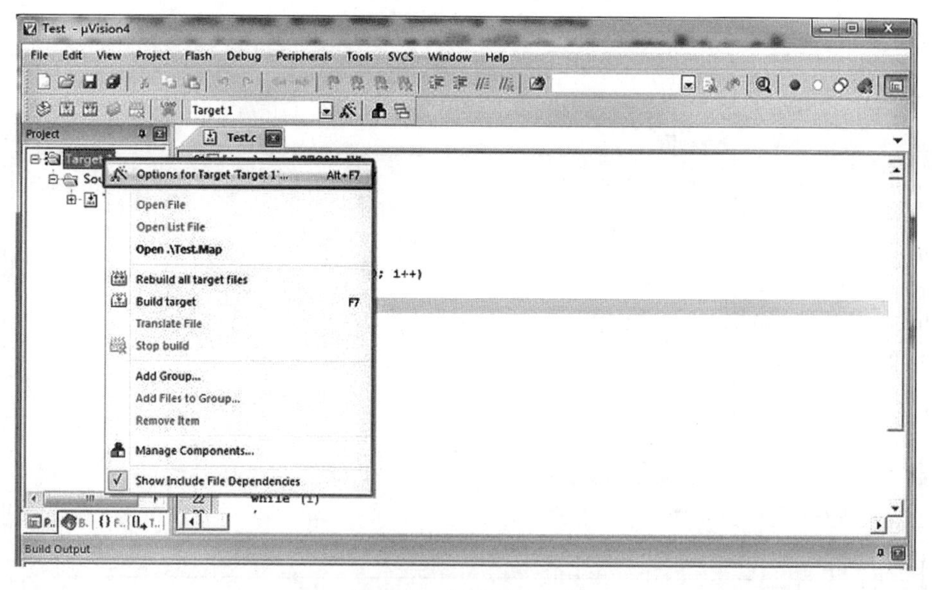

图2.16　打开项目文件

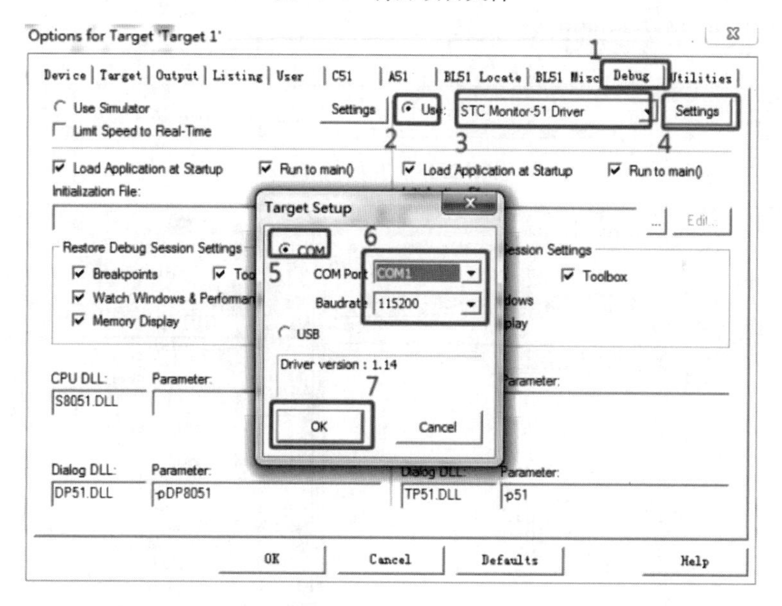

图2.17　进行串口仿真设置

2.2.2　USB 直接仿真

1. 制作 USB 仿真芯片

制作 USB 仿真芯片，可按照 2.2.1 节介绍的步骤，使用串口 ISP 制作，也可以使用 USB-ISP 制作，下面介绍如何使用 USB-ISP 制作。

设置步骤如下。

(1)将目标芯片和计算机的串口连接在一起，并将 P3.2 口 通过开关连接到 GND，如图 2.20所示，然后给单片机上电。

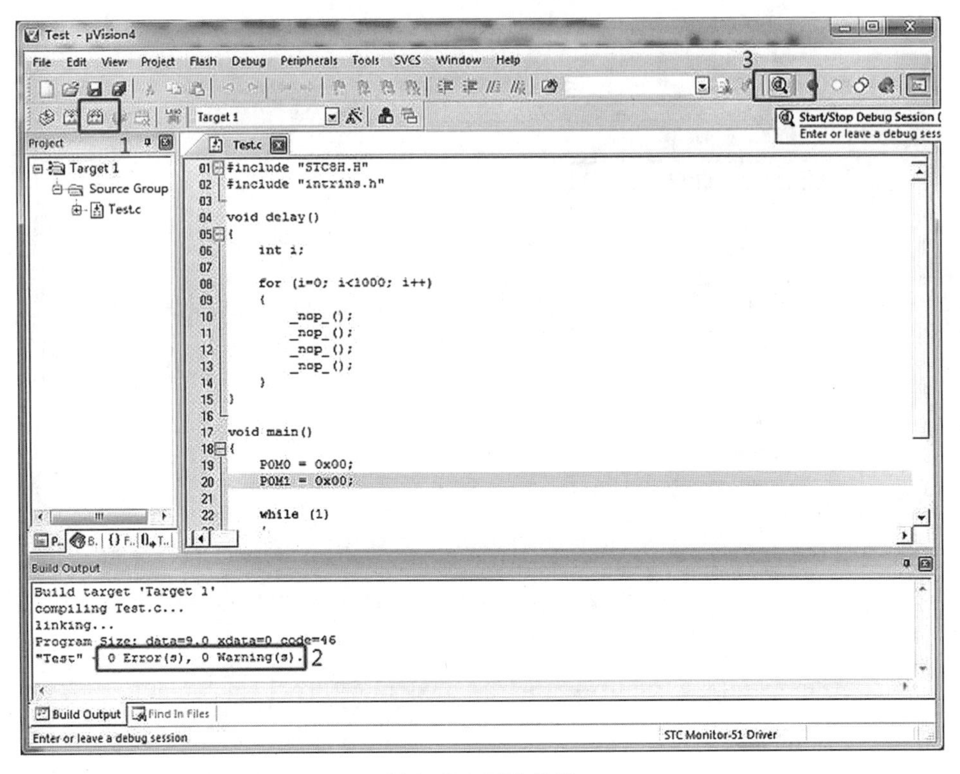

图 2.18　开始仿真

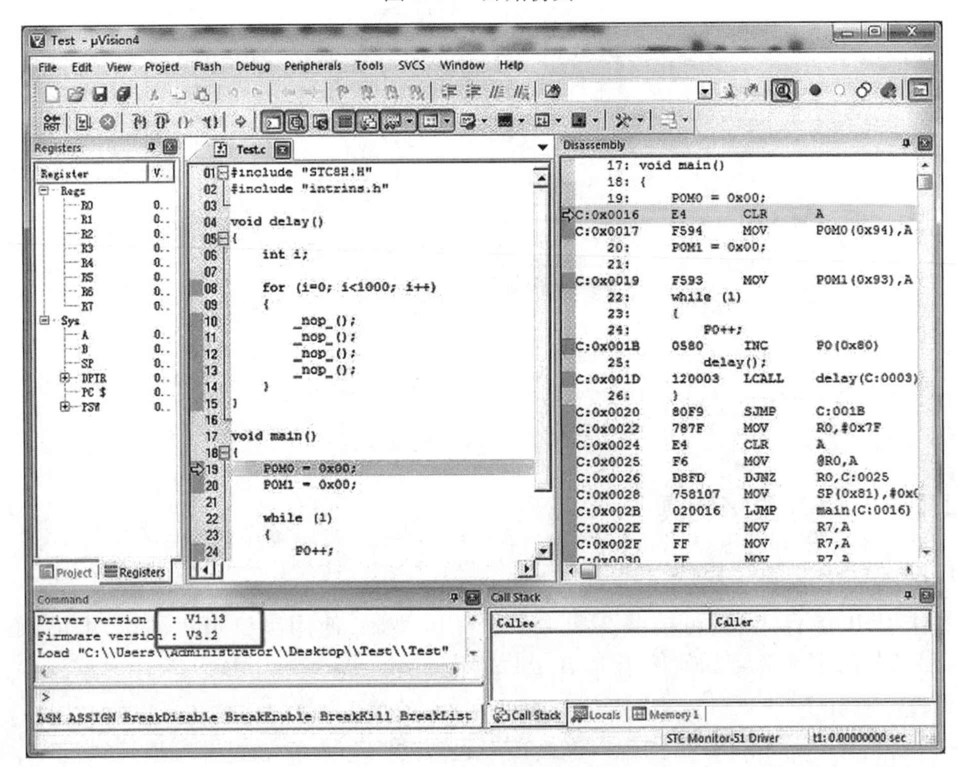

图 2.19　显示仿真驱动版本

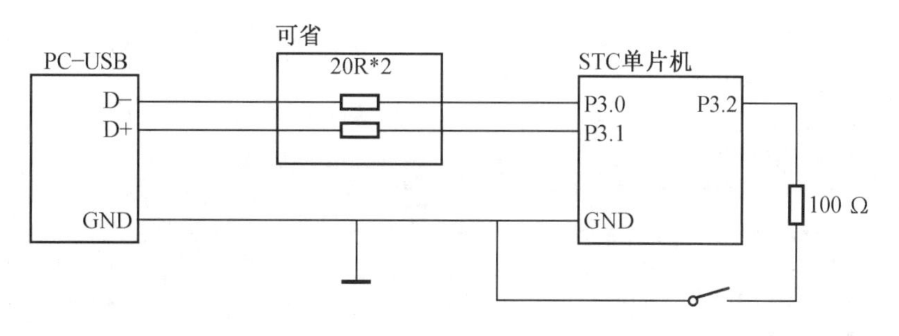

图 2.20　串口连接电路图

(2)若在 ISP 软件中能自动扫描到“STC USB Writer (HID1)”,则表示连接正确,如图 2.21 所示。

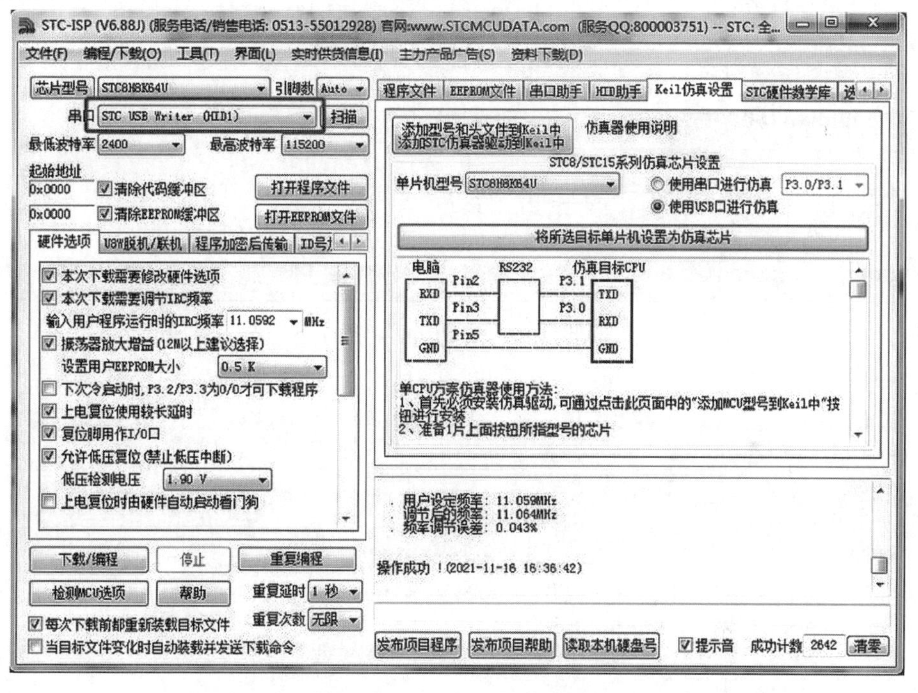

图 2.21　软件连接正确示意图

(3)在 STC-ISP 下载软件中,按照图 2.22 所示的步骤设置仿真芯片。

(4)下载成功的效果如图 2.23 所示。

制作完成后,需要将 P3.2 口的接地开关断开,并重新将单片机上电,若在下载软件的“HID 助手”中能检测到“STC\USB-ICE”设备,则表示 USB 仿真芯片制作成功,如图 2.24 所示。

2. 在 Keil 软件中进行 USB 仿真设置

在 Keil 软件中打开项目文件,在“Target 1”上单击鼠标右键并选择“Options for Target‘Target 1’”,如图 2.25 所示。

在“Options for Target‘Target 1’”对话框中,按图 2.26 所示的步骤进行 USB 仿真设置。

3. 在 Keil 软件中使用 USB 进行仿真

在 Keil 环境下,编辑完成源代码,并编译无误后,即可开始仿真,具体步骤如图 2.27 所示。

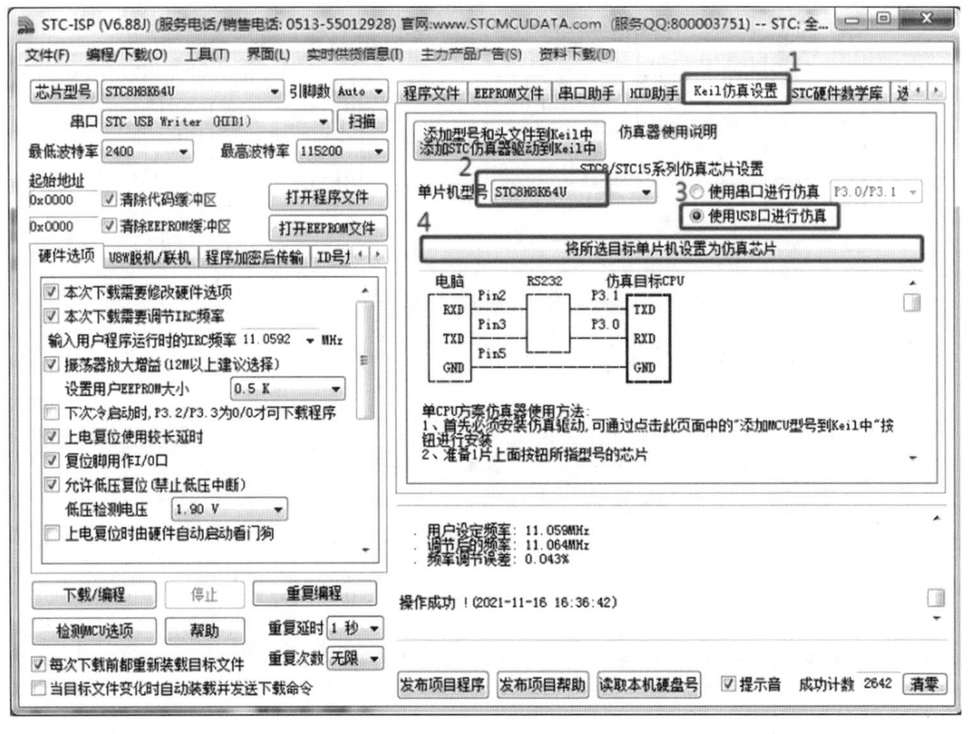

图 2.22　设置仿真芯片

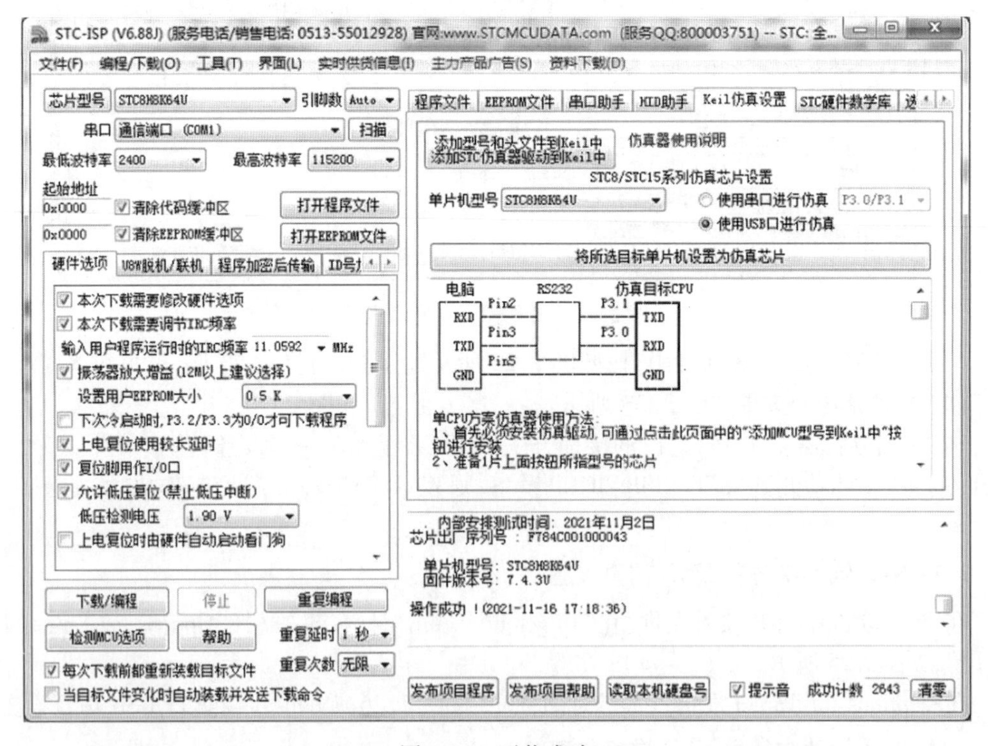

图 2.23　下载成功

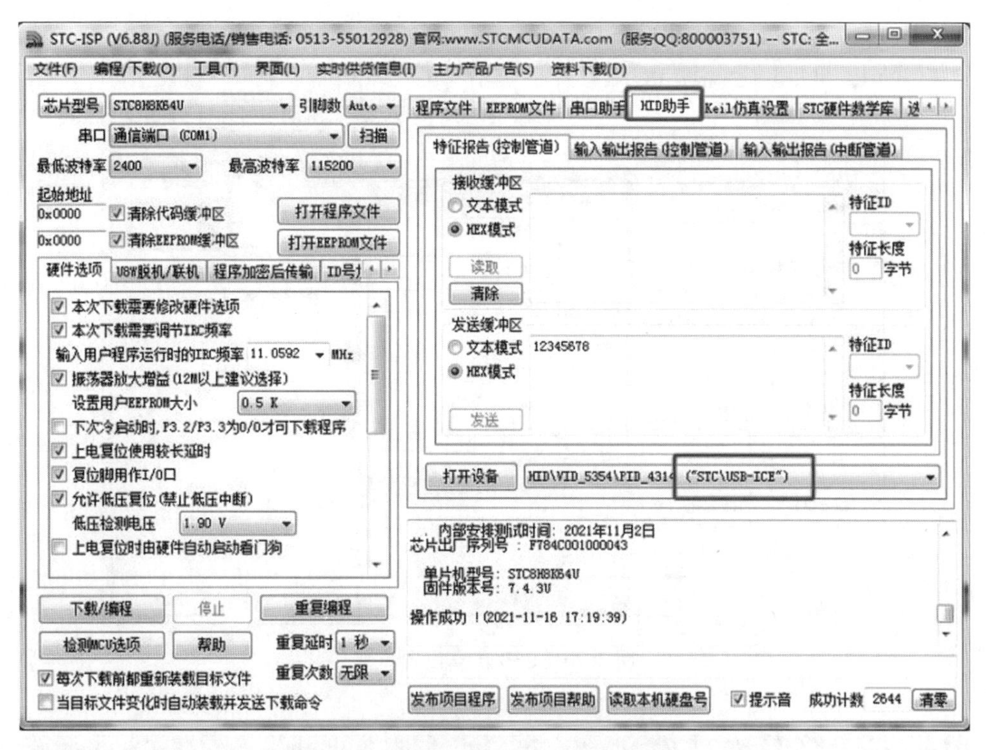

图2.24　检测到“STC\USB-ICE”设备

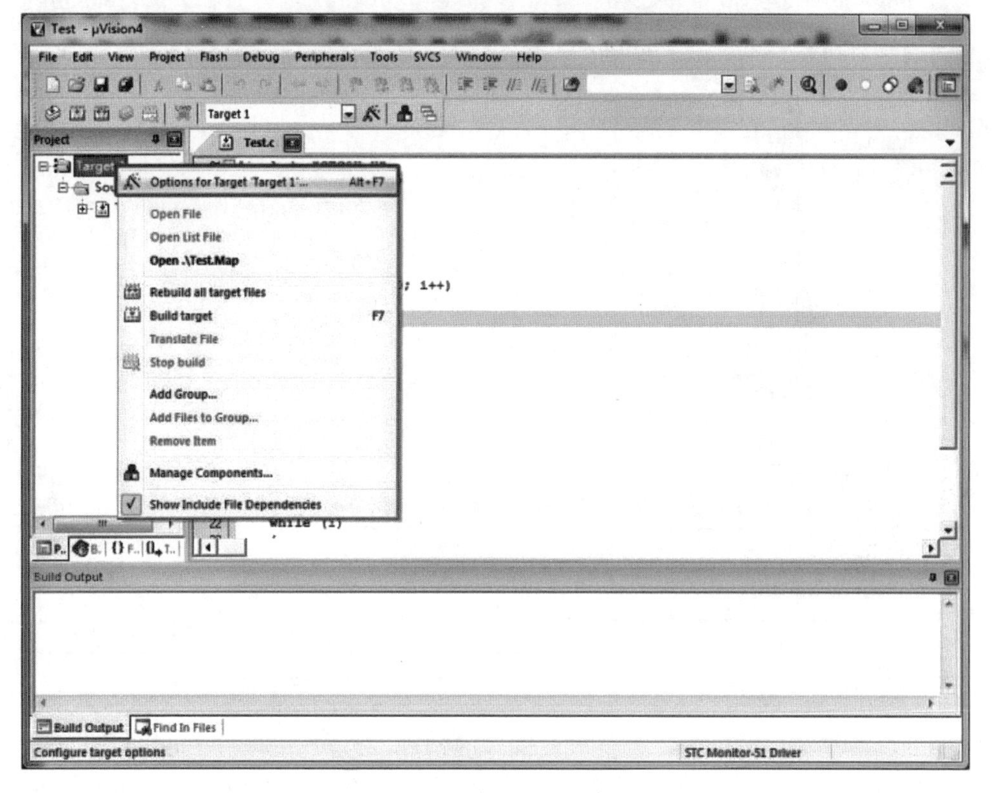

图2.25　打开项目文件

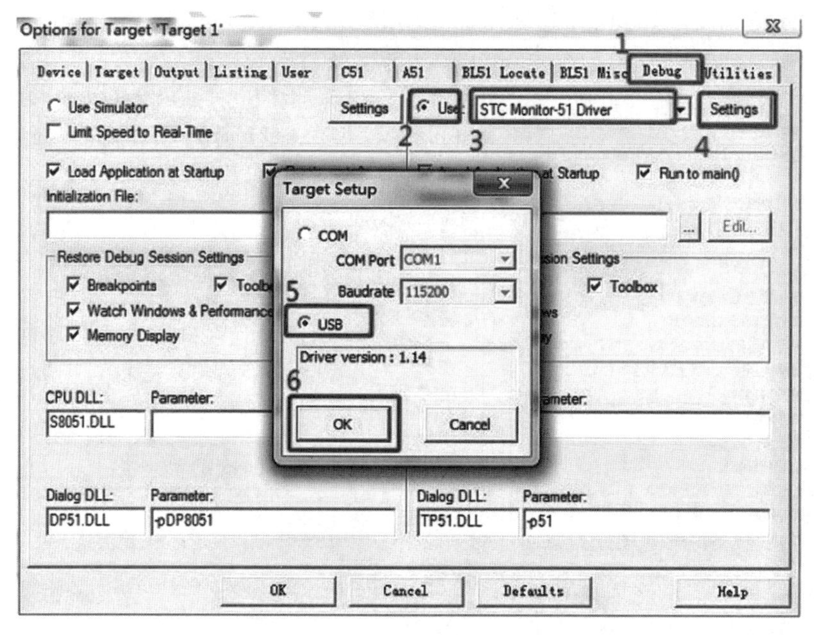

图 2.26　USB 仿真设置步骤

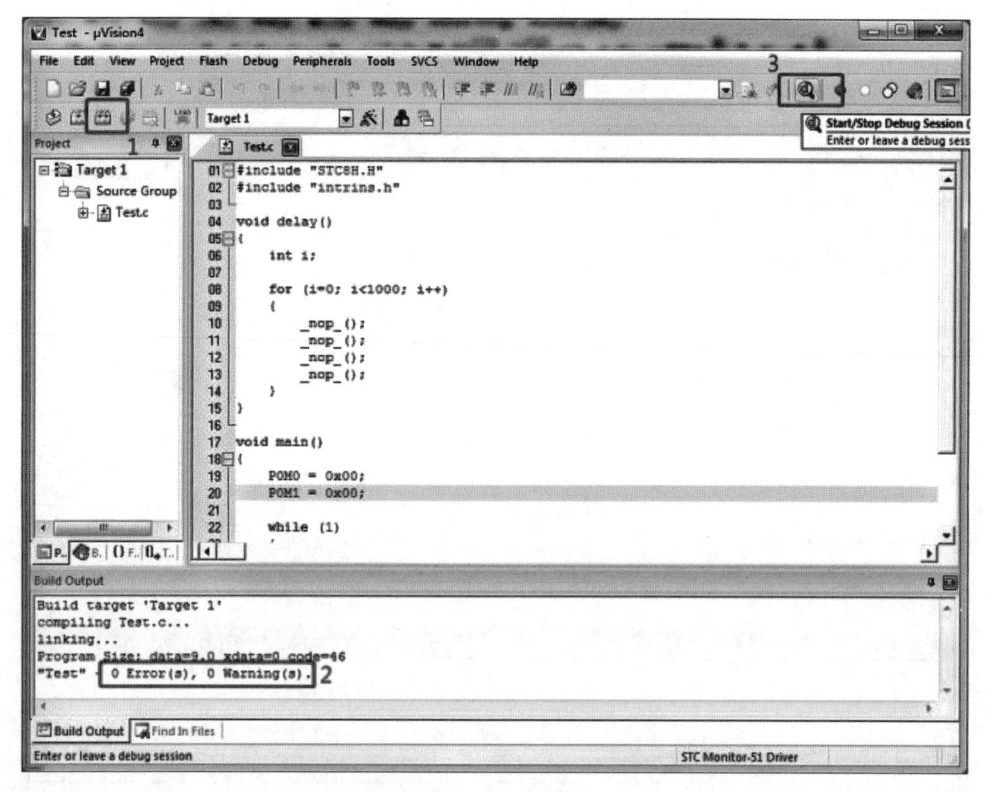


```c
01 #include "STC8H.H"
02 #include "intrins.h"
03
04 void delay()
05 {
06     int i;
07
08     for (i=0; i<1000; i++)
09     {
10         _nop_();
11         _nop_();
12         _nop_();
13         _nop_();
14     }
15 }
16
17 void main()
18 {
19     P0M0 = 0x00;
20     P0M1 = 0x00;
21
22     while (1)
```

图 2.27　开始仿真

若芯片制作和连接均无误，则会显示仿真驱动版本，如图 2.28 所示，并可正确下载用户代码到单片机，接下来便可使用运行、单步、断点等调试功能。

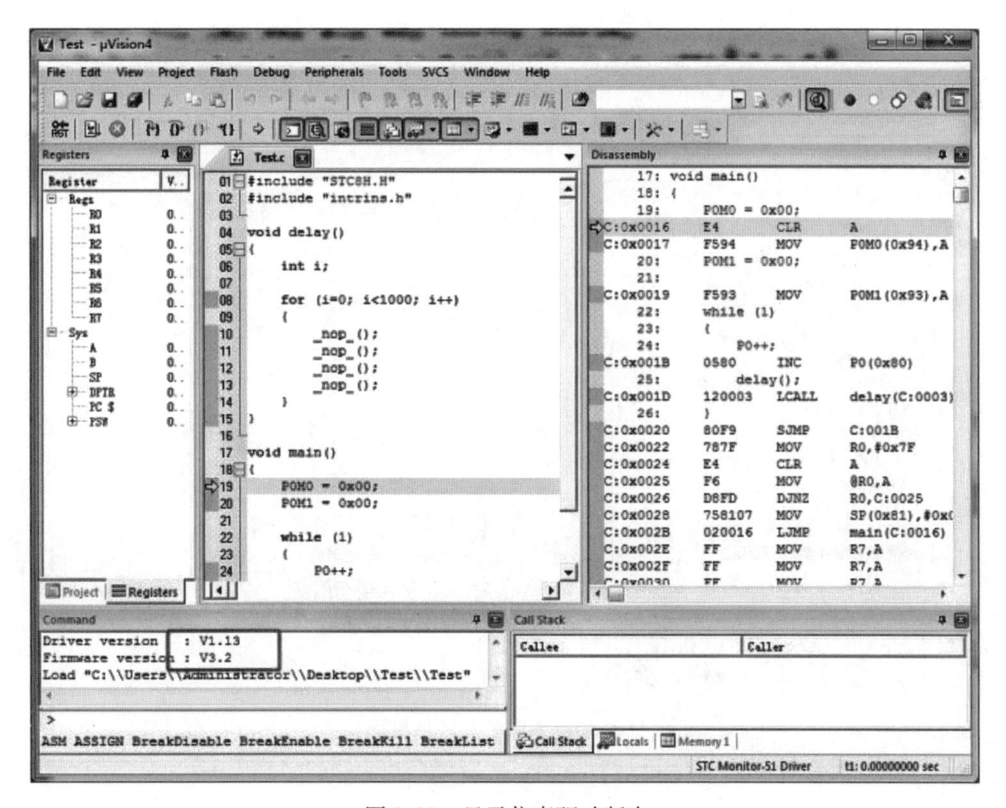

图 2.28　显示仿真驱动版本

2.3　程序下载及调试过程

STC 单片机是 STC 公司生产的单片机，要下载程序到单片机需用该公司开发的下载工具软件，如 stc-isp-15xx-v6.79B.exe. 可以通过 P3.0、P3.1 串口下载，STC8H 系列还支持 USB 下载，部分产品还支持 RS485 下载。这里介绍比较简单的串口下载。现在一般计算机都没有串口，因此需要一个 USB 转 TTL 工具，如 CH340 模块，如图 2.29 所示。

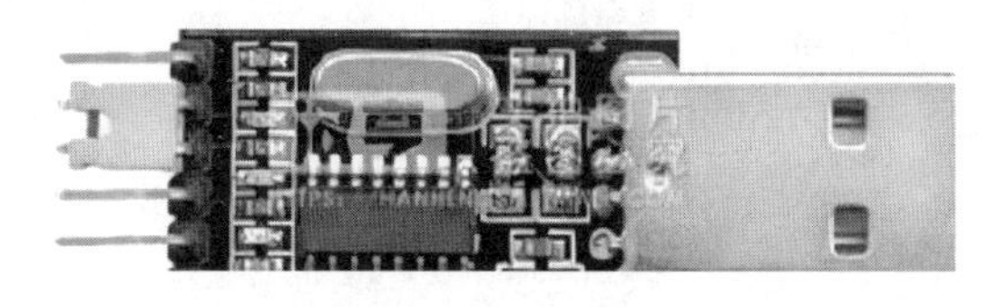

图 2.29　CH340 模块

在使用这个模块前需要安装驱动程序。

（1）下载器接线：CH340 模块的 TxD 接 P3.0，RxD 接 P3.1，跳线帽跨接在 V_{CC} 与 3.3 V 间（无论单片机是 5 V 供电还是 3.3 V 供电），GND 接单片机电源 GND。

（2）打开下载工具软件，下载工具软件有多个版本，其界面基本与以下界面相同，如图 2.30 所示。

型号	工作电压(V)	程序空间	SRAM	EEPROM	I/O	定时器
STC8A8K16S4A12	5.5-2.0	16K	8192	48K	59	5
STC8A8K32S4A12	5.5-2.0	32K	8192	32K	59	5
STC8A8K60S4A12	5.5-2.0	60K	8192	4K	59	5
STC8A8K64S4A12	5.5-2.0	64K	8192	IAP	59	5
STC8A4K16S2A12	5.5-2.0	16K	4096	48K	59	5
STC8A4K32S2A12	5.5-2.0	32K	4096	32K	59	5
STC8A4K60S2A12	5.5-2.0	60K	4096	4K	59	5
STC8A4K64S2A12	5.5-2.0	64K	4096	IAP	59	5
STC8F2K16S4	5.5-2.0	16K	2048	48K	42	5

图 2.30　下载工具软件界面

(3)选择要下载程序的单片机型号,如图 2.31 所示。

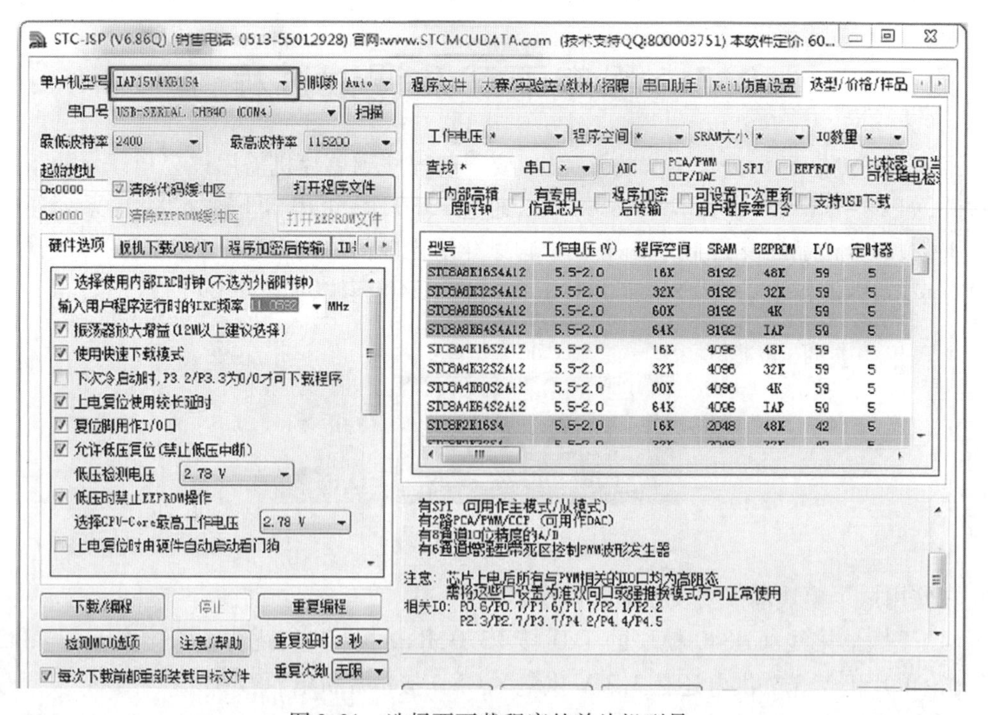

型号	工作电压(V)	程序空间	SRAM	EEPROM	I/O	定时器
STC8A8K16S4A12	5.5-2.0	16K	8192	48K	59	5
STC8A8K32S4A12	5.5-2.0	32K	8192	32K	59	5
STC8A8K60S4A12	5.5-2.0	60K	8192	4K	59	5
STC8A8K64S4A12	5.5-2.0	64K	8192	IAP	59	5
STC8A4K16S2A12	5.5-2.0	16K	4096	48K	59	5
STC8A4K32S2A12	5.5-2.0	32K	4096	32K	59	5
STC8A4K60S2A12	5.5-2.0	60K	4096	4K	59	5
STC8A4K64S2A12	5.5-2.0	64K	4096	IAP	59	5
STC8F2K16S4	5.5-2.0	16K	2048	48K	42	5

图 2.31　选择要下载程序的单片机型号

(4)打开程序文件,打开编译生成的×××.hex文件,如图2.32所示。

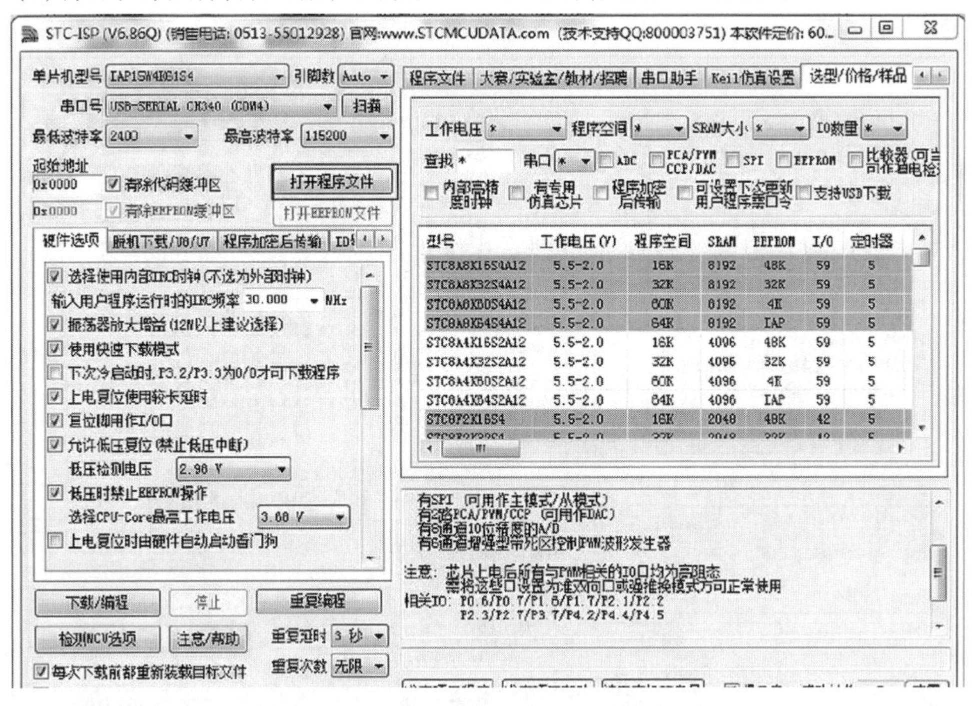

图2.32　打开程序文件

(5)设定单片机的运行时钟频率(如果没有使用外部晶振),如图2.33所示。

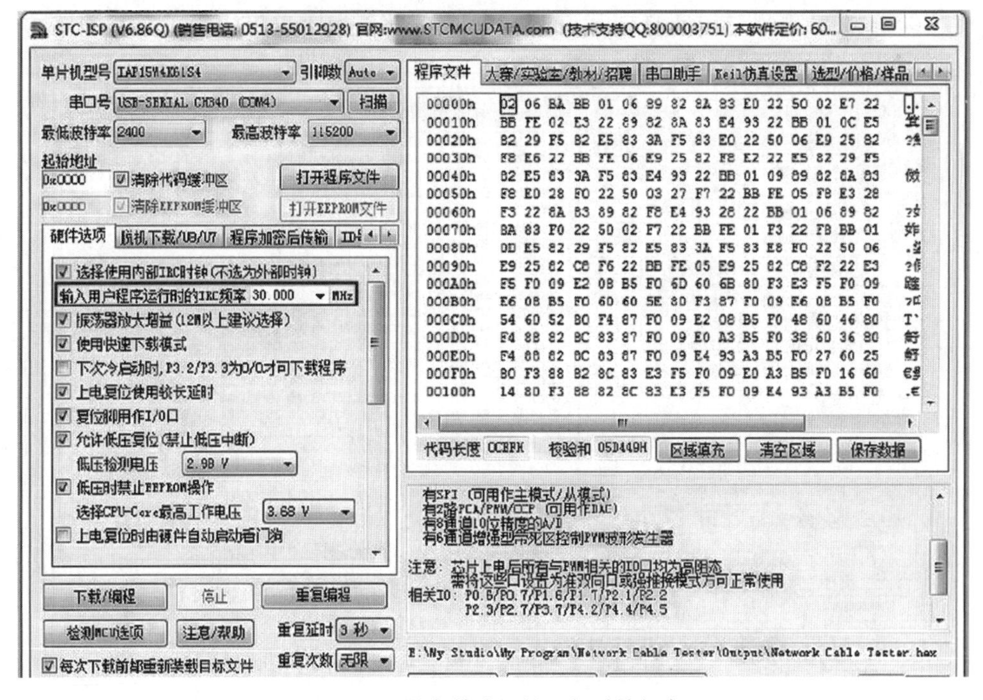

图2.33　设定单片机的运行时钟频率

(6)勾选"在程序区的结束处添加重要测试参数"复选框,如图2.34所示。如果要读取内部参考电压,则必须勾选该复选框。

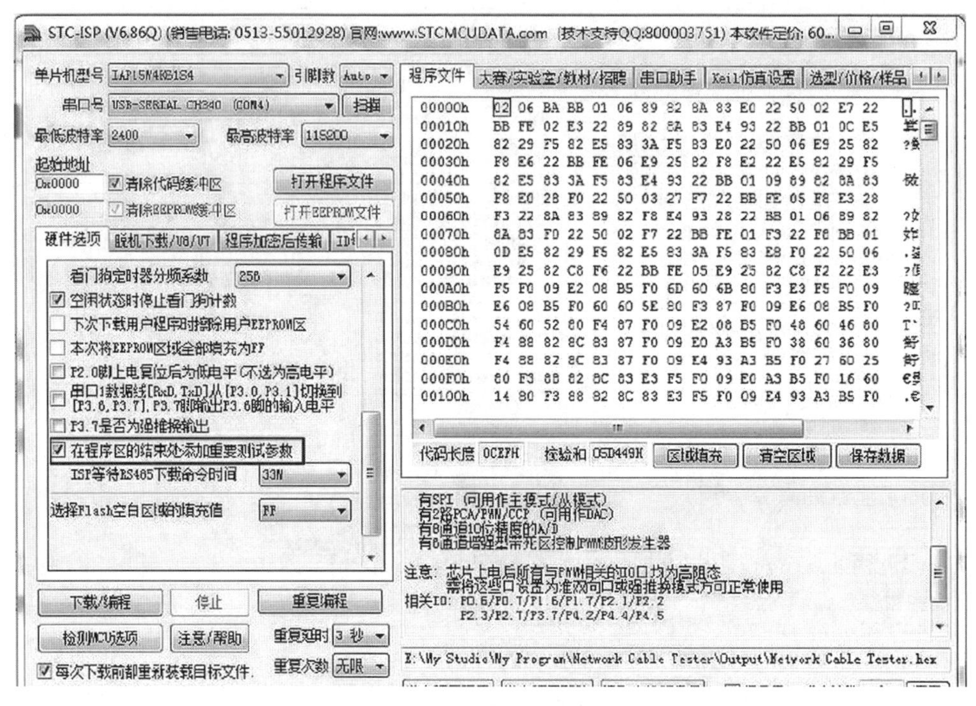

图 2.34　添加重要测试参数

(7)勾选“每次下载前都重新装载目标文件”复选框，如图 2.35 所示。

图 2.35　重新装载目标文件

（8）将 CH340 模块连接到计算机的 USB 接口。

（9）单击“下载程序”按钮。

（10）按单片机供电电源按钮，下载程序，如果单击“下载程序”按钮前单片机已上电，则需要重启（除非设计了一键下载电路，或单片机内已有程序，且该程序加入了免重启更新程序代码）。下载程序前的效果如图 2.36 所示。

图 2.36　下载程序前的效果

下载完成后的效果如图 2.37 所示。

图 2.37　成功下载程序

2.4　一个简单的单片机应用程序

下面介绍通过按键控制两种跑马灯形式。

(1)案例。

在 Keil μVision4 集成开发环境下分别用 C51 编程实现跑马灯,即控制与实验箱上的 P6.0 ~P6.7 引脚相连的 8 个 LED 循环点亮,请设计至少两种跑马灯方式,并在实验箱上验证。跑马灯电路如图 2.38 所示。

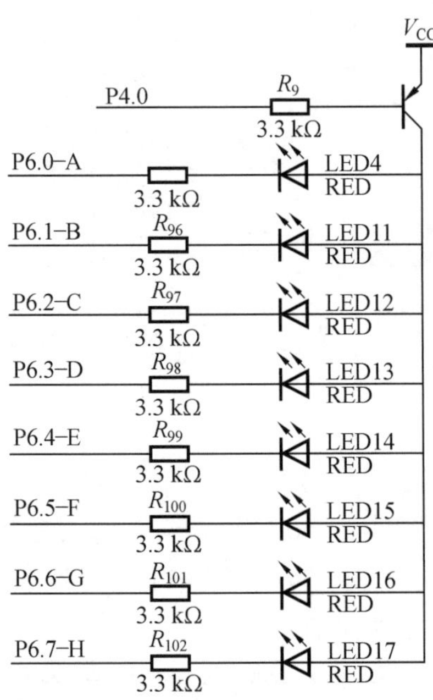

图 2.38　跑马灯电路

(2)代码。

```
#include "stc8h.h"   //包含 STC8H8K 的头文件
#defineMain_Fosc1105920L   //定义主时钟,11.059 2 MHz
typedef unsigned char u8;   //定义 unsigned char、unsigned int、unsigned long 简写为 u8、
                            u16、u32
typedef unsigned int u16;
typedef unsigned long u32;

void delay_ms(u16 ms)   //可控延时函数,最大可输入 65 535
{

    u16 i;
    do{
```

```
            i = Main_Fosc / 10000;
            while(--i);   //每次循环经过 10 个指令周期
      }while(--ms);
}

void gpio()  //GPIO 初始化为准双向口,刚开始除了 P3.0、P3.1 均为高阻态
{

    P0M1 = 0x00;   P0M0 = 0x00;   //设置为准双向口
    P1M1 = 0x00;   P1M0 = 0x00;   //设置为准双向口
    P2M1 = 0x00;   P2M0 = 0x00;   //设置为准双向口
    P3M1 = 0x00;   P3M0 = 0x00;   //设置为准双向口
    P4M1 = 0x00;   P4M0 = 0x00;   //设置为准双向口
    P5M1 = 0x00;   P5M0 = 0x00;   //设置为准双向口
    P6M1 = 0x00;   P6M0 = 0x00;   //设置为准双向口
    P7M1 = 0x00;   P7M0 = 0x00;   //设置为准双向口
}
u8 str1[]={0x18,0x24,0x42,0x81};  //两种跑马灯的数组
u8 str2[]={0x81,0x42,0x24,0x18};
u8 i = 0,Key = 0;  //定义参数 Key,用于选择不同的跑马灯
void main()
{

  gpio();  //调用 GPIO
  P4 = 0;  //先让 P4 口清零
  P00 = 0;
  while(1)  //死循环,使灯一直亮
  {

    //注意:此处首先将 P0.0 清零,然后把 P0.4、P0.5、P0.6 清零是为了用矩阵键盘
    的按键控制跑马灯模式
    if(P04 == 0)Key = 1;  //选择跑马灯模式
    if(P05 == 0)Key = 2;
    if(P06 == 0)Key = 3;

    switch(Key)
    {

      case 1:P6 = ~str1[i];  //P6 口整体赋值,再取反使 LED 亮
```

```
            delay_ms(5000);  //延迟
            i++;
            if(i == 4)i = 0;
            break;

            case 3:P6 = ~str2[i];
            delay_ms(5000);
            i++;
            if(i == 4)i = 0;
            break;

            case 2:
            P6 = ~(0x03<<i);
            if(P6 == 0x7f)P6 = 0x7e;
            else if(P6 == 0xfd)P6 = 0xfc;
            delay_ms(5000);
            i++;
            if(i == 8)i = 0;
            break;
        }
    }
}
```

第二篇　内外部资源操作篇

第3章　显示器

3.1　LED 数码管

3.1.1　LED 数码管的结构及显示原理

1. 什么是 LED 数码管

LED 数码管(LED segment display)是由多个发光二极管封装在一起组成的“8”字形器件,引线已在内部连接完成,只引出“8”字对应的各个笔画引脚及公共电极引脚。LED 数码管一般为 7 段,有的另加一个小数点,还有一种类似于 3 位“+1”型。

LED 数码管的位数有半位、1 位、2 位、3 位、4 位、5 位、6 位、8 位、10 位,等等。LED 数码管根据 LED 的接法不同分为共阴和共阳两类。了解 LED 数码管的这些特性,对编程很重要,因为不同类型的 LED 数码管,除了硬件电路有差异外,编程方法也是不同的。

LED 数码管的颜色有红、绿、蓝、黄等几种。LED 数码管广泛用于仪表、时钟、车站、家电等场合。选用时要注意产品尺寸、颜色、功耗、亮度、波长等。

2. 数码管的基本构造

按内部结构分类,数码管有反射罩式、单条七段式及单片集成式。按显示的字高分类,笔画显示器字高最小为 1 mm(单片集成式多位数码管字高一般在 2 ~ 3 mm),其他类型笔画显示器字高可达 12.7 mm(约 0.5 in,in 为英寸,1 in=2.54 cm),甚至达到数百毫米。

根据数码管内部的连接方式,数码管又分为共阳极数码管(低电平点亮)与共阴极数码管(高电平点亮)。

(1)共阳极数码管。

共阳极数码管是指将所有发光二极管的阳极接到一起形成公共阳极(COM)。共阳极数码管在应用时应将公共极 COM 接到电源 VCC 上,当某一字段发光二极管的阴极为低电平时,该字段就点亮;当某一字段的阴极为高电平时,该字段就不亮。

(2)共阴极数码管。

共阴极数码管是指将所有发光二极管的阴极接到一起形成公共阴极(COM)。共阴极数码管在应用时应将公共极 COM 接到地线 GND 上,当某一字段发光二极管的阳极为高电

平时,该字段就点亮;当某一字段的阳极为低电平时,该字段就不亮。

共阴极数码管和共阳极数码管的内部电路类似,它们的发光原理是一样的,只是它们的电源极性不同,共阴极接法为所有内部 LED 负极接在一起,共阳极接法为所有内部 LED 正极接在一起,常用 8 段数码管的结构如图 3.1 所示。

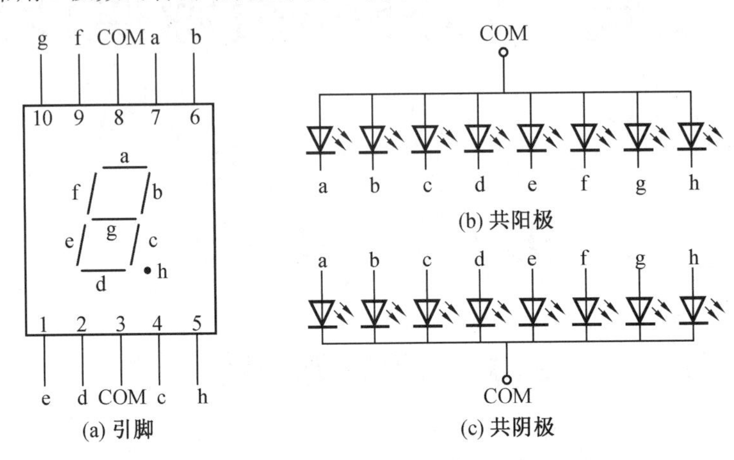

图 3.1 常用 8 段数码管的结构

3. 数码管的显示原理

共阳极数码管的 8 个发光二极管的阳极(二极管正端)连接在一起。通常,公共阳极接高电平(一般接 VCC),其他引脚接驱动电路输出端。当某段驱动电路的输出端为低电平时,则该端所连接的字段导通并点亮。根据发光字段的不同组合可显示出各种数字或字母。此时,要求驱动电路能吸收额定的段导通电流,还需根据外接电源及额定导通电流来确定相应的限流电阻。

共阴极数码管的 8 个发光二极管的阴极(二极管负端)连接在一起。通常,公共阴极接低电平(一般接 GND),其他引脚接驱动电路输出端。当某段驱动电路的输出端为高电平时,则该端所连接的字段导通并点亮,根据发光字段的不同组合可显示出各种数字或字母。此时,要求驱动电路能提供额定的段导通电流,还需根据外接电源及额定导通电流来确定相应的限流电阻。

要使数码管显示出特定的数字或字母,必须使数据口输出相应的字形编码。对数码管所要显示的每个数字和字母进行编码,然后在编程时,将编码放在一个数组中,需要显示什么数字或者字母,从数组里面提取相应的编码即可。共阳极数码管的字形码如图 3.2 所示。

4. 数码管驱动方式

当数码管特定的段加上电压后,这些特定的段就会点亮,从而形成人们看到的特定字样。数码管要正常显示,就要用驱动电路来驱动数码管的各个段,从而显示出所需的字符。数码管的驱动方式可以分为静态驱动方式和动态驱动方式两类。

(1)静态驱动方式。

静态驱动也称直流驱动。静态驱动是指每个数码管的每一个段都由一个单片机的 I/O 口进行驱动,或者使用 BCD 码二-十进制转换器进行驱动。静态驱动的优点是编程简单、显示亮度高,缺点是占用 I/O 口多。例如,驱动 5 个数码管静态显示需要 5×8=40 个 I/O 口,

要知道一个STC8H系列单片机可用的I/O口最多才60个。故实际应用时必须增加驱动器进行驱动,增加了硬件电路的复杂性。

字形	a	b	c	d	e	f	g	dp	段码
0	1	1	1	1	1	1	0	0	FCH
1	0	1	1	0	0	0	0	0	60H
2	1	1	0	1	1	0	1	0	DAH
3	1	1	1	1	0	0	1	0	F2H
4	0	1	1	0	0	1	1	0	66H
5	1	0	1	1	0	1	1	0	B6H
6	1	0	1	1	1	1	1	0	BEH
7	1	1	1	0	0	0	0	0	E0H
8	1	1	1	1	1	1	1	0	FEH
9	1	1	1	1	0	1	1	0	F6H
A	1	1	1	0	1	1	1	0	EEH
B	0	0	1	1	1	1	1	0	3EH
C	1	0	0	1	1	1	0	0	9CH
D	0	1	1	1	1	0	1	0	7AH
E	1	0	0	1	1	1	1	0	9EH
F	1	0	0	0	1	1	1	0	8EH
小数点	0	0	0	0	0	0	0	1	01H
不显示	0	0	0	0	0	0	0	0	00H

图3.2　共阳极数码管的字形码

(2)动态驱动方式。

数码管动态显示是单片机中应用最为广泛的一种显示方式,动态驱动是指将所有数码管的8个显示对应笔画(a、b、c、d、e、f、g、h)的同名段连在一起,另外为每个数码管的公共极COM增加位选通控制电路,位选通由各自独立的I/O线控制。

当单片机输出字形码时,所有数码管都接收到相同的字形码,但究竟是哪个数码管会显示出字形,取决于单片机对位选通COM端电路的控制,所以只要将需要显示的数码管的选通控制打开,该数码管就显示出字形,没有选通的数码管就不会亮。

通过分时轮流控制各个LED数码管的COM端,可以使各个数码管轮流受控显示,这就是动态驱动。在轮流显示的过程中,每位数码管的点亮时间为1~2 ms,由于人的视觉暂留现象及发光二极管的余辉效应,尽管实际上各位数码管并非同时点亮,但只要扫描的速度足够快,给人的印象就是稳定的显示效果,不会有闪烁感。动态显示的效果和静态显示是一样的,但能够节省大量的I/O口,而且功耗更低。

四位一体数码管动态驱动方式连接图如图3.3所示。

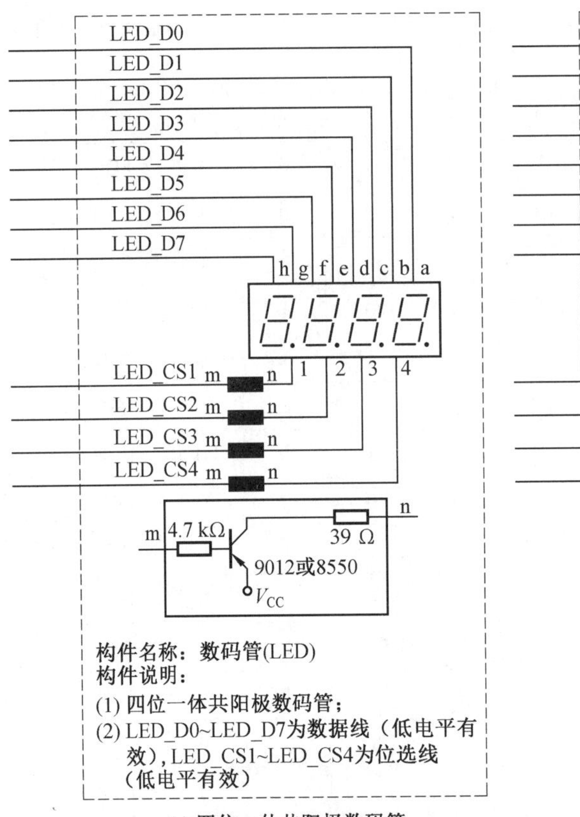

(a) 四位一体共阳极数码管

LED_D0
LED_D1
LED_D2
LED_D3
LED_D4
LED_D5
LED_D6
LED_D7
h g f e d c b a
LED_CS1 m n 1 2 3 4
LED_CS2 m n
LED_CS3 m n
LED_CS4 m n
m 4.7 kΩ
39 Ω n
9013或8050
构件名称：数码管(LED)
构件说明：
(1) 四位一体共阴极数码管；
(2) LED_D0~LED_D7为数据线(高电平有效)，LED_CS1~LED_CS4为位选线（高电平有效）

(b) 四位一体共阴极数码管

图 3.3　四位一体数码管动态驱动方式连接图

3.1.2　LED 数码管显示程序设计

1. 实验一:数码管静态显示

目的:点亮第四个数码管,显示一个字符 0。

电路图:电路连接方式如图 3.4 所示。

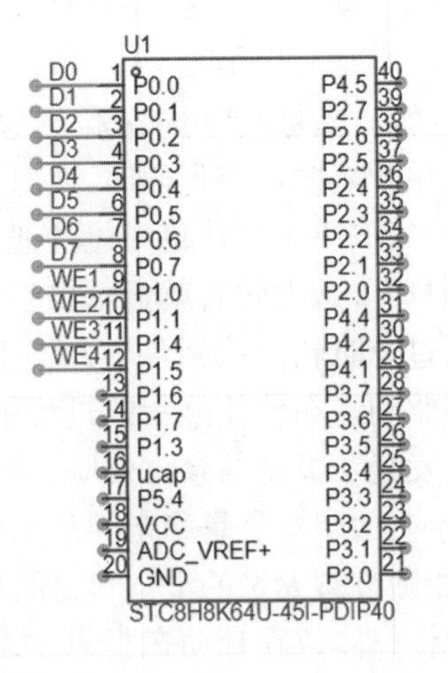

图 3.4　数码管静态显示电路连接方式

数码管采用共阴极数码管。

代码实现:

```
#include "stc8h.h"    //包含此头文件后,不需要再包含"reg51.h"头文件
#include "intrins.h"

#define MAIN_Fosc 24000000L    //定义主时钟

typedef unsigned char uint_8;
typedef unsigned int uint_16;

/*段码*/
uint_8 SEG_Code[]={
  0x3F,0x06,0x5B,0x4F,0x66,0x6D,0x7D,0x07,0x7F,0x6F,0x77,0x7C,0x39,0x5E,
0x79,0x71
  //0   1   2   3   4   5   6   7   8   9   A   B   C   D   E   F
};
/*位码*/
uint_8 SEG_COM[]={
  0xFE,0xFD,0xFB,0xF7,0xEF,0xDF,0xBF,0x7F
};
void main(void)
{
  P0M1 = 0xff;   P0M0 = 0xff;   //设置为漏极开路
  P1M1 = 0x0f;   P1M0 = 0x0f;   //设置P1.0、P1.1、P1.2、P1.3为准双向口
  while(1)
  {
    P0 = SEG_Code[0];
    P1 = SEG_COM[3];
  }
}
```

2. 实验二:数码管动态显示

目的:点亮四个数码管,显示1234。

电路图:电路连接方式如图3.5所示。

数码管采用共阴极数码管。

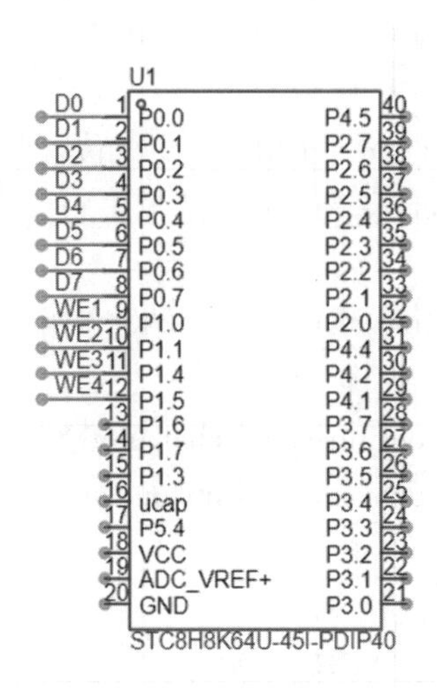

图 3.5　数码管动态显示电路连接方式

代码实现:

```
#include "stc8h.h"    //包含此头文件后,不需要再包含"reg51.h"头文件
#include "intrins.h"
#define MAIN_Fosc 24000000L    //定义主时钟
typedef unsigned char uint_8;
typedef unsigned int uint_16;
/*段码*/
uint_8 SEG_Code[]={
  0x3F,0x06,0x5B,0x4F,0x66,0x6D,0x7D,0x07,0x7F,0x6F,0x77,0x7C,0x39,0x5E,
0x79,0x71
  //0   1   2   3   4   5   6   7   8   9   A   B   C   D   E   F
};
/*位码*/
uint_8 SEG_COM[]={
  0xFE,0xFD,0xFB,0xF7,0xEF,0xDF,0xBF,0x7F
};
/**************************
功能描述:延时函数
入口参数:uint_16 x ,该值为1时,延时1ms
返回值:无
**************************/
void Delay_ms(uint_16 x)
{
  uint_16 j,i;
```

```
  for(j=0;j<x;j++)
  {
    for(i=0;i<1580;i++);
  }
}
/* * * * * * * * * * * * * * * * * * * * * * * * *
描　述：数码管显示
参　数：uint_16 num(需要显示的数字为 0～9999)
返回值：无
* * * * * * * * * * * * * * * * * * * * * * * * */
void SEG_Display(uint_16 num)
{
  P0 = SEG_Code[num/1000];
  P1 = SEG_COM[0];
  Delay_ms(5);  //延时
  P1 = 0xff;  //熄影

  P0 = SEG_Code[(num/100)%10];
  P1 = SEG_COM[1];
  Delay_ms(5);
  P1 = 0xff;  //熄影

  P0 = SEG_Code[(num/10)%10];
  P1 = SEG_COM[2];
  Delay_ms(5);
  P1 = 0xff;  //熄影

  P0 = SEG_Code[num%10];
  P1 = SEG_COM[3];
  Delay_ms(5);
  P1 = 0xff;  //熄影
}

void main(void)
{
  P0M1 = 0xff;   P0M0 = 0xff;   //设置为漏极开路
  P1M1 = 0x0f;   P1M0 = 0x0f;   //设置 P1.0、P1.1、P1.2、P1.3 为准双向口
```

```
    while(1)
    {
      SEG_Display(1234);
    }
}
```

3.2 LCD 显示

3.2.1 LCD1602 简介

1. 什么是 LCD1602

LCD1602 是广泛使用的一种字符型液晶显示模块。它是由字符型液晶显示屏(LCD)、控制驱动主电路 HD44780、扩展驱动电路 HD44100,以及少量电阻、电容元件和结构件等装配在 PCB 上组成的。不同厂家生产的 LCD1602 芯片可能有所不同,但使用方法都是一样的。为了降低成本,绝大多数制造商都直接将裸片做到板子上。

LCD1602 分为带背光和不带背光两种,其控制器大部分为 HD44780。带背光的比不带背光的厚,是否带背光在实际应用中并无显著差别,具体的鉴别办法可参考 LCD1602 尺寸示意图,如图 3.6 所示。

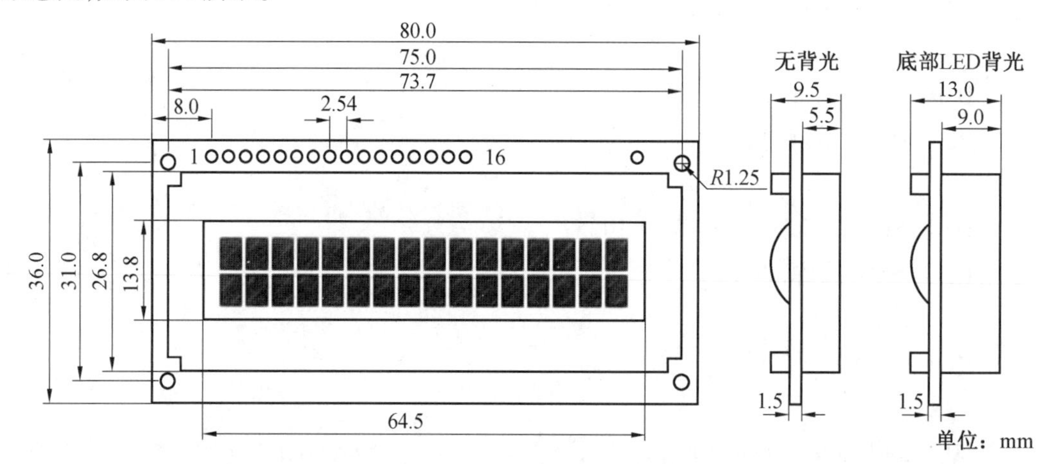

图 3.6　LCD1602 尺寸示意图

2. LCD1602 的显示原理

点阵式 LCD 由 $M \times N$ 个显示单元组成,假设 LCD 有 64 行,每行有 128 列,每 8 列对应 1 个字节的 8 位,即每行由 16 个字节,共 16×8=128 个点组成。LCD 上 64×16 个显示单元与显示 RAM 区的 1 024 个字节相对应,每个字节的内容与 LCD 上相应位置的亮暗对应。例如,LCD 第一行的亮暗由 RAM 区 000H～00FH 共 16 个字节的内容决定,当(000H)= FFH 时,屏幕左上角显示一条短亮线,长度为 8 个点;当(3FFH)= FFH 时,屏幕右下角显示一条短亮线;当(000H)= FFH、(001H)= 00H、(002H)= 00H、(00EH)= 00H、(00FH)= 00H 时,屏幕顶部显示一条由 8 条亮线和 8 条暗线组成的虚线。这就是 LCD 显示的基本原理。

字符型液晶显示模块是一种专门用于显示字母、数字和符号等的点阵式 LCD,常用 16×1、16×2、20×2 和 40×2 等的模块。LCD1602 的内部控制器大部分为 HD44780,能够显示英文字母、阿拉伯数字、日文片假名和一般性符号。

3.2.2 LCD1602 显示程序设计

```
/*************** 功能说明 ***************
本例程基于以 STC8H8K64U 为主控芯片的实验箱进行编写、测试,STC8G 系列芯片可通用参考。
驱动 LCD1602。
显示效果为 LCD 显示时间。
第一行显示"---Clock demo---"。
第二行显示"12-00-00"。
下载时, 选择时钟 24 MHz (用户可自行修改频率)。
****************************************/
#include "stc8h.h"    //包含此头文件后,不需要再包含"reg51.h"头文件
#include "intrins.h"

#define MAIN_Fosc 24000000L    //定义主时钟

typedef unsigned char u8;
typedef unsigned int u16;
typedef unsigned long u32;
/***************Pin define*****************/
sbitLCD_B7   = P6^7;//D7 -- Pin 14LED- -- Pin 16
sbitLCD_B6   = P6^6;//D6 -- Pin 13LED+ -- Pin 15
sbitLCD_B5   = P6^5;//D5 -- Pin 12Vo   -- Pin 3
sbitLCD_B4   = P6^4;//D4 -- Pin 11VDD  -- Pin 2
sbitLCD_B3   = P6^3;//D3 -- Pin 10VSS  -- Pin 1
sbitLCD_B2   = P6^2;//D2 -- Pin  9
sbitLCD_B1   = P6^1;//D1 -- Pin  8
sbitLCD_B0   = P6^0;//D0 -- Pin  7

sbitLCD_ENA= P4^4;//Pin 6
sbitLCD_RW= P4^2;//Pin 5//LCD_RS   R/W   DB7--DB0        FOUNCTION
sbitLCD_RS= P4^5;//Pin 4//00   INPUT
//01      OUTPUT
//10      INPUT
//11      OUTPUT
```

```
u8 hour,minute,second;

void RTC(void);
void ClearLine(u8 row);
void Initialize_LCD(void);
void PutString(u8 row, u8 column, u8 *puts);
void DisplayRTC(void);void delay_ms(u16 ms);
void WriteChar(u8 row, u8 column, u8 dat);

void main(void)
{
    P_SW2 |= 0x80;  //扩展寄存器(XFR)访问使能

    P0M1 = 0x30;   P0M0 = 0x30;   //设置 P0.4、P0.5 为漏极开路
    P1M1 = 0x30;   P1M0 = 0x30;   //设置 P1.4、P1.5 为漏极开路
    P2M1 = 0x3c;   P2M0 = 0x3c;   //设置 P2.2 ~ P2.5 为漏极开路
    P3M1 = 0x50;   P3M0 = 0x50;   //设置 P3.4、P3.6 为漏极开路
    P4M1 = 0x00;   P4M0 = 0x00;   //设置 P4.2 ~ P4.5 为漏极开路
    P5M1 = 0x0c;   P5M0 = 0x0c;   //设置 P5.2、P5.3 为漏极开路
    P6M1 = 0xff;   P6M0 = 0xff;   //设置 P6 为漏极开路
    P7M1 = 0x00;   P7M0 = 0x00;   //设置 P7 为准双向口

    Initialize_LCD();
    ClearLine(0);
    ClearLine(1);

    PutString(0,0,"---Clock demo---");

    hour   = 12;  //初始化时间值
    minute = 0;
    second = 0;
    DisplayRTC();
    while(1)
    {
        delay_ms(1000);
        RTC();
        DisplayRTC();
    }
}
```

```
//===========================
// 函数：void delay_ms(u16 ms)
// 描述：延时函数
// 参数：ms(要延时的时间,单位为毫秒，这里只支持1～65 535 ms,自动适应主时钟)
// 返回：none
//===========================
void delay_ms(u16 ms)
{
    u16 i;
    do{
        i = MAIN_Fosc / 10000;
        while(--i);    //10T per loop
    }while(--ms);
}

//===========================
// 函数：void DisplayRTC(void)
// 描述：显示时钟函数
// 参数：none
// 返回：none
//===========================
voidDisplayRTC(void)
{
  if(hour >= 10)WriteChar(1,4,hour / 10 + '0');
  elseWriteChar(1,4,' ');
  WriteChar(1,5,hour % 10 +'0');
  WriteChar(1,6,'-');
  WriteChar(1,7,minute / 10+'0');
  WriteChar(1,8,minute % 10+'0');
  WriteChar(1,9,'-');
  WriteChar(1,10,second / 10 +'0');
  WriteChar(1,11,second % 10 +'0';
}
//===========================
// 函数：void RTC(void)
// 描述：RTC 演示函数
// 参数：none
// 返回：none
//===========================
```

```
voidRTC(void)
{
  if(++second >= 60)
  {
    second = 0;
    if(++minute >= 60)
    {
      minute = 0;
      if(++hour >= 24)hour = 0;
    }
  }
}

/* * * * * * * * * * * LCD1602 相关程序* * * * * * * * * * * * * * * */
//8 位数据访问方式 LCD1602 标准程序

#define LineLength16//16x2

/*
total 2 lines, 16x2= 32
first line address: 0 ~15
second line address: 64 ~79

 */

#define C_CLEAR0x01
#define C_HOME0x02
#define C_CUR_L0x04
#define C_RIGHT0x05
#define C_CUR_R0x06
#define C_LEFT0x07
#define C_OFF0x08
#define C_ON0x0C
#define C_FLASH0x0D
#define C_CURSOR0x0E
#define C_FLASH_ALL0x0F
#define C_CURSOR_LEFT0x10
#define C_CURSOR_RIGHT0x10
#define C_PICTURE_LEFT0x10
```

```
#define C_PICTURE_RIGHT0x10
#define C_BIT80x30
#define C_BIT40x20
#define C_L1DOT70x30
#define C_L1DOT100x34
#define C_L2DOT70x38
#define C_4bitL2DOT70x28
#define C_CGADDRESS00x40
#define C_DDADDRESS00x80
#define LCD_BusData(dat)P6 = dat

void LCD_DelayNop(void)
{
    _nop_();_nop_();_nop_();
    _nop_();_nop_();_nop_();
    _nop_();_nop_();_nop_();
    _nop_();_nop_();_nop_();
    _nop_();_nop_();_nop_();
}
//======================
// 函数: void CheckBusy(void)
// 描述: 检测忙函数
// 参数: none
// 返回: none
//======================
void CheckBusy(void)
{
    u16 i;
    for(i=0; i<5000; i++){
        if(! LCD_B7)
        break;}    //LCD 判忙
}

//======================
// 函数: void IniSendCMD(u8 cmd)
// 描述: 初始化写命令(不检测忙)
// 参数: cmd(要写的命令)
// 返回: none
//======================
```

```
void IniSendCMD(u8 cmd)
{
  LCD_RW = 0;
  LCD_BusData(cmd);
  LCD_DelayNop();
  LCD_ENA = 1;
  LCD_DelayNop();
  LCD_ENA = 0;
  LCD_BusData(0xff);
}

//========================
// 函数：void Write_CMD(u8 cmd)
// 描述：写命令(检测忙)
// 参数：cmd(要写的命令)
// 返回：none
//=========================
void Write_CMD(u8 cmd)
{
  LCD_RS = 0;
  LCD_RW = 1;
  LCD_BusData(0xff);
  LCD_DelayNop();
  LCD_ENA = 1;
  CheckBusy();   //LCD 判忙
  LCD_ENA = 0;
  LCD_RW = 0;

  LCD_BusData(cmd);
  LCD_DelayNop();
  LCD_ENA = 1;
  LCD_DelayNop();
  LCD_ENA = 0;
  LCD_BusData(0xff);
}

//==========================
// 函数：void Write_DIS_Data(u8 dat)
// 描述：写显示数据(检测忙)
```

```
// 参数：dat(要写的数据)
// 返回：none
//=========================
void Write_DIS_Data(u8 dat)
{
  LCD_RS = 0;
  LCD_RW = 1;

  LCD_BusData(0xff);
  LCD_DelayNop();
  LCD_ENA = 1;
  CheckBusy();  //LCD 判忙
  LCD_ENA = 0;
  LCD_RW = 0;
  LCD_RS = 1;

  LCD_BusData(dat);
  LCD_DelayNop();
  LCD_ENA = 1;
  LCD_DelayNop();
  LCD_ENA = 0;
  LCD_BusData(0xff);
}

//=========================
// 函数：void Initialize_LCD(void)
// 描述：初始化函数
// 参数：none
// 返回：none
//=========================
void Initialize_LCD(void)
{
  LCD_ENA = 0;
  LCD_RS = 0;
  LCD_RW = 0;

  delay_ms(100);
  IniSendCMD(C_BIT8);  /设置数据为 8 bits
```

```
  delay_ms(10);
  Write_CMD(C_L2DOT7);  //设置5*7两行

  delay_ms(6);
  Write_CMD(C_CLEAR);  //清空 LCD RAM
  Write_CMD(C_CUR_R);  //光标右移
  Write_CMD(C_ON);  //显示 LCD
}

//=============================
// 函数: void ClearLine(u8 row)
// 描述: 清除1行
// 参数: row(行,0或1)
// 返回: none
//=============================
void ClearLine(u8 row)
{
  u8 i;
  Write_CMD(((row & 1)<< 6)| 0x80);
  for(i=0; i<LineLength; i++)Write_DIS_Data(' ');
}

//=============================
// 函数: void WriteChar(u8 row, u8 column, u8 dat)
// 描述: 指定行、列和字符, 写一个字符
// 参数: row(行,0或1)、column(第几个字符,0~15)、dat(要写的字符)
// 返回: none.
// 版本: VER1.0
// 日期:2023-7-21
// 备注:
//=============================
void WriteChar(u8 row, u8 column, u8 dat)
{
  Write_CMD((((row & 1)<< 6)+ column)| 0x80);
  Write_DIS_Data(dat);
}

//=============================
// 函数: void PutString(u8 row, u8 column, u8 *puts)
```

```
// 描述：写一个字符串，指定行、列和字符串首地址
// 参数：row(行,0 或 1)、column(第几个字符,0～15)、puts(要写的字符串指针)
// 返回：none
//==========================
void PutString(u8 row, u8 column, u8 *puts)
{
  Write_CMD((((row & 1)<< 6)+ column)| 0x80);
  for ( ;  *puts ! = 0;  puts++)  //遇到停止符0结束
  {
    Write_DIS_Data( *puts);
    if(++column >= LineLength)break;
  }
}

//* * * * * * * * * * LCD Module END * * * * * * * * * * *
```

第4章　键　　盘

4.1　键盘接口设计

键盘是由若干按键组成的开关矩阵,它是单片机系统中常用的输入设备,用户能通过键盘向单片机输入指令、地址和数据。一般单片机系统中采用非编码键盘,非编码键盘是指由软件来识别键盘上的闭合键,它具有结构简单、使用灵活等特点,因此被广泛应用于单片机系统。

键盘接口电路设计是单片机系统设计非常重要的一环,作为人机交互里常用的输入设备,用户可以通过键盘输入数据或命令来实现简单的人机通信。在设计键盘电路与程序前,需要了解键盘和组成键盘的按键的一些知识。直插式按键实物图及内部结构图如图4.1所示。

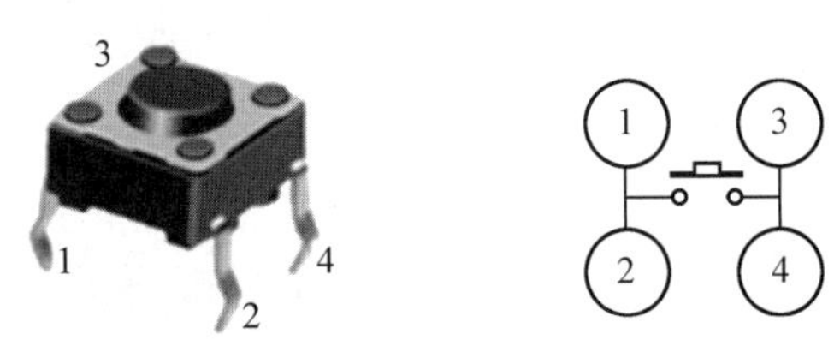

图4.1　直插式按键实物图及内部结构图

4.1.1　按键的分类

一般来说,按键按照结构和工作原理可分为两类,一类是触点式开关按键,如机械式开关、导电橡胶式开关等;另一类是无触点式开关按键,如电气式按键、磁感应按键等。前者造价低,后者寿命长。目前,微机系统中比较常见的是触点式开关按键。

键盘按照接口原理可分为编码键盘与非编码键盘两类,这两类键盘的主要区别是识别键符及给出相应键码的方法。编码键盘主要是用硬件来实现键的识别,非编码键盘主要是由软件来实现键的识别。

全编码键盘由专门的芯片实现识键及输出相应的编码,一般还具有去抖动和多键、窜键等保护电路,这种键盘使用方便,硬件成本高,一般的小型嵌入式应用系统较少采用。非编码键盘按连接方式可分为独立式和矩阵式两种,由于其经济实用,较多地应用于单片机系统。

4.1.2　按键的输入原理

在单片机应用系统中,通常使用机械触点式开关按键,其主要功能是把机械上的通断转换为电气上的逻辑关系。也就是说,它能提供标准的TTL逻辑电平,以便与通用数字系统的逻辑电平相容。此外,除了复位按键有专门的复位电路及专一的复位功能外,其他需要用

到的按键都是以开关状态来设置控制功能或输入数据。当所设置的功能键或数字键按下时，单片机应用系统应完成该按键所设定的功能。因此，键信息输入是与软件结构密切相关的过程。一组键或一个键盘通过接口电路与单片机相连。单片机可以采用查询或中断方式了解有无按键输入并检查是哪一个按键按下，若有键按下则跳至相应的键盘处理程序去执行，若无键按下则继续执行其他程序。

4.1.3　按键的特点与去抖

机械式按键在按下或释放时，由于机械弹性作用的影响，通常伴随一定时间的触点机械抖动，然后其触点才稳定下来。抖动过程如图4.2(a)所示，抖动时间的长短与开关的机械特性有关，一般为5～10 ms。从图中可以看出，在触点抖动期间检测按键的通与断状态，可能导致判断出错，即按键一次按下或释放被错误地认为是多次操作，这种情况是不允许出现的。为了克服按键触点机械抖动所致的检测误判，必须采取去抖动措施，可从硬件、软件两方面予以考虑。一般来说，在键数较少时，可采用硬件去抖，而当键数较多时，采用软件去抖。软件去抖的流程图如图4.2(b)所示。

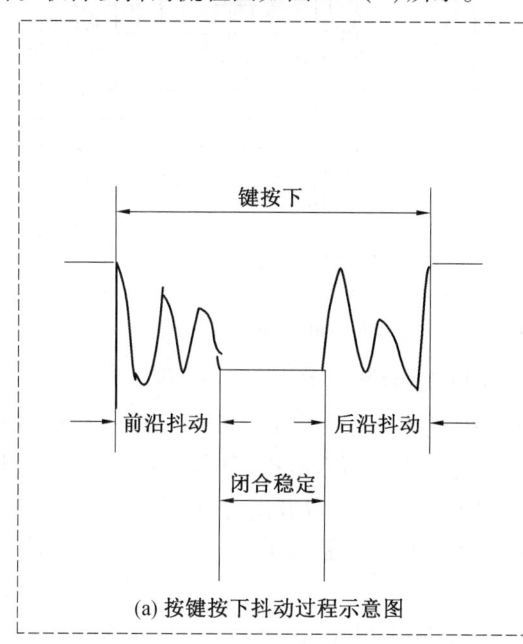

(a) 按键按下抖动过程示意图

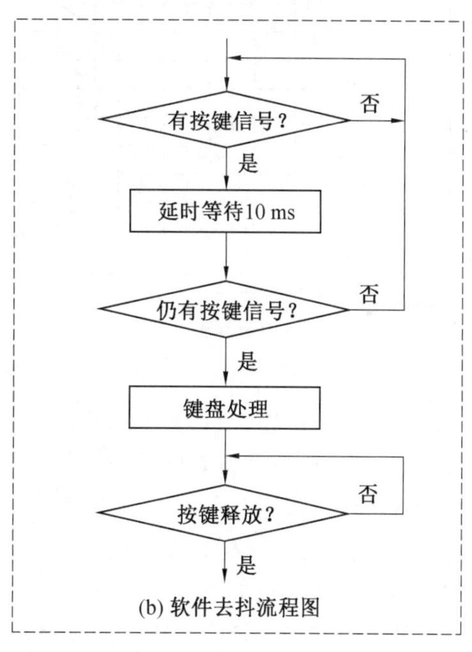

(b) 软件去抖流程图

图4.2　按键按下抖动过程示意图及软件去抖流程图

从按键去抖流程图中可以知道，检测到有键按下时，应延时等待一段时间(可调用一个5～10 ms的延时子程序)，然后再次判断按键是否被按下，若此时判断按键仍被按下，则认为按键有效，若此时判断按键没有被按下，说明为按键抖动或干扰，应返回重新判断。按键真正被按下才可进行相应的处理程序，此时基本实现了按键输入，进一步可以判断按键是否释放。

4.1.4　按键连击问题

当按下某个键时，如果操作者没有及时释放该键，MCU则以为操作者在连续操作该键

(连击),对应的按键功能程序将会被反复执行。大多数应用场合需要防止连击,即一次按键只让 MCU 执行一次功能程序,该键不释放就不执行第二次。

4.2 独立式键盘的设计

4.2.1 独立式键盘结构及设计原理

各个键相互独立,按照一对一的方式接到 MCU 的引脚上,另一端接地。采用查询扫描时,MCU 可通过直接读取 KEY 引脚的电平状态来判断键是否被按下。采用外部中断扫描时,一般利用按键的下降沿触发 MCU 中断。独立式键盘查键方便,但占用 I/O 资源较多,因此一般适用于键较少的场合。独立式按键连接示意图如图 4.3 所示。

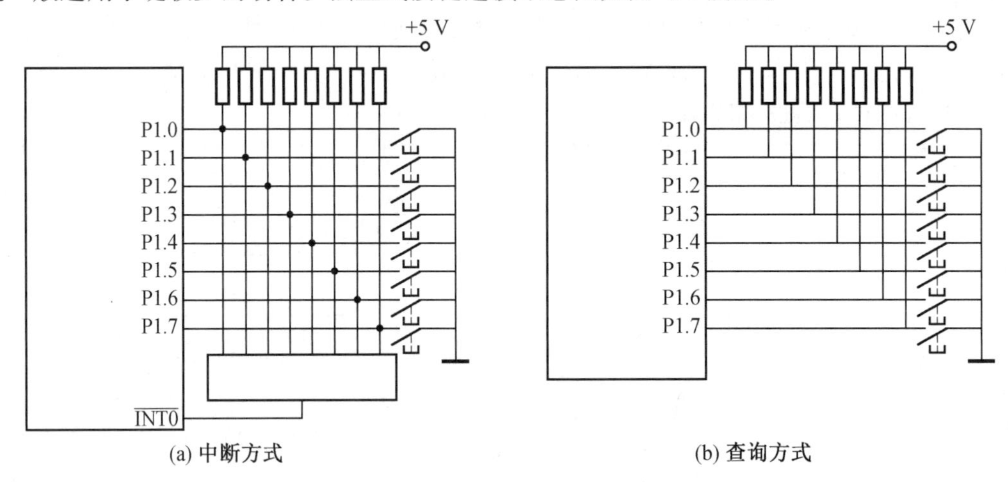

图 4.3 独立式按键连接示意图

从图 4.3 中可知,独立式按键采用每个按键单独占用一根 I/O 口线的结构。当按下和释放按键时,输入单片机 I/O 端口的电平是不一样的,因此可以根据不同端口电平的变化判断是否有按键按下以及是哪一个按键按下。从图 4.3(a)中可以看出,按键和单片机引脚连接并加了上拉电阻,这样当没有按键按下时,I/O 输入的电平是高电平,当有按键按下时,I/O 输入的电平是低电平。

高低电平式接法是非常常见的按键检测的接法,顾名思义,该接法就是需要单片机引脚具有高低电平的检测能力,也就是常见的 GPIO 引脚即可。高低电平式接法又可分为两种:行列式接法和独立式接法。行列式接法是利用单片机的 GPIO 口组成行与列,在行与列的每一个交点处连接按键,故相应的键盘称为矩阵式键盘,该接线方法最大的优势是可以使用较少的 GPIO 口实现较多按键的检测,这个在矩阵键盘的识别实验中会详细介绍。独立式接法的含义就是使用单片机的一个 GPIO 引脚检测一个按键的状态,有多少按键需检测就需要多少个 GPIO 引脚,对每个按键的检测相互独立。

独立式接法一般会用低电平有效的方式,即按键按下时 GPIO 输入为低电平,按键独立式接法如图 4.4 所示。图 4.4 中 R 的作用是将 GPIO 输入端口不确定的信号箝位在高电平状态。数字电路有三种状态:高电平、低电平和高阻状态。有些应用场合并不希望出现高

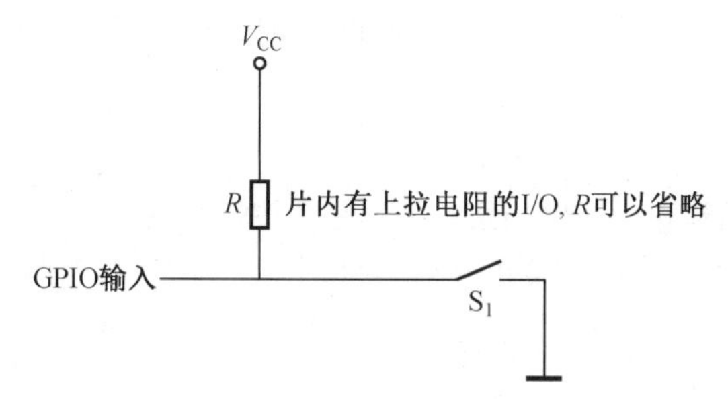

图 4.4 按键独立式接法

阻状态,这时加上拉电阻即可让 GPIO 输入端口保持确定的状态。

按键释放时,因为上拉电阻 R 的关系,GPIO 输入检测是高电平,按键按下时,GPIO 短接到 GND,输入检测是低电平。这样,单片机根据 GPIO 的输入状态即可确定按键是否按下。

A/D 转换器通过电阻分压检测多个按键。按键检测除了高低电平检测的方法之外,还有一种方法是使用 A/D 转换器通过电阻分压检测多个按键,这种按键检测的电路形式称为分压式接法。

分压式接法要求使用的单片机引脚必须具有 A/D 转换器功能,根据检测口测得的不同的电压值来识别是哪个按键按下。这种方法的好处是节省 I/O 资源,它只需一个具有 A/D 转换器功能的 I/O 口即可实现多个按键的检测,适用于 I/O 资源紧张的场合,如一些电磁炉的按键使用的就是这种方法。

相对于高低电平检测,这种方法在编程上要复杂一些,需要先计算好分压的电压值存储于"表"中,程序运行时,采样到电压值后查表即可获知是哪个按键按下。按键分压式接法如图 4.5 所示。

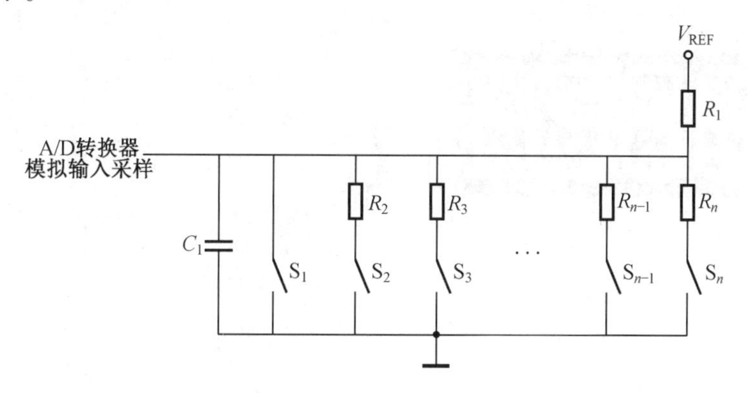

图 4.5 按键分压式接法

4.2.2 按键检测电路考虑因素

设计按键检测电路时,需要考虑三个方面:按键释放时 GPIO 口状态的确定、按键消抖和 GPIO 口保护。

1. 按键释放时 GPIO 口状态的确定

按键检测电路中,按键释放后要能保证 GPIO 口电平是确定的,即按键释放时 GPIO 口

固定为高电平或低电平。开发板上 RN1 排阻的作用就是保证按键释放时,在单片机 GPIO 口上保持高电平。

2. 按键消抖

对于按键硬件上的消抖,一般常用的方式是在按键上并接一个电容约 0.1 μF 的电容器,利用电容器两端的电压不能突变的特性,消除抖动时产生的毛刺电压。虽然电容可以起到消除抖动的作用,但是在考虑按键灵敏度的情况下,电容是无法完全消除抖动的,消除抖动还需要软件的配合。

开发板上的按键电路没有设置硬件消抖,开发板使用的是软件消抖,这对于一般的按键检测已经足够。

3. GPIO 口保护

开发板按键检测电路中还串联有排阻 RN12,该排阻的电阻为 100 Ω,串联在单片机 GPIO 口和按键引脚间,起到保护 GPIO 口的作用。

分析:如果 GPIO 口不小心误配置为输出模式,并且输出高电平,则分析电路可知,此时如果没有排阻 RN12,若用户按下按键,则单片机 GPIO 口(控制输出高电平)直接和 GND 相连,会损坏 GPIO 口。

4.2.3 独立式键盘程序设计

1. 实验一:独立按键的实现

目的:每次按下按键 SW1,数码管显示的值便加 1。数码管显示初始值为 0,上限为 9999。

电路图:电路连接图如图 4.6 所示。

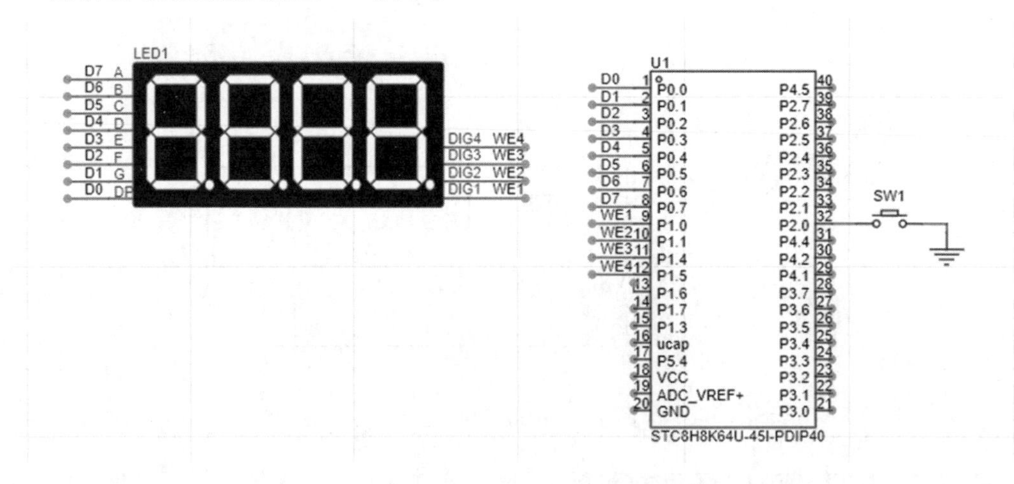

图 4.6　独立式按键电路图

代码实现:

```
#include "stc8h.h"      //包含此头文件后,不需要再包含"reg51.h"头文件
#include "intrins.h"
```

```
#define MAIN_Fosc 24000000L    //定义主时钟

typedef unsigned char uint_8;
typedef unsigned int uint_16;

sbit SW1 = P2^0;

/*段码*/
uint_8 SEG_Code[]={
0x3F,0x06,0x5B,0x4F,0x66,0x6D,0x7D,0x07,0x7F,0x6F,0x77,0x7C,0x39,0x5E,
0x79,0x71
//0  1  2  3  4  5  6  7  8  9  A  B  C  D  E  F
};

/*位码*/
uint_8 SEG_COM[]={
0xFE,0xFD,0xFB,0xF7,0xEF,0xDF,0xBF,0x7F
};
/*************************************
功能描述:延时函数
入口参数:uint_16 x ,该值为 1 时,延时 1 ms
返回值:无
*************************************/
void Delay_ms(uint_16 x)
{
  uint_16 j,i;
  for(j=0;j<x;j++)
  {
    for(i=0;i<158;i++);
  }
}
/*************************************
 *描述: 数码管显示
 *参数: uint_16 num(需要显示的数字,0~9999)
 *返回值: 无
*************************************/
void SEG_Display(uint_16 num)
{
  P0 = SEG_Code[num/1000];
```

```
    P1 = SEG_COM[0];
    Delay_ms(5);  //延时
    P1 = 0xff;  //熄影

    P0 = SEG_Code[(num/100)%10];
    P1 = SEG_COM[1];
    Delay_ms(5);
    P1 = 0xff;  //熄影

    P0 = SEG_Code[(num/10)%10];
    P1 = SEG_COM[2];
    Delay_ms(5);
    P1 = 0xff;  //熄影

    P0 = SEG_Code[num%10];
    P1 = SEG_COM[3];
    Delay_ms(5);
    P1 = 0xff;  //熄影
}

void main(void)
{
    P0M1 = 0xff;   P0M0 = 0xff;   //设置为漏极开路
    P1M1 = 0x0f;   P1M0 = 0x0f;   //设置 P1.0、P1.1、P1.2、P1.3 为准双向口
    P2M1 = 0xef;   P2M0 = 0xef;   //设置 P2.0 为漏极开路

    uint_16 i = 0;

    while(1)
    {
      if(SW1 == 0)  //按键按下
      {
        Delay_ms(20);  //延时消抖
        if(SW1 == 0)  //按键按下
        {
          i++;
        }
        while(SW1 == 0)  //释放检测
        {
```

```
            SEG_Display(i);
        }
    }
    SEG_Display(i);
  }
}
```

2. 实验二:多个独立按键的实现

目的:每次按下按键 SW1,数码管显示的值便加 1,每次按下按键 SW2,数码管显示的值便减 1。数码管显示初始值为 0,上限为 9999。

电路图:电路连接图如图 4.7 所示。

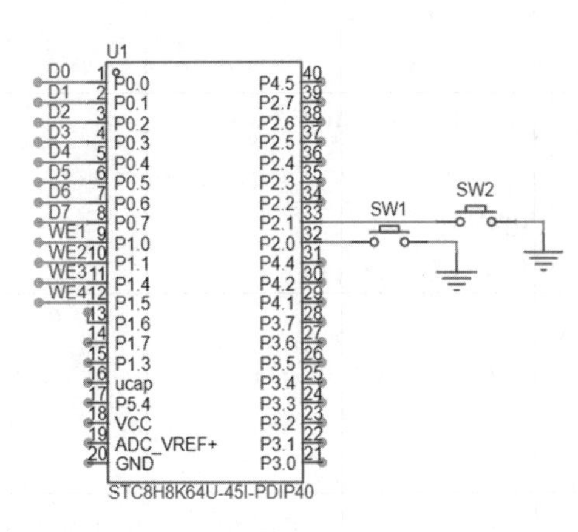

图 4.7　多个独立式按键电路图

代码实现:

```
#include "stc8h.h"      //包含此头文件后,不需要再包含"reg51.h"头文件
#include "intrins.h"

#define MAIN_Fosc 24000000L     //定义主时钟

typedef unsigned char uint_8;
typedef unsigned int uint_16;

sbit SW1 = P2^0;
sbit SW2 = P2^1;

/*段码*/
uint_8 SEG_Code[]={
0x3F,0x06,0x5B,0x4F,0x66,0x6D,0x7D,0x07,0x7F,0x6F,0x77,0x7C,0x39,0x5E,
```

```
0x79,0x71
    //0  1  2  3  4  5  6  7  8  9  A  B  C  D  E  F
    };

    /*位码*/
    uint_8 SEG_COM[]={
    0xFE,0xFD,0xFB,0xF7,0xEF,0xDF,0xBF,0x7F
    };
    /**********************************
    功能描述:延时函数
    入口参数:uint_16 x ,该值为 1 时,延时 1 ms
    返回值:无
    **********************************/
    void Delay_ms(uint_16 x)
    {
      uint_16 j,i;
      for(j=0;j<x;j++)
      {
        for(i=0;i<158;i++);
      }
    }
    /*********************************
    *描  述:数码管显示
    *参  数:uint_16 num(需要显示的数字 0~9999)
    *返回值:无
    *********************************/
    void SEG_Display(uint_16 num)
    {
      P0 = SEG_Code[num/1000];
      P1 = SEG_COM[0];
      Delay_ms(5);  //延时
      P1 = 0xff;  //熄影

      P0 = SEG_Code[(num/100)%10];
      P1 = SEG_COM[1];
      Delay_ms(5);
      P1 = 0xff;  //熄影

      P0 = SEG_Code[(num/10)%10];
```

```
    P1 = SEG_COM[2];
    Delay_ms(5);
    P1 = 0xff;  //熄影

    P0 = SEG_Code[num%10];
    P1 = SEG_COM[3];
    Delay_ms(5);
    P1 = 0xff;  //熄影
}

void main(void)
{
    P0M1 = 0xff;   P0M0 = 0xff;   //设置为漏极开路
    P1M1 = 0x0f;   P1M0 = 0x0f;   //设置 P1.0、P1.1、P1.2、P1.3 为准双向口
    P2M1 = 0xdf;   P2M0 = 0xdf;   //设置 P2.0、P2.1 为漏极开路

    uint_16 i = 0;

    while(1)
    {
        if(SW1 == 0)  //按键按下
        {
            Delay_ms(20);  //延时消抖
            if(SW1 == 0)  //按键按下
            {
                i++;
                if(i>=9999)
                {
                    i=9999;
                }


            }
            while(SW1 == 0)  //释放检测
            {
                SEG_Display(i);
            }
        }
        if(SW2 == 0)  //按键按下
        {
```

```
        Delay_ms(20);  //延时消抖
        if(SW2 == 0)  //按键按下
        {


          i--;
          if(i>=65535)
          {
            i=0;
          }
        }
        while(SW2 == 0)  //释放检测
        {
          SEG_Display(i);
        }
      }

      SEG_Display(i);
    }
  }
```

4.3 矩阵式键盘的设计

4.3.1 矩阵式键盘结构及设计原理

虽然独立式键盘电路配置灵活,软件结构简单,但每个按键必须占用一根 I/O 口线,因此,在按键较多时,I/O 口线浪费较大。对于比较复杂的系统或按键比较多的场合,可以采用矩阵式键盘,图 4.8(a)所示为 3×3 矩阵式键盘,图 4.8(b)所示为 4×4 矩阵式键盘,其他矩阵式键盘的设计方法类似。

4×4 矩阵式键盘由 4 根行线和 4 根列线交叉构成,按键位于行列的交叉点上,这样就构成了 16 个按键。其中,交叉点的行、列线是不连接的,当按键按下时,相应交叉点处的行线和列线导通。图 4.8(b)中行线通过上拉电阻接到 VCC 上。当无键按下时,行线处于高电平状态;当有键按下时,行、列线在交叉点导通,此时,行线电平将由与此行线相连的列线电平决定。这是识别按键是否按下的关键。然而,矩阵键盘中的每条行线与 4 条列线相交,交叉点的按键按下与否均影响该键所在行线和列线的电平,各按键间将相互影响,键分析时必须将行线、列线信号配合起来做适当处理,才能确定闭合键的位置。

1. 行列式键盘工作原理

无键按下,行线为高电平,当有键按下时行线电平由列线电平决定。

由于行、列线为多键共用,各按键将相互影响,必须将行、列线信号配合起来并做适当的处理,才能确定闭合键的位置。

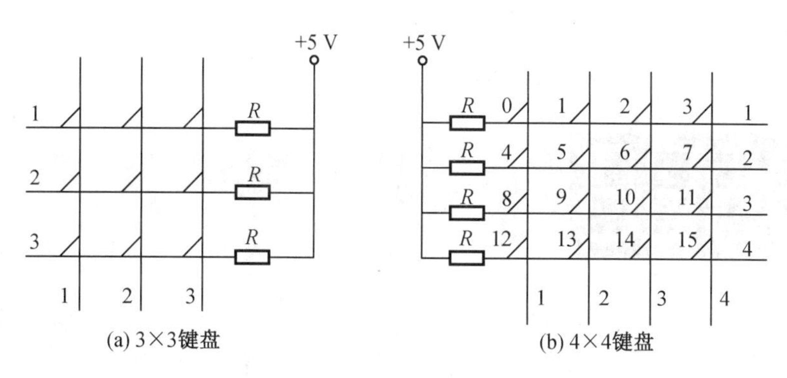

图 4.8　3×3 和 4×4 矩阵式键盘

2. 按键的识别方法

(1)扫描法。

下面以图 4.8 (b)中 3 号键按下为例来说明键是如何被识别出来的。

识别键盘哪个键按下的方法,分以下两步。

第 1 步:识别键盘有无键按下。

第 2 步:如有键按下,识别出具体的按键。

把所有行线清零,检查各列线电平 (全 1)是否有变化,如有变化,则说明有键按下,如无变化,则说明无键按下。

上述方法称为扫描法,即先把某一行置低电平,其余各行为高电平,检查各列线电平的变化,如果某列线电平为低,可确定相应交叉点处的按键按下。

(2)线反转法。

线反转法只需两步便能获得按下的按键位置。线反转法的原理如图 4.9 所示。

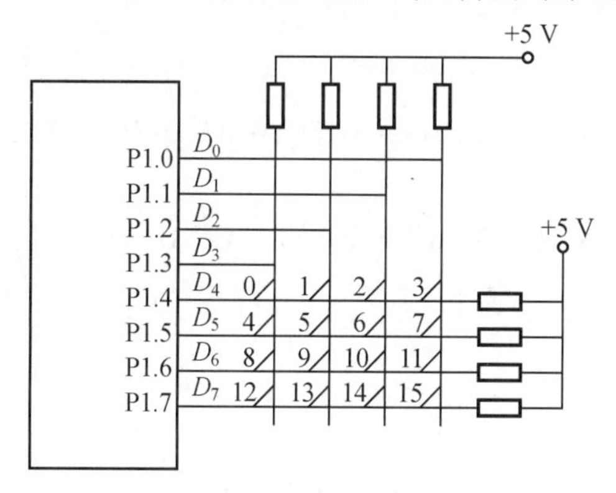

图 4.9　线反转法原理图

第 1 步:列线输出为全低电平,则行线电平由高变低的行为按键所在行。

第 2 步:行线输出为全低电平,则列线电平由高变低的列为按键所在列。

结合上述两步,可确定按键所在的行和列。

4.3.2　矩阵式键盘程序设计

实验:矩阵键盘的识别。

目的:按下按键,数码管显示对应的键值。

电路图:电路连接图如图 4.10 所示。

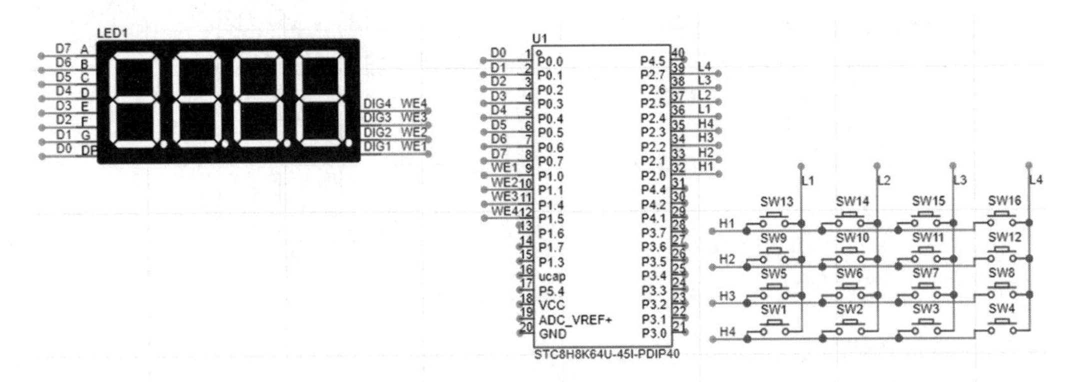

图 4.10　线反转法接线图

代码实现:

```
#include "stc8h.h"    //包含此头文件后,不需要再包含"reg51.h"头文件
#include "intrins.h"

#define MAIN_Fosc 24000000L    //定义主时钟

typedef unsigned char uint_8;
typedef unsigned int uint_16;

/*段码*/
uint_8 SEG_Code[]={
0x3F,0x06,0x5B,0x4F,0x66,0x6D,0x7D,0x07,0x7F,0x6F,0x77,0x7C,0x39,0x5E,
0x79,0x71
//0  1  2  3  4  5  6  7  8  9  A  B  C  D  E  F
};

/*位码*/
uint_8 SEG_COM[]={
0xFE,0xFD,0xFB,0xF7,0xEF,0xDF,0xBF,0x7F
};
/**************************************
功能描述:延时函数
入口参数:uint_16 x ,该值为 1 时,延时 1 ms
返回值:无
**************************************/
void Delay_ms(uint_16 x)
```

```
{
  uint_16 j,i;
  for(j=0;j<x;j++)
  {
    for(i=0;i<1580;i++);
  }
}
/*******************************
 * 描  述:数码管显示
 * 参  数:uint_16 num(需要显示的数字,0~9999)
 * 返回值:无
 *******************************/
void SEG_Display(uint_16 num)
{
  P0 = SEG_Code[num/1000];
  P1 = SEG_COM[0];
  Delay_ms(5);  //延时
  P1 = 0xff;  //熄影

  P0 = SEG_Code[(num/100)%10];
  P1 = SEG_COM[1];
  Delay_ms(5);
  P1 = 0xff;  //熄影

  P0 = SEG_Code[(num/10)%10];
  P1 = SEG_COM[2];
  Delay_ms(5);
  P1 = 0xff;  //熄影

  P0 = SEG_Code[num%10];
  P1 = SEG_COM[3];
  Delay_ms(5);
  P1 = 0xff;  //熄影
}
/****************************
功能描述:按键检测并返回按键的值
入口参数:无
返回值:uint_8 row, col
****************************/
```

```
uint_8 code a[ ] = {0xFE, 0xFD, 0xFB, 0xF7}; //键盘扫描控制表

uint_8 keynum(void)
{
  uint_8 row, col, i;
  P2 = 0xf0;
  if((P3 & 0xf0) ! = 0xf0)
  {
    Delay_ms(5);
    Delay_ms(5);
    if((P2 & 0xf0) ! = 0xf0)
    {
      row = P2 ^ 0xf0; //确定行线
      i = 0;
      P2 = a[i]; //精确定位
      while(i < 4)
      {
        if((P2 & 0xf0) ! = 0xf0)
        {
          col = ~(P2 & 0xff); //确定列线
          break; //已定位后提前退出
        }
        else
        {
          i++;
          P2 = a[i];
        }
      }
    }
    else
    {
      return 0;
    }
    while((P2 & 0xf0) ! = 0xf0);
    return (row | col); //行线与列线组合后返回
  }
  else return 0; //无键按下时返回0
}
```

```
/*****************************
功能描述:将按键值编码为数值
入口参数:uint_8 m
返回值:uint_8 k
*****************************/
uint_8 coding(uint_8 m)
{
  uint_8 k;
  switch(m)
  {
  case (0x11):
    k = 13;
    break;
  case (0x21):
    k = 14;
    break;
  case (0x41):
    k = 15;
    break;
  case (0x81):
    k = 16;
    break;
  case (0x12):
    k = 9;
    break;
  case (0x22):
    k = 10;
    break;
  case (0x42):
    k = 11;
    break;
  case (0x82):
    k = 12;
    break;
  case (0x14):
    k = 5;
    break;
  case (0x24):
```

```
      k = 6;
      break;
    case (0x44):
      k = 7;
      break;
    case (0x84):
      k = 8;
      break;
    case (0x18):
      k = 1;
      break;
    case (0x28):
      k = 2;
      break;
    case (0x48):
      k = 3;
      break;
    case (0x88):
      k = 4;
      break;
    }
    return(k);
}

void main(void)
{
    P0M1 = 0xff;   P0M0 = 0xff;   //设置为漏极开路
    P1M1 = 0x0f;   P1M0 = 0x0f;   //设置 P1.0、P1.1、P1.2、P1.3 为准双向口
    P2M1 = 0x00;   P2M0 = 0x00;   //设置为漏极开路

    uint_8 i = 0, j = 0;

    while(1)
    {
      i = keynum();

      if(i ! = 0)  //判断是否有按键按下
```

```
        {
            j = i;
        }

        SEG_Display(coding(j));
    }
}
```

4.4　触摸式键盘的设计

4.4.1　触摸式键盘结构及设计原理

触摸式键盘是通过电容触摸技术实现的。它利用了物理学中电容器的性质，即两个带电体之间存在电容，而带电体的触碰会在两个带电体之间形成电容变化。触摸式键盘就是通过这种电容变化来实现分辨触碰的位置并输出相应信号的。

具体来说，电容触摸按键由感应电极和控制电路构成。感应电极通常是一块金属导体板，控制电路产生一定频率的高频信号，送到感应电极上。当人的手指触摸到感应电极时，由于人体与感应电极之间形成了电容，在高频信号的作用下，感应电极和人体之间的电容值会发生变化。控制电路可以检测和量化这个电容变化，将其转换成数字信号，并与预定的触摸位置进行匹配，最终输出相应的信号，从而产生相应的反应。触摸式键盘感应图如图4.11所示。

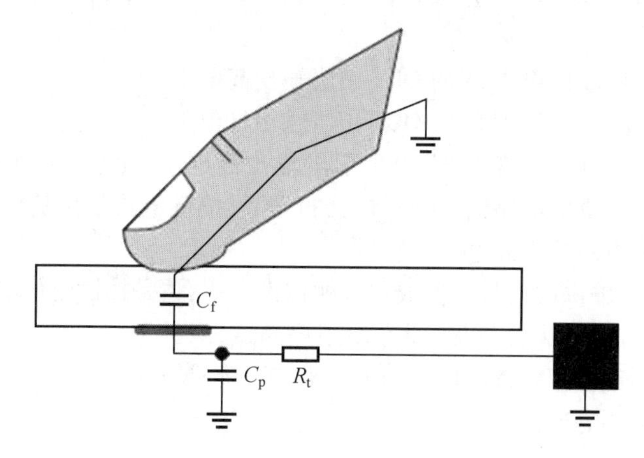

图4.11　触摸式键盘感应图

与传统的机械按键相比，电容触摸按键具有如下优势：可以减少机械部件，提高产品的可靠性和延长使用寿命；可以实现防水、防油、防尘等功能，适用于各种场合；可以实现多点触控和手势识别等功能，提升用户体验。

总之，电容触摸按键采用一种基于电容变化原理的触控技术，通过感应电极和控制电路实现触摸位置的检测，并输出相应的信号，具有可靠性高、耐用、防水、防油、抗干扰和多点触控等优点。

4.4.2 触摸式键盘程序设计

开发板上设计了一路基于 TTP223 触摸检测芯片的触摸按键,TTP223 是电容式单键触摸按键 IC,电压输入范围为 2.0 ~5.5 V。

TTP223 利用操作者的手指与触摸按键焊盘之间产生电荷电平来进行检测,通过监测电荷的微小变化来确定手指接近或者触摸到感应表面。没有任何机械部件不会磨损,其感测部分可以放置到任何绝缘层(通常为玻璃或塑料材料)的后面,很容易制成与周围环境相密封的键盘。触摸式电容应用参考电路图如图 4.12 所示。

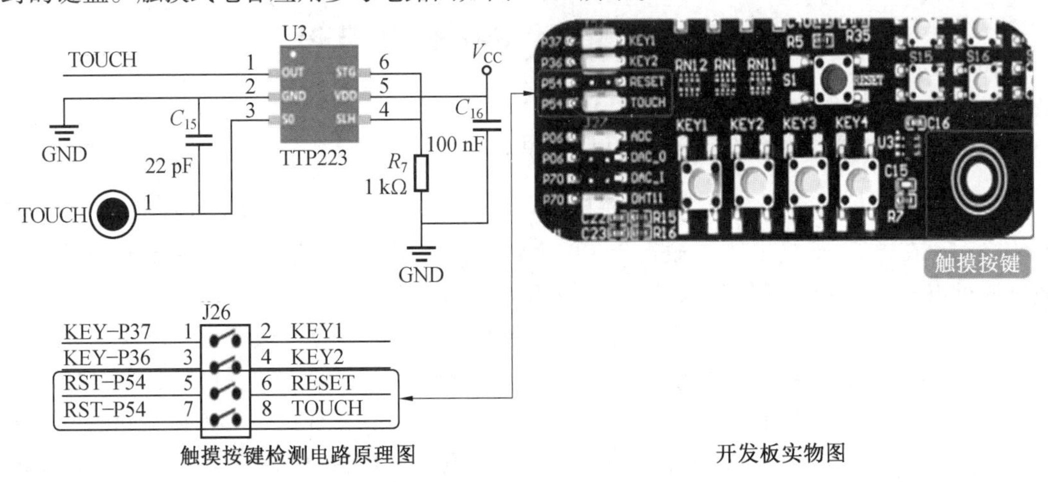

图 4.12 触摸式电容应用参考电路图

TTP223 的检测灵敏度可通过外部电容值(图 4.12 中的 C_{15})来调整。SLH 引脚用于设置 TTP223 的输出方式。

(1)SLH = 0:触摸时,TTP223 的 OUT 引脚输出高电平。

(2)SLH = 1:触摸时,TTP223 的 OUT 引脚输出低电平。

本电路中,SLH = 0,所以触摸时 OUT 引脚输出高电平,无触摸时 OUT 引脚输出低电平。注意,这和轻触按键的电路输出刚好是反的,轻触按键电路是按键按下时,电路输出低电平,无按键按下时电路输出高电平。

为什么触摸按键输出的信号不做成和轻触按键一样,也是按键时输出低电平,无按键时输出高电平?这是因为作为开发板,要方便用户测试,两种不同类型的输出方式更方便使用,另外在本书后续还会用到按键信号的上升沿和下降沿,这时就可以通过轻触按键和触摸按键来获取,而不需要另外接线。

第5章　功率接口设计

要用单片机控制各种各样的高压、大电流负载，如电动机、电磁铁、继电器、灯泡等，不能用单片机的I/O口来直接驱动，而必须通过各种驱动电路和开关电路来驱动。另外，为与强电隔离和抗干扰，有时需加接光电耦合器。此类接口称为MCS-51的功率接口。常用的开关型驱动器件有光电耦合器、继电器、晶闸管、功率MOS管、集成功率电子开关、固态继电器等。

5.1　单片机与光电耦合器的接口

5.1.1　三极管输出型光电耦合器驱动接口

光电三极管除没有使用基极外，与普通晶体管一样。取代基极电流的是以光作为晶体管的输入。当光电耦合器的发光二极管发光时，光电晶体管受光的影响在cb间和ce间有电流流过，这两个电流基本上受光的照度控制，常用ce极间的电流作为输出电流，输出电流受V_{ce}的影响很小。

光电晶体管的集电极电流I_c与发光二极管的电流I_F之比，称为光电耦合器的电流传输比。光电耦合器在传输脉冲信号时，对不同结构的光电耦合器的输入输出延迟时间相差很大。图5.1所示为使用4N25的光电耦合器接口电路图。

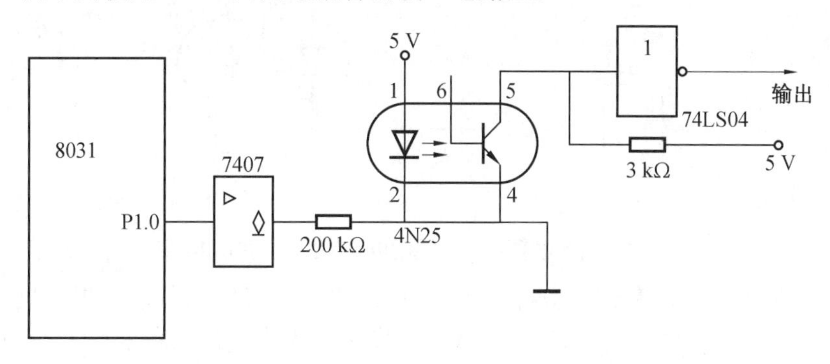

图5.1　使用4N25的光电耦合器接口电路图

4N25使两部分的电流信号独立。输出部分的地线接机壳或接大地，而8031系统的电源地线浮空，不与交流电源的地线相接。这样可避免输出部分电源变化对单片机电源的影响，减少系统所受的干扰，提高系统的可靠性。4N25输入输出端的最大隔离电压>2 500 V。

图5.1中使用同相驱动器7407作为光电耦合器4N25输入端的驱动。光电耦合器输入端的电流一般为10～15 mA，发光二极管的压降为1.2～1.5 V。限流电阻由下式计算：

$$R=\frac{V_{CC}-(V_F+V_{CS})}{I_F} \tag{5.1}$$

式中，V_{CC}为电源电压；V_F 为输入端发光二极管的压降，取 1.5 V；V_{CS}为驱动器的压降；I_F 为发光二极管的工作电流。

如果要求 I_F 为 15 mA，则限流电阻计算为

$$R=\frac{V_{CC}-V_F-V_{CS}}{I_F}=\frac{5-1.5-0.5}{0.015}\Omega=200\ \Omega \tag{5.2}$$

当单片机的 P1.0 端输出高电平时，4N25 输入端电流为 0，输出相当于开路，74LS04 的输入端为高电平，输出为低电平。当单片机的 P1.0 端输出低电平时，7407 输出端为低电压输出，4N25 的输入电流为 15 mA，输出端可以流过 23 mA 的电流。如果输出端负载电流小于 3 mA，则输出端相当于一个接通的开关。7404 输出高电平，4N25 的 6 脚是光电晶体管的基极，一般可以将该脚悬空。

5.1.2 光电耦合器输入输出驱动接口设计

光电耦合器也常用于较远距离的信号隔离传送。一方面，光电耦合器可以起到隔离两个系统地线的作用，使两个系统的电源相互独立，消除地电位不同所产生的影响。另一方面，光电耦合器的发光二极管是电流驱动器件，可以形成电流环路的传送形式。由于电流环电路是低阻抗电路，它对噪声的敏感度低，因此提高了通信系统的抗干扰能力。光电耦合器常用于在有噪声干扰的环境下传输信号。图 5.2 所示为用光电耦合器组成的电流环发送和接收电路。

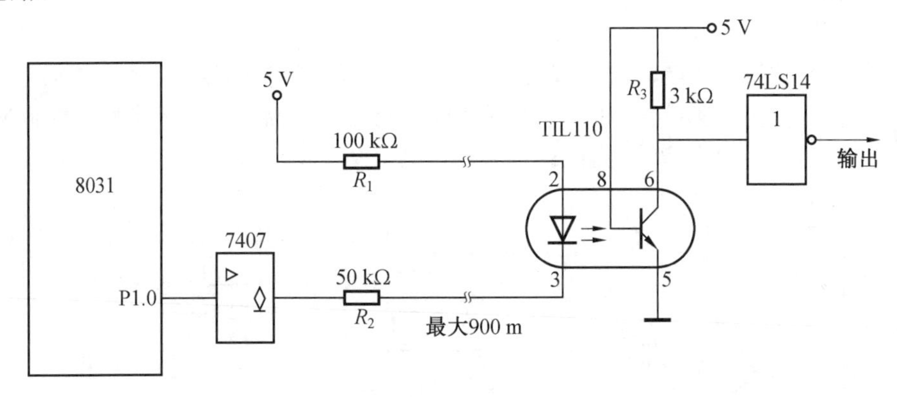

图 5.2　用光电耦合器组成的电流环发送和接收电路

TIL110 的输出端接一个带施密特整形电路的反相器 74LS14，作用是提高抗干扰能力。根据施密特触发电路的输入特性，回差输入电压大于 2 V 才认为是高电平输入，小于 0.8 V 才认为是低电平输入。电平在 0.8 ~2 V 之间变化时，则不改变输出状态。因此信号经过 74LS14 之后便更接近理想波形。

5.1.3 高速光耦部分

高速光耦简称光耦。光耦以光为媒介传输电信号。它对输入、输出电信号有良好的隔离作用，所以，它在各种电路中得到广泛的应用。目前它已成为种类最多、用途最广的光电器件之一。高速光耦一般由三部分组成：光的发射、光的接收及信号放大。输入的电信号驱动发光二极管（LED），使之发出一定波长的光，被光探测器接收而产生光电流，再经过进一步放大后输出。这就完成了电—光—电的转换，从而起到输入、输出、隔离的作用。由于光

耦合器输入输出间互相隔离,电信号传输具有单向性等特点,因此具有良好的电绝缘能力和抗干扰能力。

在具体使用 6N137 光耦元件时,由于光耦的电气特性,使用时应在 8 脚和 5 脚间接入电容以提高光耦的抗干扰性,6 脚与 8 脚间接入电阻、6 脚与 5 脚间接入电容提高电容的响应时间。各芯片的电气特性如表 5.1 所示。

表 5.1　各芯片的电气特性

主控单元	输出电压/V	延迟时间/ns
PIC18F4620 单片机	5.5	25～60
S3c2440 单片机	3.3	7～17
KS8995 单片机	2.4	3～5

由表 5.1 可知,输入端允许流入光耦的电流为 6.5～15 mA,所以应在发光二极管间串联限流电阻 R_F,电阻的取值由输入电压 决定,应满足如下条件:

$$6.5\ \mathrm{mA}<\frac{V_i-1.2\ \mathrm{V}}{R_F}<15\ \mathrm{mA} \tag{5.3}$$

在输出端 5 脚与 8 脚之间应接入一个 0.1 μF 高频特性较好的瓷介质或钽电容以吸收电源线上的纹波,并减小光电隔离器工作时对电源的冲击。由于 6 脚是集电极开路输出端,所以应接入上拉电阻 R_L,并且在 5 脚和 6 脚间接入负载的等效电容,以改善光耦的响应速度。当 R_L= 350 Ω,C_L= 15 pF 时,响应延时为 25～75 ns,如图 5.3 所示。

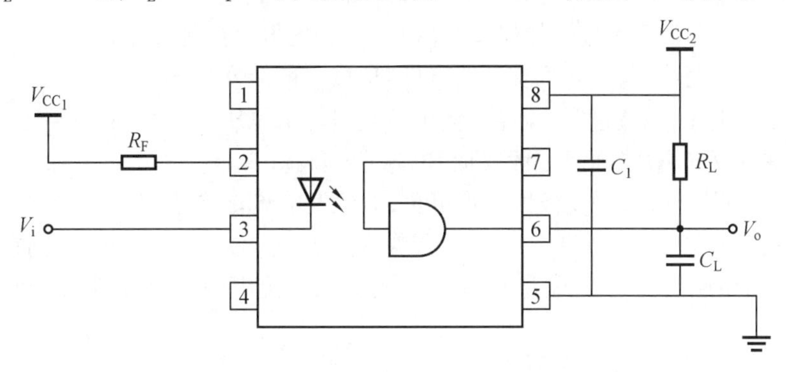

图 5.3　高速光耦 6N137 典型的接口电路

5.2　单片机与大功率驱动器的接口

5.2.1　电平变换电路

1. 单向晶闸管

晶闸管习惯上称可控硅,是一种大功率半导体器件,它既有单向导电的整流作用,又有可以控制的开关作用,利用它可用较小的功率控制较大的功率。它在交、直流电动机调速系统、调功系统、随动系统和无触点开关等方面均获得广泛的应用,如图 5.4 所示。它外部有

三个电极：阳极 A、阴极 C、控制极(门极)G。与二极管不同的是，当其两端加上正向电压而控制极不加电压时，晶闸管并不导通，其正向电流很小，处于正向阻断状态；当加上正向电压，且控制极上（与阴极间）也加上一正向电压时，晶闸管便进入导通状态，管压降很小(1 V左右)，这时即使控制电压消失，仍能保持导通状态，所以控制电压没有必要一直存在，通常采用脉冲形式，以降低触发功耗。它不具有自关断能力，要切断负载电流，只有使阳极电流减小到维持电流以下，或加上反向电压才能实现关断。若在交流回路中应用，当电流过零和进入负半周时，自动关断，为了使其再次导通，必须重加控制信号。

2. 双向晶闸管

晶闸管应用于交流电路控制时，如图 5.5 所示。

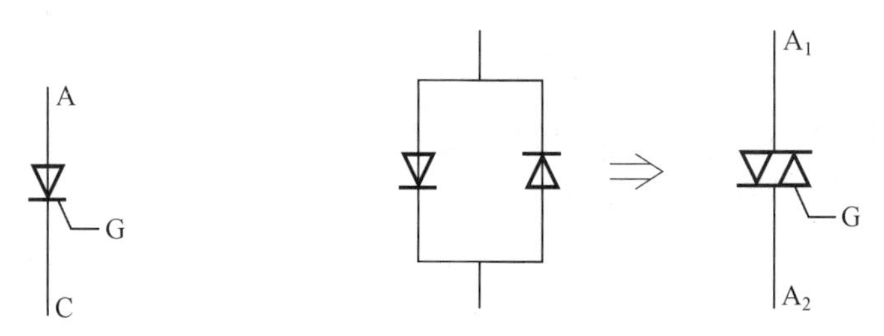

图 5.4　单向晶闸管　　图 5.5　双向晶闸管

采用两个器件反并联，以保证电流能沿正反两个方向流通。如果把两只反并联的 SCR 制作在同一片硅片上，便构成双向可控硅，控制极共用一个，使电路大大简化，其特性如下。

①控制极 G 上无信号时，A_1、A_2 之间呈高阻抗，管子截止。

②V_{A1A2}>1.5 V 时，不论极性如何，均可利用 G 触发电流控制其导通。

③工作于交流时，当每一半周交替时，纯阻负载一般能恢复截止；但在感性负载情况下，电流相位滞后于电压，电流过零，可能反向电压超过转折电压，使管子反向导通。所以，要求管子能承受这种反向电压，而且一般要加 RC 吸收回路。

④A_1、A_2 可调换使用，触发极性可正可负，但触发电流有差异。

双向可控硅经常用作交流调压、调功、调温和无触点开关，过去其触发脉冲一般都用硬件产生，故检测和控制都不够灵活，而在单片机应用系统中则经常可利用软件产生触发脉冲。

5.2.2　大功率三极管接口设计

1. 三极管驱动电路

对于低压情况下的小电流开关量，功率三极管可用作开关驱动组件，其输出电流就是输入电流与三极管增益的乘积。

当驱动电流只有十几毫安或几十毫安时，只要采用一个普通的功率三极管就能构成驱动电路，如图 5.6 所示。

2. 大功率三极管达林顿驱动电路

当驱动电流需要达到几百毫安时，如驱动中功率继电器、电磁开关等装置，输出电路必须采取多级放大或提高三极管增益的办法。达林顿阵列驱动器由多对三极管组成的达林顿复合管构成，它具有高输入阻抗、高增益、大输出功率及完善的保护措施等特点，同时多对复

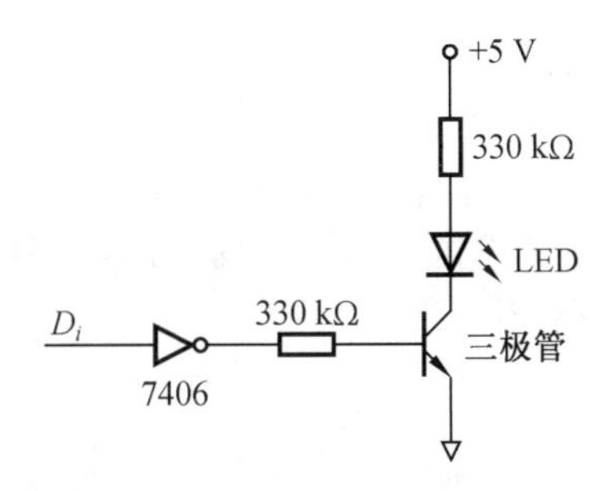

图5.6　普通的功率三极管

合管也非常适用于单片机应用系统中的多路负荷。

图5.7给出达林顿阵列驱动器MC1416的结构图与每对复合管的内部结构，MC1416内含7对达林顿复合管，每对复合管的集电极电流可达500 mA，截止时能承受100 V电压，其输入输出端均有箝位二极管，输出箝位二极管 D_2 抑制高电位上发生的正向过冲，D_1、D_3 可抑制低电平上的负向过冲。

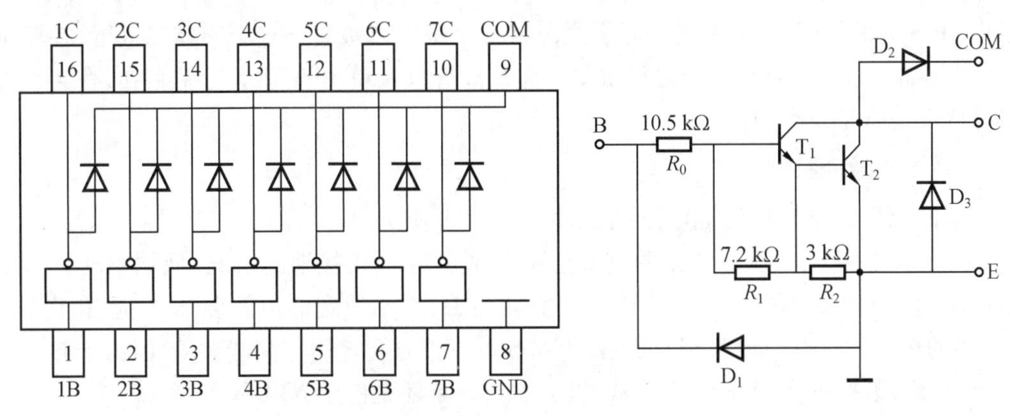

图5.7　达林顿阵列驱动器

图5.8所示为达林顿阵列驱动器中的一路驱动电路，当 D_i 为0(即低电平)时，经7406反相锁存器变为高电平，使达林顿复合管导通，产生的几百毫安集电极电流足以驱动负载线圈，而且利用复合管内的保护二极管构成了负荷线圈断电时产生的反向电动势的泄流回路。

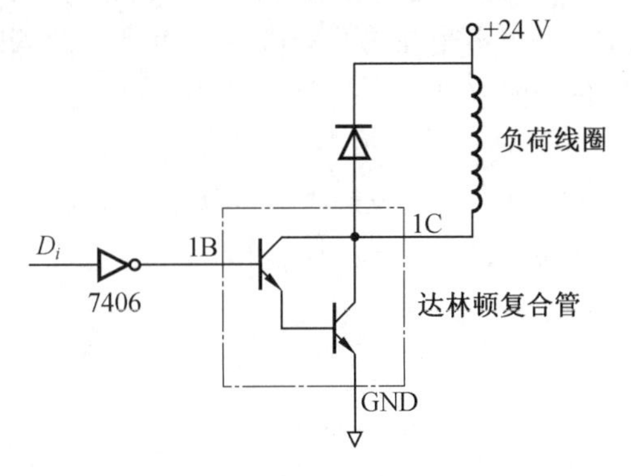

图5.8　阵列复合管驱动器

5.2.3 MOS 管接口设计

在使用 MOS 管设计开关电源或者马达驱动电路时，通常都会考虑 MOS 管的导通电阻、最大电压、最大电流等，也有时仅考虑这些因素。这样的电路也许是可以工作的，但并不是最优化，作为正式的产品设计也是不允许的。

1. MOS 管种类和结构

MOSFET 管是 FET 的一种（另一种是 JFET），可以被制造成增强型或耗尽型、P 沟道或 N 沟道共 4 种类型，但实际应用的只有增强型 N 沟道 MOS 管和增强型 P 沟道 MOS 管，所以通常提到的 NMOS 或者 PMOS 指的就是这两种。对于这两种增强型 MOS 管，比较常用的是 NMOS，原因是导通电阻小，且容易制造。开关电源和马达驱动的应用中，一般都用 NMOS。下面的介绍中，也多以 NMOS 为主。

MOS 管的三个引脚之间有寄生电容存在，这不是用户需要的，而是由于制造工艺限制产生的。寄生电容的存在使得在设计或选择驱动电路时要麻烦一些，但没有办法避免。

由 MOS 管原理图可知，漏极和源极之间有一个寄生二极管。这个叫体二极管，在驱动感性负载（如马达）时，这个二极管很重要。体二极管只在单个的 MOS 管中存在，在集成电路芯片内部通常是没有的。

2. MOS 管导通特性

导通的意思是作为开关，相当于开关闭合。

NMOS 的特性为 V_{GS} 大于一定的值就会导通，适用于源极接地的情况（低端驱动），只要栅极电压达到 4 V 或 10 V 即可。PMOS 的特性为 V_{GS} 小于一定的值就会导通，适用于源极接 V_{CC} 时的情况（高端驱动）。但是，虽然 PMOS 可以很方便地用作高端驱动，但由于导通电阻大、价格贵、替换种类少等原因，在高端驱动中，通常还是使用 NMOS。

3. MOS 开关管损失

不管是 NMOS 还是 PMOS，导通后都有导通电阻存在，这样电流就会在这个电阻上消耗能量，这部分消耗的能量叫作导通损耗。选择导通电阻小的 MOS 管会减小导通损耗。现在的小功率 MOS 管导通电阻一般在几十毫欧左右，几毫欧的也有。

MOS 管在导通和截止时，一定不是在瞬间完成的。MOS 管两端的电压有一个下降的过程，流过的电流有一个上升的过程，在这段时间内，MOS 管的损失是电压和电流的乘积，叫作开关损失。通常开关损失比导通损失大得多，而且开关频率越快，损失也越大。

导通瞬间电压和电流的乘积很大，造成的损失也就很大。缩短开关时间，可以减小每次导通时的损失；降低开关频率，可以减小单位时间内的开关次数。这两种办法都可以减小开关损失。

4. MOS 管驱动

与双极性晶体管相比，一般认为使 MOS 管导通不需要电流，只要 V_{GS} 高于一定的值即可。这个很容易做到，但是还需要增加速度。

在 MOS 管的结构中可以看到，在 GS、GD 之间存在寄生电容，而 MOS 管的驱动，实际上就是对电容的充放电。对电容的充电需要一个电流，因为对电容充电瞬间可以把电容看成

短路,所以瞬间电流会比较大。选择/设计 MOS 管驱动时第一要注意的是可提供瞬间短路电流的大小。

值得注意的是,普遍用于高端驱动的 NMOS,导通时需要栅极电压大于源极电压。而高端驱动的 MOS 管导通时源极电压与漏极电压(V_{CC})相同,所以这时栅极电压要比 V_{CC} 大 4 V 或 10 V。如果在同一个系统里,要得到比 V_{CC} 大的电压,就要专门的升压电路。很多马达驱动器都集成了电荷泵,要注意的是应该选择合适的外接电容,以得到足够的短路电流去驱动 MOS 管。

上述的 4 V 或 10 V 是常用的 MOS 管的导通电压,设计时当然需要有一定的余量。而且电压越高,导通速度越快,导通电阻也越小。现在也有导通电压更小的 MOS 管用在不同的领域里,但在 12 V 汽车电子系统里,一般 4 V 导通就够用。MOS 管的驱动电路及其损失,可以参考 Microchip 公司的 AN799 Matching MOSFET Drivers to MOSFETs。

5. MOS 管应用电路

MOS 管最显著的特性是开关特性好,所以被广泛应用在需要电子开关的电路中,常见的如开关电源和马达驱动,也有照明调光。现在的 MOS 管驱动,有几个特别的应用。

(1)低压应用。

当使用 5 V 电源时,如果使用传统的图腾柱结构,由于三极管的 BE 间有 0.7 V 左右的压降,因此实际最终加在门上的电压只有 4.3 V。这时,选用标称门电压 4.5 V 的 MOS 管就存在一定的风险。

同样的问题也发生在使用 3 V 或者其他低压电源的场合。

(2)宽电压应用。

输入电压并不是一个固定值,它会随着时间或者其他因素而变动。这个变动导致 PWM(脉冲宽度调制)电路提供给 MOS 管的驱动电压是不稳定的。

为让 MOS 管在高 Gate 电压下安全,很多 MOS 管内置稳压管强行限制 Gate 电压的幅值。在这种情况下,当提供的驱动电压超过稳压管的电压,就会引起较大的静态功耗。

同时,如果简单地用电阻分压的原理降低门电压,就会出现输入电压比较高时,MOS 管工作良好,而输入电压降低时门电压不足,导致导通不够彻底,从而增加功耗。

(3)双电压应用。

在一些控制电路中,逻辑部分使用典型的 5 V 或者 3.3 V 数字电压,而功率部分使用 12 V甚至更高的电压。两个电压采用共地方式连接。

这就提出一个要求,需要使用一个电路,让低压侧能够有效地控制高压侧的 MOS 管,同时高压侧的 MOS 管也同样会面对上述的问题。在这三种情况下,图腾柱结构无法满足输出要求,而很多现成的 MOS 驱动 IC,似乎也没有包含门电压限制的结构。

相对通用的电路如图 5.9 和图 5.10 所示。

V_l 和 V_h 分别是低端和高端的电源电压,两个电压可以是相同的,但是 V_l 不应该超过 V_h。

Q_1 和 Q_2 组成了一个反置的图腾柱,用来实现隔离,同时确保两只驱动管 Q_3 和 Q_4 不会同时导通。

R_2 和 R_3 提供了 PWM 电压基准,通过改变这个基准,可以让电路工作在 PWM 信号波形比较陡直的位置。

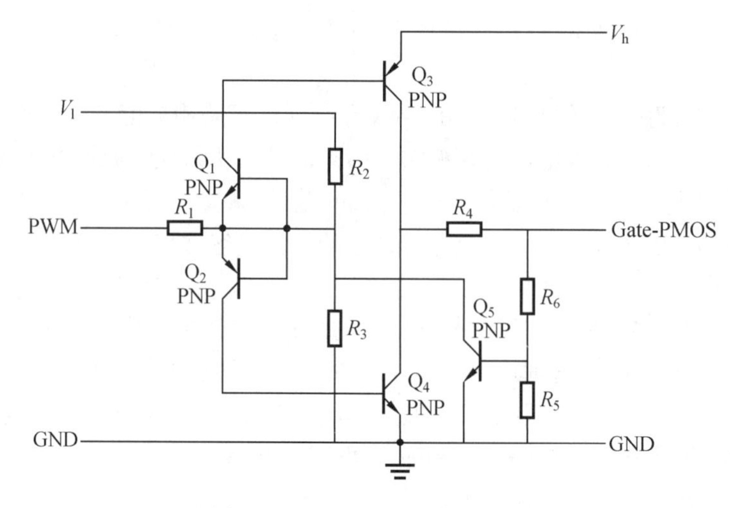

图 5.9　用于 NMOS 的驱动电路

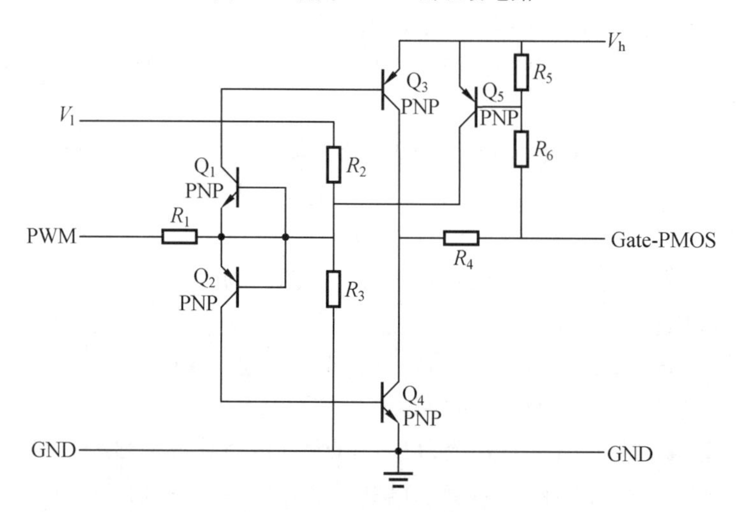

图 5.10　用于 PMOS 的驱动电路

Q_3 和 Q_4 用来提供驱动电流，由于导通的时候，Q_3 和 Q_4 相对 V_h 和 GND 最低都只有一个 V_{ce}的压降，这个压降通常只有 0.3 V 左右，大大低于 0.7 V 的 V_{ce}。

R_5 和 R_6 是反馈电阻，用于对门电压进行采样，采样后的电压通过 Q_5 对 Q_1 和 Q_2 的基极产生一个强烈的负反馈，从而把门电压限制在一个有限的数值。这个数值可以通过 R_5 和 R_6 来调节。

最后，R_1 提供了对 Q_3 和 Q_4 的基极电流限制，R_4 提供了对 MOS 管的门电流限制，也就是 Q_3 和 Q_4 的 I_{ce}的限制。必要的时候可以在 R_4 上面并联加速电容。

该电路提供了以下特性。

①用低端电压和 PWM 驱动高端 MOS 管。

②用小幅度的 PWM 信号驱动高门电压需求的 MOS 管。

③Gate 电压的峰值限制。

④输入和输出的电流限制。

⑤通过使用合适的电阻，可以达到很低的功耗。

⑥PWM信号反相。NMOS并不需要这个特性,可以通过前置一个反相器来解决。

在设计便携式设备和无线产品时,提高产品性能、延长电池工作时间是设计人员需要面对的两个问题。DC-DC转换器具有效率高、输出电流大、静态电流小等优点,非常适用于为便携式设备供电。目前DC-DC转换器设计技术发展主要趋势如下。

(1)高频化技术。随着开关频率的提高,开关变换器的体积减小,功率密度也得到大幅提升,动态响应得到改善。小功率DC-DC转换器的开关频率将上升到兆赫级。

(2)低输出电压技术。随着半导体制造技术的不断发展,微处理器和便携式电子设备的工作电压越来越低,这就要求未来的DC-DC变换器能够提供低输出电压以适应微处理器和便携式电子设备的要求。

这些技术的发展对电源芯片电路的设计提出了更高的要求。首先,随着开关频率的不断提高,对于开关元件的性能提出了很高的要求,同时必须具有相应的开关元件驱动电路,以保证开关元件在高达兆赫级的开关频率下正常工作。其次,对电池供电的便携式电子设备来说,电路的工作电压低(以锂电池为例,工作电压为2.5~3.6 V),因此,电源芯片的工作电压较低。

MOS管具有很低的导通电阻,一定时间内消耗能量较小,在目前流行的高效DC-DC芯片中多采用MOS管作为功率开关。但是由于MOS管的寄生电容大,一般情况下NMOS开关管的栅极电容高达几十皮法。这对于设计高工作频率DC-DC转换器开关管驱动电路的设计提出了更高的要求。

5.2.4　IGBT管接口设计

IGBT是MOSFET与双极晶体管的复合器件。它既有MOSFET易驱动的特点,又具有功率晶体管电压、电流容量大等优点。其频率特性介于MOSFET与功率晶体管之间,可正常工作于几十千赫兹频率范围内,故在较高频率的大、中功率应用中占据了主导地位。

IGBT是电压控制型器件,在它的栅极-发射极间施加十几伏的直流电压,只有微安级的漏电流流过,基本上不消耗功率。但IGBT的栅极-发射极间存在着较大的寄生电容(几千至上万皮法),在驱动脉冲电压的上升及下降沿需要提供数安的充放电电流,才能满足开通和关断的动态要求,这使得它的驱动电路也必须输出一定的峰值电流。

1. IGBT的驱动电路

IGBT的驱动电路必须具备两个功能:一是实现控制电路与被驱动IGBT栅极的电隔离;二是提供合适的栅极驱动脉冲。实现电隔离可采用脉冲变压器、微分变压器及光电耦合器。图5.11所示为采用光耦合器等分立元器件构成的IGBT驱动电路。当输入控制信号时,光耦VLC导通,三极管V_2截止,V_3导通输出+15 V驱动电压。当输入控制信号为零时,VLC截止,V_2、V_4导通,输出-10 V电压。+15 V和-10 V电源需靠近驱动电路,驱动电路输出端及电源地端至IGBT栅极和发射极的引线应采用双绞线,长度最好不超过0.5 m。

图5.12所示为由集成电路TLP250构成的驱动器。TLP250内置光耦的隔离电压可达2 500 V,上升和下降时间均小于0.5 μs,输出电流达0.5 A,可直接驱动50 A/1 200 V以内的IGBT。外加推挽放大晶体管后,可驱动电流容量更大的IGBT。

TLP250构成的驱动器体积小、价格低廉,是不带过流保护的IGBT驱动器中较理想的选择。

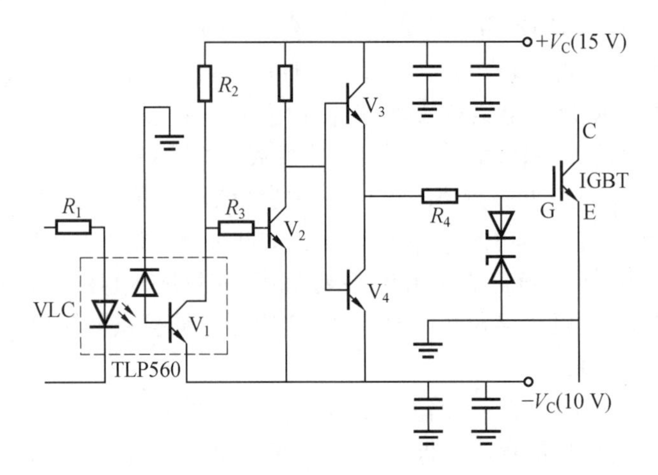

图 5.11　由分立元器件构成的 IGBT 驱动电路

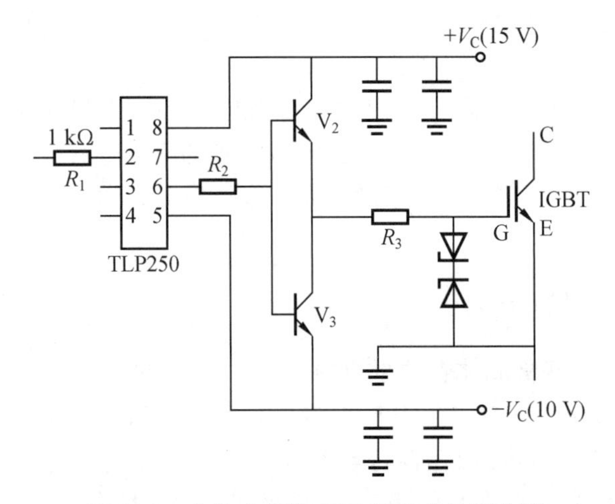

图 5.12　由集成电路 TLP250 构成的驱动器

2. IGBT 的过流保护

IGBT 的过流保护电路可分为两类:一类是低倍数(1.2～1.5 倍)的过载保护;另一类是高倍数(可达 8～10 倍)的短路保护。

对于过载保护不必快速响应,可采用集中式保护,即检测输入端或直流环节的总电流,当此电流超过设定值后比较器翻转,封锁所有 IGBT 驱动器的输入脉冲,使输出电流降为零。这种过载电流保护一旦动作,要通过复位才能恢复正常工作。

IGBT 能承受很短时间的短路电流,能承受短路电流的时间与 IGBT 的导通饱和压降有关,随着饱和导通压降的增加而延长。例如,饱和压降小于 2 V 的 IGBT 允许承受的短路时间小于 5 μs,而饱和压降为 3 V 的 IGBT 允许承受的短路时间可达 15 μs,饱和压降为 4～5 V的 IGBT 允许承受的短路时间可达 30 μs 以上。存在以上关系是由于随着饱和导通压降的降低,IGBT 的阻抗也降低,短路电流同时增大,短路时的功耗随着电流的平方加大,造成承受短路的时间迅速减小。

通常采取的保护措施有软关断和降栅压两种。软关断是指在过流和短路时,直接关断 IGBT。但是,软关断抗干扰能力差,一旦检测到过流信号就关断,很容易发生误动作。为增

加保护电路的抗干扰能力，可在故障信号与启动保护电路之间加一延时，不过故障电流会在这个延时内急剧上升，大大增加了功率损耗，同时还会导致器件的 d*i*/d*t* 增大。

5.2.5　可控硅接口设计

可控硅接口设计包括单向晶闸管、双向晶闸管和光耦合双向可控硅驱动器等，前面已经在电平变换电路中介绍了前两种，下面介绍光耦合双向可控硅驱动器。

单片机输出与双向可控硅之间较理想的接口器件由两部分组成，输入部分是一砷化镓发光二极管，该二极管在 5～15 mA 正向电流作用下发出足够强度的红外光，触发输出部分。输出部分是一硅光敏双向可控硅，在红外线的作用下可双向导通。该器件为 6 引脚双列直插式封装，其引脚配置和内部结构如图 5.13 所示。

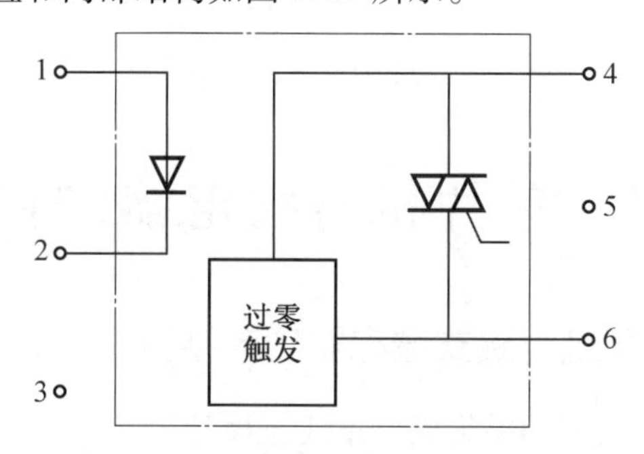

图 5.13　光耦合双向可控硅驱动器

有的型号的光耦合双向可控硅驱动器还带有过零检测器，以保证在电压为零（接近于零）时才触发可控硅导通，如 MOC3020/21/22、MOC3030/31/32（用于 115 V 交流）、MOC3040/41（用于 220 V 交流）。图 5.14 所示为这类光耦驱动器与双向可控硅的典型电路。

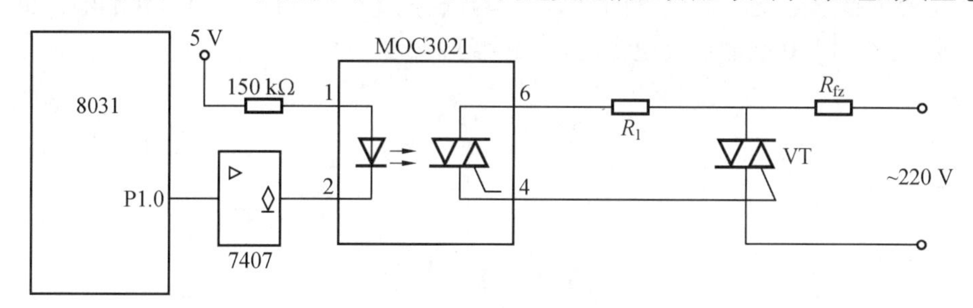

(a) 电阻性负载

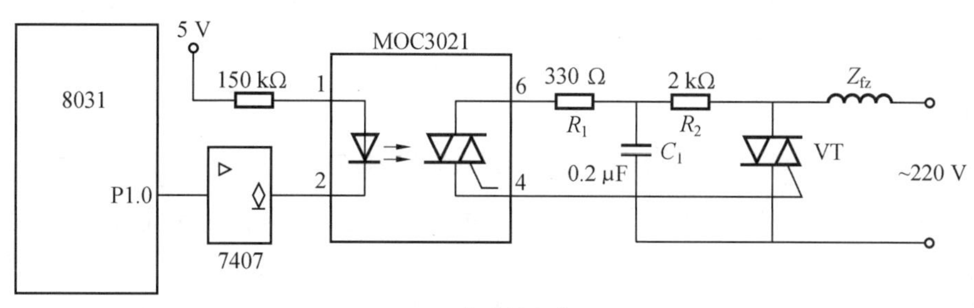

(b) 电感性负载

图 5.14　光耦合双向可控硅零检测器驱动器

在使用晶闸管的控制电路中,常要求晶闸管在电源电压为零或刚过零时触发晶闸管,以减少晶闸管在导通时对电源的影响。这种触发方式称为过零触发。过零触发需要过零检测电路,有些光电耦合器内部含有过零检测电路,如 MOC3061 双向晶闸管触发电路。图 5.15 所示为使用 MOC3061 双向晶闸管的过零触发电路。

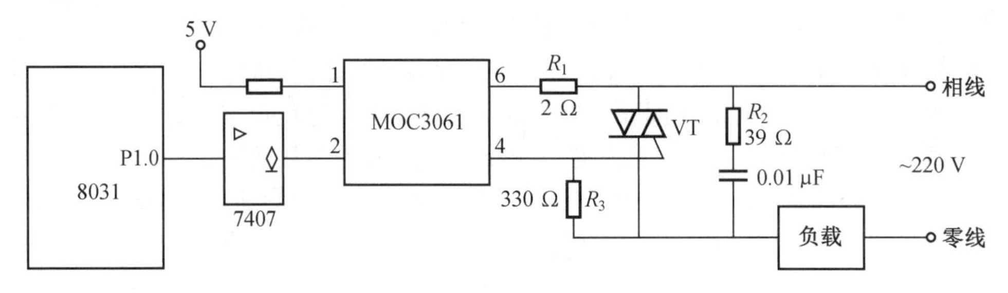

图 5.15 双向晶闸管的过零触发电路

5.3 单片机与继电器的接口

5.3.1 单片机与直流电磁式继电器功率接口

直流电磁式继电器一般用功率集成电路或三极管驱动。在使用较多继电器的系统中,可用功率集成电路驱动,如 75468 等。一片 75468 可以驱动 7 个继电器,驱动电流可达 500 mA,输出端最大工作电压为 100 V。

常用的继电器大部分属于直流电磁式继电器,也称直流继电器。图 5.16 所示为单片机与直流继电器的接口电路。继电器的动作由单片机的 P1.0 端控制。P1.0 端输出低电平时,继电器 J 吸合;P1.0 端输出高电平时,继电器 J 释放。

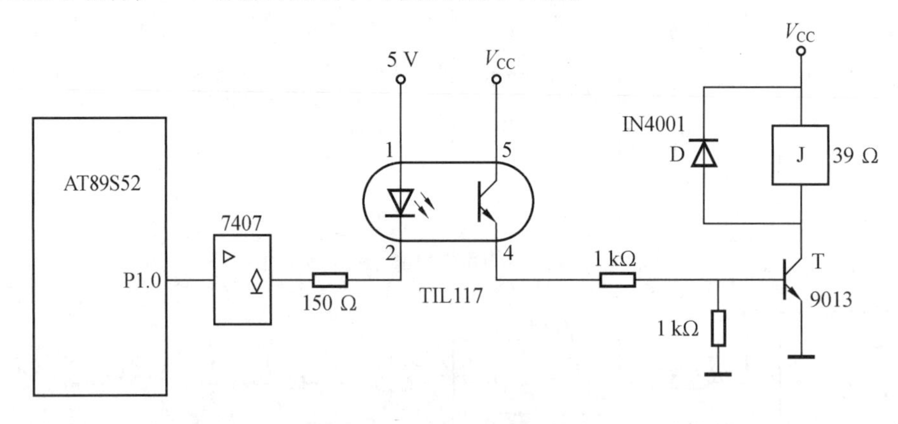

图 5.16 直流电磁式继电器接口

采用这种控制逻辑可以使继电器在上电复位或单片机受控复位时不吸合。继电器 J 由晶体管 9013 驱动,9013 可以提供 300 mA 的驱动电流,适用于继电器线圈工作电流小于 300 mA的场合。电压范围是 6 ~ 30 V。光电耦合器使用 117。117 有较高的电流传输比,最小值为 50% 。晶体管 9013 的电流放大倍数大于 50。当继电器线圈工作电流为 300 mA 时,光电耦合器需要输出大于 6.8 mA 的电流,其中 9013 基极对地的电阻分流约为 0.8 mA。输

入光电耦合器的电流必须大于 13.6 mA,才能保证向继电器提供 300 mA 的电流。光电耦合器的输入电流由 7407 提供,电流约为 20 mA。二极管 D 的作用是保护三极管 T。当继电器 J 吸合时,二极管 D 截止,不影响电路工作。继电器释放时,由于继电器线圈存在电感,这时三极管 T 已经截止,所以会在线圈的两端产生较高的感应电压。这个感应电压的极性是上负下正,正端接在 T 的集电极上。当感应电压之和大于三极管 T 的集电结反向耐压时,三极管 T 就有可能损坏。加入二极管 D 后,继电器线圈产生的感应电流由二极管 D 流过,因此不会产生很高的感应电压,三极管 T 得到了保护。

5.3.2　单片机与交流电磁式接触器的接口

继电器中切换电路能力较强的电磁式继电器称为接触器。接触器的触点数一般较多。交流接触器由于线圈的工作电压要求是交流电所以通常使用双向晶闸管驱动或使用一个直流继电器作为中间继电器控制。图 5.17 所示为交流接触器的接口电路,交流接触器 C 由双向晶闸管驱动。双向晶闸管的选择要满足额定工作电流为交流接触器线圈工作电流的 2 ~ 3 倍;额定工作电压为交流接触器线圈工作电压的 2 ~ 3 倍。对于工作电压 220 V 的中、小型的交流接触器,可以选择 3 A、600 V 的双向晶闸管。

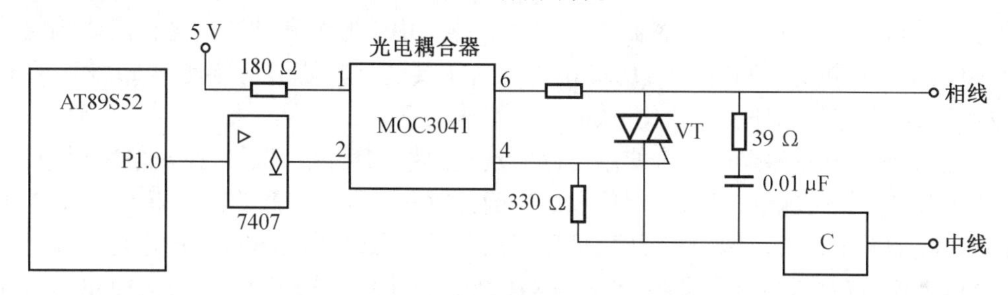

图 5.17　交流接触器接口

光电耦合器 3041 的作用是触发双向晶闸管以及隔离单片机系统和接触器系统。光电耦合器 3041 的输入端接 7407,由单片机的 P1.0 端控制。

P1.0 端输出为低时,双向晶闸管导通,接触器 C 吸合。P1.0 端输出为高时,双向晶闸管关断,接触器 C 释放。3041 内部带有过零控制电路,因此双向晶闸管工作在过零触发方式。接触器动作时,电源电压较低,这时接通用电器,对电源的影响较小。

第6章　定时器/计数器

6.1　定时器/计数器简介

6.1.1　定时器/计数器的作用

在STC8H1K16单片机中,定时器和计数器除了用于进行简单的时间管理和事件计数外,还在多种微控制器应用中发挥着核心作用。定时器通过内部时钟周期来计算时间,为任务调度、延时控制和时间敏感的操作提供了精确的时序控制。例如,定时器可以用于生成特定频率的脉冲,控制LED闪烁或调制电机速度。此外,定时器还在实现脉宽调制(PWM)方面扮演关键角色,这对于精确控制电机和LED亮度至关重要。

计数器则以外部事件(如传感器信号)为触发点,用于监测和计数。这在需要响应外部物理事件(如速度测量、位置跟踪)的应用中尤为重要。计数器的功能使得STC8H1K16单片机能够实时跟踪外部环境的变化,从而做出快速反应。

此外,定时器和计数器的结合使用可以实现更复杂的功能。例如,在通信协议中,它们可以用于控制数据传输的时序,确保信息的准确接收和发送。在低功耗应用中,定时器可以用于定时唤醒系统,执行必要的操作后再返回低功耗状态,从而延长设备的电池寿命。

总体来说,定时器和计数器在STC8H1K16单片机中的应用极为广泛,从简单的时间控制到复杂的系统管理,它们为开发者提供了强大的工具来实现精确和高效的系统设计。通过灵活地配置和使用这些功能,可以显著提升微控制器项目的性能和可靠性。

6.1.2　在微控制器中的重要性

在STC8H1K16单片机中,定时器和计数器的重要性不仅体现在它们的基本功能上。它们是微控制器核心功能的基石,对于实现精确的时间管理和事件响应至关重要。定时器允许微控制器在精确设定的时间间隔执行任务,这对于实现任务调度、时间敏感的操作以及复杂算法的执行至关重要。此外,定时器的应用还扩展到了低功耗管理,在系统不活跃时使微控制器进入休眠状态,而在必要时唤醒系统,这对于延长电池寿命和减少能耗非常有效。

计数器则响应外部事件,如传感器信号或用户输入,使得微控制器能够实时监测和响应环境变化。这在自动化控制、数据采集和实时系统监控中尤为重要。例如,在工业自动化中,计数器可以用来跟踪产品通过生产线的数量,或者在安全系统中监测门的开关次数。

在编程实践中,有效利用定时器和计数器可以显著提高代码的效率和可靠性。它们使开发者能够编写更简洁、更易维护的代码,并且能够更好地管理资源和处理多任务操作。此外,这些组件的灵活配置和多种模式使得STC8H1K16可以适应各种不同的应用需求,从简单的家用电器控制到复杂的工业自动化系统。

总体来说,定时器和计数器在微控制器设计和应用中的重要性不能被忽视。它们为开

发者提供了强大的工具来创建高效、可靠且响应迅速的系统。在STC8H1K16单片机中,这些组件的高级功能和灵活性进一步拓宽了微控制器的应用领域,使其成为各类项目的理想选择。

6.1.3　工作原理概述

STC8H1K16单片机中的定时器和计数器依赖于精确的时间控制和事件计数机制。定时器通过内部时钟源进行计数,它根据预设的周期性脉冲生成计数。当计数达到指定阈值时,可以触发中断服务例程或其他预定动作。这种机制使得定时器适用于实现精确延时、定时任务调度或周期性事件处理。每当外部事件发生时,计数器的值会递增。这使得计数器在测量频率、速度或事件计数等领域特别有用。

在STC8H1K16中,定时器和计数器的工作模式可以灵活配置,以适应各种应用。例如,定时器可以配置为单次计时或连续计时模式,而计数器则可以设置为上升沿或下降沿触发。这种灵活性允许开发者根据具体需求调整组件行为,以优化系统性能。

这些组件的配置通常通过编程寄存器来实现。通过设置不同的寄存器值,可以调整定时器和计数器的启动、停止、重置以及中断生成等行为。在高级应用中,这些组件还可以与微控制器的其他部分(如PWM控制器、A/D转换器)协同工作,实现更复杂的功能,如电机控制或模拟信号采集。

总之,在STC8H1K16单片机中,定时器和计数器是实现时间相关控制和事件驱动编程的关键。它们的高度可配置性和与微控制器其他功能的集成,使得STC8H1K16成为一款灵活且强大的微控制器,适用于广泛的应用领域。

6.2　定时器/计数器的结构

6.2.1　STC8H1K16中的定时器/计数器结构简介

STC8H系列单片机内部设置了5个16位定时器/计数器。5个16位定时器T0、T1、T2、T3和T4都具有计数方式和定时方式两种工作方式。对定时器/计数器T0和T1,用特殊功能寄存器TMOD中相应的控制位C/T来选择工作方式。对定时器/计数器T2,用特殊功能寄存器AUXR中的控制位T2_C/T来选择工作方式。对定时器/计数器T3,用特殊功能寄存器T4T3M中的控制位T3_C/T来选择工作方式。对定时器/计数器T4,用特殊功能寄存器T4T3M中的控制位T4_C/T来选择工作方式。定时器/计数器的核心部件是一个加法计数器,其本质是对脉冲进行计数,只是计数脉冲来源不同:如果计数脉冲来自系统时钟,则为定时方式,此时定时器/计数器每12个时钟或者每1个时钟得到一个计数脉冲,计数值加1;如果计数脉冲来自单片机外部引脚,则为计数方式,每来一个脉冲加1。

定时器/计数器T0有4种工作模式:模式0(16位自动重装载模式)、模式1(16位不可重装载模式)、模式2(8位自动重装载模式)、模式3(不可屏蔽中断的16位自动重装载模式)。定时器/计数器T1除模式3外,其他工作模式与定时器/计数器T0相同。T1在模式3时无效,停止计数。定时器T2的工作模式固定为16位自动重装载模式。T2可以当定时器使用,也可以当串口的波特率发生器和可编程时钟输出。T3、T4与T2一样,它们的工作模式固定为16位自动重装载模式。T3、T4可以当定时器使用,也可以当串口的波特率发生器和可编程时钟输出。定时器的相关寄存器如表6.1所示。

表6.1　定时器的相关寄存器

符号	描述	地址	复位值
TM2PS	定时器2计数频率选择寄存器	FEA2H	0000,0000
TM3PS	定时器3计数频率选择寄存器	FEA3H	0000,0000
TM4PS	定时器4计数频率选择寄存器	FEA4H	0000,0000
TCON	定时器控制寄存器	88AH	0000,0000
TMOD	定时器模式寄存器	89H	0000,0000
TL0	定时器T0低8位寄存器	8AH	0000,0000
TL1	定时器T1低8位寄存器	8BH	0000,0000
TH0	定时器T0高8位寄存器	8CH	0000,0000
TH1	定时器T1高8位寄存器	8DH	0000,0000
AUXR	辅助寄存器1	8EH	0000,0001
INTCLKO	中断与时钟输出控制寄存器	8FH	×000,×000
WKTCL	掉电唤醒定时器低字节	AAH	1111,1111
WKTCH	掉电唤醒定时器高字节	ABH	0111,1111
T4T3M	定时器T4/T3控制器	D1H	0000,0000
T4H	定时器T4高字节	D2H	0000,0000
T4L	定时器T4低字节	D3H	0000,0000
T3H	定时器T3高字节	D4H	0000,0000
T3L	定时器T3低字节	D5H	0000,0000
T2H	定时器T2高字节	D6H	0000,0000
T2L	定时器T2低字节	D7H	0000,0000

6.2.2　定时器/计数器控制寄存器TCON

定时器控制寄存器如表6.2所示。

表6.2　定时器控制寄存器

寄存器	地址	B7	B6	B5	B4	B3	B2	B1	B0
TCON	88H	TF1	TR1	TF0	TR0	IE1	IT1	IE0	IT0

TF1:T1溢出中断标志。T1被允许计数以后,从初值开始加1计数。当产生溢出时由硬件将TF1位置“1”,并向CPU请求中断,一直保持到CPU响应该中断时,才由硬件清“0”(也可由查询软件清“0”)。

TR1:定时器T1的运行控制位。该位由软件置位和清零。当GATE(TMOD.7)=0,TR1=1

时就允许 T1 开始计数,TR1=0 时禁止 T1 计数。当 GATE(TMOD.7)=1,TR1=1 且 INT1 输入高电平时,才允许 T1 计数。

TF0:T0 溢出中断标志。T0 被允许计数以后,从初值开始加 1 计数,当产生溢出时,由硬件将 TF0 位置"1",并向 CPU 请求中断,一直保持到 CPU 响应该中断时,才由硬件清"0"(也可由查询软件清"0")。

TR0:定时器 T0 的运行控制位。该位由软件置位和清零。当 GATE(TMOD.3)=0,TR0=1时就允许 T0 开始计数,TR0=0 时禁止 T0 计数。当 GATE(TMOD.3)=1,TR0=1 且 INT0 输入高电平时,才允许 T0 计数。

IEl:外部中断 1 请求源(INT1/P3.3)标志。IE1=1,外部中断向 CPU 请求中断,当 CPU 响应该中断时由硬件将 IE1 位清"0"。

IT1:外部中断源 1 触发控制位。IT1=0,上升沿或下降沿均可触发外部中断 1。IT1=1,外部中断 1 程控为下降沿触发方式。

IE0:外部中断 0 请求源(INT0/P3.2)标志。IE0=1,外部中断 0 向 CPU 请求中断,当 CPU 响应外部中断时,由硬件将 IE0 位清"0"(边沿触发方式)。

IT0:外部中断源 0 触发控制位。IT0=0,上升沿或下降沿均可触发外部中断 0。IT0=1,外部中断 0 程控为下降沿触发方式。

6.2.3　定时器/计数器模式寄存器 TMOD

定时器模式寄存器如表 6.3 所示。

表 6.3　定时器模式寄存器

寄存器	地址	B7	B6	B5	B4	B3	B2	B1	B0
TMOD	89H	T1_GATE	T1_C/T	T1_M1	T1_M0	T0_GATE	T0_C/T	T0_M1	T0_M0

T1_GATE:控制定时器 T1,置"1"时只有在 INT1 脚为高及 TR1 控制位置"1"时才可打开定时器/计数器 T1。

T0_GATE:控制定时器 T0,置"1"时只有在 INT0 脚为高及 TR0 控制位置"1"时才可打开定时器/计数器 T0。

T1_C/T:控制定时器 T1 用作定时器或计数器,清"0"则用作定时器(对内部系统时钟进行计数),置"1"则用作计数器(对引脚 T1/P3.5 外部脉冲进行计数)。

T0_C/T:控制定时器 T0 用作定时器或计数器,清"0"则用作定时器(对内部系统时钟进行计数),置"1"则用作计数器(对引脚 T0/P3.4 外部脉冲进行计数)。

6.2.4　定时器/计数器的模式

定时器/计数器的模式选择及工作模式简介如表 6.4 和表 6.5 所示。

表 6.4　定时器/计数器 T1 模式选择

T1_M1	T1_M0	定时器/计数器 T1 工作模式
0	0	16 位自动重装载模式,当[TH1,TL1]中的 16 位计数器溢出时,系统会自动将内部的 16 位重载值装入[TH1,TL1]中

表 6.5 定时器/计数器 T0 模式选择

T0_M1	T0_M0	定时器/计数器 T0 工作模式
0	0	16 位自动重装载模式,当[TH0, TL0]中的 16 位计数器溢出时,系统会自动将内部的 16 位重载值装入[TH0, TL0]中
0	1	16 位不可重装载模式,当[TH0, TL0]中的 16 位计数器溢出时,定时器 T0 将从 0 开始计数
1	0	8 位自动重装载模式,当 TL0 中的 8 位计数器溢出时,系统会自动将 TH0 中的重载值装入 TL0 中
1	1	不可屏蔽中断的 16 位自动重装载模式,与模式 0 相同,不可屏蔽中断,也就是在溢出时,可打断其他中断的优先级,并且不可关闭,可用作操作系统的系统计时定时器,或者系统监控定时器

(1)定时器 T0 模式 0(16 位自动重装载模式)。

此模式下定时器/计数器 T0 作为可自动重装载的 16 位计数器,如图 6.1 所示。

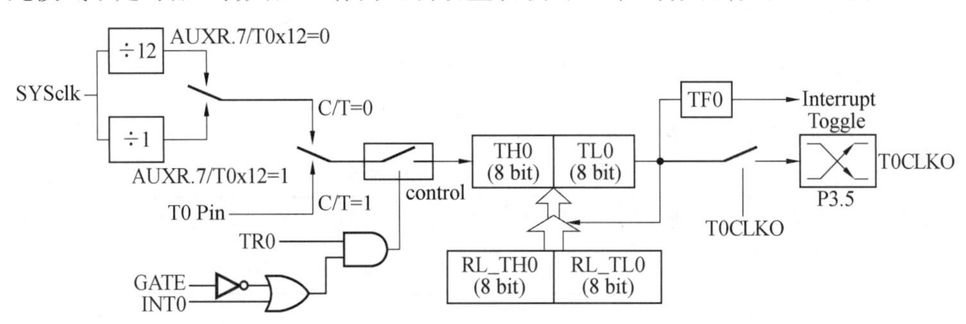

图 6.1 定时器/计数器 T0 的模式 0:16 位自动重装载模式

当 GATE(TMOD.3)= 0 时,如果 TR0 = 1,则定时器计数。当 GATE = 1 时,允许由外部输入 INT0 控制定时器 T0,这样可实现脉宽测量。TR0 为 TCON 寄存器内的控制位, TCON 寄存器各位的具体功能描述见上节 TCON 寄存器的介绍。

当 C/T = 0 时,多路开关连接到系统时钟的分频输出,T0 对内部系统时钟计数,T0 工作在定时方式。当 C/T = 1 时,多路开关连接到外部脉冲输入 P3.4/T0, 即 T0 工作在计数方式。

STC 单片机的定时器 T0 有两种计数速率:一种是 12T 模式,每 12 个时钟加 1,与传统 8051 单片机相同;另一种是 1T 模式,每个时钟加 1,速度是传统 8051 单片机的 12 倍。T0 的速率由特殊功能寄存器 AUXR 中的 T0x12 决定,如果 T0x12 = 0,则 T0 工作在 12T 模式;如果 T0x12 = 1,则 T0 工作在 1T 模式。

定时器 T0 有两个隐藏的寄存器 RL_TH0 和 RL_TL0。RL_TH0 与 TH0 共有同一个地址,RL_TL0 与 TL0 共有同一个地址。当 TR0 = 0(即定时器/计数器 T0 被禁止工作)时,对 TL0 写入的内容会同时写入 RL_TL0,对 TH0 写入的内容也会同时写入 RL_TH0。当 TR0 = 1(即定时器/计数器 T0 被允许工作)时,对 TL0 写入内容,实际上不是写入当前寄存器 TL0

中,而是写入隐藏的寄存器 RL_TL0 中,这样可以巧妙地实现 16 位重装载定时器。当读 TH0 和 TL0 的内容时,所读的内容就是 TH0 和 TL0 的内容,而不是 RL_TH0 和 RL_TL0 的内容。

当定时器 T0 工作在模式 0(TMOD[1:0]/[M1,M0]=00B)时,[TH0,TL0]的溢出不仅置位 TF0,而且会自动将[RL_TH0,RL_TL0]的内容重新装入[TH0,TL0]。

当 T0CLKO/INT_CLKO.0=1 时,P3.5/T1 引脚配置为定时器 T0 的时钟输出 T0CLKO。输出时钟频率为 T0 溢出率/2。

如果 C/T=0,定时器/计数器 T0 对内部系统时钟计数,则 T0 工作在 1T 模式(AUxR.7/T0x12=1)时的输出时钟频率=(SYSclk/(65536-[RL_ TH0,RL_TL0]))/2;T0 工作在 12T 模式(AUXR.7/T0x12=0)时的输出时钟频率=((SYSclk/12)/(65536-[RL_TH0,RL_TL0]))/2。如果 C/T=1,定时器/计数器 T0 是对外部脉冲输入(P3.4/T0)计数,则输出时钟频率=(T0_Pin_CLK/(65536-[RL_TH0,RL_TL0]))/2。

(2)定时器 T0 模式 1(16 位不可重装载模式)。

此模式下定时器/计数器 T0 工作在 16 位不可重装载模式,如图 6.2 所示。

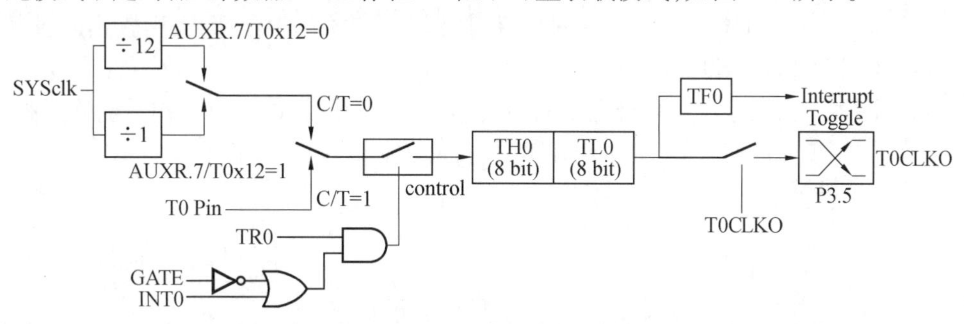

图 6.2　定时器/计数器 T0 的模式 1:16 位不可重装载模式

此模式下,定时器/计数器 T0 配置为 16 位不可重装载模式,由 TL0 的 8 位和 TH0 的 8 位所构成。TL0 的 8 位溢出向 TH0 进位,TH0 计数溢出置位 TCON 中的溢出标志位 TF0。

当 GATE(TMOD.3)=0 时,如果 TR0=1,则定时器计数。当 GATE=1 时,允许由外部输入 INT0 控制定时器 T0,这样可实现脉宽测量。TR0 为 TCON 寄存器内的控制位, TCON 寄存器各位的具体功能描述见上节 TCON 寄存器的介绍。

当 C/T=0 时,多路开关连接到系统时钟的分频输出,T0 对内部系统时钟计数,T0 工作在定时方式。当 C/T=1 时,多路开关连接到外部脉冲输入 P3.4/T0, 即 T0 工作在计数方式。

STC 单片机的定时器 T0 有两种计数速率:一种是 12T 模式,每 12 个时钟加 1,与传统 8051 单片机相同;另一种是 1T 模式,每个时钟加 1,速度是传统 8051 单片机的 12 倍。T0 的速率由特殊功能寄存器 AUXR 中的 T0x12 决定,如果 T0x12=0,则 T0 工作在 12T 模式;如果 T0x12=1,则 T0 工作在 1T 模式。

(3)定时器 T0 模式 2(8 位自动重装载模式)。

此模式下定时器/计数器 T0 作为可自动重装载的 8 位计数器,如图 6.3 所示。

TL0 的溢出不仅置位 TF0,而且将 TH0 的内容重新装入 TL0,TH0 内容由软件预置,重装时 TH0 内容不变。

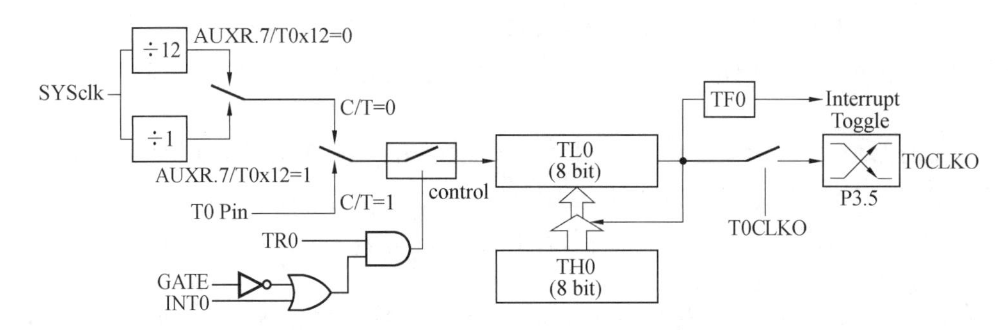

图 6.3　定时器/计数器 T0 的模式 2:8 位自动重装载模式

当 T0CLKO/INT_CLKO.0=1 时,P3.5/T1 引脚配置为定时器 T0 的时钟输出 T0CLKO。输出时钟频率为 T0 溢出率/2。

如果 C/T=0,定时器/计数器 T0 对内部系统时钟计数,则 T0 工作在 1T 模式(AUXR.7/T0x12=1)时的输出时钟频率=(SYSclk/(256-TH0))/2;T0 工作在 12T 模式(AUXR.7/T0x12=0)时的输出时钟频率=((SYSclk/12)/(256-TH0))/2。

如果 C/T=1,定时器/计数器 T0 对外部脉冲输入(P3.4/T0)计数,则输出时钟频率=(T0_Pin_CLK)/(256-TH0)/2。

(4)定时器 T0 模式 3(不可屏蔽中断 16 位自动重装载模式,实时操作系统节拍器)。

此模式下定时器/计数器 T0 工作在 16 位自动重装载模式,如图 6.4 所示。

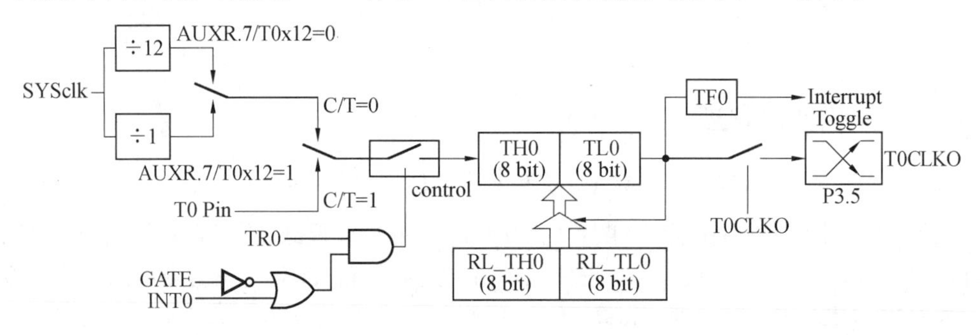

图 6.4　定时器/计数器 T0 的模式 3:不可屏蔽中断的 16 位自动重装载模式

对定时器/计数器 T0,其工作模式 3 与工作模式 0 是一样的。唯一不同的是,当定时器/计数器 T0 工作在模式 3 时,只需允许 ET0/IE.1(定时器/计数器 T0 中断允许位),不需要允许 EA/IE.7(总中断使能位)就能打开定时器/计数器 T0 的中断,此模式下的定时器/计数器 T0 中断与总中断使能位 EA 无关,一旦工作在模式 3 下的定时器/计数器 T0 中断被打开(ET0=1),那么该中断是不可屏蔽的,该中断的优先级是最高的,即该中断不能被任何中断所打断,而且该中断打开后既不受 EA/IE.7 控制也不再受 ET0 控制,当 EA=0 或 ET0=0 时都不能屏蔽此中断。故将此模式称为不可屏蔽中断的 16 位自动重装载模式。

(5)定时器 T1 模式 0(16 位自动重装载模式)。

此模式下定时器/计数器 T1 作为可自动重装载的 16 位计数器,如图 6.5 所示。

当 GATE(TMOD.7)=0 时,如果 TR1=1,则定时器计数。当 GATE=1 时,允许由外部输入 INT1 控制定时器 1,这样可实现脉宽测量。TR1 为 TCON 寄存器内的控制位,TCON 寄存器各位的具体功能描述见上节 TCON 寄存器的介绍。

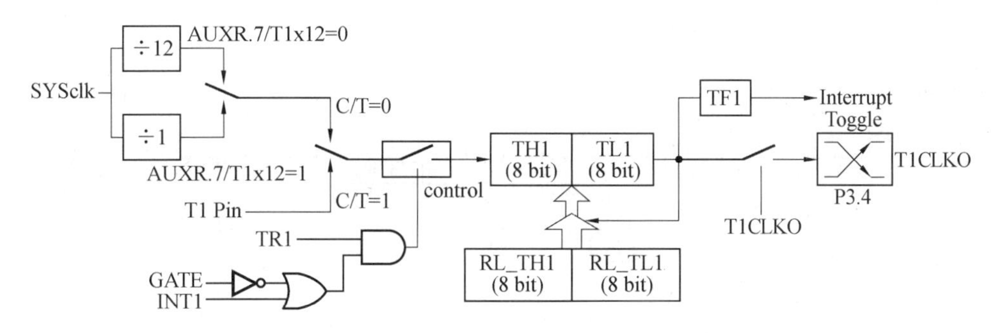

图6.5　定时器/计数器T1的模式0:16位自动重装载模式

当C/T=0时,多路开关连接到系统时钟的分频输出,T1对内部系统时钟计数,T1工作在定时方式。当C/T=1时,多路开关连接到外部脉冲输入P3.5/T1,即T1工作在计数方式。

STC单片机的定时器T1有两种计数速率:一种是12T模式,每12个时钟加1,与传统8051单片机相同;另一种是1T模式,每个时钟加1,速度是传统8051单片机的12倍。T1的速率由特殊功能寄存器AUXR中的T1x12决定,如果T1x12=0,则T1工作在12T模式;如果T1x12=1,则T1工作在1T模式。定时器1有两个隐藏的寄存器RL_TH1和RL_TL1。RL_TH1与TH1共有同一个地址,RL_TL1与TL1共有同一个地址。当TR1=0(即定时器/计数器T1被禁止工作)时,对TL1写入的内容会同时写入RL_TL1,对TH1写入的内容也会同时写入RL_TH1。当TR1=1(即定时器/计数器T1被允许工作)时,对TL1写入内容,实际上不是写入当前寄存器TL1中,而是写入隐藏的寄存器RL_TL1中,对TH1写入内容,实际上也不是写入当前寄存器TH1中,而是写入隐藏的寄存器RL_TH1,这样可以巧妙地实现16位重装载定时器。当读TH1和TL1的内容时,所读的内容就是TH1和TL1的内容,而不是RL_TH1和RL_TL1的内容。

当定时器T1工作在模式1(TMOD[5:4]/[M1,M0]=00B)时,[TH1,TL1]的溢出不仅置位TF1,而且会自动将[RL_TH1,RL_TL1]的内容重新装入[TH1,TL1]。

当T1CLKO/1NT_CLKO.1=1时,P3.4/T0管脚配置为定时器T1的时钟输出T1CLKO。输出时钟频率为T1溢出率/2。

如果C/T=0,定时器/计数器T1对内部系统时钟计数,则T1工作在1T模式(AUXR.6/T1x12=1)时的输出时钟频率=(SYSclk/(65536-[RL_TH1,RL_TL1]))/2;T1工作在12T模式(AUXR.6/T1x12=0)时的输出时钟频率=((SYSclk/12)/(65536-[RL_TH1,RL_TL1]))/2。如果C/T=1,定时器/计数器T1对外部脉冲输入(P3.5/T1)计数,则输出时钟频率=(T1_Pin_CLK/(65536-[RL_TH1,RL_TLI]))/2。

(6)定时器T1模式1(16位不可重装载模式)。

此模式下定时器/计数器T1工作在16位不可重装载模式,如图6.6所示。

此模式下,定时器/计数器T1配置为16位不可重装载模式,由TL1的8位和TH1的8位所构成。TL1的8位溢出向TH1进位,TH1计数溢出置位TCON中的溢出标志位TF1。

当GATE(TMOD.7)=0时,如果TR1=1,则定时器计数。当GATE=1时,允许由外部输入INT1控制定时器1,这样可实现脉宽测量。TR1为TCON寄存器内的控制位,TCON寄存器各位的具体功能描述见上节TCON寄存器的介绍。

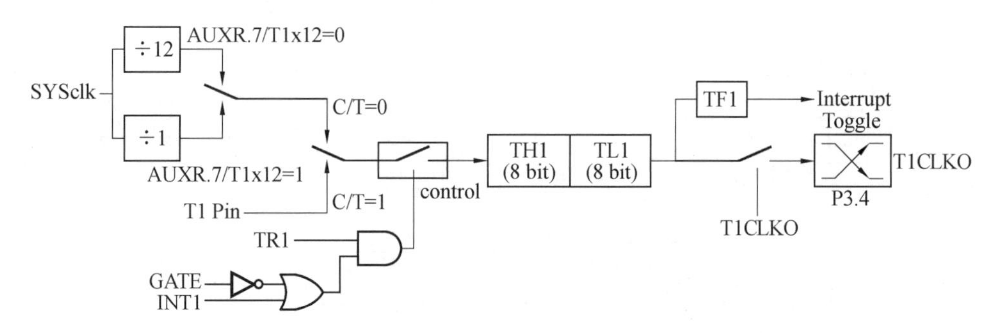

图 6.6　定时器/计数器 T1 的模式 1:16 位不可重装载模式

当 C/T=0 时,多路开关连接到系统时钟的分频输出,T1 对内部系统时钟计数,T1 工作在定时方式。当 C/T=1 时,多路开关连接到外部脉冲输入 P3.5/T1, 即 T1 工作在计数方式。

STC 单片机的定时器 T1 有两种计数速率:一种是 12T 模式,每 12 个时钟加 1,与传统 8051 单片机相同;另一种是 1T 模式,每个时钟加 1,速度是传统 8051 单片机的 12 倍。T1 的速率由特殊功能寄存器 AUXR 中的 T1x12 决定,如果 T1x12=0,则 T1 工作在 12T 模式;如果 T1x12=1,则 T1 工作在 1T 模式。

(7)定时器 T1 模式 2 (8 位自动重装载模式)。

此模式下定时器/计数器 T1 作为可自动重装载的 8 位计数器,如图 6.7 所示。

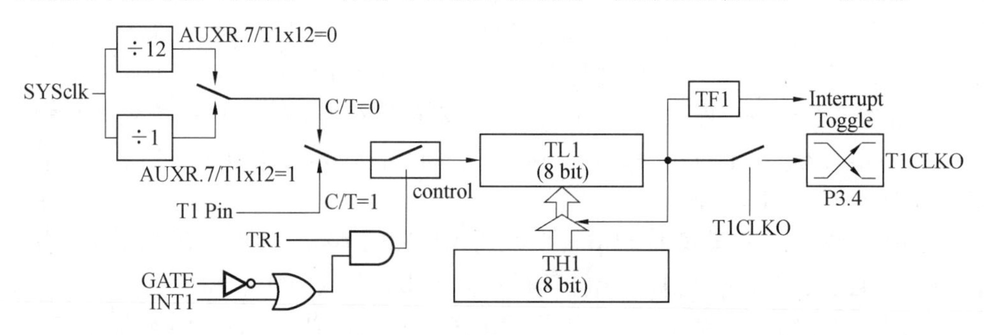

图 6.7　定时器/计数器 T1 的模式 2:8 位自动重装载模式

TL1 的溢出不仅置位 TF1,而且将 TH1 的内容重新装入 TL1,TH1 内容由软件预置,重装时 TH1 内容不变。

当 T1CLKO/INT_CLKO.1=1 时,P3.4/T0 管脚配置为定时器 T1 的时钟输出 T1CLKO。输出时钟频率为 T1 溢出率/2。如果 C/T=0,定时器/计数器 T1 对内部系统时钟计数,则:T1 工作在 1T 模式(AUXR.6/T1x12=1)时的输出时钟频率=(SYSclk/(256-TH1))/2;T1 工作在 12T 模式(AUXR.6/T1x12=0)时的输出时钟频率=((SYSclk/12)/(256-TH1))/2。如果 C/T=1,定时器/计数器 T1 对外部脉冲输入(P3.5/T1)计数,则输出时钟频率=(T1_Pin_CLK/(256-TH1))/2。

定时器 T0 和定时器 T1 的计算公式分别如表 6.6 和表 6.7 所示。

表 6.6　定时器 T0 的计算公式

定时器模式	定时器频率	周期计算公式
模式 0(16 位自动重装载)	1T	定时器周期=(65 536 -(TH0, TL0))/SYSclk
模式 0(16 位自动重装载)	12T	定时器周期=((65 536 -(TH0, TL0))/SYSclk)×12
模式 1(16 位不可重装载)	1T	定时器周期=(65 536-(TH1, TL1))/SYSclk
模式 1(16 位不可重装载)	12T	定时器周期=((65 536-(TH1, TL1))/SYSclk)×12
模式 2(8 位自动重装载)	1T	定时器周期=(256-TH0)/SYSclk
模式 2(8 位自动重装载)	12T	定时器周期=((256-TH0)/SYSclk)×12

表 6.7　定时器 T1 的计算公式

定时器模式	定时器频率	周期计算公式
模式 0(16 位自动重装载)	1T	定时器周期=(65 536-[TH1, TL1])/SYSclk(自动重装载)
模式 0(16 位自动重装载)	12T	定时器周期=((65 536-[TH1, TL1])/SYSclk)×12(自动重装载)
模式 1(16 位不可重装载)	1T	定时器周期=(65 536-[TH1, TL1])/SYSclk(需软件装装载)
模式 1(16 位不可重装载)	12T	定时器周期=((65 536-[TH1, TL1])/SYSclk)×12(需软件装装载)
模式 2(8 位自动重装载)	1T	定时器周期=(256-TH1)/SYSclk(自动重装载)
模式 2(8 位自动重装载)	12T	定时器周期=((256-TH1)/SYSclk×12(自动重装载)

(8)定时器 T2 工作模式。

定时器/计数器 T2 的工作模式如图 6.8 所示。

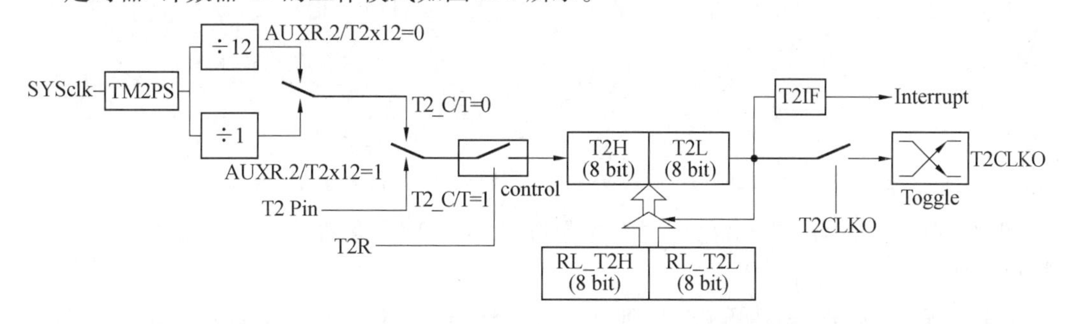

图 6.8　定时器/计数器 T2 的工作模式：16 位自动重装载模式

T2R/AUXR.4 为 AUXR 寄存器内的控制位，AUXR 寄存器各位的具体功能描述见上节 AUXR 寄存器的介绍。

当 T2_C/T=0 时，多路开关连接到系统时钟输出，T2 对内部系统时钟计数，T2 工作在定时方式。当 T2_C/T=1 时，多路开关连接到外部脉冲输 T2，即 T2 工作在计数方式。

STC 单片机的定时器 T2 有两种计数速率：一种是 12T 模式，每 12 个时钟加 1，与传统 8051 单片机相同；另一种是 1T 模式，每个时钟加 1，速度是传统 8051 单片机的 12 倍。T2 的速率由特殊功能寄存器 AUXR 中的 T2x12 决定，如果 T2x12＝0，则 T2 工作在 12T 模式；如果 T2x12＝1，则 T2 工作在 1T 模式。

定时器 T2 有两个隐藏的寄存器 RL_T2H 和 RL_T2L。RL_T2H 与 T2H 共有同一个地址，RL_T2L 与 T2L 共有同一个地址。当 T2R＝0（即定时器/计数器 T2 被禁止工作）时，对 T2L 写入的内容会同时写入 RL_T2L，对 T2H 写入的内容也会同时写入 RL_T2H。当 T2R＝1（即定时器/计数器 T2 被允许工作）时，对 T2L 写入内容，实际上不是写入当前寄存器 T2L 中，而是写入隐藏的寄存器 RL_T2L 中，对 T2H 写入内容，实际上也不是写入当前寄存器 T2H 中，而是写入隐藏的寄存器 RL_T2H 中，这样可以巧妙地实现 16 位重装载定时器。当读 T2H 和 T2L 的内容时，所读的内容就是 T2H 和 T2L 的内容，而不是 RL_T2H 和 RL_T2L 的内容。

[T2H，T2L]的溢出不仅置位中断请求标志位（T2IF），使 CPU 转去执行定时器 T2 的中断程序，而且会自动将[RL_T2H，RL_T2L]的内容重新装入[T2H，T2L]。

定时器 T2 的计算公式如表 6.9 所示。

表 6.9　定时器 T2 的计算公式

定时器频率	周期计算公式
1T	定时器周期 ＝ ((65 536－[T2H，T2L])/SYSclk)/(TM2PS+1)
12T	定时器周期 ＝ ((65 536－[T2H，T2L])× 12/SYSclk)/(TM2PS+1)

(9)定时器 T3 工作模式。

定时器/计数器 T3 的工作模式如图 6.9 所示。

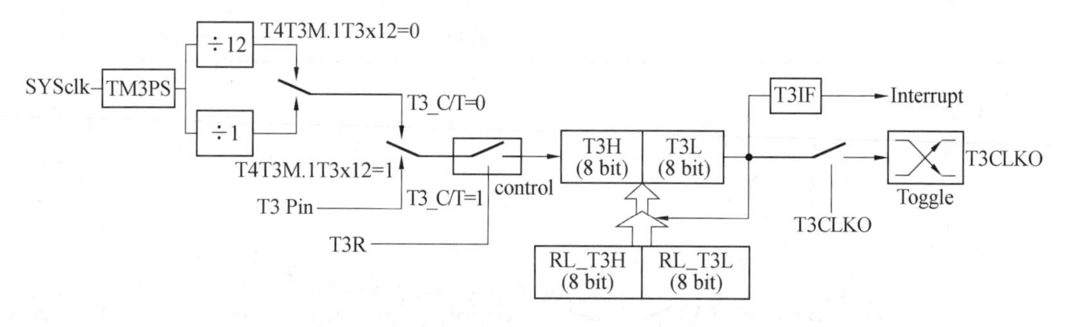

图 6.9　定时器/计数器 T3 的工作模式：16 位自动重装载模式

T3R/T4T3M.3 为 T4T3M 寄存器内的控制位，T4T3M 寄存器各位的具体功能描述见上节 T4T3M 寄存器的介绍。

当 T3_C/T＝0 时，多路开关连接到系统时钟输出，T3 对内部系统时钟计数，T3 工作在定时方式。当 T3_C/T＝1 时，多路开关连接到外部脉冲输 T3，即 T3 工作在计数方式。

STC 单片机的定时器 T3 有两种计数速率：一种是 12T 模式，每 12 个时钟加 1，与传统 8051 单片机相同；另一种是 1T 模式，每个时钟加 1，速度是传统 8051 单片机的 12 倍。T3 的速率由特殊功能寄存器 T4T3M 中的 T3x12 决定，如果 T3x12＝0，则 T3 工作在 12T 模式；如果 T3x12＝1，则 T3 工作在 1T 模式。

定时器 T3 有两个隐藏的寄存器 RL_T3H 和 RL_T3L。RL_T3H 与 T3H 共有同一个地址,RL_T3L 与 T3L 共有同一个地址。当 T3R=0(即定时器/计数器 T3 被禁止工作)时,对 T3L 写入的内容会同时写入 RL_T3L,对 T3H 写入的内容也会同时写入 RL_T3H。当 T3R=1(即定时器/计数器 T3 被允许工作)时,对 T3L 写入内容,实际上不是写入当前寄存器 T3L 中,而是写入隐藏的寄存器 RL_T3L 中,对 T3H 写入内容,实际上也不是写入当前寄存器 T3H 中,而是写入隐藏的寄存器 RL_T3H 中,这样可以巧妙地实现 16 位重装载定时器。当读 T3H 和 T3L 的内容时,所读的内容就是 T3H 和 T3L 的内容,而不是 RL_T3H 和 RL_T3L 的内容。

[T3H,T3L]的溢出不仅置位中断请求标志位(T3IF),使 CPU 转去执行定时器 T3 的中断程序,而且会自动将[RL_T3H,RL_L]的内容重新装入[T3H,T3L]。

定时器 T3 的计算公式如表 6.10 所示。

表 6.10　定时器 T3 的计算公式

定时器频率	周期计算公式
1T	定时器周期=((65 536-[T3H, T3L])/SYSclk)/(TM3PS+1)
12T	定时器周期=((65 536-[T3H, T3L])×12/SYSclk)/(TM3PS+1)

(10)定时器 T4 工作模式。

定时器/计数器 T4 的工作模式如图 6.10 所示。

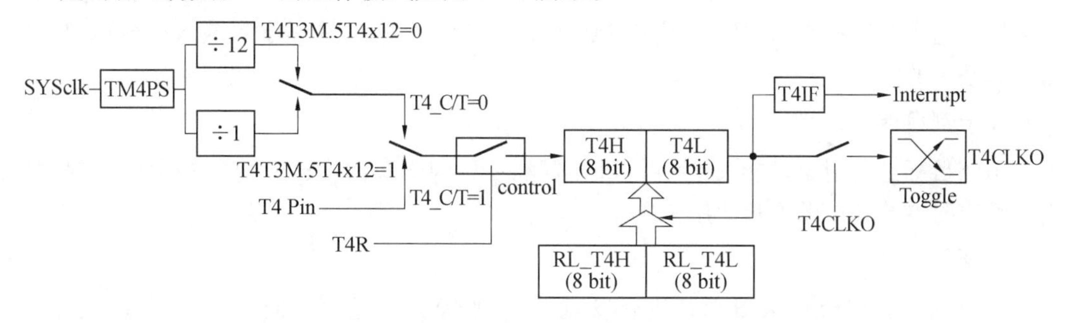

图 6.10　定时器/计数器 T4 的工作模式:16 位自动重装载模式

T4R/T4T3M.7 为 T4T3M 寄存器内的控制位,T4T3M 寄存器各位的具体功能描述见上节 T4T3M 寄存器的介绍。

当 T4_C/T=0 时,多路开关连接到系统时钟输出,T4 对内部系统时钟计数,T4 工作在定时方式。当 T4_C/T=1 时,多路开关连接到外部脉冲输 T4,即 T4 工作在计数方式。

STC 单片机的定时器 T4 有两种计数速率:一种是 12T 模式,每 12 个时钟加 1,与传统 8051 单片机相同;另一种是 1T 模式,每个时钟加 1,速度是传统 8051 单片机的 12 倍。T4 的速率由特殊功能寄存器 T4T3M 中的 T4x12 决定,如果 T4x12=0,则 T4 工作在 12T 模式;如果 T4x12=1,则 T4 工作在 1T 模式。定时器 T4 有两个隐藏的寄存器 RL_T4H 和 RL_T4L。RL_T4H 与 T4H 共有同一个地址,RL_T4L 与 T4L 共有同一个地址。当 T4R=0(即定时器/计数器 T4 被禁止工作)时,对 T4L 写入的内容会同时写入 RL_T4L,对 T4H 写入的内容也会同时写入 RL_T4H。当 T4R=1(即定时器/计数器 T4 被允许工作)时,对 T4L 写入内容,实际上不是写入当前寄存器 T4L 中,而是写入隐藏的寄存器 RL_T4L 中,对 T4H 写入内容,实际上也不是写入当前寄存器 T4H 中,而是写入隐藏的寄存器 RL_T4H,这样可以巧妙地实现 16 位重装载定时器。当读 T4H 和 T4L 的内容时,所读的内容就是 T4H 和 T4L 的内容,而不是 RL_T4H 和 RL_T4L 的内容。

[T4H,T4L]的溢出不仅置位中断请求标志位(T4IF),使 CPU 转去执行定时器 T4 的中断程序,而且会自动将[RL_T4H,RL_T4L]的内容重新装入[T4H,T4L]。

定时器 T4 的计算公式如表 6.11 所示。

表 6.11　定时器 T4 的计算公式

定时器频率	周期计算公式
1T	定时器周期=((65 536-[T4H, T4L]) / SYSclk) / (TM4PS+1)
12T	定时器周期=((65 536-[T4H, T4L])× 12 / SYSclk) / (TM4PS+1)

6.3　编程实践

6.3.1　基础编程示例

1. 概述

在本节中,将通过一个实际的编程示例来展示如何使用 STC8H1K16 单片机的定时器/计数器。这个示例将展示如何使用定时器来控制 LED 的闪烁,这是学习嵌入式编程的一个常见和基础的练习。

2. 示例目标

示例目标是使用定时器来使一个 LED 每隔一秒闪烁一次。这个简单的示例将帮助读者了解定时器的基本设置和使用。

3. 硬件要求

要求有一块 STC8H1K16 单片机开发板、一个 LED 灯及适当的限流电阻。LED 连接到单片机的一个 I/O 口(如 P1.0)。

4. 示例程序

```
#include <STC8H.h>  //包含 STC8H1K16 的头文件

void Timer0_Init() {

    TMOD = 0x01;   //定时器 T0 工作在模式 1(16 位定时器/计数器)
    TH0 = 0xFC;   //设置定时器初值
    TL0 = 0x66;
    ET0 = 1;      //启用定时器 T0 中断
    TR0 = 1;      //启动定时器 T0
}
```

```
void main() {

    Timer0_Init();   //初始化定时器
    EA = 1;            //全局中断使能
    while(1) {
        // 主循环,可以添加其他任务
    }
}

void Timer0_ISR() interrupt 1 {
    TH0 = 0xFC;   //重新装载定时器初值
    TL0 = 0x66;
    P1 ^= 0x01;  //切换 P1.0 引脚的状态,控制 LED
}
```

5. 代码解释

Timer0_Init 函数配置了定时器 T0。这里将其设置为模式 1,这是一个 16 位的定时器/计数器模式。TH0 和 TL0 寄存器被用来设置定时器的初值。这些值决定了定时器溢出的时间间隔。ET0 启用了定时器 T0 的中断,而 TR0 启动了定时器。在 main 函数中,调用了 Timer0_Init 并启用了全局中断。Timer0_ISR 是定时器 T0 的中断服务程序。每当定时器溢出时,它会被调用。在这个函数中,重新装载定时器的初值,并切换 LED 的状态。

6. 扩展

虽然这个示例只是简单地控制一个 LED 的闪烁,但相同的原理可以应用于更复杂的任务,比如定时读取传感器数据或控制电机。读者可以尝试调整定时器的初值来改变 LED 闪烁的频率,这有助于更好地理解定时器的工作原理。还可以进一步尝试使用其他定时器模式和特性来实现更复杂的功能。通过上述结构,读者可以更好地理解示例代码的目的、设置和实现方式,以及如何将所学应用于更广泛的嵌入式系统开发场景。

6.3.2　高级功能实现——PWM 信号生成器

1. 概述

在这个高级示例中,将使用 STC8H1K16 的定时器功能来生成 PWM 信号,从而创建一个 LED 呼吸灯效果。通过调整 PWM 信号的占空比,可以控制 LED 的亮度。

2. 示例目标

示例目标是利用 PWM 信号控制 LED 亮度,实现呼吸灯效果。这个示例将展示如何使用定时器生成可调节的 PWM 信号。

3. 硬件要求

要求有一块 STC8H1K16 单片机开发板、一个 LED 灯及适当的限流电阻。LED 连接到单片机的具有 PWM 能力的 I/O 口(如 P1.1)。

4. 代码示例

```
#include <STC8H.h>  //包含 STC8H1K16 的头文件
#define MAX_BRIGHTNESS 1000   //最大亮度值
volatile int brightness = 0; //当前亮度
volatile int fadeAmount = 1; //亮度变化量
void Timer0_Init(){
    TMOD = 0x01;      //定时器 T0 工作在模式 1(16 位定时器/计数器)
    TH0 = 0xFF;       //设置定时器初值
    TL0 = 0x00;
    ET0 = 1;          //启用定时器 T0 中断
    TR0 = 1;          //启动定时器 T0
}

void main(){
    Timer0_Init();   //初始化定时器
    EA = 1;           //全局中断使能
    while(1){
        // 主循环
        if (brightness <= 0 || brightness >= MAX_BRIGHTNESS){
            fadeAmount = -fadeAmount; //改变亮度变化方向
        }
        brightness += fadeAmount;
    }
}
void Timer0_ISR() interrupt 1{
    static int count = 0;
    TH0 = 0xFF;       //重新装载定时器初值
    TL0 = 0x00;
    if (count < brightness){
        P1 |= 0x02;   //打开 LED
    }
    else{
        P1 &= ~0x02; //关闭 LED
    }
    count++;
    if (count >= MAX_BRIGHTNESS) count = 0;
}
```

5. 代码解释

这个程序使用定时器 T0 产生一个简单的 PWM 信号。变量 brightness 控制了 PWM 占

空比,从而控制 LED 的亮度。在 main 函数中,逐渐改变 brightness 值,使 LED 亮度逐渐提高或降低。在 Timer0_ISR 中断服务程序中,根据 brightness 值调整 LED 的状态。

6. 扩展

这个示例可以进一步扩展,例如使用不同的 PWM 通道控制多个 LED,或者结合传感器输入来调整亮度。考虑到 PWM 信号的生成是一个常见的需求,可以尝试将这个功能封装成一个库,以便在其他项目中复用。

6.3.3 高级功能实现——软件实时时钟

1. 概述

在这个高级示例中,将演示如何使用 STC8H1K16 单片机的定时器来实现一个软件实时时钟。这个实时时钟将能够跟踪小时、分钟和秒,并每秒更新一次。

2. 示例目标

示例目标是使用定时器中断来精确跟踪时间,并在全局变量中维护小时、分钟和秒。这个示例将展示如何利用定时器来实现时间相关的复杂任务。

3. 硬件要求

要求有一块 STC8H1K16 单片机开发板。如果需可视化时间,需要额外的显示设备(如 LCD)。

4. 示例程序

```
#include <STC8H.h>

//全局时间变量
unsigned char hours = 0;
unsigned char minutes = 0;
unsigned char seconds = 0;

//定时器 T0 初始化,设定为 1 s 中断一次
void Timer0_Init(){
    TMOD &= 0xF0;      //设置定时器模式
    TMOD |= 0x01;      //定时器 T0 为模式 1
    TH0 = 0x4C;        //加载定时器初值,1 s
    TL0 = 0x00;
    ET0 = 1;           //启用定时器 T0 中断
    TR0 = 1;           //启动定时器 T0
}
//更新时间的函数
void UpdateTime(){
    if (++seconds >= 60){
```

```
            seconds = 0;
            if (++minutes >= 60){
                minutes = 0;
                if (++hours >= 24){
                    hours = 0;
                }
            }
        }
}
void main(){
    Timer0_Init();
    EA = 1;  //全局中断使能

    while(1){
        //主循环,可以添加其他任务
        //如显示时间等
    }
}
//定时器0中断服务程序
void Timer0_ISR()interrupt 1{
    TH0 = 0x4C;  //重新装载定时器初值
    TL0 = 0x00;
    UpdateTime();  //更新时间
}
```

5. 代码解释

定时器初始化:Timer0_Init 函数配置了定时器 T0 为 1 s 中断一次。这是通过设置适当的定时器初值来实现的。

时间更新逻辑:UpdateTime 函数负责在每个定时器溢出(即每秒)更新全局时间变量。

中断服务程序:Timer0_ISR 是定时器 0 的中断服务程序,它在每次定时器溢出时被调用,用于重新装载定时器初值并调用 UpdateTime 函数来更新时间。

6. 扩展和应用

显示时间:在主循环中,可以添加代码来显示时间,比如将小时、分钟和秒显示到 LCD 上。

进一步的功能:基于这个实时时钟,可以开发其他功能,如定时开关设备、记录事件发生的时间等。

理解中断驱动的程序设计:这个示例展示了如何在中断服务程序中维护状态和执行任务,这对于编写响应性强和高效的嵌入式系统至关重要。通过这样的结构,读者可以更清楚地理解示例代码的目的、实现方式以及如何将所学应用于更广泛的嵌入式系统开发场景。

第7章　A/D 转换器和 D/A 转换器

7.1　简　　介

7.1.1　A/D 转换器的基本原理

在现代电子系统中,模拟信号和数字信号的相互转换是不可或缺的一部分。A/D 转换器在这个转换过程中发挥着核心作用。理解这些转换器的基本原理是掌握嵌入式系统设计的关键。

1. 模数转换定义

模数转换是将模拟信号转换成数字信号的过程。在嵌入式系统中,这通常涉及将传感器产生的模拟信号(如温度、光强等)转换为数字形式,以便微控制器进行处理。

工作原理:A/D 转换器工作的基础是采样、量化和编码三个步骤。采样是指在离散的时间点上测量模拟信号的幅值,量化是指将采样值近似为有限数量的水平,编码则是指将量化后的值转换为二进制数。

关键参数如下。

分辨率:分辨率决定了 A/D 转换器可以区分的最小信号变化,通常以位(bit)表示。

采样率:采样率定义了 A/D 转换器每秒采样的次数,决定了能够处理信号的最高频率。

2. 数模转换定义

数模转换是将数字信号转换为模拟信号的过程。这在生成模拟信号(如音频信号)或控制模拟设备时尤为重要。

工作原理:D/A 转换器通过接收数字输入并生成相应幅值的模拟电压或电流来实现转换。这个过程通常涉及数字输入的解码和模拟电平的生成。

关键参数如下。

分辨率:与 A/D 转换器类似,D/A 转换器的分辨率影响输出信号的精度。

更新率:D/A 转换器的更新率是指其输出信号可以变化的最高频率。

A/D 转换器在连接数字世界与模拟环境中扮演着桥梁的角色。无论是传感器数据的数字化处理,还是通过数字信号控制模拟系统,这些转换器都是实现这些功能的基础。在 STC8H1K16 单片机中,A/D 转换器的应用范围广泛,从基本的数据采集到复杂的信号处理等各个方面都有所涉及。

理解 A/D 转换器的原理对于设计和实现功能齐全的嵌入式系统至关重要。通过将模拟世界与数字领域有效连接,它们使得微控制器能够处理各种各样的输入和输出,极大地扩展了嵌入式系统的应用领域。在本书后续内容中,将深入探讨 STC8H1K16 单片机中 A/D 转换器的具体应用和编程实践。

7.1.2 在 STC8H1K16 单片机中的 A/D 转换器和 D/A 转换器应用

STC8H1K16 单片机内置的 A/D 转换器和 D/A 转换器为该系列微控制器提供了强大的信号处理能力。这些转换器使得 STC8H1K16 能够与各种模拟设备交互,从而在各种应用中发挥重要作用,如传感器数据读取、模拟信号生成等。

1. 多通道 A/D 转换器

STC8H1K16 配备了多达 12 个通道的 A/D 转换器,支持高达 10 位的分辨率。这允许单片机同时监控多个模拟输入,如温度、湿度、光强度等。

应用实例如下。

传感器数据读取:A/D 转换器可以用于读取环境传感器(如温度、湿度传感器)的模拟输出。

数据采集系统:在自动化测试和测量系统中,A/D 转换器用于采集模拟信号,转换为数字数据进行处理。

2. 高精度 D/A 转换器

STC8H1K16 内置的 D/A 转换器提供了高精度的模拟输出功能,适用于生成复杂的模拟信号。

应用实例如下。

信号生成:D/A 转换器可以用于生成音频信号或模拟控制信号。

模拟控制:在某些控制系统中,D/A 转换器用于生成精确的控制电压,驱动其他模拟设备。

3. A/D 转换器的配置和编程

寄存器配置:A/D 转换器的使用涉及特定寄存器的配置,包括选择通道、设置分辨率和采样率等。

编程接口:STC8H1K16 提供了丰富的编程接口,使得开发者可以轻松地在代码中控制 A/D 转换器。

在实际项目中应用 A/D 转换器时应考虑以下因素。

系统设计中的考虑:在设计嵌入式系统时,需要考虑 A/D 转换的需求,包括精度、速度和通道数等。

性能与资源的平衡:选择合适的 A/D 转换器配置对于优化系统性能和资源使用至关重要。

STC8H1K16 单片机中的 A/D 转换器不仅提高了系统与模拟世界互动的能力,还拓展了该微控制器在各种应用中的可能性。无论是简单的传感器数据读取,还是复杂的模拟信号处理,这些转换器都是实现高级功能的关键组件。通过灵活地使用这些转换器,开发者可以为其项目带来更多的创新和更高的效率。

7.2 A/D 转换器

7.2.1 A/D 转换器的工作原理

在嵌入式系统中,A/D 转换器是一种将模拟信号转换为数字信号的关键组件。这种转

换对于 STC8H1K16 单片机尤为重要，因为它使得设备能够处理来自传感器等模拟设备的输入信号。

模数转换过程主要包括三个步骤：采样、量化和编码。采样是指在特定的时间点上测量模拟信号的幅度。有效的采样需要遵循奈奎斯特定理，即采样频率至少是信号最高频率的两倍，以避免混叠现象。量化过程涉及将采样得到的连续模拟值转换为有限数量的离散数值。量化的精度取决于 A/D 转换器的分辨率，例如 10 位分辨率的 A/D 转换器可以产生 1 024(2^{10})个不同的数字值。编码是在量化之后，将得到的离散数值转换成数字格式(通常是二进制格式)，以便微控制器进一步处理这些数字信号。

STC8H1K16 单片机内置的 A/D 转换器拥有以下特点。

高分辨率：提供高达 10 位的分辨率，使得转换结果更为精确。

多通道能力：支持多达 12 个通道的输入，允许同时从多个源读取模拟信号。

灵活的配置：用户可以根据需要配置采样率和分辨率，以适应不同的应用场景。

在 STC8H1K16 单片机中，A/D 转换器广泛应用于多种场合。

传感器数据读取：温度、湿度、压力等传感器通常输出模拟信号，A/D 转换器可以将这些信号转换为数字形式，供微控制器处理。

信号处理：在需要数字信号处理的应用中，如音频处理或信号过滤，A/D 转换器扮演着不可或缺的角色。

A/D 转换器是连接模拟世界和数字世界的桥梁。在 STC8H1K16 单片机中，它不仅提高了设备的通用性和灵活性，还为处理复杂的传感器数据和信号处理任务提供了基础。了解其工作原理对于开发高效且可靠的嵌入式系统至关重要。

7.2.2　配置和初始化

在 STC8H1K16 单片机中使用 A/D 转换器之前，必须正确配置和初始化它。这个过程涉及设置适当的寄存器，以确保 A/D 转换器按预期工作。

配置步骤如下。

①选择模数转换通道：根据需要读取的模拟信号，选择相应的输入通道。

STC8H1K16 提供多个模数转换通道，通过配置特定的寄存器来选择使用哪个通道。

②设置采样率：确定合适的采样频率，避免过快导致处理器过载，或过慢导致数据延迟。

在 STC8H1K16 中，采样率可通过改变时钟频率或调整内部定时器来设定。

③配置分辨率：根据应用的精度需求，设置 A/D 转换器的分辨率。

分辨率越高，转换所需的时间越长，但会提供更精确的读数。

④调整参考电压：参考电压决定了模数转换的输入电压范围。需要确保模拟输入信号在这个范围内。

以下是一个初始化 STC8H1K16 单片机中 A/D 转换器的基本 C 语言代码示例：

```
#include <STC8H.h>

void ADC_Init() {
    P1ASF = 0x01;  //选择 P1.0 为模数转换输入
    ADC_RES = 0;   //清除之前的转换结果
```

```
    ADC_CONTR = 0x80; //使能 A/D 转换器,选择时钟频率
    AUXR1 = 0;        //设置参考电压
    //可以根据需要设置其他相关寄存器
}

void main() {
    ADC_Init();   //调用初始化函数
    //后续代码
}
```

注意事项如下。

电源和接地:确保 A/D 转换器的电源和接地连接正确,以防止噪声干扰。

模拟输入信号:确保模拟信号的幅度不超过参考电压的范围。

正确配置和初始化 A/D 转换器对于确保 STC8H1K16 单片机正确读取模拟信号至关重要。通过遵循这些步骤,开发者可以确保 A/D 转换器的准确性和可靠性,从而在各种应用中充分利用这一功能。

7.2.3 编程实例:基础模数转换

本节提供一个基础的模数转换编程示例,旨在展示如何在 STC8H1K16 单片机中实现从模拟信号到数字信号的转换。下面将编写一个简单的程序来读取单个模拟输入并将其转换为数字值。

1. 编程示例

以下是一个简单的模数转换示例,用于读取连接到 STC8H1K16 单片机 P1.0 引脚的模拟信号。

```
#include <STC8H.h>

void ADC_Init() {
    P1ASF = 0x01;   //选择 P1.0 为模数转换输入
    ADC_RES = 0;     //清除之前的转换结果
    ADC_CONTR = 0x80; //使能 A/D 转换器,选择时钟频率
    AUXR1 = 0;        //设置参考电压
}

unsigned int ADC_Read() {
    ADC_CONTR |= 0x40;     //启动模数转换
    while (! (
    ADC_CONTR & 0x20)); // 等待转换完成
    ADC_CONTR &= ~0x20;   //清除完成标志
    return (ADC_RES << 2)| ADC_RESL; //返回 10 位模数转换结果
}
```

```
void main() {
    unsigned int adcValue;
    ADC_Init(); //初始化 ADC
    while(1) {
        adcValue = ADC_Read(); //读取模数转换结果
        //可以在这里处理 adcValue,例如显示或基于值执行操作
    }
}
```

(1)代码解释。

初始化函数（ADC_Init):配置所需的引脚为模数转换输入,并设置 A/D 转换器。

读取函数（ADC_Read):启动模数转换,并等待转换完成,然后返回转换结果。转换结果是 10 位的,由两个寄存器组合得到。

(2)注意事项。

防止噪声干扰:在读取模拟信号时,确保环境尽可能减少电气噪声。

延迟处理:在模数转换中,适当的延迟可以确保转换结果的稳定性。

(3)应用场景。

这个基础的模数转换编程示例展示了如何在 STC8H1K16 单片机中从模拟信号获取数字读数。这种能力使单片机能够与各种模拟传感器协同工作,是嵌入式系统设计中的关键。通过适当地调整代码,可以将此方法扩展到更复杂的应用中。

在某些应用中,需要从多个模拟源同时读取数据。STC8H1K16 单片机的多通道模数转换功能使得这成为可能。下面将介绍如何实现多通道模数转换,以便同时监测多个模拟输入。多通道模数转换涉及对多个模拟输入通道进行顺序采样和转换。

2. 编程示例 2

以下是一个基础的多通道模数转换程序示例:

```
#include <STC8H.h>

void ADC_Init() {
    P1ASF = 0x0F;   //选择 P1.0 ~ P1.3 为模数转换输入
    ADC_RES = 0;  //清除之前的转换结果
    ADC_CONTR = 0x80;   //使能 A/D 转换器,选择时钟频率
    AUXR1 = 0;  //设置参考电压
}

unsigned int ADC_Read(unsigned char channel) {
    ADC_CONTR = (ADC_CONTR & 0xF8) | channel | 0x40;   //选择通道并启动模
                                                        数转换
    while (! (ADC_CONTR & 0x20));   // 等待转换完成
    ADC_CONTR &= ~0x20;   //清除完成标志
```

```
    return (ADC_RES << 2)| ADC_RESL;    //返回 10 位模数转换结果
}

void main(){
    unsigned int adcValue[4];
    ADC_Init();    //初始化 ADC
    while(1){
        for (unsigned char i = 0; i < 4; i++){
            adcValue[i] = ADC_Read(i);    //读取每个通道的模数转换结果
            //可以在这里处理每个通道的 adcValue
        }
        //实现延时或其他操作
    }
}
```

(1)代码解释。

初始化函数(ADC_Init):配置 P1.0 ~ P1.3 作为模数转换输入。

读取函数(ADC_Read):接收一个通道参数,根据该参数选择 A/D 转换器的输入通道,然后启动转换,并返回结果。

(2)注意事项。

通道切换:在读取不同通道之前确保适当的延时,以让 A/D 转换器稳定。

防止干扰:保证模拟输入信号之间的隔离,避免相互干扰。

(3)应用场景。

多通道模数转换在以下情况中特别有用。

环境监测系统:同时从多个环境传感器(如温度、湿度、光强度传感器)读取数据。

工业控制系统:在工业应用中监测多个参数,如压力、流量和温度。

通过多通道模数转换,STC8H1K16 单片机能够有效地处理来自多个模拟源的输入。这种功能在需要同时监测多个物理量的复杂应用中非常有价值。正确地实现多通道模数转换,可以显著提升嵌入式系统的监测和控制能力。

7.3 D/A 转换器

7.3.1 D/A 转换器的工作原理

D/A 转换器在嵌入式系统中的作用是将数字信号转换成模拟信号。这一过程在 STC8H1K16 单片机中尤为重要,因为它允许微控制器与模拟设备进行交互,如控制电机或发出声音。

D/A 转换器的核心任务是将数字形式的数据转换为连续的模拟信号。这一过程涉及以下几个关键步骤。

数字输入:D/A 转换器接收来自微控制器的数字信号,通常是二进制格式。

转换过程:数字信号通过 D/A 转换器内部的电路被转换为等效的模拟信号。这通常通过一系列电子元件(如电阻网络)实现。

模拟输出:转换后的模拟信号可用于驱动各种模拟设备,如扬声器、电机或其他类型的传感器。

STC8H1K16 单片机内置的 D/A 转换器具备以下特点。

高精度输出:提供高精度的模拟输出,适合需要精确控制的应用。

灵活的配置:用户可以根据需要调整 D/A 转换器的输出范围和精度。

在 STC8H1K16 单片机中,D/A 转换器的应用非常广泛,包括但不限于以下内容。

模拟信号生成:生成各种波形的模拟信号,如在音频处理中生成声音波形。

精确控制:用于精确控制模拟设备,如电机速度调节。

D/A 转换器是 STC8H1K16 单片机连接数字世界和物理世界的桥梁。理解其工作原理对于设计能够与模拟环境交互的嵌入式系统至关重要。通过有效地利用 D/A 转换器,开发者可以实现从简单的信号输出到复杂的模拟控制等多种功能。

7.3.2　配置和初始化

为了在 STC8H1K16 单片机中有效地使用 D/A 转换器,首先需要正确配置和初始化该转换器。这一过程确保 D/A 转换器按预期工作,为生成准确的模拟信号奠定基础。

配置步骤如下。

①选择 D/A 转换器输出引脚:确定 D/A 转换器的输出引脚,并确保该引脚没有被配置为其他功能。

②设置分辨率和范围:根据需要的输出精度,配置 D/A 转换器的分辨率。

调整输出范围以匹配连接到 D/A 转换器的外围设备。

③配置相关寄存器:通过编程设置 D/A 转换器的控制寄存器,以启用和配置其功能。

以下是一个初始化 STC8H1K16 单片机中 D/A 转换器的基本 C 语言代码示例:

```
#include <STC8H.h>

void DAC_Init() {
    P1M1 &= ~0x02;   //设置 P1.1 为准双向口模式(如果使用 P1.1 作为数模转换
                     输出)
    P1M0 |= 0x02;
    DAC_CONTR = 0x90;   //使能 D/A 转换器并设置参考电压源
    //根据需要配置其他寄存器或进行设置
}

void DAC_SetValue(unsigned char value) {
    DAC_DATA = value;   //设置 D/A 转换器的输出值
}
```

```
void main( ) {
    DAC_Init( ); //初始化 DAC

    while(1) {
        for (int i = 0; i < 256; i++) {
            DAC_SetValue(i); //输出 0 ~255 的模拟值
            //添加适当的延时
        }
    }
}
```

注意事项如下。

电源和接地:确保 D/A 转换器的电源和接地连接正确,以提供稳定的模拟输出。

避免干扰:在模拟信号路径上采取适当措施,减少噪声和干扰。

正确配置和初始化 D/A 转换器是使用 STC8H1K16 单片机进行模拟信号生成的关键。这一过程不仅影响信号的质量,还决定与模拟环境的有效交互。通过遵循上述步骤,开发者可以确保其项目中 DAC 的准确性和可靠性。

7.3.3 编程实例:基础数模转换

在 STC8H1K16 单片机中实现基础的数模转换是一个简单但重要的过程。本节将提供一个基础的数模转换编程示例,演示如何将数字值转换为模拟信号。

编程示例:

以下是一个使用 STC8H1K16 单片机的 D/A 转换器生成模拟信号的示例程序。

```
#include <STC8H.h>

void DAC_Init( ) {
    P1M1 &= ~0x02;   // 设置 P1.1 为准双向口模式(如果使用 P1.1 作为数模转换
输出)
    P1M0 |= 0x02;
    DAC_CONTR = 0x90; //使能 D/A 转换器并设置参考电压源
}

void DAC_SetValue(unsigned char value) {
    DAC_DATA = value; //设置 D/A 转换器的输出值
}

void main( ) {
    unsigned char i;
```

```
    DAC_Init(); //初始化 D/A 转换器

    while(1){
        for (i = 0; i < 255; i++){
            DAC_SetValue(i); //逐步增加数模转换输出
            //添加适当的延时
        }
        for (i = 255; i > 0; i--){
            DAC_SetValue(i); //逐步减少数模转换输出
            //添加适当的延时
        }
    }
}
```

(1)代码解释。

初始化函数 (DAC_Init):配置 D/A 转换器所使用的引脚,并启用 D/A 转换器。

设置值函数 (DAC_SetValue):接收一个数字值,并将其写入 D/A 转换器的数据寄存器,从而改变输出模拟信号。

(2)注意事项。

平滑输出:根据应用需求调整延时,以实现平滑的模拟信号输出。

输出范围:确保所用数字值与 D/A 转换器的分辨率匹配。

(3)应用场景。

这个基础的数模转换程序可以应用于以下多种场景。

信号模拟:生成简单的模拟信号,用于测试或校准。

设备控制:提供模拟控制信号,如调整电机速度或控制灯光亮度。

基础的数模转换编程示例展示了如何在 STC8H1K16 单片机中生成模拟信号。这种能力为微控制器提供了与模拟设备交互的途径,是实现多种嵌入式系统功能的基石。通过适当调整程序,可以实现更复杂的模拟信号生成和控制。

7.3.4　高级应用:模拟信号生成

在 STC8H1K16 单片机中,D/A 转换器不仅能进行基本的数字到模拟信号的转换,还能用于生成更复杂的模拟信号,如正弦波信号、方波信号或自定义波形信号。下面将展示如何使用 D/A 转换器生成这些高级模拟信号。

以下是一个生成正弦波信号的示例程序:

```
#include <STC8H.h>
#include <math.h>    //包含数学函数库,用于计算正弦值

#define PI 3.14159265359
#define SAMPLES 50    //正弦波的样本数
```

```
void DAC_Init() {
    P1M1 &= ~0x02;  //设置 P1.1 为准双向口模式
    P1M0 |= 0x02;
    DAC_CONTR = 0x90;   //使能 D/A 转换器并设置参考电压源
}

void DAC_SetValue(unsigned char value) {
    DAC_DATA = value;
}

void Generate_SineWave() {
    int i;
    float radian;
    unsigned char value;

    for (i = 0; i < SAMPLES; i++) {
        radian = (2 * PI * i)/ SAMPLES;   //计算弧度
        value = (sin(radian)+ 1) * 127;   //计算正弦波并缩放到 0 ~255 范围
        DAC_SetValue(value);
        //添加适当的延时
    }
}

void main() {
    DAC_Init();   //初始化 D/A 转换器
    while(1) {
        Generate_SineWave();   //循环生成正弦波
    }
}
```

(1)代码解释。

初始化函数 (DAC_Init):配置 D/A 转换器所使用的引脚,并启用 D/A 转换器。

生成正弦波函数 (Generate_SineWave):计算正弦波的每个样本点,并通过 D/A 转换器输出这些值,从而生成模拟的正弦波。

(2)注意事项。

波形精度:增加样本数可以提高波形的精度,但可能需要更高的处理速度。

延时控制:调整每个样本的延时以控制波形的频率。

(3)应用场景。

这种高级的模拟信号生成技术可用于以下多种场景。

音频信号生成:用于生成音乐或其他音频信号。

测试信号:生成用于测试或校准电子设备的模拟信号。

利用 STC8H1K16 单片机的 D/A 转换器生成高级模拟信号,可以大大拓展嵌入式系统的应用范围。这种技术从简单的模拟信号生成到复杂的音频信号生成等领域都有广泛的用途。通过合理设计和编程,可以实现多样化的模拟信号输出。

7.4　实际案例研究

7.4.1　温度监控系统

温度监控是许多工业、商业和家庭环境中的一项关键任务。使用 STC8H1K16 单片机可以构建一个高效的温度监控系统,该系统能够实时读取温度数据,并在达到预设阈值时发出警报。

1. 系统设计目标

设计一个能实时监控环境温度并在异常情况下触发警报的系统。

2. 硬件

STC8H1K16 单片机:作为系统的核心控制单元。

LM35 温度传感器:提供精确的环境温度读数。

LCD:实时显示温度读数。

蜂鸣器:在温度超过预设阈值时发出警报。

3. 实现步骤

①传感器接口:将 LM35 温度传感器的输出连接到 STC8H1K16 的一个 A/D 转换器输入。

②温度读取与转换:使用 A/D 转换器读取传感器输出并将其转换为温度值。

③显示和警报:实时在 LCD 上显示温度。当温度超过预设阈值时,通过蜂鸣器发出警报。

4. 示例代码

```
#include <STC8H. h>
#define THRESHOLD 30    //设定的温度阈值

void ADC_Init( ) {

    //初始化 A/D 转换器的代码
}

float Read_Temperature( ) {
```

```
    unsigned int adcValue;
    float temperature;

    //读取模数转换值
    //转换为温度值(根据 LM35 的规格)
    return temperature;
}

void Display_Temperature(float temp){
    //显示温度到 LCD 的代码
}

void Check_And_Alarm(float temp){
    if (temp > THRESHOLD){
        //激活蜂鸣器
    }
    else{
        //关闭蜂鸣器
    }
}

void main(){
    float currentTemp;

    ADC_Init();
    //初始化 LCD 和蜂鸣器(如果需要)

    while(1){

        currentTemp = Read_Temperature();
        Display_Temperature(currentTemp);
        Check_And_Alarm(currentTemp);
        //延时或其他操作
    }
}
```

5. 注意事项

传感器精度:确保使用精确且稳定的温度传感器。

环境影响:考虑传感器放置位置对温度读数的影响。

这个温度监控系统示例利用了 STC8H1K16 单片机的模数转换功能和数字信号处理能

力,可以有效地实时监测环境温度。此系统适用于多种环境,如家庭、办公室或工业场所,提供实时温度监控和异常警报功能。

7.4.2　音频信号处理

在嵌入式系统中进行音频信号处理是一项挑战,涉及信号的采集、处理和输出。STC8H1K16 单片机由于其模数转换能力,可以用于实现这些功能。以下案例展示了如何使用 STC8H1K16 进行基础音频信号处理,包括声音的采集、简单处理和再生。

1. 系统设计目标

开发一个系统,能够捕捉音频信号,对其进行基本处理,并播放处理后的音频。

2. 硬件

麦克风:用于捕捉音频。

STC8H1K16 单片机:进行音频的模数转换、数字处理和数模转换。

扬声器:用于播放处理后的音频。

3. 实现步骤

①音频采集:将麦克风连接到 STC8H1K16,并通过 A/D 转换器进行数字化。

②音频处理:对数字音频信号进行简单处理,如增益调整、过滤或效果添加。

③音频输出:将处理后的数字音频信号转换回模拟信号,并通过扬声器播放。

4. 示例代码

```
#include <STC8H.h>

#define SAMPLE_RATE 8000   //设置采样率
#define AUDIO_BUFFER_SIZE 256   //音频缓冲区大小

void ADC_Init() {
    //初始化 A/D 转换器的代码
}

void DAC_Init() {
    //初始化 D/A 转换器的代码
}

unsigned int Audio_Capture() {
    unsigned int audioSample;
    //从 A/D 转换器读取音频样本的代码
    return audioSample;
}

void Audio_Process(unsigned int *buffer, unsigned int bufferSize) {
```

```
        for (int i = 0; i < bufferSize; i++) {
            //对音频样本进行处理的代码
            //例如:buffer[i] = buffer[i] * gain;    // 简单的增益调整
        }
    }

    void Audio_Output(unsigned int sample) {
        //将音频样本输出到 D/A 转换器的代码
    }

    void main() {
        unsigned int audioBuffer[AUDIO_BUFFER_SIZE];
        unsigned int bufferIndex = 0;

        ADC_Init();
        DAC_Init();

        while (1) {
            if (bufferIndex < AUDIO_BUFFER_SIZE) {
                audioBuffer[bufferIndex++] = Audio_Capture();
            } else {
                Audio_Process(audioBuffer, AUDIO_BUFFER_SIZE);
                for (int i = 0; i < AUDIO_BUFFER_SIZE; i++) {
                    Audio_Output(audioBuffer[i]);
                }
                bufferIndex = 0;
            }
        }
    }
```

5. 注意事项

音频质量:在处理音频信号时,确保最小化噪声和失真。

资源管理:音频处理可能对系统资源要求较高,合理管理 CPU 和内存资源。

此示例展示了 STC8H1K16 单片机在音频信号处理方面的基础应用,包括音频的采集、简单处理和输出。虽然 STC8H1K16 的资源可能限制了高级音频处理功能,但它仍然适用于基本的音频应用,如声音记录和播放,以及简单的音效生成。

第 8 章　串行接口

8.1　51 单片机串口

51 单片机串行接口(简称串口)是一个可编程的全双工串行通信接口,通过引脚 RxD 和引脚 TxD 与外界通信。串行接口的结构图如图 8.1 所示。

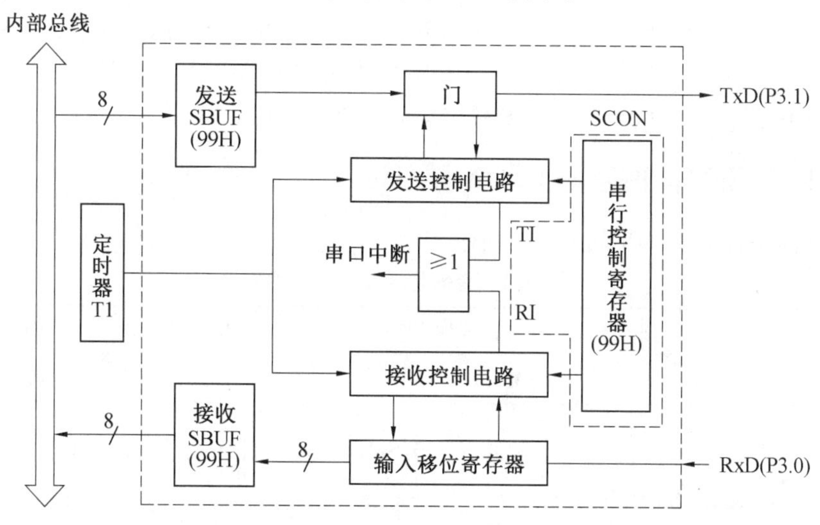

图 8.1　串行接口的结构图

图 8.1 中 SBUF 是串口缓冲寄存器,包括发送 SBUF 和接收 SBUF,两个缓冲器共用一个逻辑地址 99H,但实际上它们有相互独立的物理空间。CPU 通过对 SBUF 的读写来完成串口数据的收发。

SCON 是串口控制寄存器,用于定义串口的工作方式及进行接收和发送控制,特殊功能寄存器 PCON 可以控制串口的波特率。下面介绍 SCON、PCON 寄存器的定义及串口工作方式、波特率设置方法。

8.1.1　串口控制寄存器 SCON

串口控制寄存器 SCON 如表 8.1 所示。

表 8.1　串行口控制寄存器 SCON

符号	地址	B7	B6	B5	B4	B3	B2	B1	B0
SCON	98H	SM0/FE	SM1	SM2	REN	TB8	RB8	TI	RI

SM0 和 SM1:当 PCON 寄存器中的 SMOD0 位为 0 时,用作串口的工作方式选择位。

SM2:多机通信控制位,当串口使用方式 2 或方式 3 时,若 SM2=1 且 REN=1,则接收机处于地址帧筛选状态。接收到的第 9 位数据 RB8 = 1,说明该帧是地址帧,地址信息可以进入 SBUF,并置位 RI,进而在中断服务中进行处理;若 RB8 = 0,表示该帧不是地址帧,应丢掉且保持 RI = 0。在方式 2 和方式 3 中,若 SM2 = 0,接收机处于地址帧筛选禁止状态,不论收到的 RB8 为 0 或 1,均可使接收到的信息进入 SBUF,并使 RI = 1,此时 RB8 通常为校验位。方式 0 或方式 1 为非多机通信方式,在这两种方式中,SM2 应设置为 0。

REN:允许/禁止串行接收控制位,由软件进行置位。REN = 1 时,表示允许串行接收,REN = 0 时,则禁止接收。

TB8:要发送数据的第 9 位。在方式 2 或方式 3 中,作为要发送的第 9 位数据,可根据需要由软件置"1"或清"0"。例如,可约定作为奇偶校验位,或在多机通信中作为区别地址帧或数据帧的标志位。

RB8:接收到的数据的第 9 位。在方式 0 中不使用 RB8。在方式 1 中,若 SM2 = 0, RB8 为接收到的停止位。在方式 2 或方式 3 中,RB8 为接收到的第 9 位数据。

TI 和 RI:发送中断请求标志位和接收中断请求标志位。

8.1.2 特殊功能寄存器 PCON

特殊功能寄存器 PCON 如表 8.2 所示。

表 8.2 特殊功能寄存器 PCON

符号	地址	B7	B6	B5	B4	B3	B2	B1	B0
PCON	87H	SMOD	SMOD0	LVDF	POF	GF1	GF0	PD	IDL

SMOD 是串行口的波特率倍增控制位,当 SMOD = 1 时,方式 1、2、3 的波特率加倍,当 SMOD = 0 时,原设定的波特率不变。

SMOD0 是串口的帧错误检测控制位,当 SMOD0 = 0 时,无帧错误检测功能,当 SMOD = 1 时,使能帧错误检测功能,此时 SCON 的 SM0/FE 为帧错误检测标志位。

8.1.3 串口的 4 种工作方式

串口有 4 种工作方式,由 SCON 寄存器的 SM0 和 SM1 位进行选择,如表 8.3 所示。

表 8.3 串口的 4 种工作方式

SM0	SM1	串口的工作方式	功能说明
0	0	方式 0	同步移位串行方式
0	1	方式 1	可变波特率 8 位数据方式
1	0	方式 2	固定波特率 9 位数据方式
1	1	方式 3	可变波特率 9 位数据方式

1. 方式 0

当软件设置 SCON 的 SM0、SM1 为"00"时,串口以方式 0 进行工作。该方式下,串行通信接口工作在同步移位寄存器模式,其波特率由通信速度设置位 UART_M0x6 选择,固定为系统时钟的 12 分频(SYSclk/12)或 2 分频(SYSclk/2)。RxD 为串行通信的数据口,TxD 为

同步移位脉冲输出脚，发送、接收的是 8 位数据，低位在先。该方式主要用来外接移位寄存器来扩展 I/O 口 或外接同步输入输出设备。

发送数据时，主机将数据写入 SBUF 时启动发送，串口将 8 位数据以 SYSclk/12 或 SYSclk/2 的波特率从 RxD 输出，引脚 TxD 输出移位脉冲，发送完一帧数据后发送中断标志 TI 由硬件置位，再次发送数据前，必须用软件将 TI 清“0”。发送过程时序如图 8.2 所示。

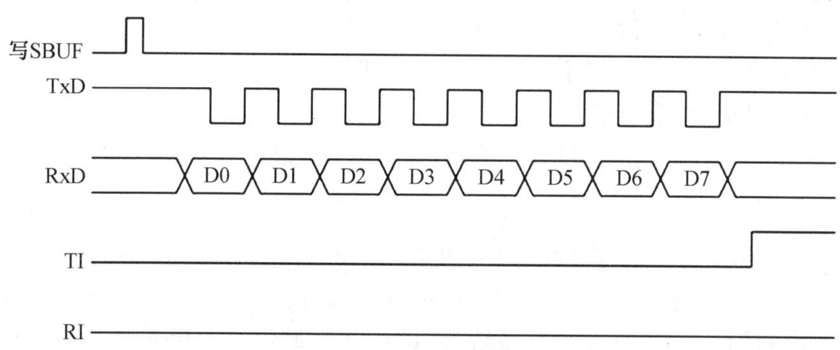

图 8.2　串口方式 0 发送过程时序

清零接收中断请求标志 RI 并置位允许接收控制位 REN，启动方式 0 的接收过程。启动接收过程后，RxD 为串行数据输入端，TxD 为同步脉冲输出端。串行接收的波特率为 SYSclk/12 或 SYSclk/2，当接收完一帧数据(8 位)后，控制信号复位，中断标志 RI 被置位，当需要再次接收时，必须通过软件将 RI 清“0”。接收过程时序如图 8.3 所示。

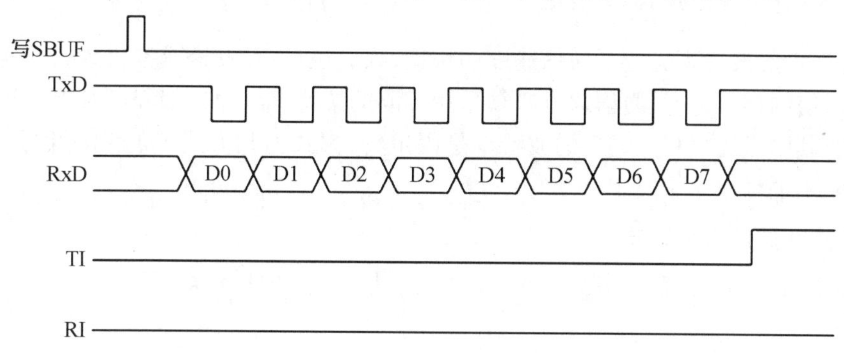

图 8.3　串口方式 0 接收过程时序

2. 方式 1

当软件设置 SCON 的 SM0、SM1 为“01”时，串口以方式 1 进行工作。该方式下，一帧数据由 10 位(1 位起始位、8 位数据和 1 位停止位)组成，波特率可变，可根据需要进行波特率设置。TxD 为信息发送端，RxD 为信息接收端，串口全双工接收/发送。

发送数据时，CPU 执行一条写 SBUF 指令，启动串口发送，同时将 1 写入输出移位寄存器的第 9 位，发送起始位后在每个移位脉冲的作用下输出移位寄存器右移一位，左边移入 0，在数据最高位移到输出位时，原写入的第 9 位 1 的左边全是 0，检测电路检测到这一条件后，使控制电路做最后一次移位，一帧数据发送完毕，TI 置“1”。

接收数据时，接收器以所选波特率的 16 倍速率对 RxD 端电平进行采样，当检测到一个负跳变（由“1”至“0”）时，启动接收器，同时把“1FFH”写入输入移位寄存器，接收控制器把一位传送时间16等分采样RxD,以其中7、8、9三次采样中至少2次相同的值为接收值（由于收、发双方时钟频率有少许误差,这样做可以提高可靠性）。接收的数据从移位寄存器右边进入,已装入的“1FFH”逐位由左移出,当最左边是起始位0时,说明已接收8位数据,再做最后一次移位,接收停止位。

①若RI=0,SM2=0,则8位数据装入SBUF,停止位入RB8,置RI=1。

②若RI=0,SM2=1,且停止位为1,则处理方式与1相同。

③若RI=0,SM2=1,且停止位为0,则所接收数据丢失。

④若RI=1,则所接收数据丢失。

无论出现哪种情况,检测器都重新检测RxD端的负跳变,以便接收下一帧。

3. 方式2和方式3

方式2和方式3除波特率设定外,其他相同,采用11位的UART数据帧格式,一帧数据由1位起始位、8位数据位、1位可编程位(第9位数据)和1位停止位组成。发送时可编程位由SCON中的TB8提供,可由软件设置为“1”或“0”,或者可将PSW中的奇偶校验位P的值装入TB8。接收时第9位数据装入SCON的RB8。TxD为发送端口,RxD为接收端口,以全双工模式进行接收/发送。

方式2和方式1相比,除波特率发生源略有不同,发送时由TB8提供给移位寄存器第9数据位不同外,其余功能结构均基本相同,其接收/发送过程及时序也基本相同。

8.1.4 串口的波特率设定

串口通信的波特率决定了通信速度的快慢,收、发双方对发送或接收数据的速率要有约定,为了通信的正常进行,通信双方必须采用相同的波特率。通过编程可对单片机串口设定工作方式,其中方式0和方式2的波特率是固定的,方式1和方式3的波特率是可变的,可由定时器T1的溢出率来决定。

1. 方式0的波特率设置

方式0的波特率设置由UART_M0x6选择,计算公式如表8.4所示(SYSclk为系统工作频率)。

表8.4 方式0的波特率设置

UART_M0x6	波特率计算公式
0	波特率$=\frac{SYSclk}{12}$
1	波特率$=\frac{SYSclk}{2}$

2. 方式2的波特率设置

方式2的波特率固定为系统时钟的64分频或32分频,由PCON中SMOD的值来决定,计算公式如表8.5所示。

表 8.5　方式 2 的波特率设置

SMOD	波特率计算公式
0	波特率 $=\frac{SYSclk}{64}$
1	波特率 $=\frac{SYSclk}{32}$

3. 方式 1、方式 3 波特率设置

方式 1 或方式 3 的波特率是可变的,可由定时器 T1 或者定时器 T2 产生,当定时器采用 1T 模式时(12 倍速),相应的波特率也会变成 12 倍,计算公式如表 8.6 所示。

表 8.6　方式 1、方式 3 波的特率设置

选择定时器	定时器速度	重装载值计算公式	波特率计算公式
定时器 2	1T	定时器 T2 重装载值 $=65\ 536-\frac{SYSclk}{4\times 波特率}$	波特率 $=\frac{SYSclk}{4\times(65\ 536-定时器重装载值)}$
	12T	定时器 T2 重装载值 $=65\ 536-\frac{SYSclk}{12\times4\times 波特率}$	波特率 $=\frac{SYSclk}{12\times4\times(65\ 536-定时器重装载值)}$
定时器 1 模式 0	1T	定时器 T1 重装载值 $=65\ 536-\frac{SYSclk}{4\times 波特率}$	波特率 $=\frac{SYSclk}{4\times(65\ 536-定时器重装载值)}$
	12T	定时器 T1 重装载值 $=65\ 536-\frac{SYSclk}{12\times4\times 波特率}$	波特率 $=\frac{SYSclk}{12\times4\times(65\ 536-定时器重装载值)}$
定时器 1 模式 2	1T	定时器 T1 重装载值 $=256-\frac{2^{SMOD}\times SYSclk}{32\times 波特率}$	波特率 $=\frac{2^{SMOD}\times SYSclk}{32\times(65536-定时器重装载值)}$
	12T	定时器 T1 重装载值 $=256-\frac{2^{SMOD}\times SYSclk}{12\times32\times 波特率}$	波特率 $=\frac{2^{SMOD}\times SYSclk}{12\times32\times(256-定时器重装载值)}$

比如,系统时钟频率为 11.059 2 MHz,要求波特率为 9 600 bps,使用 1T 模式,选用定时器 T1 模式 2 作为波特率发生器,SMOD=0,按照上述公式,计算定时器重装载值:

$$TL1=TH1=256-\frac{2^{0}\times 11\ 059\ 200}{32\times 9\ 600}=220=0xDC \tag{8.1}$$

8.2　串口应用设计案例

8.2.1　串口的基本操作

串口应用中,绝大多数情况是使用方式 0,下面介绍串口通信中的几种基本操作。

1. 串口的初始化

进行通信之前要对串口进行初始化。初始化过程通常包括波特率的设定、帧结构的设定,以及根据需要使能接收器或发送器。对于中断驱动的串口操作,在初始化时还需要使能串口收、发中断,清零中断标志位。

采用11.059 2 MHz时钟频率,设置串口波特率为9 600 bps,示例代码如下。

```
/**
 * @brief  选择1T模式,使用定时器T1作为波特率发生器
 * 初始化串口1为9 600 bps的波特率,8N1数据格式
 */
void UartInit(void)      //9 600 bps@11.059 2 MHz
{

    PCON &= 0x7F;   //波特率不倍速
    SCON = 0x50;  //8位数据,可变波特率,REN=1
    AUXR |= 0x40;   //定时器时钟1T模式
    AUXR &= 0xFE;   //串口1选择定时器T1为波特率发生器
    TMOD &= 0x0F;   //设置定时器模式
    TMOD |= 0x20;   //设置定时器模式
    TL1 = 0xDC;   //设置定时初始值
    TH1 = 0xDC;   //设置定时重装载值
    ET1 = 0;  //禁止定时器T1中断
    TR1 = 1;  //定时器T1开始计时
}
```

STC8H系列单片机的串口,通过配置P_SW1寄存器可以根据需要切换串口使用的引脚。比如以下代码可以切换串口1引脚到P1.6、P1.7。

```
P_SW1 &= 0x3f;
// 串口1引脚切换
// 0x00: P3.0 P3.1, 0x40: P3.6 P3.7
// 0x80: P1.6 P1.7, 0xC0: P4.3 P4.4
P_SW1 |= 0x80;
```

2. 数据的发送

将需要发送的数据加载到发送缓存器SBUF将启动数据发送。数据发送完成后,硬件将置位TI。采用查询方式发送数据,为了避免送往发送缓冲器的速度过快,导致传输错误,每次启动发送后,都等待发送完成。

```
/**
 * @brief  软件轮询发送串口数据
 * @param  x 要发送的数据
 * @rtval  无返回值
```

```
*/
void UartSend(unsigned char x)
{
    TI = 0;
    SBUF = x;
    while(TI == 0);   // 等待发送完毕
}
```

3. 数据的接收

置位 SCON 的 REN 位使能接收。一旦接收器检测到一个有效的起始位,便开始接收数据。起始位后的每一位数据都以设定的波特率进行接收,直到收到一帧数据的第一个停止位。接收到的数据被送入接收移位寄存器。第二个停止位会被接收器忽略。接收到第一个停止位后,接收移位寄存器就包含一个完整的数据帧。这时移位寄存器中的内容将被转移到接收缓冲器中,硬件置位 RI,通过读取 SBUF 就可以获得接收缓冲器的内容。

以下代码给出轮询接收数据的例子。采用轮询方式接收数据,如果处理不当,可能导致 CPU 死循环等待串口数据,为了避免这种情况可以加入超时检测机制。

```
/**
 * @brief   软件轮询接收串口数据
 * @param   pdat 接收到的数据
 * @rtval   返回 0 表示成功接收到数据, 0xFF 表示没有接收到数据
 */
unsigned char UartReceive(unsigned char *pdat)
{
    // 根据需要修改超时时间
    volatile unsigned int timeout = 10000;
    // 等待串口接收到数据,或超时退出
    while(--timeout && RI == 0){}

    if(timeout == 0)
        return 0xFF;      // 没有接收到串口数据

    *pdat = SBUF;
    RI = 0;                 // 清"0"标志
    return 0;
}
```

4. 串口数据收发测试

使用上述 UART 基本操作函数,下面介绍一个简单的实例,在实验板上实现如下功能:在上位机上用串口助手发送一个字符,单片机收到字符后返回上位机收到的字符。

主程序如下:

```
/**
 * @brief 串口收发测试,单片机发送接收到的字符
 * @param
 */
int main(void)
{
    unsigned char ch;
    UartInit();

    while(1)
    {

        if(UartReceive(&ch) == 0)
        {
            UartSend(ch);
        }
    }
}
```

上述代码首先使用 UartInit 初始化使用到串口,然后在主循环中,不停调用 UartReceive 接收串口数据,若成功接收到一个字符,立即用 UartSend 将接收到的字符通过串口发送出去。

程序编译,下载,调试,打开串口助手,并在发送缓冲区发送"Hello",接收缓冲区得到"Hello",程序运行达到设计目的,如图 8.4 所示。

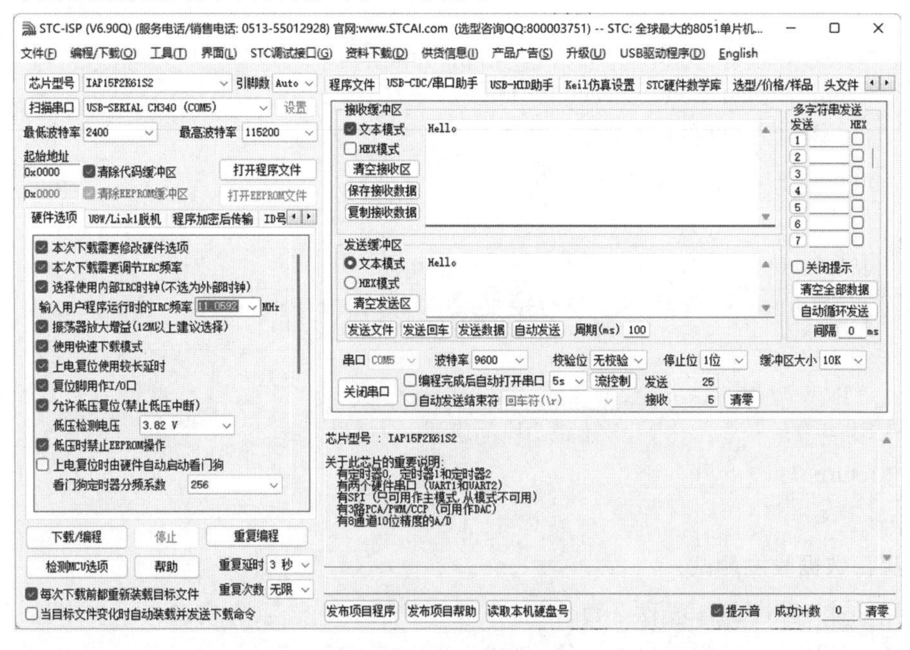

图 8.4　串口收发测试

8.2.2　基于中断的串口收发应用

1. 方式 0 应用设计

串口方式 0 被称为同步移位寄存器的输入、输出方式，主要用于扩展并行输入或输出口。数据由 RxD 引脚输入或输出，同步移位脉冲由 TxD 引脚输出。发送和接收均为 8 位数据，低位在先，高位在后。在该方式下，串口的 SBUF 是作为同步移位寄存器使用的。串口发送时，SBUF 相当于一个并行进入、串行输出的移位寄存器，由单片机内部总线并行接收 8 位数据，并从 RxD 信号线串行输出。在接收时，它又相当于一个串行输入、并行输出的移位寄存器。该模式下，SM2、TB8、RB8 不起作用。其工作时序可以参考 8.1.3 节的介绍。

发送操作在 TI=0 时进行，CPU 将数据写入 SBUF 后，RxD 线上即可发出 8 位数据，TxD 上发送同步脉冲。8 位数据发送完成后，TI 由硬件置位，并在中断允许的情况下，向 CPU 申请中断。CPU 响应中断后，先用软件使 TI 清“0”，然后再给 SBUF 送下一个需要发送的字符，如此重复整个过程。

接收操作是在 REN=1 和 RI=0 的条件下启动的。此时，RxD 线作为输入，TxD 线输出同步脉冲。接收电路接收到 8 位数据后，RI 自动置位并在中断允许的条件下向 CPU 发出中断请求。CPU 查询到 RI 为 1 或者响应中断以后，从 SBUF 取出数据。RI 需由软件复位。

下面给出一个设置串口方式 0 的实例，间隔循环发送十六进制数 0xAA，然后用示波器观察 RxD 和 TxD 口的波形。

程序代码如下：

```
#include <stc8h.h>
#include <intrins.h>
void Delay1ms()        //@11.059 2 MHz
{
    unsigned char data i, j;
    i = 15;
    j = 90;
    do
    {
        while (--j);
    } while (--i);
}
/**
 * @brief  初始化串口 1 为工作方式 0,打开串口中断 *
 */
void UartInit(void)
{
    PCON &= 0x7F;          //波特率不倍速
    SCON = 0x00;           // 选择方式 0
    ES = 1;                // 打开串口中断
```

```
}
/**
 * @brief   串口方式0测试,不停发送数据0xAA
 * @param
 */
int main(void)
{
    UartInit();
    EA = 1;
    while(1)
    {
        SBUF = 0xAA;
        Delay1ms();
    }
}
/**
 * @brief   串口1的中断服务处理程序
 *
 */
void UartIsr() interrupt 4
{
    TI = 0;
}
```

将上面的程序下载到单片机,用示波器的两个探头分别测量 TxD 和 RxD 两个引脚,其波形如图 8.5 所示。上面的波形为同步移位脉冲,下面的波形为发送数据,靠左边的为数据低位,靠右边的为数据高位。

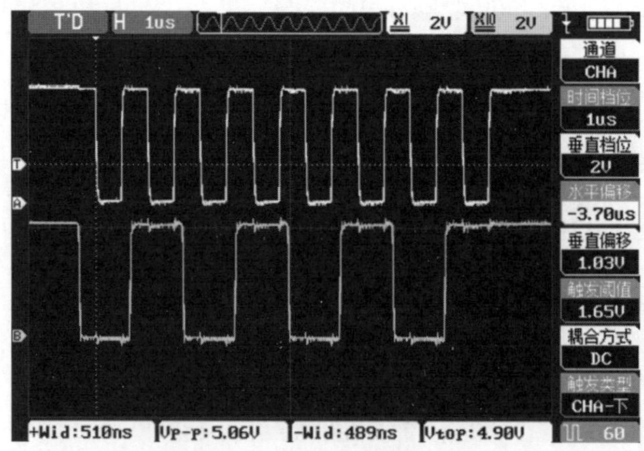

图 8.5　串口方式 0 工作波形图

2. 方式 2 和方式 3 的应用设计

方式 2 和方式 3 都为 11 位数据的异步通信端口。它们的唯一区别是传输速率不同。TxD 为发送引脚,RxD 为数据接收引脚。用这两种方式传输数据时,起始位 1 位,数据位 9 位(第 9 位数据,发送时在 SCON 的 TB8,接收时在 RB8),停止位 1 位,一帧数据为 11 位。方式 2 的波特率固定为晶振频率的 1/64 或 1/32,方式 3 的波特率由定时器 T1 的溢出率决定。

下面给出一个设置串口方式 2 的实例,间隔循环发送十六进制数 0x55,然后用示波器观察 TXD 的波形。注意观察此例与方式 0 的例子区别。

程序代码如下:

```
#include <stc8h. h>
#include <intrins. h>
void Delay1ms( )        //@ 11.059 2 MHz
{
    unsigned char data i, j;
    i = 15;
    j = 90;
    do
    {
        while (--j);
    } while (--i);
}
/ * * * @ brief   初始化串口 1 为工作方式 2,打开串口中断 * */
void UartInit( void)
{
    PCON &= 0x7F;          //波特率不倍速
    SM0 = 1;               // 选择方式 2
    SM1 = 0;
    TB8 = 0;               // 第 9 位数据发送 0
    ES = 1;                // 打开串口中断
    TI = 0;
}

/ * *
 * @ brief    串口方式 0 测试,不停发送数据 0x55
 * @ param
 */
int main( void)
{
    UartInit( );
    EA = 1;
    while( 1)
```

```
    {
        SBUF = 0x55;      // 01010101
        Delay1ms();
    }
}

/*** @brief  串口1的中断服务处理程序 **/
void UartIsr() interrupt 4
{
    TI = 0;
}
```

将上面程序下载到单片机,用示波器的探头测量TxD引脚,图8.6给出了TB8=0时的输出波形,可以看到数据帧包含9个数据位,D8位置为低电平,与程序中一致,读者可自行验证TB8=1时的波形。

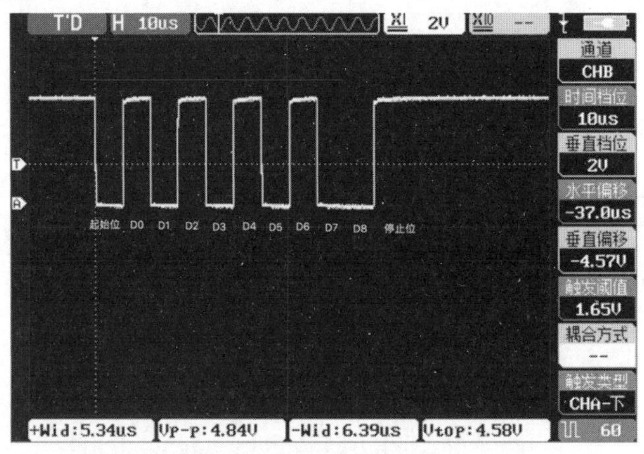

图8.6 TB8=0时串口方式2输出波形

8.2.3 采用通信缓冲区的串口应用设计

前面使用轮询的方式编写了USART的发送函数,这种数据发送方式编程简单,因此在很多场合都得到了广泛运用,但采用这样的方法将大大降低CPU的运行效率,考虑采用9 600 bps的波特率时,发送1个字节需要1 ms的时间,那么CPU就需要忙等待1 ms的时间,这个时间对单片机来说太长了。而且,采用忙等待的方式也不太适合与实际应用系统软件的融合,不便于实现结构化和模块化的编程。因为STC8H系列单片机有较大容量的高速数据存储器RAM,这里介绍一种采用通信缓冲区编写UART的底层驱动的方式,使得UART数据发送、接收可以相对独立出来,便于上层用户软件的编写。

```
#include "stc8h.h"

#define F_CPU (11059200UL)
#define USART1_BAUT9600
```

```
#define USART1_TIMER1_RELOAD (256-F_CPU / USART1_BAUT / 32)
#define USART1_FIFO_LEN 64

struct kfifo{
    unsigned char * buffer;      /* 数据的缓冲区 */
    unsigned char space;         /* 分配的缓冲区大小 */
    unsigned char mask;          /* 分配的缓冲区大小 */
    volatile unsigned char in;   /* 数据在偏 移量(in % size)处添加 */
    volatile unsigned char out;  / * 数据从偏移量(out % size)处提取 */
};

#define DECLARE_FIFO(name,len)\
    static unsigned char name##_buff[len]; \
    struct kfifo name ={ \
        name##_buff,len, len-1, 0, 0}

#define kfifo_size(pfifo)    (((pfifo)->in-(pfifo)->out) & (pfifo)->mask)
//C51 中,以下函数是不能重入的,不能在中断中使用,所以定义为宏
#define KFIFO_PUTCHAR(fifo, ch)do{ if((fifo)->space-(fifo)->in + (fifo)->out){ \
        *((fifo)->buffer + ((fifo)->in & ((fifo)->mask)))= (ch); \
        (fifo)->in++;} \
    }while(0)

#define KFIFO_GETCHAR(fifo, ch)do{ if((fifo)->in-(fifo)->out){ \
        *(ch)= *((fifo)->buffer + ((fifo)->out & (fifo)->mask)); \
        (fifo)->out++;} \
    }while(0)

DECLARE_FIFO(usart1_rx_fifo, USART1_FIFO_LEN);
DECLARE_FIFO(usart1_tx_fifo, USART1_FIFO_LEN);

// 发送硬件空闲标志
bit flag_usart1_tx_idle;

/**
 * @brief  串口 1 初始化,8N1 数据格式,使用定时器 T1 模式 2 作为波特率发生器
 */
void Uart1_Init(void)
{
```

```
    PCON &= 0x7F;  // 波特率不倍速
    SCON = 0x50;   // 8N1 数据格式,使能接收
    // bit6: T1x12, T1 工作于 1T 模式
    // bit0: S1ST2, 0,选择 T1 作为波特率发生器
    AUXR &= ~(1<<0);
    AUXR |= (1<<6);
    TMOD &= 0x0F;   // T1 8 位自动重装载
    TMOD |= 0x20;
    TL1 = USART1_TIMER1_RELOAD;
    TH1 = USART1_TIMER1_RELOAD;
    ET1 = 0;        // 关闭定时器 T1 中断
    TR1 = 1;        // 打开定时器 T1 计数
    flag_usart1_tx_idle = 1;
    ES = 1;
}
/**
 * @brief   串口字符发送函数
 * @param   ch 要发送的字符
 * @retval  无返回值
 */
void Uart1_Putchar(unsigned char ch)
{
    // 发送硬件为空闲时,直接交给硬件发送出去
    if(flag_usart1_tx_idle == 1){
        SBUF = ch;
        flag_usart1_tx_idle = 0;    //不等待发送完成,如果有新的数据发送,会排队
                                      到 FIFO 里面,然后发送完成中断中发送
    }
    else{
        // 入队列,会修改 fifo 的 in 指针,中断中只读取 in 指针
        KFIFO_PUTCHAR(&usart1_tx_fifo, ch);
    }
}
/**
 * @brief   字符串发送函数
 * @param   s 要发送的字符串
 * @retval  无返回值
 */
void Uart1_Puts(unsigned char *s)
```

```
{
    while( * s) {
        Uart1_Putchar( * s++);
    }
}
/* *
 * @brief    串口数据接收
 * @param    pch 接收到的数据
 * @rtval    返回 0 表示成功接收到数据，0xFF 表示没有接收到数据
 */
unsigned char Uart1_Getchar(unsigned char * pch)
{
    if(usart1_rx_fifo.in == usart1_rx_fifo.out)return 0xFF;

    KFIFO_GETCHAR(&usart1_rx_fifo, pch);
    return 0;
}
/* *
 * @brief    字符串发送函数
 * @param    _ucaBuf: 待发送的数据缓冲区
 * @param    _usLen: 数据长度
 * @retval    无返回值
 */
void Uart1_SendBuf(uint8_t * _ucaBuf, uint16_t _usLen )
{
    uint16_t i;

    for(i = 0; i < _usLen; i++)
    {
        Uart1_Putchar(_ucaBuf[i]);
    }
}

/* *
 * @brief    串口 1 定时中断处理
 */
void Uart1_UpdateIsr()interrupt 4
{
    if(RI)
```

```
    {
        RI = 0;        // 清零接收完成标志
        // 接收的数据直接送接收队列
        KFIFO_PUTCHAR(&usart1_rx_fifo, SBUF);
    }
    if(TI)
    {
        unsigned char ch;
        // 发送队列非空,从队列中获取数据,送往发送缓冲器发送
        if(kfifo_size(&usart1_tx_fifo) > 0)
        {
            KFIFO_GETCHAR(&usart1_tx_fifo, &ch);
            SBUF = ch;
        }
        else{
            flag_usart1_tx_idle = 1;
        }
        TI = 0;
    }
}
```

这个实现有以下两个特点。

定义两个队列用于缓冲发送和接收的数据,采用缓冲区的方法收发数据提高了 MCU 的执行效率。例如,当其他模块调用 Uart1_Putchar 发送数据时,如果 UART 不空闲,就将数据放入发送缓冲器中,MCU 不用等待,直接返回继续执行其他的工作。如果 UART 忙碌,只需将待发送的数据存放入发送缓冲区中,等到上一个数据发送完成后,由发送中断服务程序将缓冲区中的数据依次送出。

UART 的两个发送和接收中断服务程序组成底层的接口驱动程序,通过及时的中断响应,完成数据的发送和接收。Uart1_Putchar 和 Uart1_Getchar 只是两个中间层函数,它们通过数据缓冲队列与底层代码联系,同时为上层应用程序服务。通过这样的方式,把 UART 接口部分代码相对地独立出来,使得整个程序的结构非常清晰,更有利于复杂系统的编写和调试。在后续通信协议的例子中,将使用这里的串口驱动。

8.3 单片机串口转其他标准通信接口

8.3.1 单片机串口转 RS232 电路及应用

1. RS232C 总线标准介绍

RS232C 是美国电子工业协会(Electronic Industry Association,EIA)指定的一种异步串行通信物理接口标准,它包括按位异步串行传输的电气和机械方面的规定。自 20 世纪 60

年代开始,它就以各种不同形式被使用。RS232C 连接的串行设备之间的距离可达 25 m,传输速率可达 38.4 kbps。过去,打印机、绘图仪和其他设备的主机都使用 RS232C 接口。现在,随着电器设备的小型化和高速传输大量数据的需求,RS232C 作为一种连接标准正逐步被高速的传输方式(如以太网、USB)取代,不过,它对嵌入式系统来说仍然是一种非常有用(还很重要)而且简单的连接工具。

由于 RS232C 在物理层的信号传输采用的是共信号地的单端方式,这不可避免地将受共模噪声对信号线的影响,因此为了避免受通信线路上的噪声干扰,RS232C 信号采用大电压摆幅的负逻辑传输方式,它的逻辑高电平是-5 ~ -15 V(通常为-12 V),逻辑低电平是+5 ~ +15 V(通常为+12 V)。这与单片机系统常用的 TTL 电平不同,在应用中要特别注意。

RS232C 有两种标准连接接口(DB25 和 DB9),如图 8.7 所示,在目前的计算机上 DB25 接口的串口已经几乎见不到了,取而代之的是 DB9 接口(其实现在新买的计算机也基本找不到 DB9 接口了)。RS232C 接口在与单片机通信的简单应用中,只需要使用 3 个脚:TxD(数据发送)、RxD(数据接收)和 GND(信号地)。其余引脚是留给调制解调器之类的设备做数据流控制等的,在简单应用中可以不予理睬。

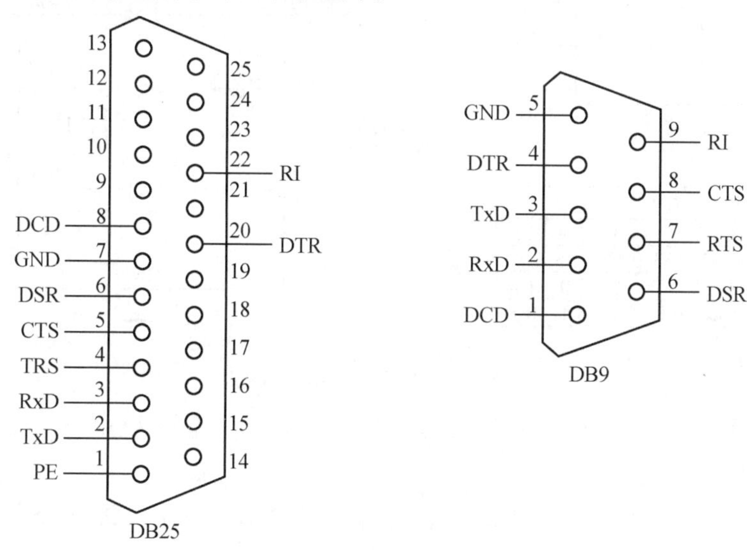

图 8.7　DB25 和 DB9 接口

值得一提的是,在 RS232C 标准中定义了两种 DB9 型接头——DB9 型公头和 DB9 型母头。这两种接头,一个主要区别是公头的 2 号脚定义为 RxD、3 号脚定义为 TxD,母头的 2 号脚定义为 TxD、3 号脚定义为 RxD。所以对于遵循标准的用法,需用一根 2、3 脚直连的电缆。

2. RS232C 接口电路

由于 RS232C 规定逻辑"0"电平为+5 ~ +15 V,逻辑"1"电平为-15 ~ -5 V,因此不能直接与 TTL/CMOS 电路连接,必须经过电平转换。

电平转换可以使用三极管分立器件实现,也可采用专用的电平转换芯片。现在广泛使用的标准方式为,采用一个只需 5 V 或 3 V 的单电源的 RS232C 电平转换芯片。MAX232 就是这类 RS232C 接口芯片中的一种,它由 Maxim 公司生产,该芯片包含两路接收器和驱动发送器,它的内部有一个电源电压变换器,可以把输入+5 V 的电压(TTL/CMOS 电平)转换成

±15 V 的 RS232C 电平,同时也能将±15 V 时 RS232C 电平转换成 5 V 的 TTL/CMOS 输出,它不仅能实现电平的转换,也能实现逻辑的相互转换(正逻辑↔负逻辑)。图 8.8 所示为其结构原理图,市场上同类芯片有很多,其原理是相同的,甚至可以直接替代使用。

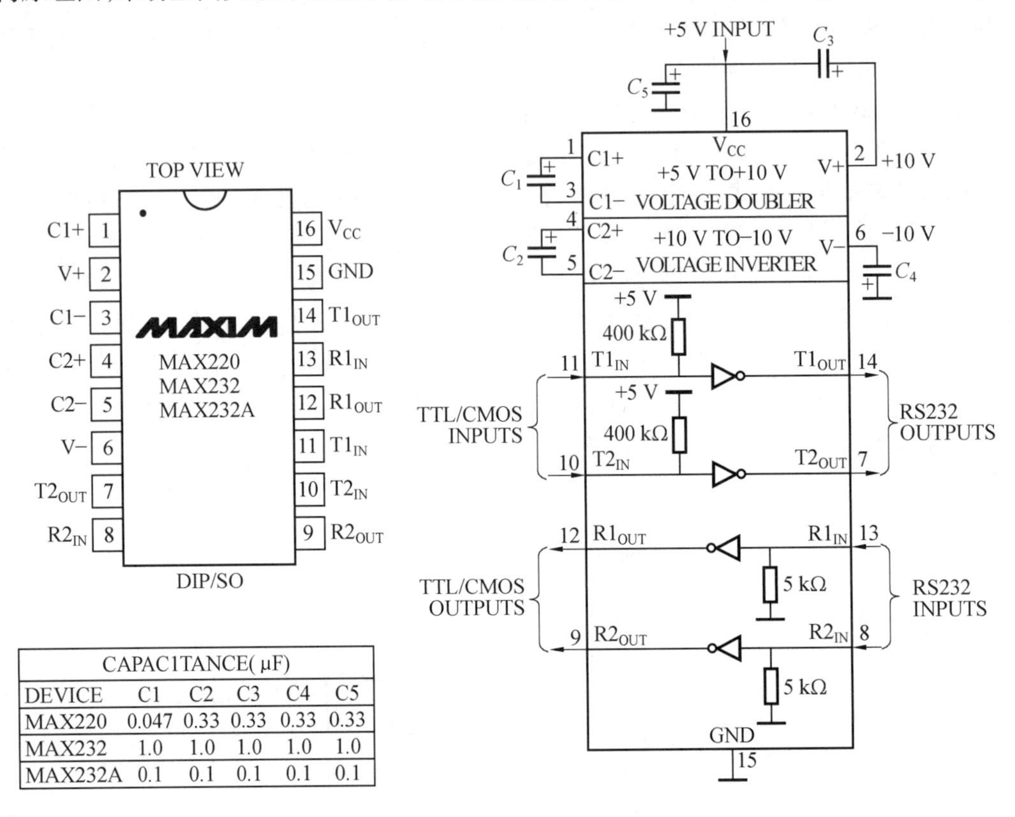

CAPAC1TANCE(μF)					
DEVICE	C1	C2	C3	C4	C5
MAX220	0.047	0.33	0.33	0.33	0.33
MAX232	1.0	1.0	1.0	1.0	1.0
MAX232A	0.1	0.1	0.1	0.1	0.1

图 8.8　MAX232 的结构原理图

解决了 TTL/CMOS 与 RS232C 的电平转换问题后,典型的 USART 接口转换成 RS232C 的接口电路如图 8.9 所示。

在本电路中,只使用了 MAX232 芯片两路发送和接收的其中一路,剩下的一路可以用于扩展其他 RS232C 接口信号线,或用于另外一个 RS232C 的接口转换。

电路中的 C_1、C_2、C_3、C_4 和 MAX232A 的 V+和 V−引脚构成了电平转换部分,4 个电容的大小为0.1 μF(注意电容的大小要遵循芯片数据手册给出的参考值,部分型号需要使用1.0 μF 的电容),C_5 为芯片电源的去耦电容,用于减小芯片工作时对系统电源的干扰。

另外,需要注意计算机与单片机端两个 RS232C 接口的连接,计算机上的 RS232C 接口使用 DB9 公头,单片机端的 RS232C 接口通常使用 DB9 母头,这样,单片机端 RS232C 接口的 2 脚应为 TxD,3 脚为 RxD。

计算机与单片机端连接需要的应为 2、3 脚直通的一端为公头、一端为母头的电缆。在购买这样的电缆时需要特别小心,因为市场上 RS232C 电缆种类很多,其中有一种为 2、3 脚交叉的电缆,它在外观上与这里需要使用的没有任何分别,所以在购买时带上万用表,测量确定后再购买。在实验时,如果经过多方调试仍然看不到单片机与计算机连接成功,就要考虑是否用了错误的连接电缆。

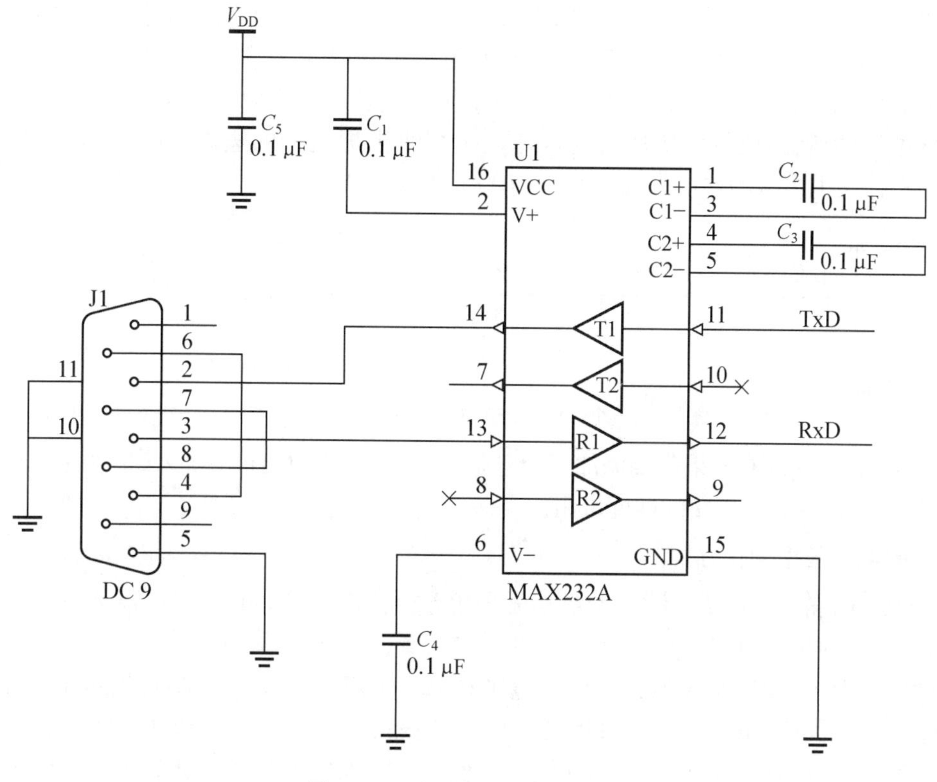

图 8.9　RS232C 的接口电路图

8.3.2　单片机串口转 RS485 电路及应用

1. RS485 总线标准介绍

485(一般称作 RS485/EIA-485)隶属于 OSI 模型物理层,是串行通信的一种标准。电气特性规定为 2 线、半双工、多点通信的类型。它的电气特性和 RS232C 大不一样,用电缆两端的电压差值来表示传递信号。RS485 仅规定了接收端和发送端的电气特性。它没有规定或推荐任何数据协议。

RS485 的特点如下。

(1)接口电平低,不易损坏芯片。RS485 的电气特性:逻辑“1”以两线间的电压差为+2 ~ +6 V表示;逻辑“0”以两线间的电压差为-6 ~ -2 V 表示。接口信号电平比 RS232C 降低了,不易损坏接口电路的芯片,且该电平与 TTL 电平兼容,可方便与 TTL 电路连接。

(2)传输速率高。在 10 m 时,RS485 的数据最高传输速率可达 10 Mbps,在 1 200 m 时,传输速率可达 100 kbps。

(3)抗干扰能力强。RS485 接口采用平衡驱动器和差分接收器的组合,抗共模干扰能力增强, 即抗噪声干扰性好。

(4)传输距离远,支持节点多。RS485 总线最长可以传输 1 200 m 左右,更远的距离则需要中继传输设备支持。但这时(速率≤100 kbps)才能稳定传输,一般最大支持 32 个节点,如果使用特制的 RS485 芯片,可以达到 128 个或者 256 个节点,最大可以支持 400 个节点。

RS485 推荐使用在点对点网络中，如线型、总线型网络等，而不能是星型、环型网络。理想情况下 RS485 需要两个终端匹配电阻，其阻值要求等于传输电缆的特性阻抗（一般为 120 Ω）。没有特性阻抗的话，当所有的设备都静止或者没有能量的时候就会产生噪声。没有终端电阻的话，会使得较快速的发送端产生多个数据信号的边缘，导致数据传输出错。RS485 推荐一主多从的连接方式，如图 8.10 所示。

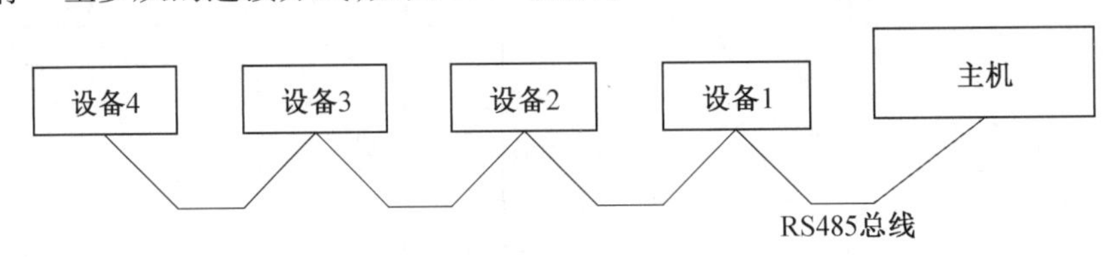

图 8.10　RS485 推荐连接方式

在上面的连接中，如果需要添加匹配电阻，一般在总线的起止端加入，也就是主机和 设备 4 上面各加一个 120 Ω 的匹配电阻。

2. RS485 数据传输方式

RS485 标准与 RS232C 不同，数据信号采用差分传输方式（differential driver mode），也称平衡传输，它使用一对双绞线，将其中一线定义为 A，另一线定义为 B。

通常情况下，发送器 A、B 之间的正电平在+2 ~ +6 V，是一个逻辑状态，负电平在-6 ~ -2 V，是另一个逻辑状态。在 RS485 器件中，一般还有一个“使能”控制信号。“使能”信号用于控制发送器与传输线的切断与连接，当“使能”端起作用时，发送器处于高阻状态，称作“第三态”，它是有别于逻辑“1”与“0”的第三种状态。对于接收器，也做出与发送器相对的规定，收、发端通过平衡双绞线将 A-A 与 B-B 对应相连。当在接收端 A-B 之间有大于+200 mV的电平时，输出为正逻辑电平，小于-200 mV 时，输出为负逻辑电平。在接收器的接收平衡线上，电平范围通常为 200 mV ~6 V，如图 8.11 所示。

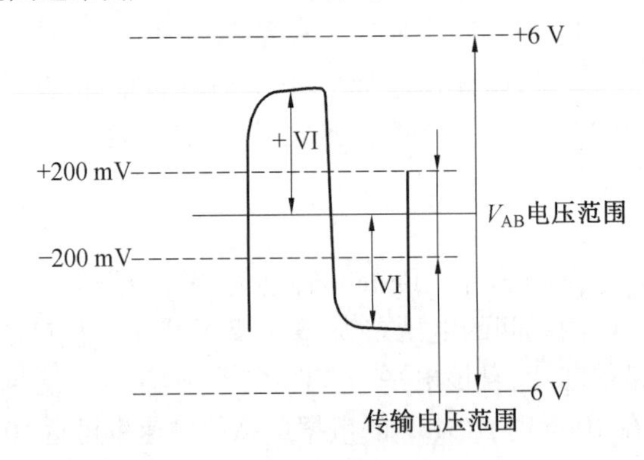

图 8.11　RS485 接收器的示意图

3. RS485 接口电路

TP8485E/SP3485 可作为 RS485 的收发器，该芯片支持 3.3 ~ 5.5 V 供电，最大传输速率可达 250 kbps，支持多达 256 个节点（单位负载为 1/8 的条件下），并且支持输出短路保护。该芯片的框图如图 8.12 所示。

图中 A、B 总线接口用于连接 485 总线。RO 是接收输出端，DI 是发送数据输入端，RE

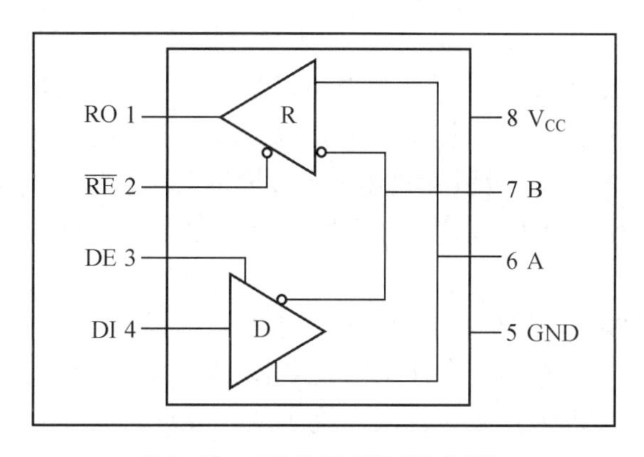

图 8.12　TP8485E/SP3485 框图

是接收使能信号(低电平有效),DE 是发送使能信号(高电平有效)。

使用 SP3485 芯片,RS485 接口电路如图 8.13 所示。

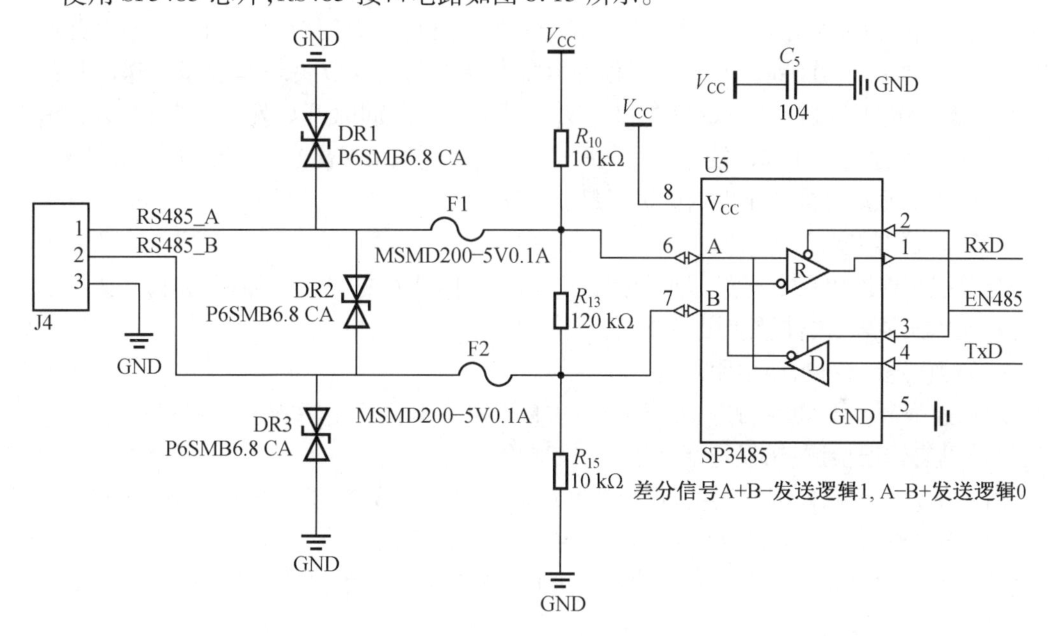

图 8.13　RS485 接口电路

在该电路中,除了使用 RxD、TxD 与串口连接外,还使用到一个单片机 GPIO 引脚连接 EN485。单片机需要通过 RS485 发送数据时,先置高 EN485,将芯片设置为发送状态,发送数据完毕后,再置低 EN485,进入接收状态。

在 RS485 的应用中,连接不同设备的电缆通常比较长,为了保护接口,在上面的电路中加入了 TVS 二极管,防止出现意外损坏。120 Ω 的匹配电阻需要按照前述方式安装在总线的两个终端。

8.3.3　单片机串口转 CAN 电路及应用

1. CAN 总线简介

CAN 是 controller area network 的缩写,是 ISO 规定的串行通信协议。在当前汽车产业中,出于对安全性、舒适性、方便性、低公害、低成本的要求,各种各样的电子控制系统被开发了出来。由于这些系统之间通信所用的数据类型及对可靠性的要求不尽相同,由多条总线构成的情况很多,线束的数量也随之增加。为满足“减少线束的数量”“通过多个 LAN,进行大量数据的高速通信”的需要,1986 年德国电气商博世公司开发出面向汽车的 CAN 通信协议。此后,CAN 通过 ISO 11898 及 ISO 11519 进行了标准化,现在已是汽车网络的标准协议。

现在,CAN 的高性能和可靠性已被认同,并被广泛地应用于工业自动化、船舶、医疗设备、工业设备等方面。CAN 是当今自动化领域技术发展的热点之一,被誉为“自动化领域的计算机局域网”。它的出现为分布式控制系统实现各节点之间实时、可靠的数据通信提供了强有力的技术支持。

CAN 协议具有以下特点。

(1)多主控制。

在总线空闲时,所有单元都可以发送消息(多主控制),而两个以上的单元同时开始发送消息时,根据标识符(identifier,以下称为 ID)决定优先级。ID 并不是表示发送的目的地址,而是表示访问总线的消息的优先级。两个以上的单元同时开始发送消息时,对各消息 ID 的每个位进行逐个仲裁比较。仲裁获胜(被判定为优先级最高)的单元可继续发送消息,仲裁失利的单元则立刻停止发送而进行接收工作。

(2)系统的柔软性。

与总线相连的单元没有类似于“地址”的信息。因此在总线上增加单元时,连接在总线上的其他单元的软、硬件及应用层都不需要改变。

(3)通信速率较快,通信距离远。

通信速率最高 1 Mbps(距离小于 40 m),最远可达 10 km(速率低于 5 kbps)。

(4)具有错误检测、错误通知和错误恢复功能。

所有单元都可以检测错误(错误检测功能),检测出错误的单元会立即同时通知其他所有单元(错误通知功能),正在发送消息的单元一旦检测出错误,会强制结束当前的发送。强制结束发送的单元会不断反复地重新发送此消息直到成功发送为止(错误恢复功能)。

(5)故障封闭功能。

CAN 可以判断出错误的类型是总线上暂时的数据错误(如外部噪声等)还是持续的数据错误(如单元内部故障、驱动器故障、断线等)。由此功能,当总线上发生持续数据错误时,可将引起此故障的单元从总线上隔离出去。

(6)连接节点多。

CAN 总线是可同时连接多个单元的总线。可连接的单元总数理论上是没有限制的。但实际上可连接的单元数受总线上的时间延迟及电气负载的限制。降低通信速度,可连接的单元数增加;提高通信速度,则可连接的单元数减少。正是因为 CAN 协议的这些特点,CAN 特别适合工业过程监控设备的互联,因此,越来越受到工业界的重视,并已被公认为最有前途的现场总线之一。

2. CAN 总线的电平

在介绍 CAN 接口电路之前,先了解一下 CAN 总线的电平定义。如图 8.14 所示,当

CAN 总线的两个差分线重合于1/2 V_{CC}时(此处以5 V供电的CAN收发器为例),这个状态对应着逻辑电平1,称为隐性状态电平,与此相反,当两个差分线电压分离开来(CANH为3.5 V、CANL为1.5 V)时,表示逻辑电平0,称为显性状态电平。这里的逻辑信号,就是对应于CAN收发器的TxD发送信号和RxD接收信号。

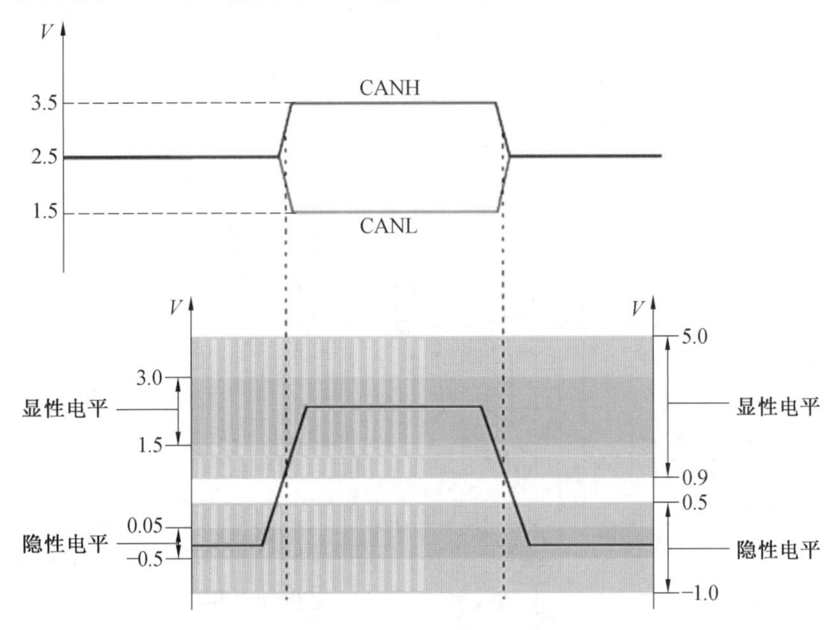

图8.14　CAN总线的电平

3. CAN接口电路

CAN接口电路由CAN控制器和CAN驱动器组成。CAN控制器选用Philips公司生产的SJA1000控制器,SJA1000是用于移动目标和一般工业环境中的区域网控制(CAN)的一种独立控制器,是Philips半导体PCA82C200CAN控制器(BasicCAN)的替代产品,而且它增加了一种新的工作模式(PeliCAN),这种模式支持具有很多新特性的CAN2.0B协议。与SJA1000配套的驱动器选用PCA82C250,PCA82C250具有限定的电流值以保护接收器输出极,避免阳极和阴极的短路,这个值将防止发送器输出极的毁坏。PCA82C250具有3种不同的工作模式:高速、备用、斜率控制。PCA82C250提供总线差动发送能力和接收能力,高速可达1 Mbps,有较强的抗干扰能力,最多节点数可达110个。选择PCA82C250的斜率控制工作模式,图8.15给出了SJA1000与PCA82C250示意图。

8.3.4　单片机串口转USB电路及应用

串口在单片机中的应用非常广泛,计算机与单片机之间的通信也常用串口进行。但是因为RS232串口的体积较大,在目前较新的计算机上通常已经不再配置。另外,USB接口因为体积小巧、支持热插拔、传输速率大等优点,成为每台计算机必不可少的通信接口之一。虽然USB通信有很多优点,对大多数工程师来说,基于USB通信接口实现单片机与计算机之间的通信却要面对很多障碍:要面对复杂的USB2.0协议、自己编写USB设备的驱动程序、熟悉单片机的编程。这不仅要求有相当的VC编程经验,还要求能够编写USB接口的硬件(固件)程序。所以大多数人放弃了自己开发USB产品。为了将复杂的问题简单化,可以

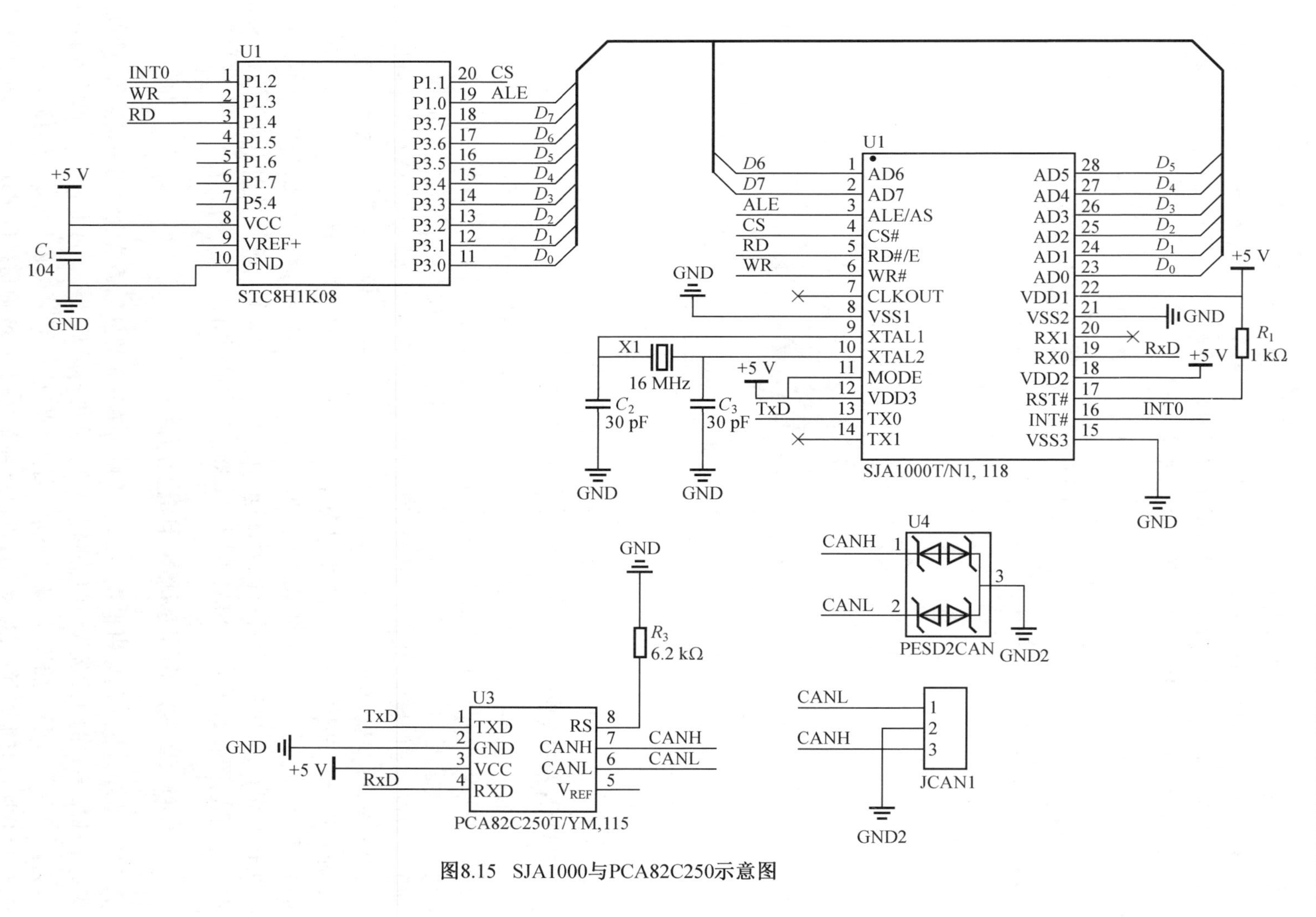

图8.15 SJA1000与PCA82C250示意图

使用 USB 转串口模块。

USB 转串口(即实现计算机 USB 接口到通用串口之间的转换)为没有串口的计算机提供快速的通道,而且,使用 USB 转串口设备等于将传统的串口设备变成即插即用的 USB 设备。利用 USB 转串口电路,可实现 USB 通信协议到串行通信协议的转换,将计算机的 USB2.0 接口转换为一个透明的串行接口,使用简单的串口数据收发,就可完成计算机与单片机之间的通信。

图 8.16 给出了使用 CH340G 芯片的 USB 转串口连接电路,通常 STC 单片机开发板都配备该电路,用来实现方便的 ISP 程序下载。

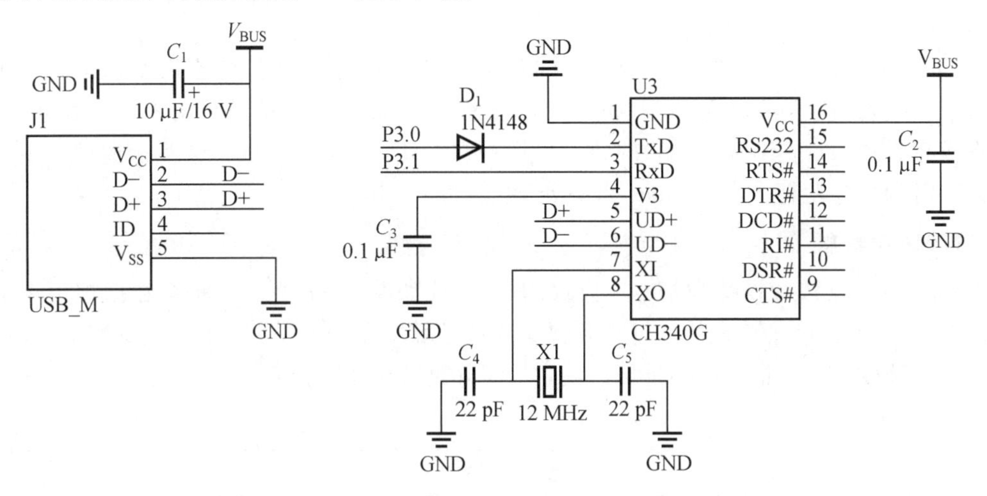

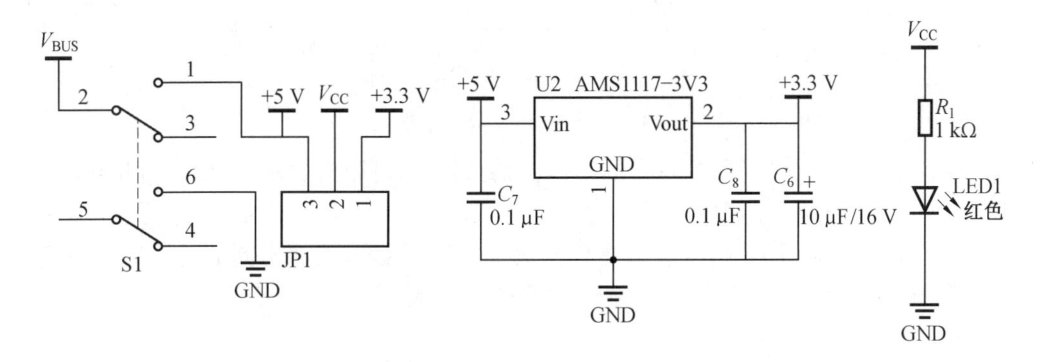

图 8.16　USB 转串口电路

该电路除了使用 CH340G 完成 USB 转串口通信以外,在 TxD 与单片机的 P3.0 之间加入了一个二极管,这是用来在 ISP 下载阶段防止 TxD 向单片机通过 I/O 口供电而导致冷启动失败的电路。另外通过排针短路子的连接实现 V_{CC} 可在 5 V 和 3.3 V 之间切换,这在开发板上是比较常见的设计。

8.4 串口通信协议及应用设计

8.4.1 Modbus 协议简介

Modbus 是由 Modicon(现为施耐德电气公司的一个品牌)在 1979 年发明的,是全球第一个真正用于工业现场的总线协议。Modbus 已经成为工业领域通信协议的标准,并且现在是工业电子设备之间常用的连接方式。由于完整介绍 Modbus 协议需要很大的篇幅,这里只对 Modbus 协议做简单的介绍。

Modbus 协议是一个主-从协议。在同一时刻,只有一个主节点连接于总线,一个或多个子节点(最大编号为 247)连接于同一个串行总线。Modbus 通信总是由主节点发起,子节点在没有收到来自主节点的请求时,不会发送数据。子节点之间从不会互相通信。主节点在同一时刻只会发起一个 Modbus 事务处理。

1. Modbus 帧

Modbus 报文以数据帧为基本单位,数据帧格式如图 8.17 所示。每个数据帧由 4 个部分组成,主机节点将子节点的地址放到报文的地址域对子节点寻址,子节点返回应答时,将自己的地址放到应答报文的地址域以便主节点知道哪个子节点在回答。

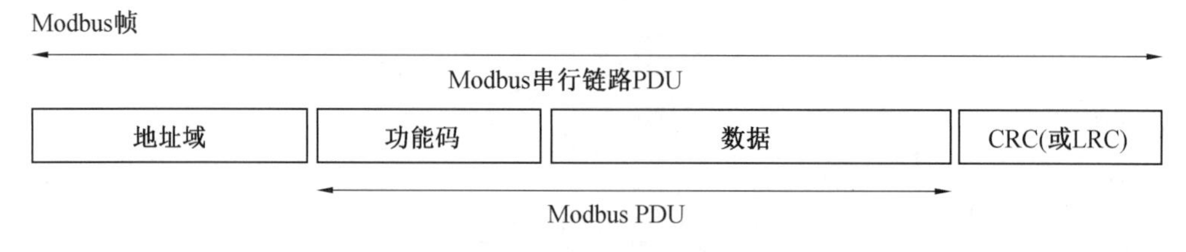

图 8.17　Modbus 数据帧格式

功能码也就是命令,指明要执行的动作,功能码后面可跟有表示含有请求和响应参数的数据域,不同的情况下,数据域有不同的长度。

数据检验域是对报文内容执行“冗余校验”的计算结果,根据不同的传输模式(RTU 或 ASCII)使用两种不同的计算方法。在 RTU 模式下,使用 CRC。

2. Modbus 功能码定义

有三类 Modbus 功能码:公共功能码、用户定义功能码、保留功能码。常用公共功能码定义如图 8.18 所示,其中最常见的有 01、02、03、05、15、16 这几个命令。

在功能码的读线圈、写线圈中的线圈可以简单理解为位操作。比如,单片机控制了 8 路的继电器输出,为了方便表示继电器的状态,就用 8 个位来表示 8 个继电器的状态,0 表示继电器断开,1 表示继电器吸合。这样 0x00 就表示 8 路继电器全部断开,0xFF 表示 8 路继电器全部吸合。

读写寄存器功能中的寄存器可以理解为字节操作。比如,传感器采集温度的时候用一个字节表示当前温度,当前温度为 28 ℃,就用 0x1C 表示。Modbus 通信设计中,从机连接了多个温度传感器,每个传感器的值保存到寄存器中,当主机需要这些数据时,使用读多个寄存器的功能码 03 就可以将从机的温度数据读取出来。

				功能码			
				码	子码	（十六进制）	页
数据访问	比特访问	物理离散量输入	读输入离散量	02		02	11
		内部比特或物理线圈	读线圈	01		01	10
			写单个线圈	05		05	16
			写多个线圈	15		0F	37
	16 bit访问	输入存储器	读输入寄存器	04		04	14
		内部存储器或物理输出存储器	读多个寄存器	03		03	13
			写单个寄存器	06		06	17
			写多个寄存器	16		10	39
			读/写多个寄存器	23		17	47
			屏蔽写寄存器	22		16	46
	文件记录访问		读文件记录	20	6	14	42
			写文件记录	21	6	15	44
封装接口			读设备识别码	43	14	2B	

图 8.18　Modbus 功能码定义

8.4.2　Modbus 应用举例

完整地介绍 Modbus 协议需要较大的篇幅，为了帮助读者快速地应用 Modbus 协议，这里给出一个简单的 Modbus 从站实例，实现 Modbus 协议的数据解析和常用的 05H 指令。用 LED 模拟线圈，主机发送指令可以控制从机的 LED 灯状态。

1. 程序框架

从机代码的核心就是等待主机消息并应答回复。数据处理流如图 8.19 所示。

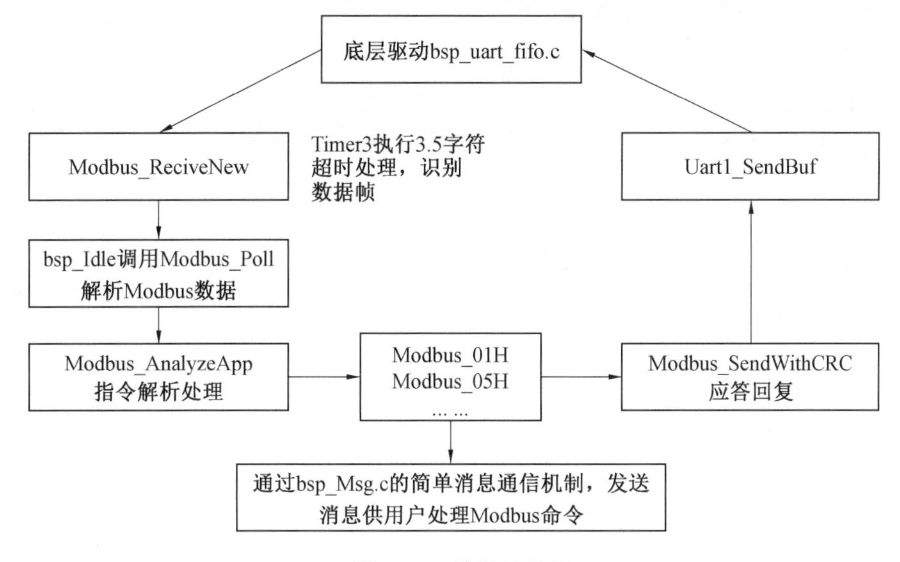

图 8.19　数据处理流

(1)底层驱动 bsp_uart_fifo.c 收发串口数据,在串口接收中断中调用 Modbus_ReciveNew 将接收到的数据交给 Modbus 从机协议处理。

(2)因每个 Modbus 数据帧间至少有 3.5 个字符的空白,每次接收到数据都重置 Timer3,定时 4 ms,定时时间到设置超时标志,用于识别 Modbus 数据帧。

(3)bsp_Idle 函数调用 Modbus_Poll,该函数利用超时标志解析 Modbus 数据。

(4)识别到的数据帧交给 Modbus_AnalyzeApp 处理,利用 bsp_Msg.c 实现的简单消息通信机制,将 Modbus 消息通知用户层处理,同时利用 Modbus_SendWithCRC 应答主机。

2. 主函数

主函数非常精简,就是处理消息,收到 05H 命令后,控制 4 个 LED,模拟强制单线圈的效果。

```
#include "bsp.h"
#include "modbus_slave.h"


sbit LED1 = P2^0;
sbit LED2 = P2^1;
sbit LED3 = P2^2;
sbit LED4 = P2^3;
static void setLed(void);

int main(void)
{
    MSG_T ucMsg;
    char ch;
    // P2 口全部设置为推挽输出
    P2M0 = 0xff; P2M1 = 0x00;

    bsp_Init();            /* 硬件初始化 */
    bsp_InitMsg();         /* 初始化一个简易的消息系统 */

    while(1)
    {
        bsp_Idle();        /* Modbus 解析在此函数里面 */
        if(bsp_GetMsg(&ucMsg))
        {
            switch(ucMsg.MsgCode)
            {
                case MSG_MODBUS_05H:
                    setLed();
                    break;
```

```
                default:
                    break;
            }
        }
}
void bsp_Idle(void)
{
    Modbus_Poll();
}
```

Modbus_slave.c 文件

```
/***************************************
* 函数名: Modbus_Poll
* 功能说明: 解析数据包,在主程序中轮流调用
* 形参: 无
* 返回值: 无
***************************************/
void Modbus_Poll(void)
{
    uint16_t addr;
    uint16_t crc1;
    /* 超过 3.5 个字符时间后, 执行 Modbus_RxTimeOut()函数。
        全局变量 g_modbus_timeout = 1; 通知主程序开始解码 */
    if (g_modbus_timeout == 0)
    {
        return;  /* 没有超时,继续接收。不要清零 g_tModS.RxCount */
    }
    g_modbus_timeout = 0;   /* 清标志 */

    /* 开始解码 */
    if (g_tModbus.RxCount < 4)   /* 接收到的数据小于 4 个字节就认为错误,地址
(8 位)+指令(8 位)+操作寄存器(16 位) */
    {
        goto err_ret;
    }

    /* 计算 CRC 校验和,这里是将接收到的数据包含 CRC16 值一起做 CRC16,结果
是 0,表示正确接收 */
    crc1 = CRC16_Modbus(g_tModbus.RxBuf, g_tModbus.RxCount);
    if (crc1 != 0)
```

```
    {
        goto err_ret;
    }

    /* 站地址 (1 个字节) */
    addr = g_tModbus.RxBuf[0];     /* 第 1 字节 站号 */
    if (addr != SADDR)/* 判断主机发送的命令地址是否符合 */
    {
        goto err_ret;
    }
    /* 分析应用层协议 */
    Modbus_AnalyzeApp();

err_ret:
    g_tModbus.RxCount = 0;  /* 必须清零计数器,方便下次帧同步 */
}
```

Modbus_Poll 函数利用超时标志检测 Modbus 数据帧,并判断接收到的从机地址是否与本机一致,是发给本机的数据包,交给 Modbus_AnalyzeApp 处理。

```
/*************************************
 * 函数名: Modbus_ReciveNew
 * 功能说明: 串口接收中断服务程序调用本函数,当收到一个字节时,执行一次本函数
 * 形参: 无
 * 返回值: 无
 *************************************/
void Modbus_ReciveNew(uint8_t _byte)
{

    g_modbus_timeout = 0;

    /* 重启动定时器,定时时间到设置超时标志,检测帧间空白 */
    /* 9 600 bps 3.5 字符时间间隔,约为 4 ms */
    Timer3_Reset_4ms();

    if (g_tModbus.RxCount < S_RX_BUF_SIZE)
    {
        g_tModbus.RxBuf[g_tModbus.RxCount++] = _byte;
    }
}
```

在串口接收中断中,调用 Modbus_ReciveNew 函数,每次都重置 Timer3,定时 4 ms 检测帧间间隔。

```
/* * * * * * * * * * * * * * * * * * * * * * * * * * * * * * * * * * *
 * 函数名: Timer3_Reset_4ms
 * 功能说明: 设置定时器在 4 ms 后产生定时中断
 * 形参: 无
 * 返回值: 无
 * * * * * * * * * * * * * * * * * * * * * * * * * * * * * * * * * */
static void Timer3_Reset_4ms(void)
{
    T4T3M &= 0xF5;        // 定时器时钟 12T 模式,关闭计数
    T3L = 0x9A;          // 定时 4 ms 的计数初值
    T3H = 0xF1;
    T4T3M |= 0x08;        // 使能定时器 T3 计数
    IE2 |= 0x20;         // 使能定时器 T3 中断
}
void Timer3_ISR(void) interrupt 19
{
    // T3IF 中断标志由硬件自动清 0
    IE2 &= ~0x20;            // 关闭定时器 T3 中断
    Modbus_RxTimeOut();        // 设置 Modbus 超时标志
}
```

定时器 T3 的中断服务函数调用 Modbus_RxTimeOut 设置超时标志。

```
/* * * * * * * * * * * * * * * * * * * * * * * * * * * * * * * * * * *
 * 函数名: Modbus_AnalyzeApp
 * 功能说明: 分析应用层协议
 * 形参: 无
 * 返回值: 无
 * * * * * * * * * * * * * * * * * * * * * * * * * * * * * * * * * */
static void Modbus_AnalyzeApp(void)
{
    switch (g_tModbus.RxBuf[1])           /* 第2个字节 功能码 */
    {
        case 0x01:                /* 读取线圈状态(本例程用 LED 代替) */
            Modbus_01H();
            bsp_PutMsg(MSG_MODBUS_01H, 0);  /* 发送消息,主程序处理 */
            break;
        break;
        case 0x05:                          /* 强制单线圈(设置 LED) */
```

```
            Modbus_05H( );
            bsp_PutMsg( MSG_MODBUS_05H, 0);
            break;

        default:
            g_tModbus. RspCode = RSP_ERR_CMD;
            Modbus_SendAckErr( g_tModbus. RspCode);  /* 告诉主机命令错误 */
            break;
    }
}
```

Modbus_AnalyzeApp 函数使用分支结构处理不同的命令,并调用消息函数通知用户层处理。

命令应答函数都非常相似,本实例实现了 Modbus_05H 函数,代码如下:

```
/*************************************
 * 函数名: Modbus_05H
 * 功能说明: 强制写单线圈(对应 D01/D02/D03)
 * 形参: 无
 * 返回值: 无
*************************************/
static void Modbus_05H( void)
{
    /*
    主机发送: 写单个线圈寄存器。FF00H 值请求线圈处于 ON 状态,0000H 值请求线圈处于 OFF 状态。05H 指令设置单个线圈的状态,15H 指令可以设置多个线圈的状态。
            11 从机地址
            05 功能码
            01 寄存器地址高字节
            01 寄存器地址低字节
            FF 数据 1 高字节
            00 数据 2 低字节
            DE CRC 高字节
            96 CRC 低字节

        从机应答:
            11 从机地址
            05 功能码
            01 寄存器地址高字节
            01 寄存器地址低字节
            FF 寄存器 1 高字节
```

```
            00 寄存器 1 低字节
            DE CRC 高字节
            96 CRC 低字节

        例子:
        11 05 01 01 FF 00    DE96    -- D01 打开
        11 05 01 01 00 00    9F66    -- D01 关闭

        01 05 10 02 FF 00    293A    -- D02 打开
        01 05 10 02 00 00    68CA    -- D02 关闭

        01 05 10 03 FF 00    78FA    -- D03 打开
        01 05 10 03 00 00    390A    -- D03 关闭
    */
    uint16_t reg;
    uint16_t value;

    g_tModbus.RspCode = RSP_OK;

    /** 第 1 步:判断接到指定个数数据 ==================== */
    /* 地址(8 位)+指令(8 位)+寄存器起始地址高低字节(16 位)+寄存器个数(16
位)+ CRC16 */
    if (g_tModbus.RxCount != 8)
    {
        g_tModbus.RspCode = RSP_ERR_VALUE;        /* 数据值域错误 */
        goto err_ret;
    }

    /** 第 2 步:数据解析 =============================== */
    /* 数据是大端,要转换为编译器使用的字节序 */
    reg = BEBufToUint16(&g_tModbus.RxBuf[2]);    /* 寄存器号 */
    value = BEBufToUint16(&g_tModbus.RxBuf[4]); /* 数据 */

    if (value != 0x0000 && value != 0xFF00)
    {
        g_tModbus.RspCode = RSP_ERR_VALUE;        /* 数据值域错误 */
        goto err_ret;
    }
```

```
    /* 设置数值 */
    if (reg == REG_D01)
    {
        g_tVar.D01 = value;
    }
    else if (reg == REG_D02)
    {
        g_tVar.D02 = value;
    }
    else if (reg == REG_D03)
    {
        g_tVar.D03 = value;
    }
    else if (reg == REG_D04)
    {
        g_tVar.D04 = value;
    }
    else
    {
        g_tModbus.RspCode = RSP_ERR_REG_ADDR;/* 寄存器地址错误 */
    }
    /** 第3步:应答回复 ======================= */
err_ret:
    if (g_tModbus.RspCode == RSP_OK)/* 正确应答 */
    {
        Modbus_SendAckOk();
    }
    else
    {
        Modbus_SendAckErr(g_tModbus.RspCode);
        /* 告诉主机命令错误 */
    }
}
```

代码每一步都给出了详细注释,这里就不再赘述。

Modbus_slave.c 文件中用到了几个关键结构定义,在 Modbus_slave.h 文件中给出,代码如下。

```
#define SADDR        0x11
#define MODBUS_BAUD 9600

/* 01H 读强制单线圈 */
```

```
/* 05H 写强制单线圈 */
#define REG_D01 0x0101
#define REG_D02 0x0102
#define REG_D03 0x0103
#define REG_D04 0x0104
#define REG_DXX REG_D04

/* 02H 读取输入状态 */
#define REG_T01 0x0201
#define REG_T02 0x0202
#define REG_T03 0x0203
#define REG_TXX REG_T03

/* 03H 读保持寄存器 */
/* 06H 写保持寄存器 */
/* 10H 写多个保存寄存器 */
#define SLAVE_REG_P01 0x0301
#define SLAVE_REG_P02 0x0302

/* 04H 读取输入寄存器(模拟信号) */
#define REG_A01 0x0401
#define REG_AXX REG_A01

/* RTU 应答代码 */
#define RSP_OK  0   /* 成功 */
#define RSP_ERR_CMD    0x01  /* 不支持的功能码 */
#define RSP_ERR_REG_ADDR   0x02  /* 寄存器地址错误 */
#define RSP_ERR_VALUE    0x03  /* 数据值域错误 */
#define RSP_ERR_WRITE    0x04  /* 写入失败 */

#define S_RX_BUF_SIZE    30
#define S_TX_BUF_SIZE    128

typedef struct
{
    uint8_t RxBuf[S_RX_BUF_SIZE];
    uint8_t RxCount;
    uint8_t RxStatus;
    uint8_t RxNewFlag;
```

```
    uint8_t RspCode;

    uint8_t TxBuf[S_TX_BUF_SIZE];
    uint8_t TxCount;
}MODBUS_T;

typedef struct
{
    /* 03H 06H 读写保持寄存器 */
    uint16_t P01;
    uint16_t P02;

    /* 04H 读取模拟量寄存器 */
    uint16_t A01;

    /* 01H 05H 读写单个强制线圈 */
    uint16_t D01;
    uint16_t D02;
    uint16_t D03;
    uint16_t D04;
}
VAR_T;
```

VAR_T 结构体中定义的 D01、D02、D03、D04 在本实例中用于模拟线圈寄存器。

第9章 单片机的串行总线

9.1 I^2C 总线

I^2C 总线是 Philips 公司推出的一种用于 IC 器件之间连接的 2 线串行扩展总线，它用两根线来连接多支路总线中的多个设备，所有连接在总线上的器件都可以工作于发送或接收方式，并且可以直接将一个设备接到 I^2C 总线上或从总线上取下，而不会影响其他设备。I^2C 总线的数据传输率比 SPI 总线要慢一些，在标准模式下的传输速率为 100 kbps，在快速模式下为 400 kbps，在最新的 I^2C 协议 2.0 版本中，更是新增了高速模式（HS 模式），支持高达 3.4 Mbps 的传输速率。

9.1.1 I^2C 串行总线系统的基本结构

图 9.1 所示为 I^2C 总线的结构图。由图可知，I^2C 总线由两根双向 I/O 线——SDA（串行数据）和 SCL（串行时钟）构成，它们通过上拉电阻连接到正电源，因此在总线空闲时，两根线都是高电平。连接到 I^2C 总线上的器件的输出极应该为开漏输出或集电极开路输出结构，以提供“线与”功能，这就是说连接到总线上的任何器件只要在信号线上输出“0”，信号线就得到低电平，要让信号线得到高电平，必须挂在总线上的所有器件都“释放”该信号线。连接到总线上的器件数量仅受限于最高为 400 pF 的总线负载电容。当缺乏相关信息时，可以假定每个外围设备和它连线将带来总共 20 pF 的电容。

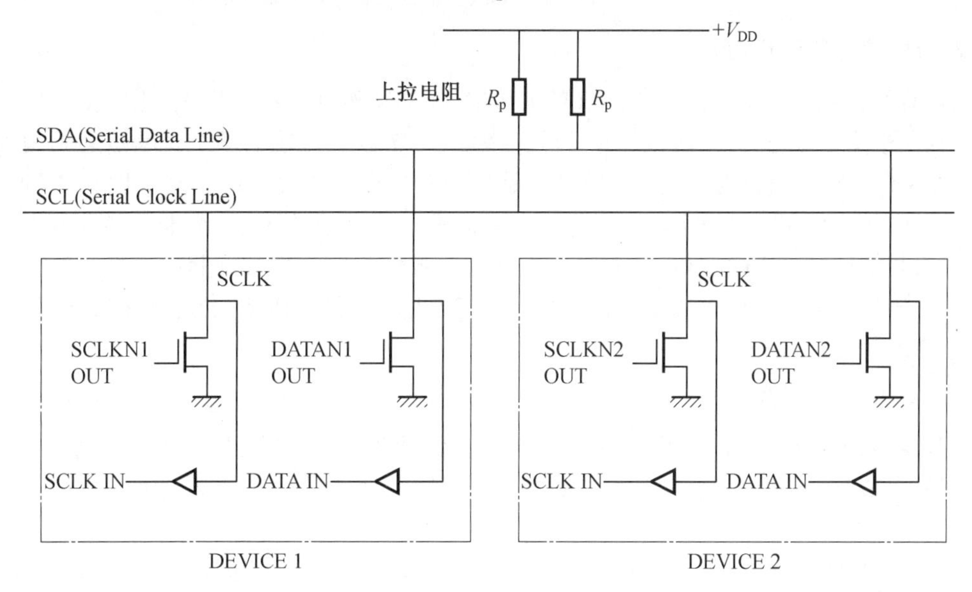

图 9.1 I^2C 总线的结构图

在图9.1中,还可以看到每一个挂在总线上器件的I^2C引脚接口必须是双向的。发送器使用SDA向总线上发数据,接收器使用SDA接收总线上的数据;主机通过SCL输出电路发送时钟信号,同时本身的接收电路还要检测总线上SCL的电平状态,以决定下一步的动作;从机的SCL输入电路用于接收总线时钟,并在SCL控制下向SDA发出或从SDA上接收数据。另外,当数据接收器暂时无法接收更多的数据时,它也可以通过将SCL拉低(输出0)来延长总线周期,迫使数据发送者等待,直到SCL被重新释放。

9.1.2 I^2C总线的数据传送规定

1. I^2C上的位传输

连接于I^2C总线上的芯片可以采用不同的技术(CMOS、NMOS、双极),这决定了逻辑"0"(LOW)和"1"(HIGH)的电平也不尽相同,它们取决于系统的电源电压V_{DD}。I^2C为每个传输的二进制位产生一个时钟脉冲,并规定时钟的高电平期间,SDA上的数据必须保持稳定不变。只有在时钟的低电平期间,才可以改变SDA数据线上的高低电平值,如图9.2所示。

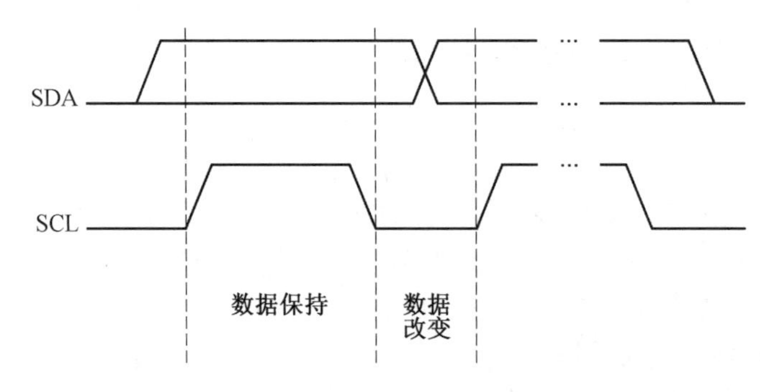

图9.2　I^2C总线上的位传输

2. 起始信号和停止信号

I^2C总线使用起始信号来启动一次数据传输,通知从机准备接收数据;当数据传输结束时,主机发送停止信号,通知从机停止接收。因此,一次数据传输的整个过程从起始信号开始,到停止信号结束。同时,这两个信号也是启动和关闭I^2C设备的信号。图9.3所示为I^2C总线中的起始信号和停止信号时序。SCL的高电平期间,SDA由高电平到低电平的跳变被称为起始信号,SDA由低电平到高电平的跳变被称为停止信号。起始信号和停止信号总是由主机产生的。主机发送起始信号后,总线被认为处于忙状态;发送停止信号后,总线又处于空闲状态。

3. I^2C总线的应答

I^2C总线的数据传输以字节为单位,每个字节必须为8位,高位在前,低位在后,每次发送数据的字节数量不受限制。当发送完每一个字节后,都必须等待收方返回一个应答信号ACK,如图9.4所示。

响应信号ACK宽度为1位,紧跟在8个数据位的后面,所以发送1个字节的数据需要9个SCL时钟脉冲。响应时钟脉冲也是由主机产生的,主机在响应时钟脉冲期间释放SDA线,使其处在高电平(见图9.4上面的信号)。在响应时钟脉冲期间,接收方根据自己当前

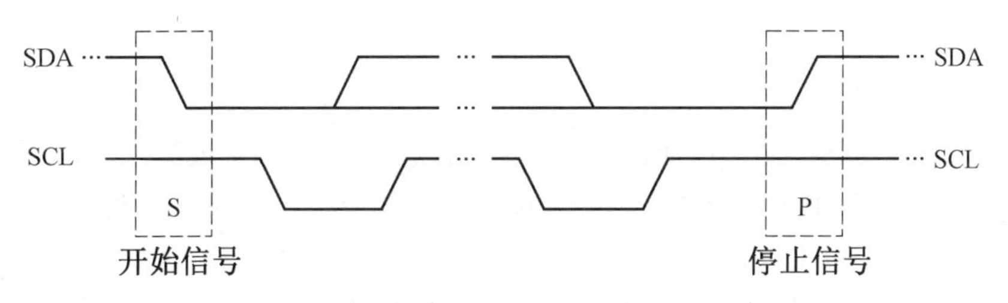

图9.3　I^2C总线的起始信号与停止信号

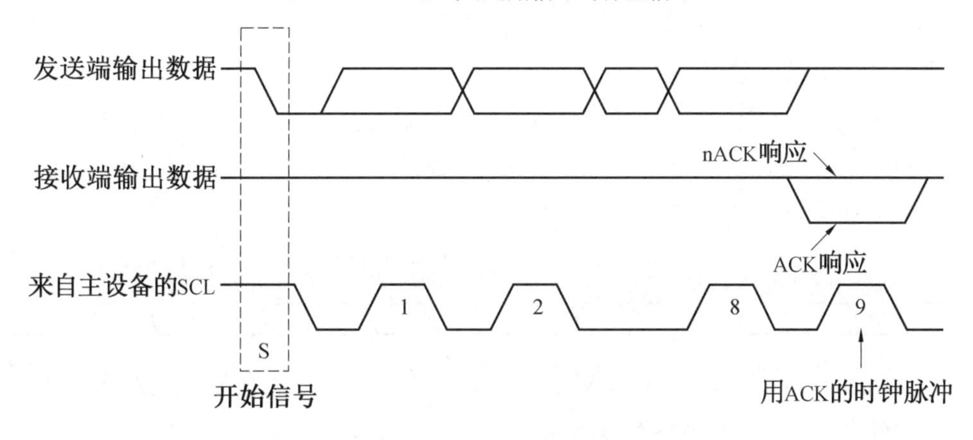

图9.4　I^2C总线上的应答

的状态将SDA拉低或释放，以送出ACK或nACK响应（见图9.4中间的信号）。

4. I^2C 总线的寻址

I^2C总线是支持多机通信的数据总线，所有设备都直接连接于同一个总线，它没有像SPI总线那样的从机选择信号。为了区分各个设备，挂接于I^2C总线上的从机设备或器件都有一个唯一独立的地址，以便主机寻访。

I^2C总线的寻址过程是在发送起始信号后，发送一个用于选择从机设备的地址字节，用于选择总线中的一个从机设备，通知其参与同主机之间的数据通信。在所有地址中有一个地址用于寻址所有器件，称为广播地址，使用这个地址时，理论上所有器件都会发出一个响应。但是，也可以使器件忽略这个地址。广播地址后的第二个字节定义了要采取的动作，这个过程的具体细节可参考《I^2C总线规范》，这里不做深入介绍。

I^2C总线地址格式如图9.5所示，该字节的高7位数据是主机呼叫的从机地址，最低位（LSB）用于标示接下来数据的传输方向，“0”表示主机会写数据到选中的从机（主机发送、从机接收），“1”表示主机会向从机读取数据（主机接收、从机发送）。

MSB							LSB
ad7	ad6	ad5	ad4	ad3	ad2	ad1	$R/\overline{W}$

图9.5　I^2C总线地址格式

当主机发送了一个地址后，总线上的每个器件都在起始信号后将7位地址与自己的地址进行比较，如果相同，则器件会认为自己被主机寻址，至于是作为从机-接收器还是从机-

发送器则由第 8 位 R/$\overline{W}$ 来决定。而那些本机地址与主机发下来的地址不匹配的器件,则继续保持在检测起始信号的状态,等待下一个起始信号的到来。被主机寻址的从机,必须在第 9 个 SCL 时钟脉冲期间拉低 SDA,给出 ACK 应答,以通知主机寻址成功。

一般来说,从机地址由一个固定和一个可编程的部分构成。在一个系统中很可能有几个同样的器件,可编程的从机地址使得可有多个相同的器件连接到 I^2C 总线上。可以连接的器件数量由可编程地址位的数量决定,例如,如果器件有 4 个固定的和 3 个可编程的地址位,那么同一个总线上共可以连接 8 个相同的器件。

5. I^2C 的数据通信过程

图 9.6 所示为在 I^2C 总线上一次完整数据传输过程的实例,它给出了实现一个简单的操作——主机向从机读取 1 个字节(I^2C 总线上的时序变化,SDA 上的发送、接收双方相互转换与控制 SDA)的过程。

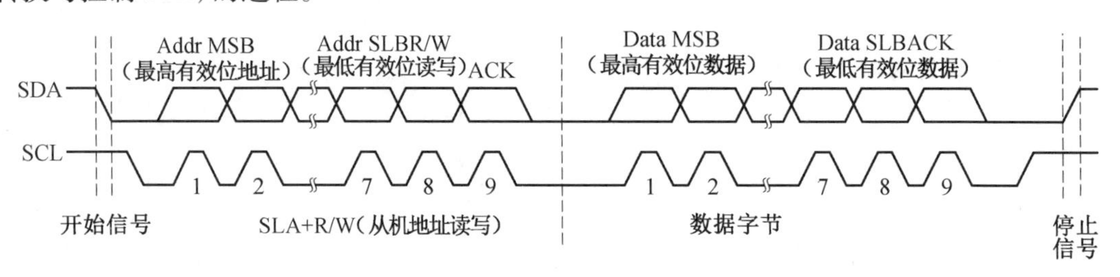

图 9.6 I^2C 总线数据传输全过程示例

这个过程发送、接收双方执行的动作可描述如下。

(1)主机控制 SDA(数据信号线),在 I^2C 总线上产生起始信号,同时控制 SCL(时钟信号线),发送时钟脉冲,在整个传输过程中,SCL 都是由主机控制的。

(2)主机发送器发送地址字节,地址字节的第 8 位为“1”,表示准备向从机读取数据。主机在地址字节发送完成后,释放 SDA,进入接收检测 ACK 的状态。

(3)所有从机在检测到起始信号后,为从机接收器,接收地址数据,并与自己的地址比较。

(4)被寻址的从机在第 9 个 SCL 时钟脉冲期间控制 SDA,将其拉低,给出 ACK 应答。

(5)主机检测到从机的 ACK 应答后,转换成主机接收器,准备从从机接收数据。

(6)从机根据地址的第 8 位值,本例中为“1”,在第二个字节的 8 个传输时钟脉冲期间,作为从机发送器控制 SDA,发送 1 个字节的数据。发送完成后,释放 SDA,进入接收检测 ACK 的状态。

(7)在第二个字节的 8 个传输时钟脉冲期间,主机作为接收器接收从机发出的数据,当接收到 D0 位后,主机控制 SDA,将其拉低,给出 ACK 应答。

(8)从机检测主机发送的应答信号,如果是 ACK,则准备发送 1 个新的字节数据;如果是 nACK,则转入检测下一个起始信号状态。

(9)本实例中,主机接收到 1 个字节数据后,转成主机发送器控制 SDA,在发出 ACK 应答后,马上发出停止信号,通知本次数据传输结束。

(10)从机检测到停止信号,转入检测下一个起始信号状态。

以上介绍了 I^2C 总线的基本特性、构成和操作时序、通信过程等内容，对这部分内容的理解非常重要，这是因为 I^2C 总线在硬件连接上非常简单，只需将器件的 SDA 和 SCL 并接在一起就可以了，但它们之间的通信需要由软件控制，通过比较复杂的通信规范来实现。

9.1.3　51 单片机的 I^2C 总线数据传送的模拟

尽管 STC8H 的 I^2C 接口在硬件层面上实现了 I^2C 底层协议和数据传送与接收的功能，但对于什么时间发出起始信号、停止信号，如何返回应答信号，以及主/从机之间的发送器/接收器相互转换，还是需要程序员根据实际情况，编写相应的、正确的系统程序才能实现。

为了更好地理解 I^2C 传输的过程，同时为了程序能方便地移植到不同的单片机系统，下面介绍在传统的 51 单片机上模拟 I^2C 总线数据传输的实现。

软件模拟 I^2C 总线需要定义 I/O 端口和实现下列功能函数：

```
#ifndef __SOFT_I²C_H_
#define __SOFT_I²C_H_
#include <reg52. h>
sbit SCL=P2^1;//串口时钟信号
sbit SDA=P2^0;  //串口数据线
void I2cStart();  //起始信号
void I2cStop();  //终止信号
unsigned char I2cSendByte(unsignedchardat);  //发送一个字节数据
unsigned char I2cReadByte();  //读取一个字节数据
void At24c02Write(unsigned char addr,unsigned char dat);  //向 AT24C02 指定地址写
                                                           入数据
unsigned char At24c02Read(unsigned char addr);  //读取 AT24C20 指定地址内容
#endif
```

具体函数实现如下：

```
/**
 *@brief  延时 10 μs
 *@note  需要将代码优化设置为默认
 */
void Delay10us()  //@24.000 MHz
{
    unsigned char datai;
    i=78;
    while(--i);
}
/**
 *@brief  在 I²C 总线产生一个起始信号
```

```
 * @details   在SCL时钟信号高电平期间,SDA信号产生一个下降沿
 */
void I2cStart()
{
    SDA=1;
    Delay10us();
    SCL=1;
    Delay10us();  //建立时间是SDA保持时间>4.7 μs
    SDA=0;  //产生下降沿
    Delay10us();  //保持时间>4 μs
    SCL=0;
    Delay10us();
}
/**
 * @brief   在I²C总线产生一个停止信号
 * @details   在SCL时钟信号高电平期间,SDA信号产生一个上升沿
 */
void I2cStop()
{
    SDA=0;
    Delay10us();
    SCL=1;
    Delay10us();  //建立时间大于4.7 μs
    SDA=1;  //产生上升沿
    Delay10us();
}
/**
 * @brief   通过I²C发送一个字节。在SCL时钟信号高电平期间,保持发送信号SDA稳定
 * @param num   要发送的字节
 * @retval   返回0或1,发送成功返回1,发送失败返回0
 * @remark   发送完一个字节SCL=0,SDA=1
 */
unsigned charI2cSendByte(unsigned char dat)
{
    unsigned chara=0,b=0;  //一个周期为1 μs,最大延时255 μs
    for(a=0;a<8;a++)  //要发送8位,从最高位开始
    {
```

```
        SDA=dat>>7;  //起始信号之后 SCL=0,所以可以直接改变 SDA 信号
        dat=dat<<1;
        Delay10us();
        SCL=1;
        Delay10us();  //建立时间大于 4.7 μs
        SCL=0;  //允许 SDA 发生电平变化,为下一位传输做准备
        Delay10us();  //时间大于 4 μs
    }
    SDA=1;  //主设备 SDA 置位,等待从设备应答
    Delay10us();
    SCL=1;
    while(SDA)  //等待应答,也就是等待从设备把 SDA 拉低
    {
        b++;
        //如果超过 2 000 μs 没有应答,则发送失败,否则为 nACK,表示接收结束
        if(b>200)
        {
            SCL=0;
            Delay10us();
            return0;
        }
    }
    //发送数据后都要把 SCL 清"0",以便后续操作,SDA 可以变化
    SCL=0;
    Delay10us();
    return1;
}
/**
 *@brief   使用 I2C 读取一个字节
 *@param   无
 *@retval   返回 I2C 总线上读取到的一个字节
 *@remark   接收完一个字节 SCL=0,SDA=1
 */
unsigned charI2cReadByte()
{
    unsigned chara=0,dat=0;
    SDA=1;  //起始和发送完一个字节之后 SCL 都是 0
    Delay10us();
```

```
    for(a=0;a<8;a++)   //接收一个字节
    {
        SCL=1;
        Delay10us();
        dat<<=1;
        dat|=SDA;
        Delay10us();
        SCL=0;  //允许 SDA 发生变化
        Delay10us();
    }
    return dat;
}
```

模拟 I^2C 通信的基本方法是使用通用 I/O 口，严格遵循 I^2C 协议中对数据通信的时序要求，模拟需要的信号。代码中已经给了很详细的注释，读者可以仔细阅读，学习模拟的方法。也可以在实际工程中直接使用这里提供的代码，实现应用功能。

9.1.4 I^2C 总线应用设计

使用上一节编写的 I^2C 模拟通信函数，实现如下功能。

系统运行时，数码管后 4 位显示 0，按 K1 按键数据写入 AT24C02 芯片中保存，按 K2 按下键读取 AT24C02 中保存的数据，按 K3 按键显示数据加 1，按 K4 按键显示数据清零。用到的按键、数码管等知识，在本书前文已做介绍，这里不做赘述。

1. 准备知识

24CXX 系列是一种应用非常广泛的 I^2C 接口的 EEPROM 芯片，很多半导体公司都有兼容的产品，该系列芯片以存储容量作为命名的方式，例如，24C01 是指存储容量为 1 KB（即 1 024 B），24C02 为 2 KB，24C256 为 256 KB。现代的制作工艺可以保证 EEPROM 有 10 万次以上的重复擦/写寿命，数据保存 100 年不丢失。

（1）AT24C02 的引脚功能。

AT24C02 的引脚分布如图 9.7 所示，其引脚功能说明如表 9.1 所示。

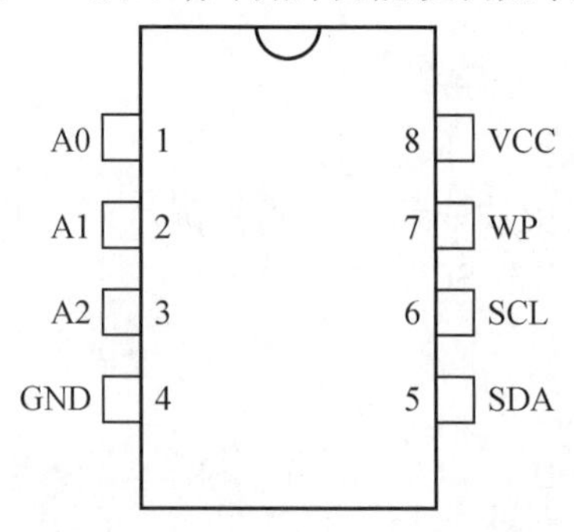

图 9.7　AT24C02 的引脚分布

表 9.1　AT24C02 引脚功能说明

引脚	说明
A0、A1、A2	器件地址配置
SDA	I^2C 接口数据线
SCL	I^2C 接口时钟线
WP	写保护(高电平有效)
VCC	电源正
GND	电源地

表 9.1 中 A0、A1、A2 用于配置芯片的物理地址，它们的配置值将作为器件在 I^2C 总线上从机地址的一部分。WP 用作写保护引脚，当 WP 为高电平时，存储器处于写保护状态，所有的写入命令都将被器件忽略，只允许读出存储器的数据。WP 在芯片的内部有下拉电阻，当外部悬空时，由于内部下拉电阻的作用，WP 为低电平，器件处在可读写状态。因此在实验中可将该脚悬空处理，但在实际应用中，WP 应由单片机的 I/O 口线控制，以保证硬件写保护机制发挥作用。

(2) AT24C02 的器件地址和片内存储器地址。

AT24C02 在 I^2C 总线上的地址格式如表 9.2 所示。

表 9.2　AT24C02 在 I^2C 总线上的地址格式

1	0	1	0	A2	A1	A0	$R/\overline{W}$

从机地址的高 4 位固定为 1010，低 3 位由引脚 A2、A1、A0 在电路连接上的配置所决定，这使得同一个 I^2C 总线上可以最多接 8 个 AT24C02。若将 A2、A1、A0 全连接到低电平，则从机写地址为 0xA0，读地址为 0xA1。

AT24C02 内部的存储容量是 256 个字节，采用线性地址排列，地址空间为 00H ~ FFH，因此 AT24C02 内部的存储器地址长度为 8 位，用 1 个字节表示。AT24C02 在内部把 256 个字节的存储器划分成了 32 页，每页有 8 个字节。因此 8 位的地址可以看成由两个部分组成：高 5 位(A7 ~ A3)表示页码(0 ~ 31)，低 3 位(A2 ~ A0)表示页内偏移。

在 AT24C02 内部有一个 8 位的地址指针寄存器，里面保存着当前存储单元的地址，对 AT24C02 的读写，就是对该地址指针所指向的存储器单元进行操作。该地址指针寄存器也是非易失性的，断电后，其地址内容不会消失和改变。这个地址指针寄存器有一个重要特性，一旦对当前存储器单元进行了操作(读或写)后，地址指针的值会自动加 1，指向下一个单元，这种机制使得用户可以对 AT24C02 进行连续的数据读写，而不用每次都设置操作的存储单元地址。但要注意的是，在对 AT24C02 进行写入操作时，该地址指针只有低 3 位(页内偏移)参与加 1 变化，页码保持不变，也就是说，如果对一页的最后一个地址进行写操作后，下一次操作会“折回”当前页面的第一个地址，而不会自动加 1 到下一页的第一个地址。因此数据的写入操作不能跨越不同的页面。例如，00H ~ 07H 属于 AT24C02 的第一页的 8 个字节，在将数据写入地址 07H 内后，下一次写入将写到 00H 处。

主机对 AT24C02 下发了从机写寻址字节(0xA0)后，紧跟的 1 个字节被认定为片内存储器地址,AT24C02 将把该字节的内容作为新的地址,保存在内部的地址指针寄存器中。

(3)对 AT24C02 的写操作。

对 AT24C02 进行写操作,就是将数据写入 AT24C02 的 EEPROM 中,写操作支持两种模式:字节写入(一次写入 1 个字节)和页写入(允许一次写入操作最多达 8 个字节,即 1 页)。图 9.8 和图 9.9 所示为两种写入操作的时序图。从图中可以看出,数据写入的操作方式如下。

①主机先发送 1 个字节的从机写地址,外加 1 个字节的存储器片内地址信息。

②在发送完从机地址和存储器片内地址后,主机就可以发送数据字节。

③AT24C02 每收到 1 个字节后,会根据 I^2C 协议规范返回相应的应答信号(ACK)。

在 AT24C02 支持的两种写入模式下,开始的两个字节都是一样的,作用是重新设置 AT24C02 内部的地址指针,从第 3 个字节开始才是真正要写入片内 EEPROM 中的数据。

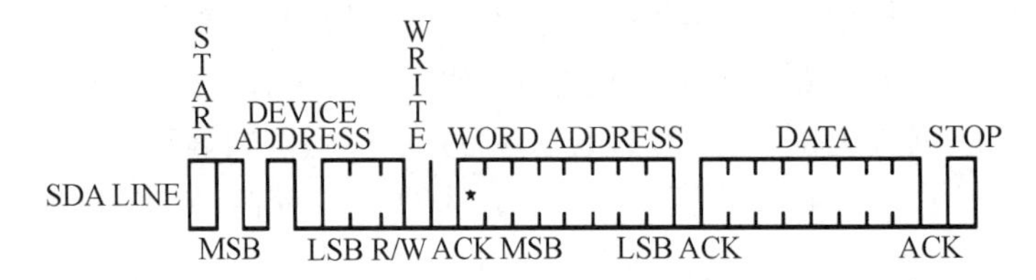

图 9.8　AT24C02 字节写入操作时序图

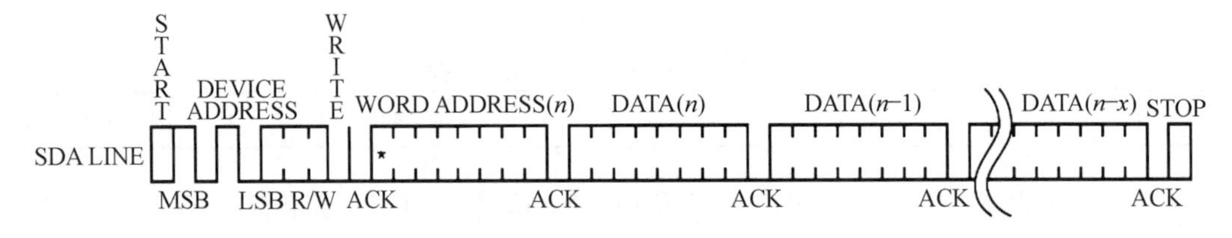

图 9.9　AT24C02 页写入操作时序图

在 AT24C02 检测到 STOP 信号后,便启动内部的数据写操作,把接收到的数据写到指定的地址单元中。AT24C02 内部写 EEPROM 的操作需要一定的时间,约 5 ms(不同的芯片写入时间可能不一样,应该参考芯片的数据手册)才能完成,在这期间 AT24C02 不响应主机的寻址(返回 nACK)。因此,主机在写 AT24C02 的操作后,不要马上对它进行新的操作,要等待至少 5 ms 后,再开始新的操作。

另外,要特别注意的是,页写入方式不能跨页操作,如果要使用页写入方式,那么最好采用固定的起始地址配合固定的数据长度,例如,起始地址为每页的第 1 个单元,写入 8 个字节。

(4)对 AT24C02 的读操作。

对 AT24C02 进行读操作,就是从 AT24C02 内的 EEPROM 中读取数据。如果已经完全理解了前面对 AT24C02 的写操作过程,那么读取 AT24C02 的操作就比较简单了。读 AT24C02 的操作方式有 3 种:读当前地址单元中的数据、读指定地址单元中的数据,以及连续读多个地址单元中的数据。图 9.10 ~9.12 分别给出了三种读操作的过程。

最基本的读方式实际上就是读取当前地址单元的数据,AT24C02 收到主机下发的从机寻址字节(最低位为 1),并给出应答 ACK 后,马上就将当前地址单元中的数据发送到主机,然后内部地址指针加 1。读指定地址单元数据的操作实际是设置地址指针操作与读当前地址单元数据操作的结合。而连续地址单元的读操作则是读当前地址单元数据操作的扩展。

图9.10　读AT24C02当前地址单元数据

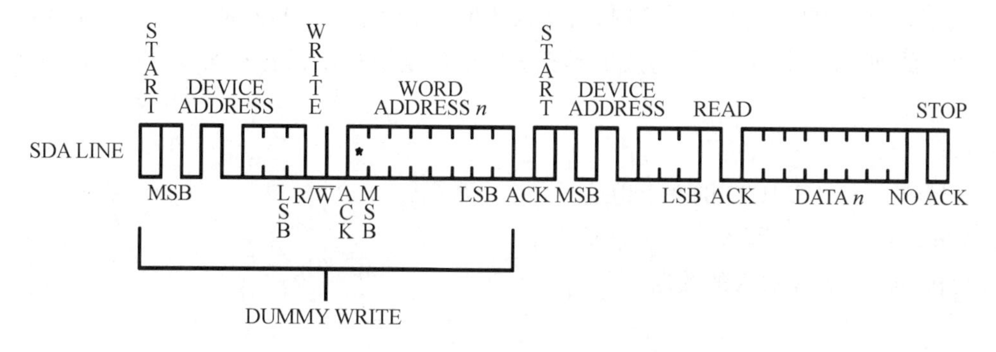

图9.11　读AT24C02指定地址单元数据

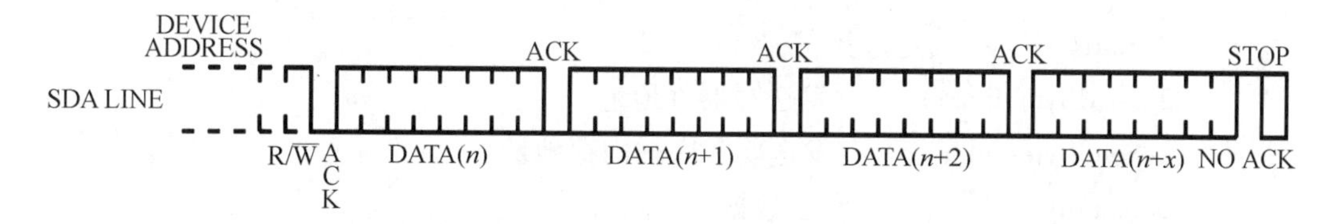

图9.12　连续读AT24C02地址单元数据

连续读操作没有个数的限制，也没有不能跨页的限制。

在进行AT24C02读操作时应注意，主机每读一个字节，需要向AT24C02返回一个ACK应答，这样AT24C02才会继续发送下一个单元的数据，如果是主机接收的最后一个字节数据，应该返回nACK应答，告知AT24C02数据读结束，再接着发送STOP信号。

2. 硬件电路

本实例使用的芯片AT24C02本身的I^2C接口功能很简单，因此它只能作为从机使用，STC8H系列单片机在这里充当主机，连接电路如图9.13所示。

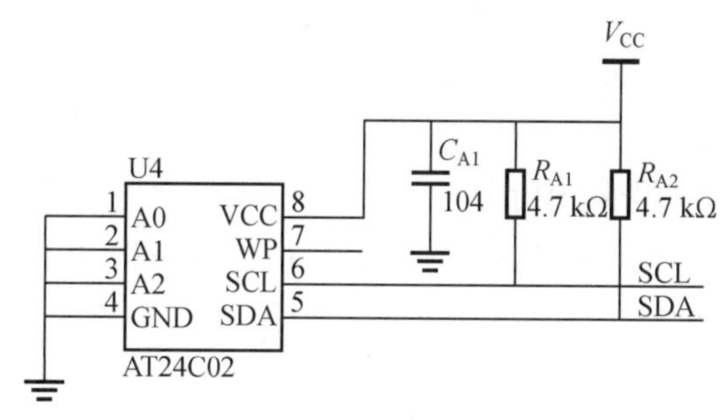

图9.13　AT24C02接口电路图

I^2C 总线的硬件结构决定了使用它的时候 SDA 线和 SCL 线一定要加上拉电阻。上拉电阻不但决定了总线能否工作,也决定了总线所能达到的通信速度。虽然,STC8H 的 I/O 端口内建上拉电阻在某些应用中可以替代外部上拉电阻,但是通常不推荐这样做。在本实例中,使用常用作 I^2C 总线上拉电阻的 4.7 kΩ 的阻值。

3. 软件设计

从前面对 AT24C02 读写时序分析中可以看到,AT24C02 的读写操作过程就是标准的 I^2C 数据读写过程。只不过在写操作时,所写入的第一个字节具有特殊的含义——EEPROM 内存储单元的地址。利用前面所完成的模拟 I^2C 通信模块可以很容易实现 AT24C02 的读写。代码如下:

```
/**
 *@brief    往 AT24C02 的一个地址写入一个数据
 *@param addr   要写入的数据单元地址
 *@param dat   要写入的数据
 */
void At24c02Write(unsigned char addr,unsigned char dat)
{
     I2cStart();  //发送起始信号
     I2cSendByte(0xa0);  //发送写器件地址
     I2cSendByte(addr);  //发送要写入的内存地址
     I2cSendByte(dat);  //发送数据
     I2cStop();  //发送终止信号
}

/**
 *@brief    读取 AT24C02 一个地址的一个数据
 *@param addr   要读取的数据单元地址
 *@retval   读取到的数据
 */
unsignedcharAt24c02Read(unsignedcharaddr)
{
     unsignedcharnum;
     I2cStart();  //发送起始信号
     I2cSendByte(0xa0);  //发送写器件地址(即 1010000,0 代表写)
     I2cSendByte(addr);  //发送要读取的地址
     I2cStart();
     I2cSendByte(0xa1);  //发送读器件地址(即 1010001,1 代表读)
     num=I2cReadByte();
```

```
    I2cStop();
    return num;
}
```

以上实现代码中读从机的代码中,发送了两次地址和两次起始信号,原因如下。

第一次起始信号后,主机需要找到需要读取的从机,所以先发送从机的地址 0xa0,再发送要在从机上读取的内容的地址 addr,这个方向是从主机到从机。

第二次起始信号后,主机需要告诉从机,"我要开始读你的数据了",因此先发送 0xa1,代表下面 SDA 线传输数据方向是要从从机发往主机了。接下来准备读取从机发送的数据就可以了,读取完主机就可以发送终止信号代表读取完成。(事实上是先发送 nACK,表示主机不需要从机再应答了,但因为软件模拟时,还是有部分功能无法实现,所以应答机制并没有完全实现。)

实现了底层代码后,就可以编写主程序,从中可以学习如何使用上面介绍的功能。

```
#include"reg52.h"
#include"i2c.h"

typedef unsigned int u16;   //对数据类型进行声明定义
typedef unsigned char u8;

sbit LSA=P2^2;
sbit LSB=P2^3;
sbit LSC=P2^4;   //定义数码管位选信号

sbit k1=P3^1;
sbit k2=P3^0;
sbit k3=P3^2;
sbit k4=P3^3;   //定义按键端口

char num=0;
u8 disp[4];
u8 code smgduan[10]={0x3f,0x06,0x5b,0x4f,0x66,0x6d,0x7d,0x07,0x7f,0x6f};
/**
 *@brief   延时函数,i=1 时,大约延时 10 μs
 */
void delay(u16 i)
{
    while(i--);
}
```

```
/**
 *@brief  按键处理函数
 *@param  无
 *@rtval  无
 */
voidKeypros()
{
    if(k1==0)
    {
        delay(1000);  //消抖
        if(k1==0)
        {
            At24c02Write(1,num);  //在地址1内写入数据num
        }
        while(!k1);
    }

    if(k2==0)
    {
        delay(1000);  //消抖处理
        if(k2==0)
        {
            num=At24c02Read(1);  //读取EEPROM地址1内的数据保存在num
        }
        while(!k2);
    }

    if(k3==0)
    {
        delay(100);  //消抖处理
        if(k3==0)
        {
            num++;  //数据加1
            if(num>255)num=0;
        }
        while(!k3);
    }
```

```
    if(k4==0)
    {
        delay(1000);  //消抖处理
        if(k4==0)
        {
            num=0;  //数据清零
        }
        while(!k4);
    }
}

/**
 *@brief  数据处理函数
 */
void datapros()
{
    disp[0]=smgduan[num/1000];  //千位
    disp[1]=smgduan[num%1000/100];  //百位
    disp[2]=smgduan[num%1000%100/10];  //十位
    disp[3]=smgduan[num%1000%100%10];  //个位
}
/**
 *@brief  数码管显示函数
 *@param  无
 *@rtval  无
 */
voidDigDisplay()
{
    u8 i;
    for(i=0;i<4;i++)
    {
        switch(i)  //位选,选择点亮的数码管
        {
            case(0):
            LSA=1;LSB=1;LSC=0;break;  //显示第0位(千位)
            case(1):
            LSA=0;LSB=1;LSC=0;break;  //显示第1位
```

```
            case(2):
            LSA=1;LSB=0;LSC=0;break;   //显示第2位
            case(3):
            LSA=0;LSB=0;LSC=0;break;   //显示第3位
        }
        P0=disp[i];   //发送数据
        delay(100);   //间隔一段时间扫描
        P0=0x00;   //消隐
    }
}

int main(void)
{
    while(1)
    {
        Keypros();   //按键处理函数
        datapros();   //数据处理函数
        DigDisplay();   //数码管显示函数
    }
}
```

9.2 SPI 总线

串行外围设备接口(serial peripheral interface,SPI)是由 Motorola 公司开发的,用来在微控制器和外围设备芯片之间提供一个低成本、易使用的接口。这种接口可以用来连接存储器(存储数据)、A/D 转换器、D/A 转换器、实时时钟日历、LCD 驱动器、传感器、音频芯片,甚至其他处理器。支持 SPI 的元件很多,并且还一直在增加,采用 SPI 可以简化系统结构,降低系统成本,使系统具有灵活的可扩展性。

SPI 是一个同步通信接口,所有的传输都参照一个共同的时钟,这个同步时钟信号由主机产生,接收数据的外设(从机)使用时钟对串行比特流的接收进行同步化。

9.2.1 SPI 总线系统的基本结构

一个典型的 SPI 总线系统如图 9.14 所示,它包括一个主机(通常是处理器)和一个从机(通常是一个外围设备芯片),双方之间通过 4 根信号线相连,具体介绍如下。

(1)主机输出/从机输入(MOSI)。主机数据传入从机的通道,在有些芯片上,MOSI 只被简单标记为串行输入(SI),或者串行数据输入(SDI)。

(2)主机输入/从机输出(MISO)。从机数据传入主机的通道,信号由从机产生,但是在主机的控制下产生的。在一些芯片上,MISO 有时被称为串行输出(SO),或者串行数据输出

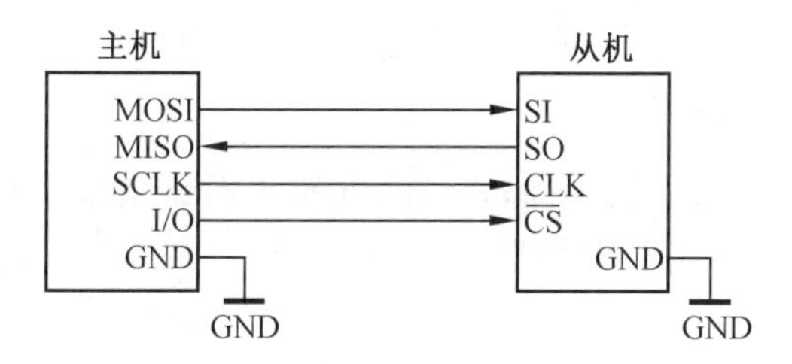

图9.14　典型的SPI总线系统

(SDO)。

(3)串行时钟(SCLK或SCK)。同步时钟由SPI主机产生,并通过该信号线传送给从机。主机和从机之间的数据接收和发送都以同步时钟信号为基准进行。

(4)从机选择($\overline{SS}$)。从机选择信号由主机发出,从机只有在该信号有效时才响应SCLK上的时钟信号,参与通信。主机通过这一信号控制通信的起始和结束。该信号通常只是由主机的备用I/O引脚产生的,在有些处理器和芯片中,该信号被称为外设片选($\overline{CS}$)。

9.2.2　SPI总线的数据传送规定

1. SPI总线数据传输过程

主机和从机都包含一个串行移位寄存器,SPI的通信过程实际上是一个串行移位过程,如图9.15所示。从图中可以看出,两个移位寄存器通过MOSI和MISO两条信号线首尾相连,形成了一个大的"串行移位环形链"。主机通过MOSI信号线将移位寄存器的数据移入从机,从机也将自己的移位寄存器中的内容通过MISO信号线返回给主机,这样8次移位后两个寄存器的内容就被交换了。

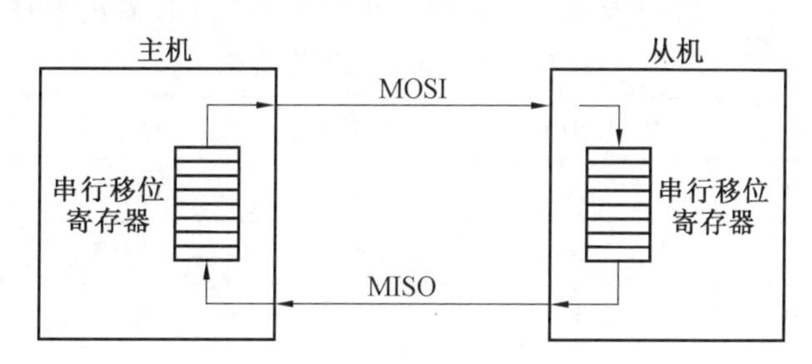

图9.15　SPI主从机连接示意图

一个典型的数据传输过程如下。

(1)从机将需要与主机交换的数据(也就是需要发送给主机的数据)放入移位寄存器,并等待$\overline{SS}$信号。

(2)主机方的用户程序将$\overline{SS}$信号拉低(一般来说主机的$\overline{SS}$信号并不是由硬件自动控制的),告知从机主机将要开始一个字节的传输。一旦$\overline{SS}$信号被拉低,从机将进入等待状态——等待主机产生时钟信号SCK。

(3)主机方用户程序将需要发送给从机的数据写入移位寄存器,这个写入操作用来发起一次传输,这时SPI硬件自动启动时钟信号SCK。此时主机的移位寄存器按照先前设定的顺序——高位(MSB)在先或低位(LSB)在先,依次从MOSI引脚将数据移出,从机移出来的数据由MISO流入主机的移位寄存器。

(4)一次数据传输完成,主机便拉高$\overline{SS}$,停止SCK时钟信号,结束SPI通信。双方各自以自己支持的方式处理传输得到的数据。

2. SPI通信的工作模式和时序

根据同步时钟极性(clock polarity)和同步时钟相位(clock phase)的不同,SPI有四个工作模式。

同步时钟极性CPOL是指SPI总线处在传输空闲时SCLK信号线的状态,有“0”和“1”两种。

①CPOL=0时,表示当SPI传输空闲时,SCLK信号线的状态保持在低电平“0”。

②CPOL=1时,表示当SPI传输空闲时,SCLK信号线的状态保持在高电平“1”。

同步时钟相位CPHA是指进行SPI传输时对数据线进行采样/锁存点(主机对MISO采样,从机对MOSI采样)相对于SCLK上时钟信号的位置,也有“0”和“1”两种。

①CPHA=0时,表示同步时钟的前沿对信号采样锁存,后沿串行移出数据。

②CPHA=1时,表示同步时钟的前沿串行移出数据,后沿对信号采样锁存。

在这里,同步时钟的前沿是指,通信开始时,SCLK信号脱离空闲态的第一个电平跳变为同步时钟的前沿,随后的第2个跳变为同步时钟的后沿。由于SCLK信号在空闲态有两种情况,所以当CPOL=0时,前沿就是SCLK的上升沿,后沿为时钟的下降沿;当CPOL=1时,前沿就是SCLK的下降沿,后沿就是SCLK的上升沿。

不同的时钟极性CPOL和时钟相位CPHA组合后,共产生了SPI的4种工作模式,如表9.3所示。图9.16~9.19是与表9.3所对应的4种SPI工作模式的时序图。

表9.3　SPI的4种工作模式

SPI模式	CPOL	CPHA	移出数据	锁存数据	时序图
0	0	0	下降沿	上升沿	图9.16
2	1	0	上升沿	下降沿	图9.17
1	0	1	上升沿	下降沿	图9.18
3	1	1	下降沿	上升沿	图9.19

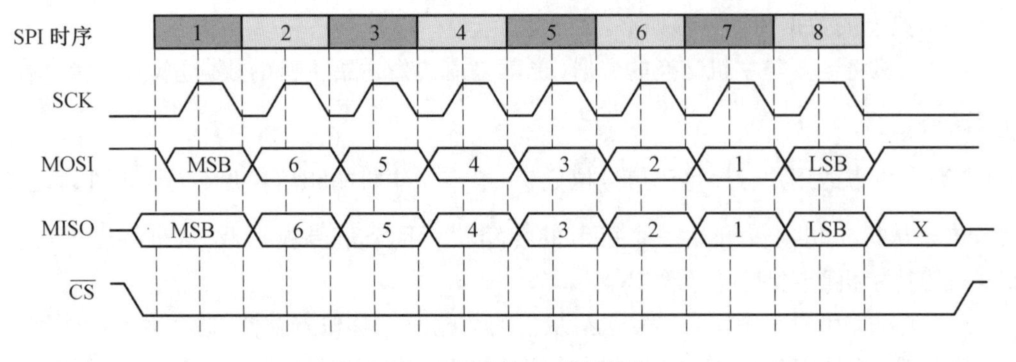

图9.16　SPI模式0工作时序图

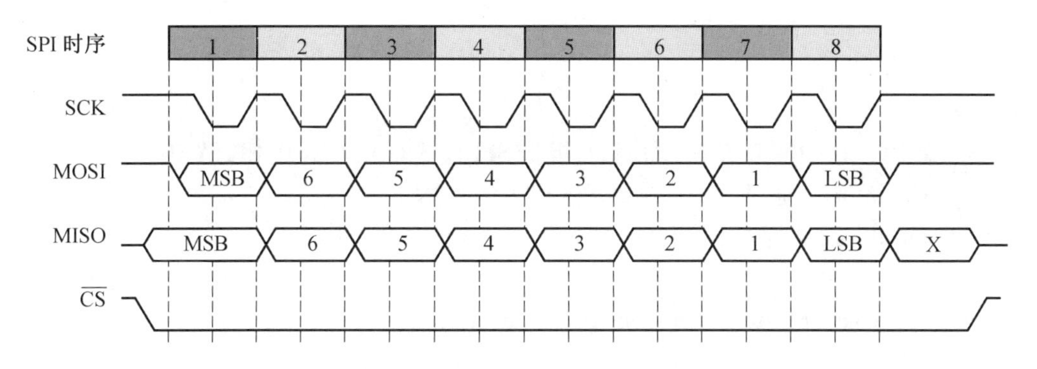

图 9.17　SPI 模式 2 工作时序图

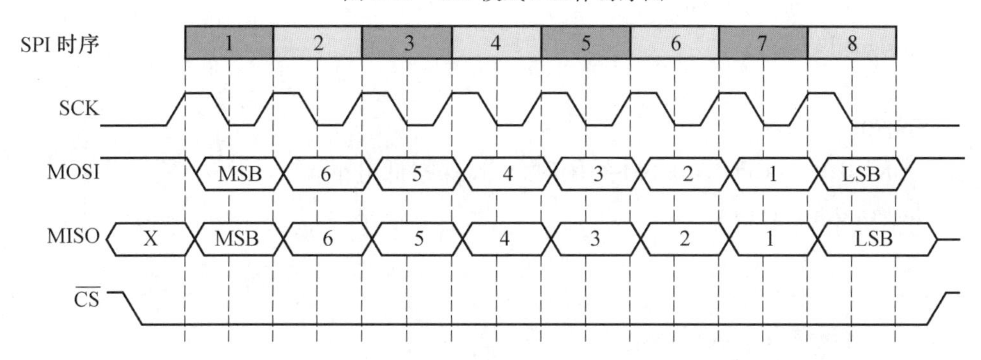

图 9.18　SPI 模式 1 工作时序图

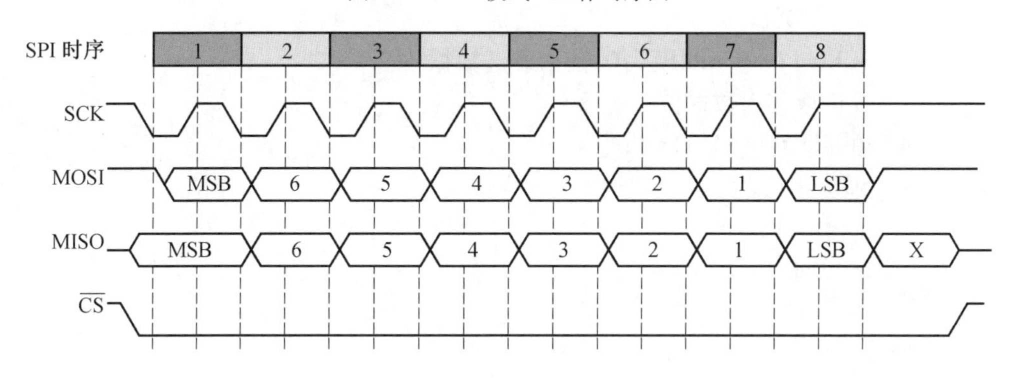

图 9.19　SPI 模式 3 工作时序图

9.2.3　51 单片机的 SPI 总线数据传送的模拟

STC8H 系列单片机片内集成了 SPI 硬件外设，在对通信速度要求高的场合，应该使用片内集成的硬件 SPI。但从学习 SPI 总线的角度来说，使用软件模拟，可以帮助理解 SPI 总线时序，同时软件模拟的代码具有可移植性好、兼容性强的优点。下面介绍软件模拟 SPI 的方法。

软件模拟 SPI，核心就是编写一个 SPI 读写函数。以下给出了 SPI 模式 0 软件模拟的代码。

```
sbit SS=P2^0;
sbit SCK=P2^1;
```

```
sbit MISO=P2^2;
sbit MOSI=P2^3;
/**
 *@brief  软件模拟 SPI 读写函数,模拟 SPI 模式 0,CPOL=0,CPHA=0
 *@param dat  通过 SPI 总线要发送出去的数据
 *@retval  返回 SPI 读取到的数据
 */
unsigned char SPI_ReadWrite(unsigned char dat)
{
    unsigned char recvDat=0;
    unsigned char i;

    SS=0;
    SCK=0;  //CPOL=0,SPI 空闲时,SCK 保持低电平
    for(i=0;i<8;i++)
    {

        //设置移出数据位
        if(dat&0x80)MOSI=1;
        else MOSI=0;
        SCK=1;  //SPI 模式 0,前沿发送数据
        //读取移入数据位
        if(MISO)recvDat|=1;
        SCK=0;
        dat<<=1;
        recvDat<<=1;
    }
    SS=1;
    return recvDat;
}
```

以上代码中,因为发送模式 MSB 在前,用 dat&0x80 来得到最高位,在发送完后,左移一次,下次发送次高位,使用一个循环,产生 8 个二进制位的读写时序。有了该函数后,在实际应用中,只需要修改 I/O 的定义,调用该函数,即可使用软件模拟 SPI 通信。

9.2.4 SPI 总线应用设计

1. 端口扩展需求分析

在单片机应用中,如果应用规模较大,常常出现 I/O 端口数量不够用的情况,这时可以选择拥有更多 I/O 端口的高端单片机,但如果仅为了获得更多的 I/O 端口而选择高端单片机,会大大增加产品的成本,这可能并不划算,还有其他的方法来解决这个问题。

对于一些较为简单、低速的端口应用，使用扩展端口是一种非常方便和经济的方法，下面介绍利用 SPI 接口和 74HC595 芯片进行 I/O 端口扩展的方法，通过级联的方式，可以扩展出多个端口。

2. 硬件电路

端口扩展实验电路图如图 9.20 所示，其中与本实验不相关的部分未画出。

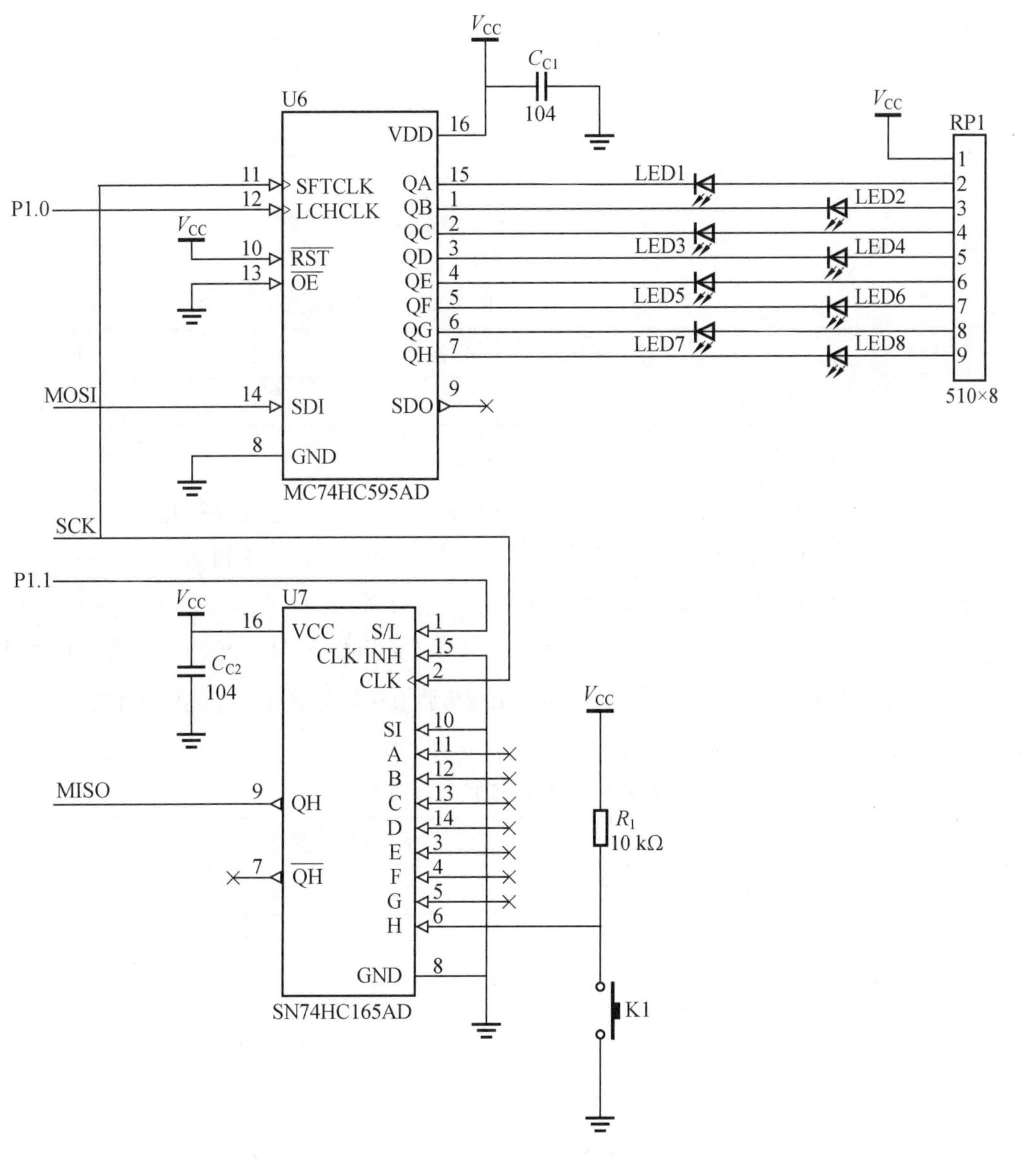

图 9.20　端口扩展实验电路图

首先来分析用于输出的虚拟端口 VPA，该部分使用了带锁存功能、三态输出的 8 位串行输入/串行或并行输出的移位寄存器 74HC595。表 9.4 所示为 74HC595 的逻辑功能表。从逻辑功能表中可以得出，数据的串入和内部数据的移位操作由 SCLK 控制。SCLK 的上升沿使移位寄存器中的数据由 SR_A向 SR_H依次移动一位，同时将数据线上的电平移入 SR_A，而最高位 SR_H从 SQ_H 移出。移位寄存器中的数据在 LATCH 控制线的上升沿打入锁存器中。可见这个时序与 SPI 模式 0,MSB 在先的操作时序是一致的,A 端和 SCLK 端分别对应 SPI 接口的 MOSI 和 SCLK 端,不同点在于标准的 SPI 接口需要$\overline{SS}$引脚选择从机,而若将 74HC595 芯片 RST 直接接高电平,不需要$\overline{SS}$信号,但需要 LATCH 的上升沿将数据打入锁存器。

表 9.4　74HC595 的逻辑功能表

输入					输出		
$\overline{RST}$	A	SCLK	LATCH	$\overline{OE}$	SR	SQ_H	$Q_H \sim Q_A$
L	×	×	×	L	清 0	不变	不变
H	×	×	×	L	不变	不变	不变
H	D	↑	×	L	$D \to SR_A$ $SR_A \to SR_B$ … $SR_G \to SR_H$	$SR_H \to SQ_H$	不变
H	×	×	↑	L	不变	不变	SR
×	×	×	×	H	不变	不变	高阻态

注:SR 表示移位寄存器内容。

其次,分析用于输入的虚拟端口 VPE,该部分使用了 8 位串行或并行输入/串行输出的移位寄存器 74HC165。表 9.5 所示为 74HC165 的逻辑功能表。从逻辑功能表中可以得出,只要 SH/$\overline{PL}$为低电平,端口数据就始终在更新移位寄存器;在时钟信号 CLK 或 CLKINH 的上升沿,移位寄存器的数据从 Q_H 端依次输出。可见 Q_H 和 CLK 分别相当于 SPI 接口的 MISO 和 SCLK,但由于 74HC165 在移位输出时 $SH/\overline{PL}$必须保持为高电平,这与标准的 SPI 总线时序不符,所以在程序设计时需要注意$\overline{SS}$输出高电平,以选中"从机"——74HC165 芯片。

表 9.5　74HC165 的逻辑功能表

输入					内部状态	输出	操作
SH/$\overline{PL}$	CLK	CLKINH	S_A	A ~ H	$Q_A Q_B \cdots Q_G$	Q_H	
L	×	×	×	ab…h	ab…g	h	异步并行数据装入
H	↑	L	D	×	$XQ_{An} \cdots Q_{Fn}$	Q_{Gn}	移位
H	L	↑	D	×	$XQ_{An} \cdots Q_{Fn}$	Q_{Gn}	移位
H	H	×	×	×	保持不变		时钟输入禁止
H	×	H	×	×	保持不变		时钟输入禁止
H	L	L	×	×	保持不变		无时钟

3. 软件设计

在这个实例中,计划实现"追逐闪烁"的效果,按键用于控制发光二极管的"追逐闪烁方向",每按下按键一次,闪烁方向就随之改变一次。其效果如图 9.21 所示。

软件设计中,为了有较好的效果,采用端口扩展与端口应用功能分开的设计方法。在主

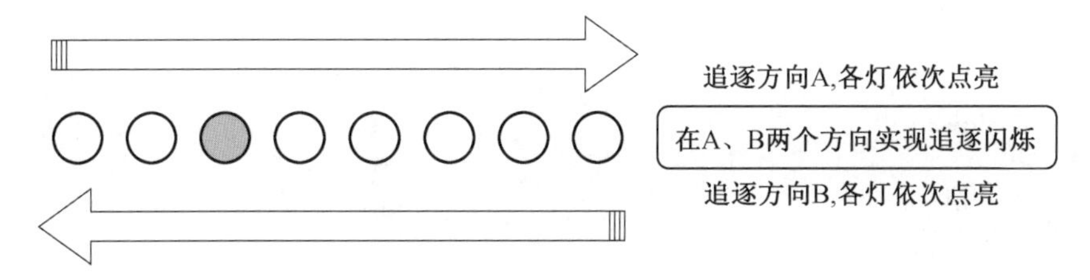

图 9.21　追逐闪烁效果图

循环中一个"任务"使用不同的刷新端口,另一个"任务"使用虚拟的端口驱动 LED 和读取按键。

实现代码如下。

(1)虚拟端口通信。

这部分代码将全局变量 VPortA 数据通过 SPI 输出,SPI 输入数据送入 VPortE 全局变量。这样只要定期调用本函数写 VPortA 和读 VPortE,就能达到访问虚拟端口的目的,这使得用户代码对虚拟端口的操作和实际的端口操作方法一样。例如,向 VPA 端口赋值只需写下 VPortA=0xab;用户代码完全不需要关心其他的工作,这非常方便。

```
void VirtualPort_Refresh(void)
{
    unsigned char recv;
    HC595_LATCH=0;  //HC595LATCH 脚置低
    HC165_LD=1;  //HC165LD 置高,保持数据
    //启动一次 SPI 通信,将 VPortA 端口数据送出
    recv=SPI_ReadWrite(VPortA);
    HC595_LATCH=1;   //HC595LATCH 上升沿,串出数据打入
    //锁存器,并行输出
    HC165_LD=0;     //HC165LD 置低
    VPortE=recv;   //SPI 读取数据,送入虚拟端口 VPortE
}
```

(2)按键处理。

按键处理部分,只需直接读取全局变量 VPortE,即可达到读取虚拟端口的目的,可以编写以下按键处理代码,检测到按键事件后,取反 LED 追逐闪烁的标志变量 Direction 即可。

```
/**
 *@brief  读取按键函数,每 20 ms 读取 1 次,可实现消抖的效果
 */
unsigned char KeyRead(void)
{
    static unsigned charoldk;
    static unsigned charkcnt;
    unsigned char k=VPortE;
    if(k! =oldk){
```

```
            kcnt=0;
            oldk=k;
        }
        else{

            if(++kcnt==2){
                return k;
            }
        }
        return0;
    }

    voidKeyRead_Task(void)
    {
        unsigned char k=KeyRead();
        if(k==0xFE){
        //检测到按键事件,取反方向标志
        Direction^=0x01;
        }
    }
```

(3)LED 追逐闪烁代码。

这段代码根据 Direction 变量的不同值,对 LedValue 进行不同的循环移位,再将该值取反后输出到 VPortA,这样就可以达到更新 LED 显示的目的。

```
void LED_Flash(void)
{
    static unsigned char LedValue=0x01;
    if(Direction==1)
    {
        LedValue=(LedValue<<1)|(LedValue>>7);
    }
    else{
        LedValue=(LedValue>>1)|(LedValue<<7);
    }
    //直接访问全局变量 VPortA,即达到访问虚拟端口的目的
    VPortA= ~LedValue;
}
```

最后,得到主函数如下:

```
int main(void)
```

```
{
    timer0_init();

    EA=1;
    while(1)
    {
        if(f20ms==1)   //定时器中断中,每 20 ms 置位 1 次该标志
        {
            f20ms=0;
            VirtualPort_Refresh();   //刷新虚拟端口
            KeyRead_Task();   //处理按键事件
        }
        if(f500ms==1)   //定时器中断中,每 500 ms 置位 1 次该标志
        {
            f500ms=0;
            LED_Flash();   //执行 LED 追逐闪烁任务
        }
    }
}
```

代码中用到了定时器设置 f20 ms、f500 ms 两个时标,在定时器中断服务中,每 20 ms、500 ms 置位 1 次对应时标变量。定时器中断的使用在前文中做过介绍,这里不再赘述。

第10章　单片机抗干扰

可靠性高、价格实惠是单片机应用系统的优点，也是单片机应用系统成为人们日常生活中常用的控制系统的主要原因。单片机应用系统的可靠性受输入电源、环境噪声、附近设备的电磁干扰等多方面的影响。近年来随着集成电路、人工智能等先进技术的发展，单片机的应用越来越广，可靠性要求越来越高。本章将从影响单片机应用系统的主要干扰因素和常用的抗干扰措施两方面，对单片机应用系统的可靠性设计做出详细的说明。

10.1　供电系统干扰及其抗干扰措施

随着工业的发展，大型电气设备应用越来越多，电弧炉、电机等设备的启动和大规模使用会给电网带来过流、欠压、浪涌、闪烁、谐波、电压畸变等各种电能质量问题，图10.1所示为常见的输入电源尖峰扰动电压波形，这会导致输入电源受到影响。

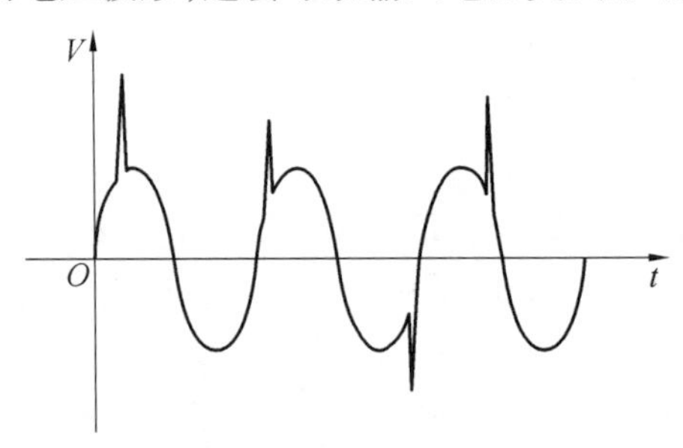

图10.1　常见的输入电源尖峰扰动电压波形示意图

通常单片机应用系统属于弱电系统，其供电电源多为5 V或3.3 V，在系统中多采用220 V电源经过降压变压器再通过整流电路、稳压电路变换得到，为了减弱交流输入电源波动影响，常用滤波和稳压电路来实现，如图10.2所示。

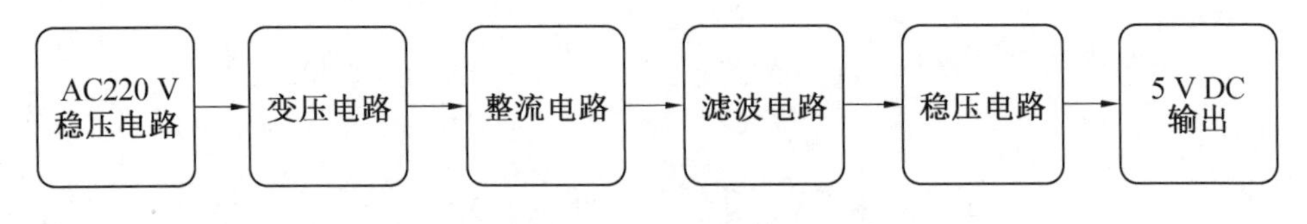

图10.2　电源主电路图

1. 交流稳压电路

多采用交流稳压器来保证交流输入电源的稳定，尤其是在交流电压存在较大范围波动的情况下。依据GB/T 12325—2008《电能质量　供电电压偏差》规定，220 V单向供电的电压偏差为标称电压的+7%和-10%。在交流电压波动范围不大的情况下，可以不用交流稳压器。

2. 隔离变压器

隔离变压器主要起到两个作用，一个是降压作用，另一个是隔离作用。其主要功能是将

一次侧与二次侧完全绝缘,并将电路隔离。此外,其铁芯的高频损耗用于抑制高频杂波引入控制回路。干扰信号大多为高频信号和共模信号。在高频时,变压器铁芯的磁滞损耗和涡流损耗加大,信号能量大部分转换为热能消耗掉,高频信号被大幅度抑制。当信号为共模信号时,变压器传输的是差分信号,也就是说,关心的是连接在绕组两端的电压差。而非共模电压,共模干扰不能通过变压器传输。此外,隔离变压器还能作为安全电源用来维修保养机器,起保护、防雷、滤波作用。

3. 整流电路

整流电路是指将输入交流电转化为输出直流电的电路,将正弦波波形的负半轴部分反转变成正半轴。为了节约成本,一般采用全桥二极管整流电路,如图10.3所示。

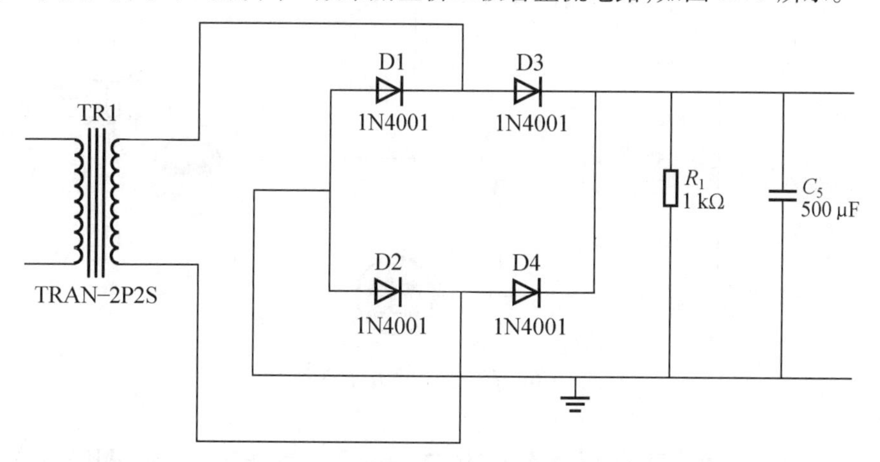

图10.3　桥式整流电路示意图

4. 滤波电路

可以采用图10.4所示的简单电容滤波电路,利用电容的隔直通交和储能功能,整流电路输出的电压的交流成分流过 C_5 后流入地,而由于电容阻碍直流电源,直流部分则流入负载 R_1。这样就将电路中的交流成分滤除,只剩下直流电压。

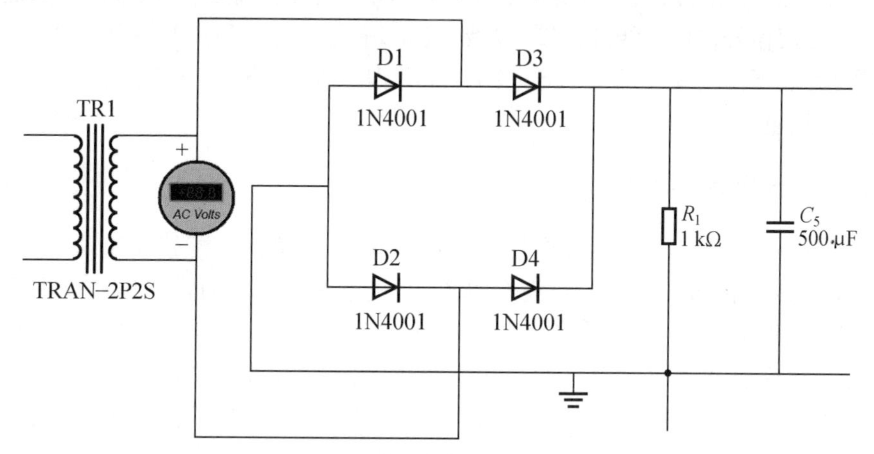

图10.4　电容滤波电路示意图

5. 直流稳压电路

输入的交流电压通过滤波电路后会变成平滑的直流电压。但是,一方面,由于输出电压的平均值取决于变压器次级绕组二次电压的有效值,所以当电网电压波动时,经过整流滤波的电压仍会不稳定;另一方面,由于整流滤波电路内阻的存在和影响,当接入的负载变化时内阻也会随之发生改变,其输出电压平均值也会跟着发生变化。为了使输出的电压更加稳定,必须实行稳压措施。一般采用直流稳压器来实现,必要的时候还需要增加其他稳压措施,例如增加稳压二极管或者图 10.5 中的 U4(同相比例放大器)。

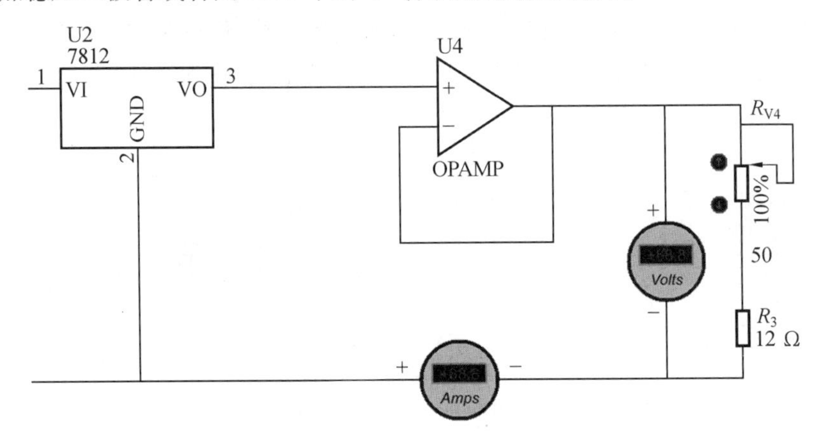

图 10.5　直流稳压电路示意图

10.2　信号传输线路干扰及其抗干扰措施

在单片机应用系统中,各个设备之间通信、传感器数据采集和传输等都需要通过连接线路来实现。前文介绍过,传输线的长度与信号传输的速率成反比,同时随着信号量的增加和单片机主频的提升,传输速率越来越高。数字信号是通过"0""1"脉冲方式传输,信号在传输过程中容易受到传输介质和外界影响产生延时、畸变、衰减和通道干扰。为了保证传输的可靠性,通常采用信号传输导线的扭绞、屏蔽、接地、平衡、滤波、隔离等各种方法,一般会同时采取多种措施,下面主要介绍采用光电耦合隔离、阻抗匹配、屏蔽与接地、改善传输介质的方式进行抗干扰设计。

10.2.1　光电耦合隔离

光耦合器简称光耦,是以光为媒介传输信号的器件,其输入端配置发光源,输出端配置受光器,因而输入和输出在电气上是完全隔离的,光电耦合隔离通常采用光电耦合器来实现,其原理如图 10.6 所示。数字量输入电路接入光耦之后,耦合器不是将输入侧和输出侧的电信号进行直接耦合,而是以光为媒介进行间接耦合,由于光耦的隔离作用,夹杂在输入数字量中的各种干扰脉冲都被挡在输入回路的一侧,具有较高的电气隔离和抗干扰能力。

光耦具有相当好的安全保障作用,输入回路和输出回路之间耐压值达 500 ~ 1 000 V,甚至更高。由于模拟量信号的有效状态有无数个,而数字量的状态只有两个,所以叠加在数字量信号上的任何干扰都会有实际意义而起到干扰作用,在光电耦合电路中,叠加在数字量信

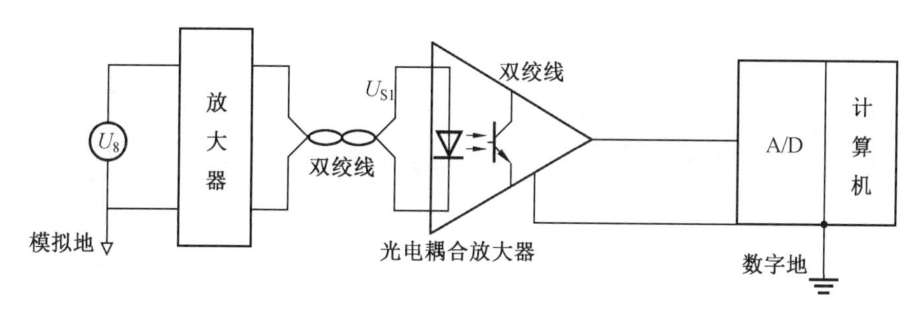

图10.6　光电耦合隔离

号上的干扰，只有在幅度和宽度都达到一定量时才起作用。

光耦可将长线完全悬浮起来，去掉长线两端的公共地线，不但可以有效地消除各逻辑电路的电流经过公共地线时产生的噪声电压之间的串扰，而且有效地解决了长线驱动和阻抗匹配的问题，当受控系统短路时也可以防止系统损坏。在光耦的 I/O 部分必须分别采用独立的电源，如果两端共用一个电源，则光耦的隔离作用将失去意义。

光电耦合将电传输改为光传输，有效地实现了输入端与输出端的电气隔离，充分利用了光传输速率高、抗干扰能力强的优点，可以实现信号的高速远距离传输。因此光电耦合多用在对实时性要求高、传输速率高或者需要进行远距离信息传输的系统中，由于采用了光系统，系统成本会有增加，因此低速、对实时性要求不高和近距离传输的系统中一般不推荐使用。

10.2.2　阻抗匹配

阻抗匹配主要用于传输线上，以达到所有高频的微波信号均能传递至负载点的目的，而且几乎不会有信号反射回源点，从而提升能源效益。在长线传输中，阻抗不匹配的传输线路会产生反射，导致传输信号失真。

为了减小传输干扰，通常需要让信号源内阻与所接传输线的特性阻抗大小相等且相位相同，或传输线的特性阻抗与所接负载阻抗的大小相等且相位相同，分别称为传输线的输入端或输出端处于阻抗匹配状态，简称阻抗匹配。基于此，需要计算出传输线路阻抗，通常采用示波器测量或者直接读取传输线的阻抗特性参数及测量传输线长度综合得出。

下面将对终端并联阻抗匹配、始端串联阻抗匹配和终端并联隔直流匹配进行简单介绍，阻抗具体匹配的原理及其他方法可以参见《智能仪器（单片机应用系统设计）》第一版第三章第4节相关内容。

终端并联阻抗匹配是最简单的终端匹配方法之一，如图10.7(a)所示，如果传输线的特征阻抗是 R_P，那么当 $R=R_P$ 时，便实现了终端匹配，消除了波反射。此时终端波形和始端波形的形状相一致，只是时间上滞后。由于终端电阻变低，所以加大负载，使波形的高电平下降，从而降低了对高电平的抗干扰能力，但对波形的低电平没有影响。为了克服上述阻抗变低的缺点，可以采用图10.7(b)的方式进行匹配设计，其中匹配电阻 R_1、R_2 的值按 $R_P=R_1R_2/(R_1+R_2)$ 的要求选取。一般 R_1 为220～330 Ω，而 R_2 可在270～390 Ω 范围内选取，这种匹配方法由于终端阻值低，相当于加重负载，使高电平有所下降，故对低电平的抗干扰能力有所下降。

为了增强抗干扰能力，电容 C 在较大时只起隔直流作用，并不影响阻抗匹配，所以只要

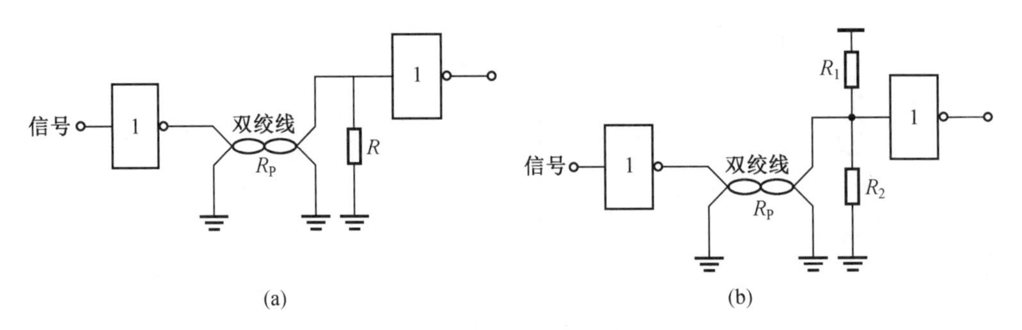

图 10.7　终端并联阻抗匹配方式

求匹配电阻 R 与 R_P 相等即可，它不会引起输出高电平的降低，故增强了高电平的抗干扰能力。

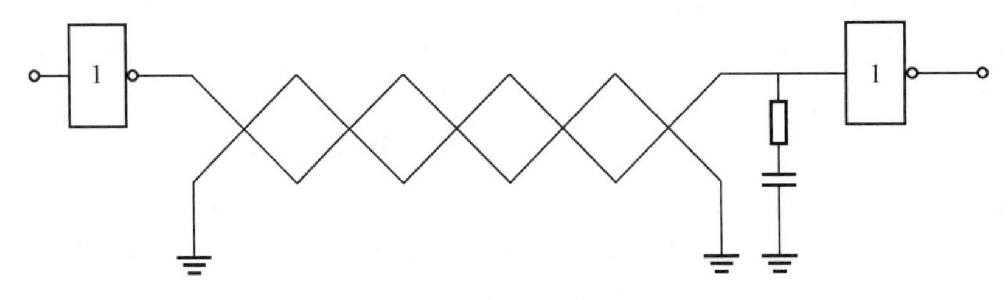

图 10.8　终端并联隔直流匹配

始端串联阻抗匹配方式如图 10.9 所示，匹配电阻 R 的取值为 R_P 与与非门输出低电平的输出阻抗 R_{OUT}（约 20 Ω）之差值：$R=R_P-R_{OUT}$。这种匹配方法会使终端的低电平抬高，相当于增加了输出阻抗，减弱了低电平的抗干扰能力。选择串联始端匹配电阻值的原则很简单，就是要求匹配电阻值与驱动器的输出阻抗之和与传输线的特征阻抗相等。串联匹配是最常用的始端匹配方法之一，它的优点是功耗小，不会给驱动器带来额外的直流负载，也不会在信号和地之间引入额外的阻抗，而且只需要一个电阻元件。并联终端匹配的优点是简单易行，显而易见的缺点是会带来直流功耗。

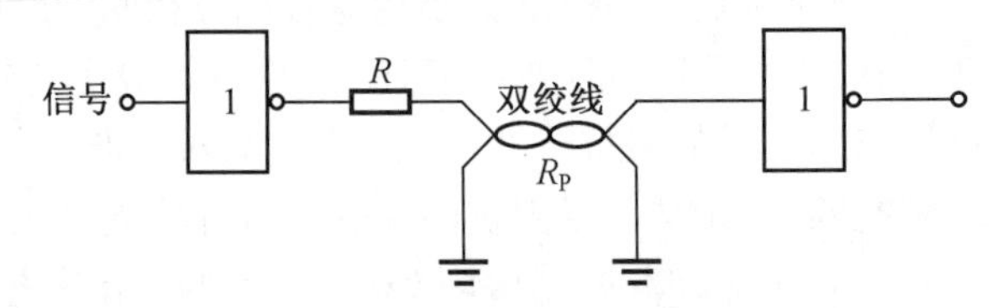

图 10.9　始端串联阻抗匹配

10.2.3　屏蔽与接地

屏蔽与接地的方法主要是通过屏蔽方法使输入信号的“模拟地”浮空，从而达到抑制共模干扰的目的。屏蔽与接地也是最简便的一种抗干扰方式，一般都会与光电耦合、阻抗匹配等结合使用。在模拟信号长距离传输、数字信号场线传输（因为数字信号频率高，因此一般涉及数字信号板间传输的均做长线处理）中，一般采用双绞线和同轴电缆作为传输线。双绞线与同轴电缆相比，虽然频带较差，但波阻抗高，抗共模干扰能力强，双绞线能使各个小环路的电磁感应干扰相互抵消；其分布电容为几十皮法（pF），距离信号源近，相当于起到一个“积分滤波”电路的作用，故双绞线对电磁场有一定抑制效果，但对接地与节距有一定要求。

如果将信号线加以屏蔽，则可以大大地提高抗干扰能力。屏蔽信号线的办法主要有两种。一种是采用双绞线，其中一根用作屏蔽线，另一根用作信号传输线。把信号输出线和返回线两根导线拧合，其视绞节距的长短与导线的线径有关。线径越小、节距越短，抑制感应干扰的效果越明显。实际上，节距越短，所用的导线的长度便越长，从而增加了导线的成本，一般节距以 5 cm 为宜，如图 10.10 所示。

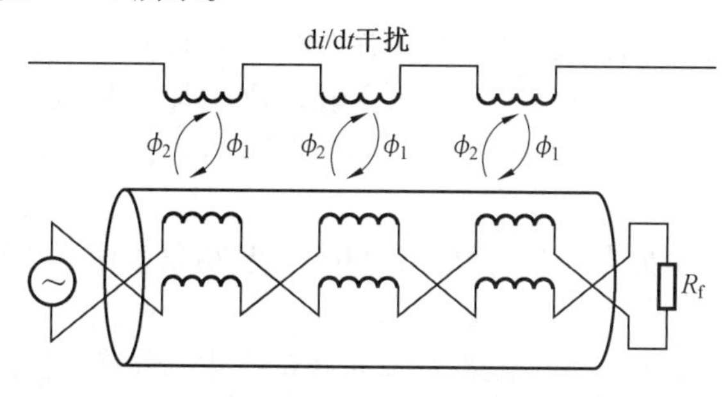

图 10.10　双绞线屏蔽

另一种是采用金属网状编织的屏蔽线，金属编织网作为屏蔽外层，芯线用来传输信号。一般的原则是：抑制静电感应干扰采用金属网的屏蔽线，抑制电磁感应干扰应该用双绞线。

采用双绞线屏蔽需要注意以下几点：

(1)信号线屏蔽层只允许一端接地，并且只能在信号源侧接地，而放大器侧不得接地，当信号源为浮地方式时，屏蔽层只接信号源的低电位端。

(2)模拟信号的输入端要相应地采用三线采样开关。

(3)在设计输入电路时，应使放大器二输入端对屏蔽罩的绝缘电阻尽量对称，并且尽可能减小线路的不平衡电阻。

带金属屏蔽外层的双绞线，综合了双绞线和屏蔽线两者的优点，是较理想的信号线。另外，在接指示灯、继电器等时，也要使用双绞线。还要注意不同性质、不同电压等级的信号线分槽敷设，实现强弱信号分开布线、交直流信号分开布线、高低压信号分开布线。尽量避免平行布线，若布线必须交叉，则交叉角度应为 90°。

10.3　印制电路板的抗干扰设计

印制电路板(printed circuit board，PCB)是重要的电子部件，是电子元器件的支撑体和电子元器件电气相互连接的载体，是将单片机和外围电路集成在一起的重要载体，也是单片机应用系统抗干扰设计的核心，常见的干扰有电源干扰、高低频干扰、敏感元器件干扰等。

常用的印制电路板抗干扰措施有抑制干扰源、接地线设计、布线合理布局、增加耦合电容等，在印制电路板抗干扰设计中主要遵守以下原则。

10.3.1　抑制干扰源

抑制干扰源就是尽可能地减小干扰源的 du/dt、di/dt。这是抗干扰设计中最优先考虑和最重要的原则，常常会起到事半功倍的效果。减小干扰源的 du/dt 主要通过在干扰源两端并联电容来实现。减小干扰源的 di/dt 则通过在干扰源回路串联电感或电阻以及增加续流二极管来实现。抑制干扰源的常用措施如下。

(1)继电器线圈增加续流二极管,消除断开线圈时产生的反电动势干扰。仅加续流二极管会使继电器的断开时间滞后,增加稳压二极管后继电器在单位时间内可动作更多的次数。

(2)在继电器两端并接火花抑制电路(一般是 RC 串联电路,电阻一般选几千欧到几十千欧,电容选 0.01 μF),减小电火花影响。

(3)给电机加滤波电路,注意电容、电感引线要尽量短。

(4)电路板上每个电源要并接一个 0.01 ~0.1 μF 高频电容,以减小 IC 对电源的影响。注意高频电容的布线,连线应靠近电源端并尽量粗短,否则,等于增大了电容的等效串联电阻,会影响滤波效果。

(5)印制电路板拐弯处布线时需要避免 90°折线,尽量采用圆弧布线,减少高频噪声发射。

(6)可控硅两端并接 RC 抑制电路,减小可控硅产生的噪声(这个噪声严重时可能会把可控硅击穿)。

10.3.2 接地线设计

(1)接地方式的选择:单点接地还是多点接地。在低频电路(1 MHz 及以下电路)中,因为环路电流的影响大于分布式电感(各元器件与 PCB 布线回路之间的电感)的影响,所以屏蔽线多采用单点接地;在高频电路(10 MHz 及以上电路)中,因为分布式电感的影响大于环路电流的影响,所以屏蔽线多采用就近多点接地;在中频电路(1 ~10 MHz 电路)中,采用单点还是多点接地主要取决于地线长度,地线长度不大于波长的 5% 时采用单点接地,否则采用多点接地。

(2)模拟地与数字地分开原则。若 PCB 上既有数字电路又有模拟电路,应使它们尽量分开,最后在一点接于电源地。A/D 转换器、D/A 转换器芯片布线也以此为原则。

(3)接地线应尽量加粗。若接地线用很细的线条,则接地电位随电流的变化而变化,使抗噪性能降低。因此应将接地线加粗,使它能通过三倍于 PCB 上允许电流的电流。如有可能,接地线应为 2 ~3 mm 及以上。

(4)接地线构成闭环路。只由数字电路组成的 PCB,其接地电路布成闭环路大多能提高抗噪声能力。

(5)外壳接大地。保障人身安全及防外界电磁场干扰。

(6)对于单片机闲置的 I/O 口,不要悬空,要接地或接电源。其他 IC 的闲置端在不改变系统逻辑的情况下接地或接电源。

(7)单片机和大功率器件的地线要单独接地,以减小相互干扰。大功率器件尽可能放在 PCB 边缘。

10.3.3 布线合理布局

(1)布线时尽量减少回路环的面积,以降低感应噪声。

(2)布线时,电源线和地线要尽量粗。除减小压降外,更重要的是降低耦合噪声。

(3)电源线加粗,合理走线、接地,三总线分开以减少互感振荡。

(4)集成块与插座接触可靠,用双簧插座,最好将集成块直接焊在 PCB 上,防止器件接

触不良故障。

(5)PCB合理分区,如强、弱信号,数字、模拟信号。尽可能把干扰源(如电机、继电器)与敏感元件(如单片机)远离。

(6)电源器件尽量直接焊在电路板上,少用电源座。

(7)注意晶振布线。晶振与单片机引脚尽量靠近,用地线把时钟区隔离起来,晶振外壳接地并固定。

(8)有条件的采用四层以上PCB,中间两层为电源及地。

10.4 软件抗干扰设计

在单片机应用系统中,前边讲的抗干扰措施都是从硬件层面抑制脉冲信号畸变和保证供电电源稳定,以保护元器件的安全为主。但是在实际应用系统中,还有部分干扰源虽然不能造成硬件的损坏,却会造成单片机应用系统不能正常工作,甚至会造成控制失灵,给用户带来重大损失。因此,近年来在广大设计者提高硬件系统抗干扰能力的同时,软件抗干扰技术以其设计灵活、节省硬件资源、可靠性好,越来越受到重视。下面以STC8H系列单片机系统为例,对单片机应用系统软件抗干扰方法进行介绍。

10.4.1 干扰源对单片机应用系统的影响

1. 模数转换采样数据失真

模数转换采样数据是单片机应用系统进行动作决策的关键。通常干扰源会对单片机接收到的信号产生两方面的失真,一是干扰源影响模数转换采样精度,二是干扰源影响信号传输,在信号传输过程中影响信号的精度。二者的影响机理不一致,应对措施也不一样,对于信号传输过程中的影响,除了采用10.2节所介绍的方法外,还可以采用软件算法对失真信号进行恢复;对于模数转换采样精度的问题,不同的传感器的机理不一致,受到的影响也不一样,这里不详细介绍。

2. 控制状态输出量失真

控制状态量多为“0”“1”开关量,一般是单片机应用系统给现场设备发出的开关指令,由于单片机应用系统的状态控制量为数字信号,与传统的模拟开关控制量相比,其更易受到外界干扰的影响,造成状态变量失真,导致现场设备误动作。

3. 数据被篡改造成的控制失灵

在单片机系统运行过程中,RAM中的数据是可以读/写的,因此在外界干扰侵袭下,RAM中的数据有可能会被篡改,造成系统的误操作或者系统控制失灵。同理,系统在运行过程中,程序的读取与程序计数器PC的值强相关,但是在单片机系统受到外界强干扰时,PC的值有可能被改变且其改变是随机的,这样就会造成程序失灵或者跑飞,使单片机控制系统失灵。

10.4.2 采用软件抗干扰措施的前置条件

软件抗干扰技术是单片机的自身防御行为,它不是万能的,因此是采用软件抗干扰技术

还是硬件抗干扰技术或者软硬件结合抗干扰技术,需要依据具体应用环境和干扰源类型来决定。通常采用软件抗干扰措施的基本条件是:系统中的抗干扰软件不会受外界干扰影响。程序通常放在 ROM 中,在单片机运行过程中,ROM 只能读不能写,因此一般来说抗干扰软件不会受到外界影响,但是前面讲了外界干扰在系统运行中可能会篡改数据造成系统失灵,所以为了保证抗干扰软件不受影响,通常需要做到以下几点。

1. 确保硬件系统无损伤

在干扰状态下,单片机应用系统的硬件部分不会损坏,或者可能损害的部位都有监视,可以及时知道硬件系统故障。

2. 确保程序区不受外界干扰影响

为了满足这一要求,在编写程序的过程中保证把程序、表格和常数都固定在 ROM 中;但是在一些系统中因为 ROM 资源不足,可能需要把一部分程序、表格和常数写入 RAM,这时外界干扰就有可能造成数据篡改,所以这种情况下抗干扰软件必须固定在 ROM 中,且在干扰过后固定在 RAM 中的相应程序必须重新调入,以保证系统运行安全。

10.4.3 常用的软件抗干扰措施

在工程实践中,软件抗干扰研究的内容主要是:消除模拟输入信号的噪声(如数字滤波技术),程序运行混乱时使程序重入正轨的方法。下面针对两者提出几种有效的软件抗干扰方法。

1. 消除模拟输入信号的噪声

依据采集数据的干扰源不同采用不同的抗干扰措施,对于实时系统,为了消除传感器通道和外界噪声干扰,通常采用有源或者无源滤波技术,对模拟信号进行滤波处理,依据信号类型选取相应的滤波网络。同时也可以使用数字滤波技术,但是对单片机系统来说,因为其计算能力有限,通常不推荐使用。通用的数字滤波技术在数字信号处理类专著中均有论述,读者可以参考,本书不再赘述。

2. 指令冗余

CPU 取指令的过程是先取操作码,再取操作数。当 PC 受干扰出现错误时,程序便脱离正常轨道"乱飞",若乱飞到某双字节指令,取指令时刻落在操作数上,误将操作数当作操作码,程序将出错。若"飞"到了三字节指令,出错概率更大。

在关键地方人为插入一些单字节指令,或将有效单字节指令重写称为指令冗余。通常是在双字节指令和三字节指令后插入两个字节以上的 NOP。这样即使程序"飞"到操作数上,由于空操作指令 NOP 的存在,避免了后面的指令被当作操作数执行,程序自动纳入正轨。此外,对系统流向起重要作用的指令(如 RET、RETI、LCALL、LJMP、JC 等指令)之前插入两条 NOP,也可将乱飞程序纳入正轨,确保这些重要指令的执行。

3. 拦截技术

拦截是指将乱飞的程序引向指定位置,再进行出错处理。通常用软件陷阱来拦截乱飞的程序。因此要先合理设计陷阱,再将陷阱安排在适当的位置。

(1)软件陷阱的设计。

当乱飞程序进入非程序区,冗余指令便无法起作用。通过软件陷阱,拦截乱飞程序,将其引向指定位置,再进行出错处理。软件陷阱是指用来将捕获的乱飞程序引向复位入口地址0000H的指令。通常在EPROM中非程序区填入以下指令作为软件陷阱:NOP NOP LJMP 0000H。其机器码为0000020000。

(2)陷阱的安排。

通常在程序中未使用的EPROM空间填0000020000。最后一条应填入020000,当乱飞程序落到此区,即可自动入轨。在用户程序区各模块之间的空余单元也可填入陷阱指令。当使用的中断因干扰而开放时,在对应的中断服务程序中设置软件陷阱,能及时捕获错误的中断。如果某应用系统未用到外部中断1,则外部中断1的中断服务程序可为以下形式:NOP NOP RETI。返回指令可用"RETI",也可用"LJMP0000H"。如果故障诊断程序与系统自恢复程序的设计可靠、完善,用"LJMP0000H"作返回指令可直接进入故障诊断程序,尽早地处理故障并恢复程序的运行。考虑到程序存储器的容量,软件陷阱一般1 K空间有2~3个就可以进行有效拦截。

此外,还有很多的软件抗干扰措施,如RAM数据保护与纠错、软件看门狗等。在工程实践中通常都是几种抗干扰方法并用,互相补充完善,才能取得较好的抗干扰效果。从根本上来说,硬件抗干扰是主动的,而软件是抗干扰是被动的。细致周到地分析干扰源,硬件与软件抗干扰相结合,完善系统监控程序,设计一稳定可靠的单片机系统是完全可行的。

10.5　看门狗技术及应用设计

看门狗分硬件看门狗和软件看门狗。硬件看门狗利用一个定时器电路,其定时输出连接到电路的复位端,程序在一定时间范围内对定时器清零(俗称"喂狗"),因此程序正常工作时,定时器总不能溢出,也就不能产生复位信号。如果程序出现故障,不在定时周期内复位看门狗,则看门狗定时器溢出产生复位信号并重启系统。软件看门狗原理上一样,只是将硬件电路上的定时器用处理器的内部定时器代替,这样可以简化硬件电路设计,但在可靠性方面不如硬件定时器,比如系统内部定时器自身发生故障就无法检测到。当然也可以通过双定时器相互监视,这不仅加大系统开销,也不能解决全部问题,比如中断系统故障导致定时器中断失效。

看门狗本身不是用来解决系统安全运行时出现的问题,因此在调试过程中如果发现程序跑飞或者陷于死循环等故障,应该要查改设计本身的错误,修改程序代码。加入看门狗的目的是在一些程序潜在错误和恶劣环境干扰等因素导致系统死机而无人干预情况下使系统可以自动恢复到正常工作状态。看门狗也不能完全避免故障造成的损失,毕竟从发现故障到系统复位恢复正常这段时间内怠工,同时一些系统也需要复位前保护现场数据,重启后恢复现场数据,这可能也需要一笔软硬件的开销。

10.5.1　相关寄存器

相关寄存器如表10.1所示。

表 10.1　相关寄存器

符号	描述	地址	位地址与符号								复位值
			B7	B6	B5	B4	B3	B2	B1	B0	
WDT_CONTR	看门狗控制寄存器	C1H	WDT_FLAG	—	EN_WDT	CLR_WDT	IDL_WDT	WDT_PS[2:0]			0×00.0000
IAP_CONTR	IAP 控制寄存器	C7H	LAPEN	SWBS	SWRST	CMD_FALL	—	LAP_WT[2:0]			0000.×0000
RSTCFG	复位配置寄存器	FFH	—	ENLVR	—	P54RST	—	—	LVDS[1:0]		0000.0000

如表 10.1 所示,看门狗主要涉及以下三个寄存器。

1. 看门狗控制寄存器(WDT_CONTR)

STC8H 系统单片机内部有一个看门狗控制寄存器,其各位如表 10.2 所示。

表 10.2　看门狗控制寄存器

符号	地址	B7	B6	B5	B4	B3	B2	B1	B0
WDT_CONTR	C1H	WDT_FLAG	—	EN_WDT	CLR_WDT	IDL_WDT	WDT_PS[2:0]		

WDT_FLAG:看门狗溢出标志位;看门狗发生溢出时,硬件将标志位自动置"1",需要软件清零。

EN_ WDT :看门狗使能位;置"1"启动 STC8H 系列单片机看门狗功能,置"0"看门狗对单片机无影响。

CLR_ WDT:看门狗定时器清零,置"0"单片机无影响,置"1"单片机启动看门狗定时器。

IDL_ WDT:IDLE 模式时看门狗控制位,置"0" IDLE 模式时看门狗停止计数,置"1" IDLE模式时看门狗继续计数。

WDT_PS[2:0]:看门狗分频系数,具体如表 10.3 所示。

表 10.3　看门狗分频系数

WDT_PS[2:0]	分频系数	12 MHz 主频时的溢出时间	20 MHz 主频时的溢出时间
000	2	约 65.5 ms	约 39.3 ms
001	4	约 131 ms	约 78.6 ms
010	8	约 262 ms	约 157 ms
011	16	约 524 ms	约 315 ms
100	32	约 1.05 s	约 629 ms
101	64	约 2.1 s	约 1.26 s
110	128	约 4.2 s	约 2.52 s
111	256	约 8.39 s	约 5.03 s

看门狗溢出时间计算公式为

$$看门狗溢出时间=\frac{112\times 32\ 768\times 2^{(WDT\_PS+1)}}{SYSclk} \tag{10.1}$$

2. IAP 控制寄存器

IAP 控制寄存器的各位如表 10.4 所示。

表 10.4　IAP 控制寄存器

符号	地址	B7	B6	B5	B4	B3	B2	B1	B0
IAP_CONTR	C7H	LAPEN	SWBS	SWRST	CMD_ FALL	—	LAP_WT[2:0]		

SWBS:软件复位启动选择位,置“0”时软件复位后从用户程序区开始执行代码,用户数据区数据保持不变;置“1”时软件复位后从系统 ISP 区开始执行代码,用户数据区的数据会被初始化。

SWRSTS:软件复位触发位,置“0”对单片机无影响;置“1”触发软件复位。

3. 复位配置寄存器(RSTCFG)

复位配置寄存器的各位如表 10.5 所示。

表 10.5　复位配置寄存器

符号	地址	B7	B6	B5	B4	B3	B2	B1	B0
RSTCFG	FFH	—	ENLVR	—	P54RST	—	—	LVDS[1:0]	

P54RST:RST 管脚功能选择,置“0”时作普通 I/O 口使用;置“1”时为复位引脚。

ENLVR:低压复位控制位,置“0”时禁止低压复位,当系统检测到低压事件时会产生低压中断;置“1”时,使能低压复位,当系统检测到低压事件时,自动复位。

LVDS[1:0]:低压检测门槛电压设置,具体如表 10.6 所示。

表 10.6　低压检测门槛电压设置

LVDS[1:0]	低压检测门槛电压/V
00	2.0
01	2.4
10	2.7
11	3.0

10.5.2　硬件看门狗

与 51 单片机不同,STC8H 系列单片机内部自带了看门狗电路,只需要通过设置 10.5.1 节介绍的三个寄存器就可以启动内置看门狗电路,并设置好看门狗的溢出时间。软件启动时仅需要将 EN_ WDT 置“1”即可,但是硬件启动时需要在 ISP 程序下载时进行图 10.11 所示的配置,其中分频系数依据项目实际进行选择。

10.5.3　软件看门狗

依据前面所讲的看门狗原理,软件看门狗设计主要流程图如图 10.12 所示。

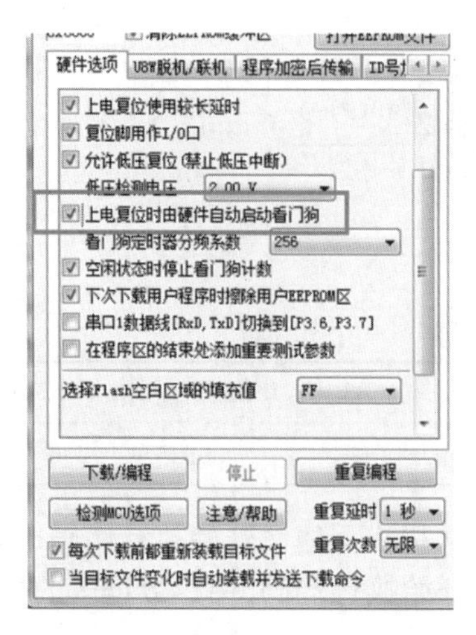

图 10.11　硬件看门狗上电复位设置

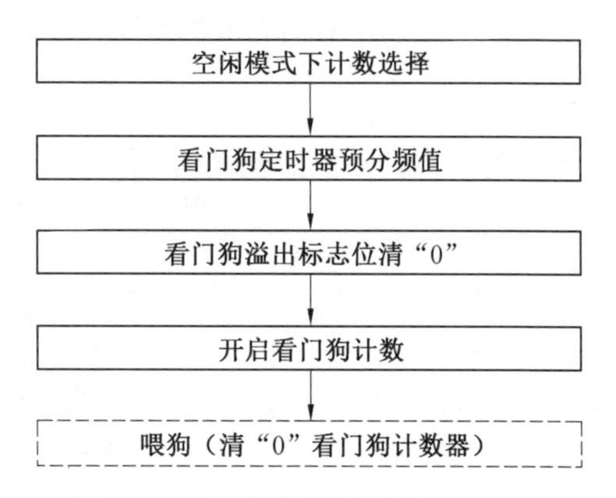

图 10.12　软件看门狗设计主要流程图

在进行软件看门狗设计时需要注意的两个主要问题是看门狗定时器的定时周期和“喂狗”周期,程序正常运行时必须在看门狗定时器溢出前保证及时“喂狗”让计数器清零,以避免产生看门狗溢出复位。因此在进行软件看门狗设计时的设计思路如下。

(1)计算主控程序循环的耗时。考虑系统各功能模块及其循环次数,假设系统主控制程序的运行时间约为 16.6 ms。看门狗定时器可以设置为 30 ms,主控程序的每次循环都将刷新看门狗定时器的初值。如果程序进入“死循环”而看门狗定时器的初值在 30 ms 内未被刷新,这时看门狗定时器将溢出并申请中断。

(2)看门狗初始化,看门狗定时器溢出时间计算和设置详见 10.5.2 节。

(3)设计看门狗定时器溢出所对应的中断服务程序。此子程序只须一条指令,即在看门狗定时器对应的中断向量地址写入“无条件转移”命令,把计算机拖回整个程序的行,对单片机重新进行初始化并获得正确的执行顺序。

10.5.4　应用实例

本例程基于以 STC8H8K64U 为主控芯片的实验箱进行编写测试,STC8G 系列、其他 STC8H 系列芯片可通用参考；用 STC 的 MCU 的 I/O 方式驱动 8 位数码管。

显示效果为：显示秒计数，5 s 后不喂狗，等复位。下载时，选择时钟 24 MHz（用户可自行修改频率）。

```
/*-------------------------------------------------------------------*/
/* --- STC 1T Series MCU Demo Programme -----------*/
/*---------------------------------------------*/
#include "reg51.h"          //头文件
#include "intrins.h"
#define MAIN_Fosc    24000000L    //定义主时钟
typedef unsigned char u8;
typedef unsigned int u16;
typedef unsigned long u32;
```

```
//手动输入声明"reg51.h"头文件里面没有定义的寄存器
sfr WDT_CONTR = 0xC1;
#define D_WDT_FLAG(1<<7)
#define D_EN_WDT(1<<5)
#define D_CLR_WDT(1<<4)   //自动清零
#define D_IDLE_WDT(1<<3)   //IDLE 模式下看门狗计数
#define D_WDT_SCALE_2    0
#define D_WDT_SCALE_4    1
#define D_WDT_SCALE_8    2    //T=393 216 * N/fo
#define D_WDT_SCALE_16   3
#define D_WDT_SCALE_32   4
#define D_WDT_SCALE_64   5
#define D_WDT_SCALE_128    6
#define D_WDT_SCALE_256    7

sfr P_SW2 = 0xba;
sfr P4 = 0xC0;
sfr P5 = 0xC8;
sfr P6 = 0xE8;
sfr P7 = 0xF8;
sfr P1M1 = 0x91;
sfr P1M0 = 0x92;
sfr P0M1 = 0x93;
sfr P0M0 = 0x94;
sfr P2M1 = 0x95;
sfr P2M0 = 0x96;
sfr P3M1 = 0xB1;
sfr P3M0 = 0xB2;
sfr P4M1 = 0xB3;
sfr P4M0 = 0xB4;
sfr P5M1 = 0xC9;
sfr P5M0 = 0xCA;
sfr P6M1 = 0xCB;
sfr P6M0 = 0xCC;
sfr P7M1 = 0xE1;
sfr P7M0 = 0xE2;

sbit P00 = P0^0;
sbit P01 = P0^1;
```

```
sbit P02 = P0^2;
sbit P03 = P0^3;
sbit P04 = P0^4;
sbit P05 = P0^5;
sbit P06 = P0^6;
sbit P07 = P0^7;
sbit P10 = P1^0;
sbit P11 = P1^1;
sbit P12 = P1^2;
sbit P13 = P1^3;
sbit P14 = P1^4;
sbit P15 = P1^5;
sbit P16 = P1^6;
sbit P17 = P1^7;
sbit P20 = P2^0;
sbit P21 = P2^1;
sbit P22 = P2^2;
sbit P23 = P2^3;
sbit P24 = P2^4;
sbit P25 = P2^5;
sbit P26 = P2^6;
sbit P27 = P2^7;
sbit P30 = P3^0;
sbit P31 = P3^1;
sbit P32 = P3^2;
sbit P33 = P3^3;
sbit P34 = P3^4;
sbit P35 = P3^5;
sbit P36 = P3^6;
sbit P37 = P3^7;
sbit P40 = P4^0;
sbit P41 = P4^1;
sbit P42 = P4^2;
sbit P43 = P4^3;
sbit P44 = P4^4;
sbit P45 = P4^5;
sbit P46 = P4^6;
sbit P47 = P4^7;
sbit P50 = P5^0;
```

```
sbit P51 = P5^1;
sbit P52 = P5^2;
sbit P53 = P5^3;
sbit P54 = P5^4;
sbit P55 = P5^5;
sbit P56 = P5^6;
sbit P57 = P5^7;

#define RSTFLAG    (*(unsigned char volatile xdata *)0xfe99)
#define DIS_DOT     0x20
#define DIS_BLACK    0x10
#define DIS_         0x11

/用户定义宏/
#define     Timer0_Reload    (65536UL -(MAIN_Fosc / 1000))
//Timer0 中断频率, 1 000 次/s
/本地常量声明     /
u8 code t_display[]={        //标准字库//

0  1  2  3  4  5  6  7  8  9  A  B  C  D  E  F
0x3F,0x06,0x5B,0x4F,0x66,0x6D,0x7D,0x07,0x7F,0x6F,0x77,0x7C,0x39,0x5E,
0x79,0x71,
//black  -  H  J K  L  N  o  P  U  t  G  Q  r  M  y
    0x00,0x40,0x76,0x1E,0x70,0x38,0x37,0x5C,0x73,0x3E,0x78,0x3d,0x67,0x50,
0x37,0x6e, 0xBF,0x86,0xDB,0xCF,0xE6,0xED,0xFD,0x87,0xFF,0xEF,0x46};
//0. 1. 2. 3. 4. 5. 6. 7. 8. 9. -1
u8 code T_COM[]={0x01,0x02,0x04,0x08,0x10,0x20,0x40,0x80};      //位码
/**************  本地变量声明  ***************/
u8  LED8[8];          //显示缓冲
u8  display_index;  //显示位索引
u16 ms_cnt;
u8  tes_cnt;     //测试用的计数变量
void     delay_ms(u8 ms);
void     DisplayScan(void);
/**************** 主函数 *******************/
void main(void)
{
    u8  i;
    P0M1 = 0x00;   P0M0 = 0x00;   //设置为准双向口
```

```
    P1M1 = 0x00;   P1M0 = 0x00;   //设置为准双向口
    P2M1 = 0x00;   P2M0 = 0x00;   //设置为准双向口
    P3M1 = 0x00;   P3M0 = 0x00;   //设置为准双向口
    P4M1 = 0x00;   P4M0 = 0x00;   //设置为准双向口
    P5M1 = 0x00;   P5M0 = 0x00;   //设置为准双向口
    P6M1 = 0x00;   P6M0 = 0x00;   //设置为准双向口
    P7M1 = 0x00;   P7M0 = 0x00;   //设置为准双向口

    P_SW2 |= 0x80;      //设置 XFR 访问使能
    RSTFLAG |= 0x04;    //设置看门狗复位需要检测 P3.2 的状态,否则看门狗复位
                          后进入 USB 下载模式
    P_SW2 &= ~0x80;      //关闭 XFR 访问使能

    display_index = 0;
    for(i=0; i<8; i++)  LED8[i] = DIS_BLACK;    //全部消隐

    tes_cnt = 0;
    ms_cnt = 0;
    LED8[7] = ms_cnt;

    while(1)
    {
        delay_ms(1);     //延时 1 ms
        DisplayScan();
        if(tes_cnt <= 5)     //5 s 后不喂狗, 将复位
            WDT_CONTR = (D_EN_WDT + D_CLR_WDT + D_WDT_SCALE_16);
              // 喂狗
        if(++ms_cnt >= 1000)
        {
            ms_cnt = 0;
            tes_cnt++;
            LED8[7] = tes_cnt;
        }
    }
}
//========================================
// 函数: void delay_ms(u8 ms)
// 描述: 延时函数
// 参数: ms,要延时的时间, 这里只支持 1 ~255 ms,自动适应主时钟
```

```
// 返回: none
//==================================================
void delay_ms(u8 ms)
{
    u16 i;
    do{
        i = MAIN_Fosc / 10000;
        while(--i);    //每次循环经过10T
    }while(--ms);
}
/************ 显示扫描函数 ************/
void DisplayScan(void)
{
    P7 = ~T_COM[7-display_index]
    P6 = ~t_display[LED8[
    display_index]
    ];
    if(++display_index >= 8)    display_index = 0;  //8位结束回0
}
```

第三篇　应用实战篇

第11章　单片机应用系统的设计与调试

11.1　单片机应用系统的设计步骤

在实际的产品开发过程中，单片机应用系统的开发不仅是软件开发，而是一个系统工程，其开发过程从项目需求出发到现场考核为止，具体过程是依据项目的实际应用需求，完成硬件选型、外围电路设计、PCB制板与调试、软件开发与仿真、样机调试、现场测试和产品定型等。

单片机应用系统是指以单片机芯片为核心，依据实际项目需求设计配套外围电路和软件，能实现项目需求且性价比高的应用系统。单片机应用系统的开发过程跟踪流程如图11.1所示，主要包括总体论证、总体设计、详细设计（硬件设计与软件设计）、样机联调和考核定型几个环节，其中总体设计又可以细分为需求分析和系统设计两个步骤。对简单的项目来说，因为需求和实现方案比较简单，多可以直接借用各单片机厂商提供的单片机应用系统开发板实现，因此又可以将开发过程简单地分为系统硬件电路设计和单片机控制程序设计两个部分，开发过程如图11.2所示，其中又以单片机控制程序的设计为核心。

11.1.1　总体设计

1. 需求分析

通过对客户业务的了解和与客户对整个项目目标的讨论，对需求进行基本建模，最终形成需求规格说明书，一般来说需求分析至少需要确定项目的应用环境、待开发产品的功能、所实现的指标、成本以及是否有后续扩展需求，进行可行性分析，最终为系统设计输出需求规格说明书及通常所说的产品技术规格书。

2. 系统设计

在实际设计过程中不管是功能复杂的工程控制系统，还是空调遥控器等简单的控制系统，都必须充分分析和了解项目的总体要求、客户需求，依据产品技术规格书进行总体设计，在总体设计之前要明确产品运行的温度、湿度等环境参数及工作的电源要求，还需要充分了解输入信号的类型和数量、输出控制的对象及数量、辅助外设（如传感器）的种类及要求、产品的成本、可靠性要求和可维护性及经济效益等因素，必要时可参考同类产品的技术资料，

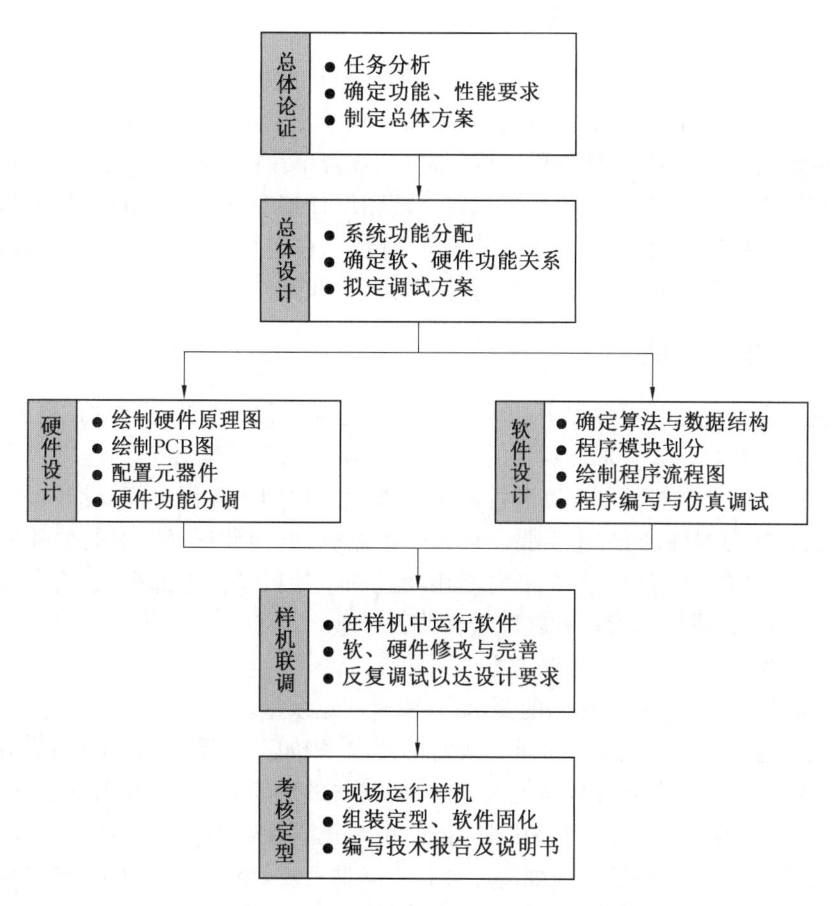

图 11.1　单片机应用系统的开发过程跟踪流程图

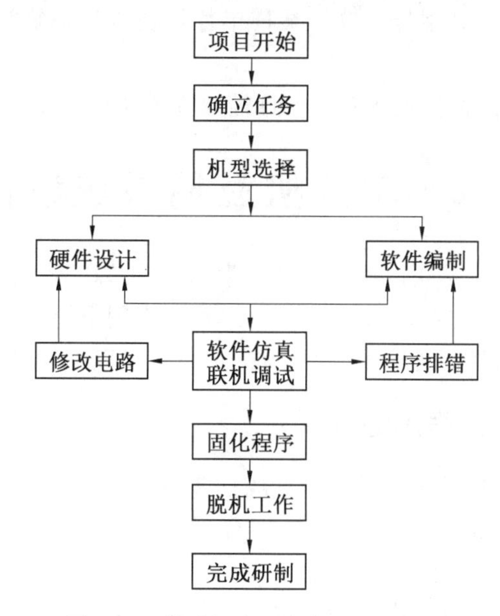

图 11.2　单片机应用系统开发过程图

制定出可行的性能指标。

单片机应用系统的开发过程中,单片机是整个设计的核心。设计者需要依据需求分析的产品技术规格书、产品成本、可靠性要求及输入和输出参数,选择合适的单片机型号和外围传感器及通信芯片,再依据所选的主要元器件,结合单片机厂商提供的外围经典电路进行硬件电路原理图设计,同时还需要依据电路原理图设计整个应用系统软件,因此选择合适的单片机型号很重要。目前,市场上的单片机种类繁多,在进行正式的单片机应用系统开发之前,需要依据项目需求和不同单片机的特性,做出合理的选择。

11.1.2 机型选择

单片机应用系统的开发过程中,单片机的选择是整个设计过程中非常重要的步骤,选择合适的单片机型号可以大大加速项目的开发速度,降低项目开发难度。

单片机往往需要通过外围电路和控制软件来达到预期的工作目标,设计者需要为单片机安排合适的外围器件,同时还需要设计整个控制软件,因此选择合适的单片机型号很重要。现在的单片机数量、品种繁多,各种专用功能的单片机基本上都有,这给设计者带来很多便捷,可以减少外围电路设计和软件编程的工作量。

在进行单片机选型时主要需要考虑以下几点。

(1)性能指标满足技术规格书的要求,并留有一定余量。

单片机的选型需考虑其能全部满足规定的要求,例如工作环境,控制速度、精度,控制端口的数量,驱动外设的能力,存储器的大小,软件编写的难易程度,开发工具的支持程度,等等。再如要驱动 LED 显示器,可选用多端口的单片机直接驱动,还可利用少端口加扩展电路构成,这就需要具体分析选用何种器件有利于降低成本、电路易于制作、软件易于编写等等。另外,如果要求驱动 LCD,也可选用具有直接驱动 LCD 功能的单片机,也可加外接驱动芯片。这些要求在应用时具体问题具体分析。

(2)是否是当前主流产品型号。选择某种单片机还需考虑货源是否充足,是否便于批量生产。

(3)性价比高。在考虑性价比的时候同样需研究易实现产品技术指标的因素。

11.2 单片机应用系统设计

典型的单片机应用系统是指以单片机芯片为核心,配以一定的外围电路和软件,能实现某种或几种功能的应用系统,如图 11.3 所示。单片机应用系统的开发工作主要包括应用系统硬件电路设计和单片机控制程序设计两个部分,其中又以单片机控制程序的设计为核心。

11.2.1 硬件设计应考虑的问题

硬件电路设计是指根据总体设计中确立的功能特性要求,确定单片机的型号,所需外围扩展芯片、存储器、I/O 电路、驱动电路,可能还有 A/D 转换电路以及其他模拟电路,设计出应用系统的电路原理图。

一个单片机应用系统的硬件电路设计包含两部分内容。一是单片机资源扩展,即单片机内部的功能单元(如 ROM、RAM、I/O、定时器/计数器、中断系统等)不能满足应用项目的

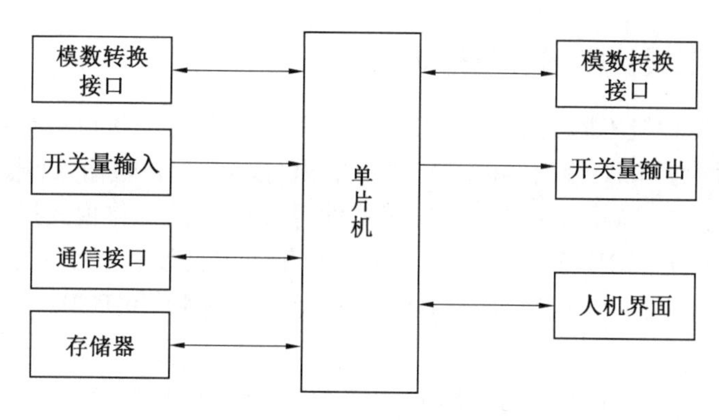

图 11.3　单片机典型应用系统图

需求时，必须在片外进行扩展，这时就需要选择适当的芯片，设计相应的扩展电路。二是外围电路配置，外围电路又分为两部分，一部分是满足系统的基本需求需要配置的，如晶振、电源、软件下载等；另外一部分是满足项目功能要求需要配置的，如键盘、显示器、打印机、A/D 转换器、D/A 转换器等外围接口电路。

在进行系统的扩展和外围电路配置时应遵循以下原则。

(1)尽可能选择厂商推荐或者业界通用的典型电路，并符合单片机常规用法，这样既可以保证系统的稳定运行，也为硬件系统的标准化、模块化打下良好的基础。

(2)系统扩展与外围设备的配置水平应充分满足应用系统的功能要求，并留有适当余地，以便进行二次开发。

(3)硬件电路设计需要结合应用软件方案一并考虑。硬件结构与软件方案会产生相互影响，考虑的原则如下。

软件能实现的功能尽可能由软件实现，以简化硬件结构，节约系统成本。但必须注意，由软件实现的硬件功能，一般响应时间比硬件实现长，且占用 CPU 时间；对可靠性要求特别高的功能且现有软件实现方式不能保证功能可靠性的尽量用硬件实现，以满足系统的可靠性和稳定性需求。

(4)系统中的相关器件要尽可能做到性能匹配。例如，选用 CMOS 芯片单片机构成低功耗系统时，系统中所有芯片都应尽可能选择低功耗产品。

(5)可靠性及抗干扰设计是硬件设计必不可少的一部分，它包括芯片、器件选择、去耦滤波、印刷电路板布线、通道隔离等。

(6)单片机外围电路较多时，必须考虑其驱动能力。驱动能力不足时，系统工作不可靠，可通过增设线驱动器增强驱动能力或减少芯片功耗来降低总线负载。

(7)尽量朝“单片”方向设计硬件系统。系统器件越多，器件之间相互干扰也越强，功耗也越大，不可避免地降低了系统的稳定性。随着单片机片内集成的功能越来越强，真正的片上系统(SoC)已经可以实现，如本书中的 STC8H 系统单片机就具有 4 个定时器(计数器)、4 个全双工串口、8 个以上的 12 位 ADC、8 个以上的 16 位 PWM(可以用作 DAC)、SPI、I^2C、RAM、EEPROM、LCD 驱动、看门狗、16 个以上的中断等丰富的片内资源，可以满足大多数单片机应用系统的资源需求。

11.2.2　系统设计中的总线驱动

与传统的51单片机不同的是,STC8H系列单片机所有的I/O口均有4种工作模式:准双向口/弱上拉(标准8051输出口模式)、推挽输出/强上拉、高阻输入(电流既不能流入也不能流出)、开漏输出(open-drain)。可使用软件对I/O口的工作模式进行配置,每个I/O口的配置都需要使用PnM1.x和PnM0.x两个寄存器进行设置(相应的配置寄存器详见STC8H芯片手册),以P0口为例,配置P0口需要使用P0M0和P0M1两个寄存器进行配置,如图11.4所示。

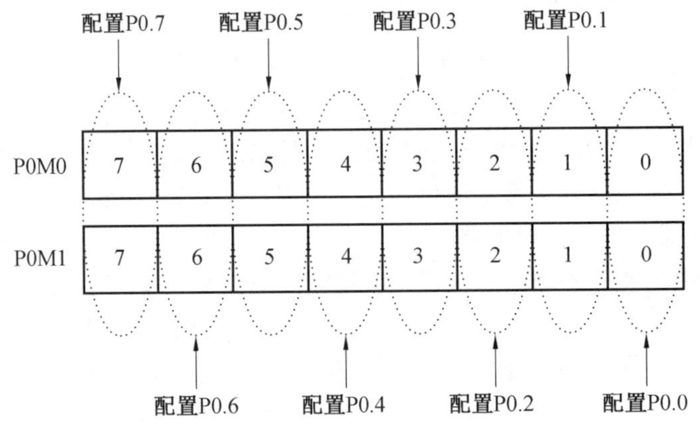

图11.4　P0口配置示例图

表11.1　PnM0与PnM1的组合方式表

PnM1.x	PnM0.x	I/O口工作模式
0	0	准双向口
0	1	推挽输出
1	0	高阻输入
1	1	开漏输出

注:*n*取0,1,2,3,4,5,6,7。

不同工作模式下,I/O口的带载能力如下。

准双向口(传统8051端口模式,弱上拉):灌电流可达20 mA,拉电流为270~150 μA(存在制造误差)。

推挽输出:强上拉输出,可达20 mA,要加限流电阻。

高阻输入:电流既不能流入也不能流出。

开漏输出:内部上拉电阻断开,开漏模式既可读外部状态也可对外输出(高电平或低电平)。如果要正确读外部状态或需要对外输出高电平,则需外加上拉电阻,否则读不到外部状态,也对外输不出高电平。

在进行总线驱动设计时首先需要设置相应I/O口的工作模式,同时还需要设计相应的外围电路。

11.2.3　软件设计考虑的问题

在单片机应用系统的开发中,软件的设计是非常复杂和困难的,大部分情况下工作量都较大,特别是对那些控制系统比较复杂的情况,设计人员还需要考虑外围电路和多机通信问题,如机电一体化项目,往往需要同时考虑单片机的软、硬件资源分配。软件设计一般可按以下步骤进行,设计流程图如图 11.5 所示。

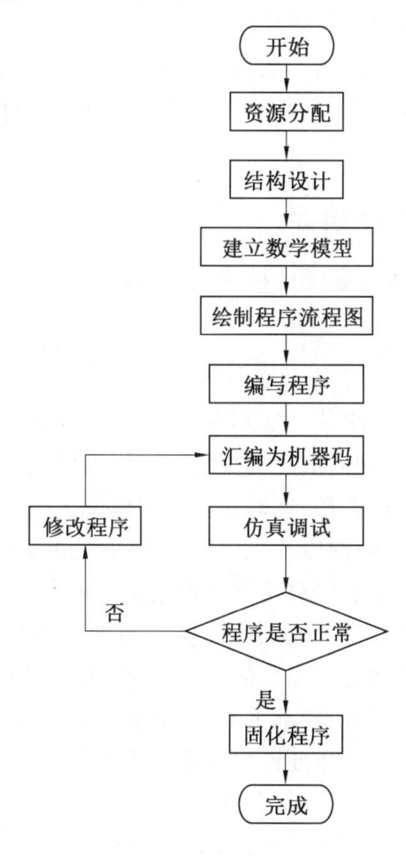

图 11.5　软件设计流程图

硬件设计需要与硬件电路相结合,同时在项目开发过程中,为加快项目开发进度,软件设计与硬件电路设计多是同步进行的。因此在总体设计阶段就要依据项目需求,明确单片机系统结构和控制策略,对 I/O 接口类型、通信协议进行确认,并明确软硬件各承担哪些工作。实际上很多工作既可以由硬件完成也可以由软件完成,此时需要考虑采用软件或硬件的优势,一般均以最优的方案为首选,在未有明确最优方案的情况下,按照设计原则采用软件完成。需要考虑的因素有虚定义各输入输出(I/O)的功能、数据的传输交换形式、与外部设备的接口及其地址分配、程序存储器和数据存储器的使用区域、主程序及子程序使用的空间、显示等数据暂存区的选择、堆栈区的开辟等。

软件设计中需要注意的主要问题如下。

(1)对于那些在执行速度上有特殊要求的场合,可以采用 C51 语言嵌入汇编代码来实现。

(2)采用结构化的程序设计,将各个主要的功能部件设计为子程序或者子函数,这样便于调试以及后续的移植修改等。

(3)设计时要合理使用单片机的硬件资源,包括 RAM、ROM、串口、定时器/计数器和中断等。

(4)程序尽量采用执行速度快的指令,以充分发挥单片机的运算性能。

(5)设计时要充分考虑到软件运行时的状态,避免未处理的运行状态。否则,程序运行时进入未处理的状态便容易出错致使软件死机。

(6)必要时可以在软件中采用看门狗定时器进行强制复位。

(7)编写程序源代码时,要尽量添加注释,这样可以提高程序的可读性,便于代码交流和维护。

11.2.4 软件的总体框架设计

在进行软件设计前,需要进行数学建模,确认算法。算法是软件设计的核心,数学建模是算法的基础。

1. 数学模型

一个单片机应用系统都是解决某一实际应用问题的,因此设计人员在收到任务需求和总体性能要求后,首先需要将得到的信息抽象成一个可以用数学来描述的模型,即设计人员必须分析各输入输出变量的数学关系,也即建立数学模型,这个步骤对一般较复杂的单片机应用系统是必不可少的,而且不同的单片机应用系统,它们的数学模型也不尽相同。

在很多单片机应用系统中都需要对外部的数据进行采集取样、处理加工、补偿校正和控制输出。外部数据可能是数字量也可能是模拟量,对于模拟量的输入,则通过传感器件进行采样,由单片机进行分析处理后输出,输出的方式很多,可以显示、打印或终端控制,从模拟量的采样到输出的诸多环节,这些信号都可能会“失真”,即产生非线性误差,这些都需要单片机进行补偿、校正和预加重,才能保证输出量达到所要求的误差范围。

现阶段 8 位单片机仍是主流,对于复杂参数的计算,例如非线性数据、对数、指数、三角函数、微积分运算,使用计算机(32 位)的软件编程相对简单,并且具有大量的应用软件可利用。但单片机要用汇编语言完成这样的运算,程序结构是很复杂的,程序编写也较困难,甚至难以建立数学模型,解决这个问题常用查表法实现。查表法是指事先将测试和计算的数据按一定规律编制成表格,并存于存储器中,CPU 根据被测参数值和近似值查出最终所需的结果。查表法是一种行之有效的方法,它可对输入参数进行补偿校正,计算和转换,程序编制简单,将复杂的数值运算简化为简单的数据输出,常被设计人员采用。

2. 程序结构

在正式编写程序前,要对程序进行总体设计,即通常所说的程序结构设计。同一数学模型、同一算法可以用不同的程序结构来实现,一个优秀的单片机程序设计人员,其优越性主要体现在其设计的软件程序结构上,合理、紧凑和高效是评判程序结构的重要标准。同一种任务,有时用主程序完成是合理的,但有时用子程序执行效率最高,占用 CPU 资源最少;一些要求不高的中断任务在单片机的运行速度足够高时,既可以使用程序扫描查询,也可以用中断申请执行(具体采用何种方式可以依据程序员的编程习惯和程序可读性来决定);对于

多中断系统,且它们存在矛盾时,需区分轻重缓急,主要和次要的区别对待,并适当地赋予不同的中断优先级别。

在单片机的软件设计中,任务可能有很多,程序量也很大,是否意味着程序也按部就班从头到尾编写下去呢?答案是否定的,在这种情况下一般都需把程序分成若干个功能独立的模块,这也是软件设计中常用的方法,即俗称的"化整为零"的方法,也就是通常所说的"模块化"设计。理论和实践都证明,这种方法是行之有效的。这样可以分阶段地对单个模块进行设计和调试,一般情况下单个模块利用仿真工具即可调试好,最后再将它们有机地联系起来,构成一个完整的控制程序,并对它们进行联合调试即可。

对于复杂的多任务实时单片机应用系统,要处理的数据量非常庞大,同时又要求对多个控制对象进行实时控制,要求对各控制对象的实时数据进行快速的处理和响应,这对系统的实时性、并行性提出了更高的要求。这种情况下一般要求采用实时性高任务操作系统,并要求这个系统具备优良的实时控制能力。

3. 程序流程

较复杂的单片机应用系统一般都需要绘制一份主程序流程图和多份子程序流程图,可以这样说,它们是程序编制的纲领性文件,可以有效地指导程序的编写。当然,程序设计伊始,流程图不可能尽善尽美,在编制过程中仍需进行修改和完善,认真地绘制程序流程图,可以起到事半功倍的效果。

流程图就是根据系统功能的要求及操作过程,列出主要的各功能模块,复杂程序流向多变,需要在初始化时设置各种标志,程序根据这些标志控制程序的流向。当系统中各功能模块的状态改变时,只需修改相应的标志即可,无须具体地管理状态变化对其他模块的影响。在绘制流程图时,需要清晰地标识出程序流程中各标志的功能。

4. 编制程序

上述的工作做好了,就可以开始编制程序了,程序编写时,首先需对用到的参数进行定义,和标号的定义一样,使用的字符必须易于理解,可以使用英文单词和汉语拼音的缩写形式,这对今后的辨读和排错都是有好处的。然后初始化各特殊功能寄存器的状态、中断口的地址区定义、数据存储区的安排,根据系统的具体情况,估算中断、子程序的使用情况,预留出堆栈区和需要的数据缓存区。接下来就开始编写程序了。

高级语言(如C语言)也在单片机设计中发挥越来越重要的作用,性能也越来越好,逐渐成为单片机程序的主流,但是汇编语言因为简洁、直观、紧凑,仍被广大设计人员使用。不管使用何种语言,最终还是需要汇编成机器语言,调试正常后,通过烧录器固化到单片机或ROM中。至此,程序编写即告完成。

11.3　单片机应用系统的仿真开发与调试

本节以NTC测温电阻数码管显示温度为例详细介绍单片机应用系统的仿真开发与调试过程。

11.3.1　硬件设计及选型

依据11.1节和11.2节介绍的单片机应用系统设计原则和步骤,需要明确本系统的基本需求,具体如表 11.2 所示。

表 11.2　系统的基本需求

系统需求	相关技术参数
测量温度	测温范围:-40～80 ℃;误差:1%
显示	显示基准温度和测量温度

结合上述基本需求,可以采用 STC8H 系列单片机自带的 12 位 A/D 转换器采样传感器完成相应工作,选用 4 位数码管对温度进行显示,考虑到 Proteus 软件中只有 STC15 系列的仿真芯片,因此本项目基于 STC15W4K32S4 芯片主控,通过 ADC 采集 NTC 温敏电阻电压值与 TL431 基准电压对比。通过对分查表来计算,线性插补法精确到小数点后一位。最后通过两块 74HC595"串转并"驱动两块 4 位数码管,显示当前 A/D 转换器采集基准电压值和温度值。综上所述,采用宏晶科技官网提供的 STC15 系列开发板相应资料完成上述系统开发的硬件设计及选型工作。

下面重点介绍仿真设计部分。

11.3.2　仿真设计

打开 Proteus 8.15 仿真软件,创建新工程,可修改名称和路径,完成后单击"Next"按钮,随后一直单击"Next"按钮,如图 11.6 所示。

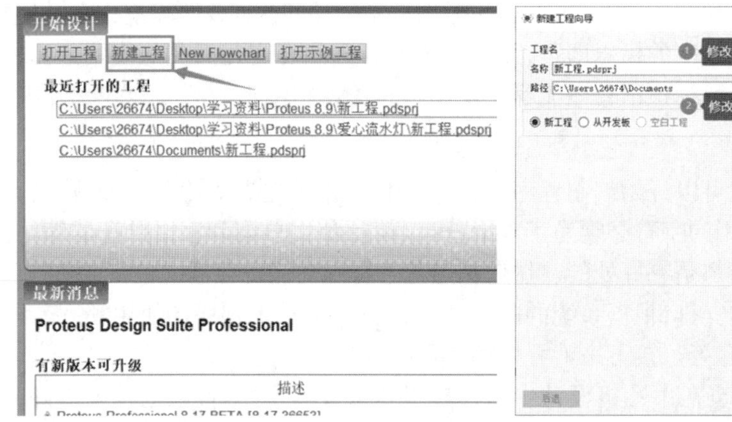

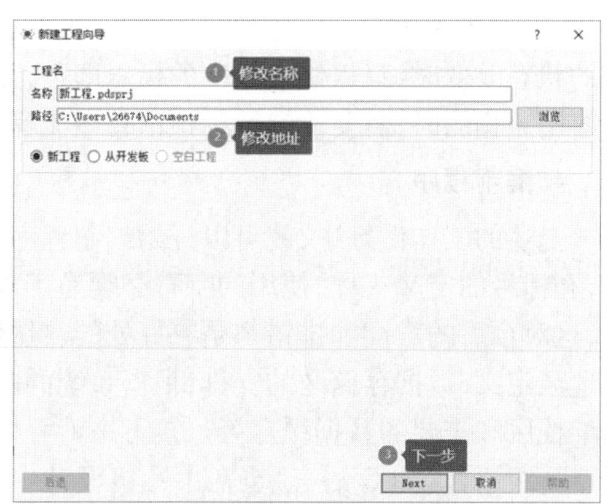

图 11.6　创建新工程

创建好原理图后,进入元件模式,单击"P"进行元件选择,将元件添加入库,如图 11.7 所示。

在搜索框内分别搜索"STC15W4K32S4"(主控芯片)、"7SEG-MPX4-CC-BLUE"(4 位数码管)、"74HC595"(移位缓存器)、"TL431"(三端可调并联稳压器)、"CRYSTAL"(晶振)、"NTC"(温敏电阻)、"CAP"(电容)、"RES"(电阻)等元器件,添加入库,如图 11.8 所示。

进入终端模式将 POWER(电源)和 GROUND(地)加入原理图中,进入虚拟仪器模式将 OSCILLOSCOPE(示波器)和 DCVOLTMETER(直流电压表)加入原理图中,如图 11.9 所示。

将元器件加入原理图后,按照图 11.10～11.12 进行连线。

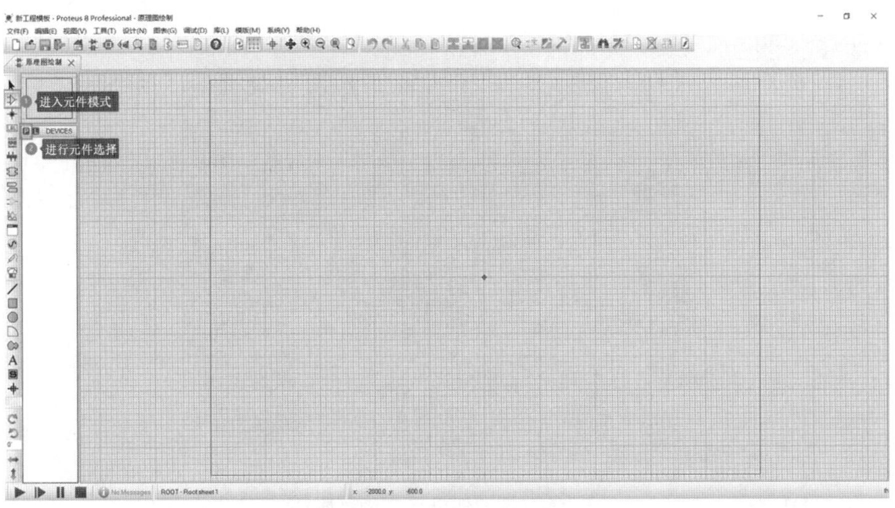

图 11.7　进行元件选择

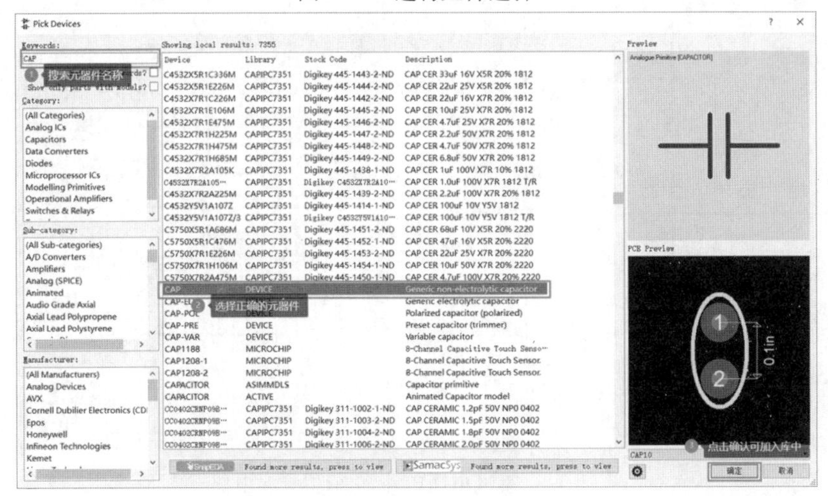

图 11.8　添加元器件

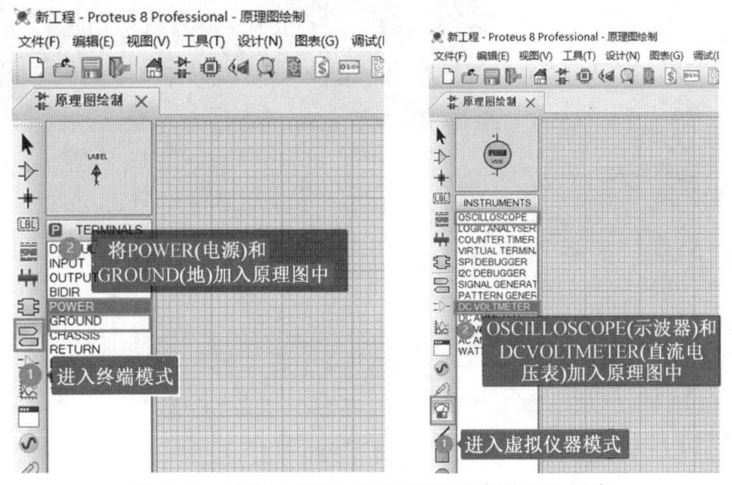

图 11.9　添加电源和 GND 以及示波器和电压表

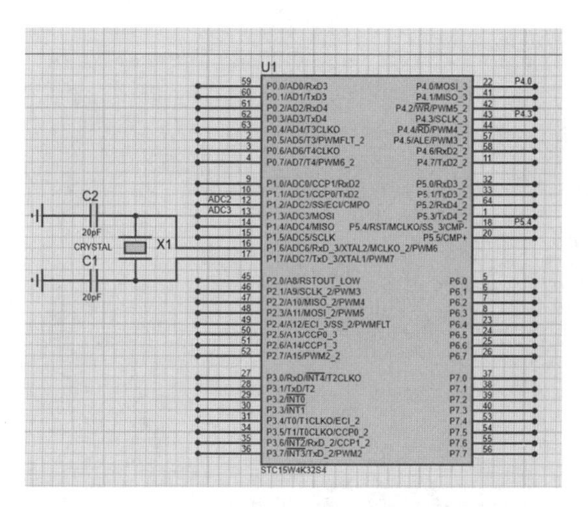

图 11.10　单片机最小系统电路

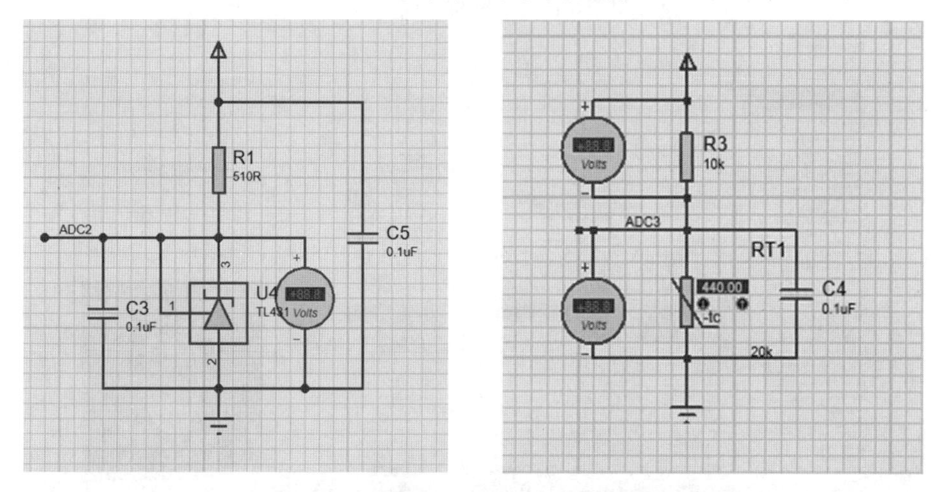

图 11.11　基准电压电路和 NTC 测温电路

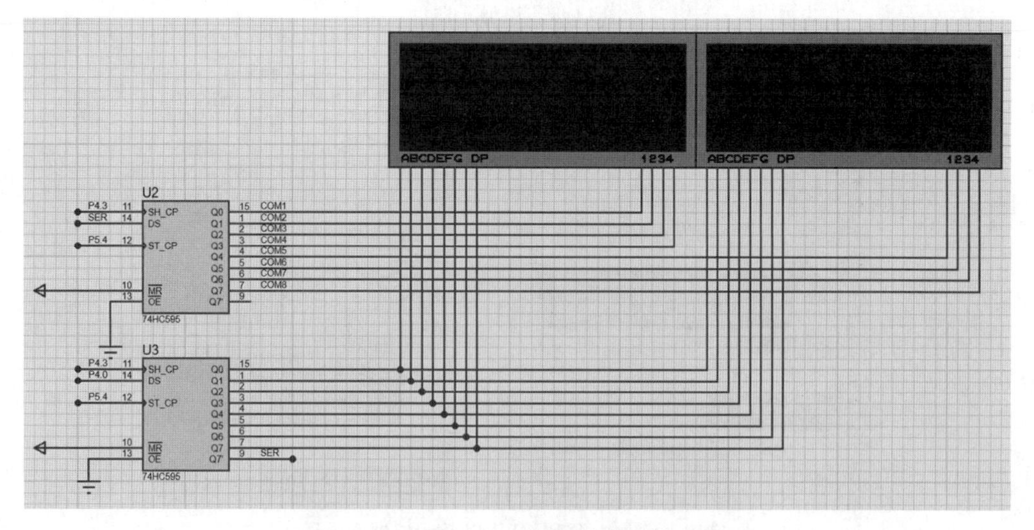

图 11.12　74HC595 驱动四位数码管电路

11.3.3　软件设计及调试

该项目软件的主流程图，如图 11.13 所示。

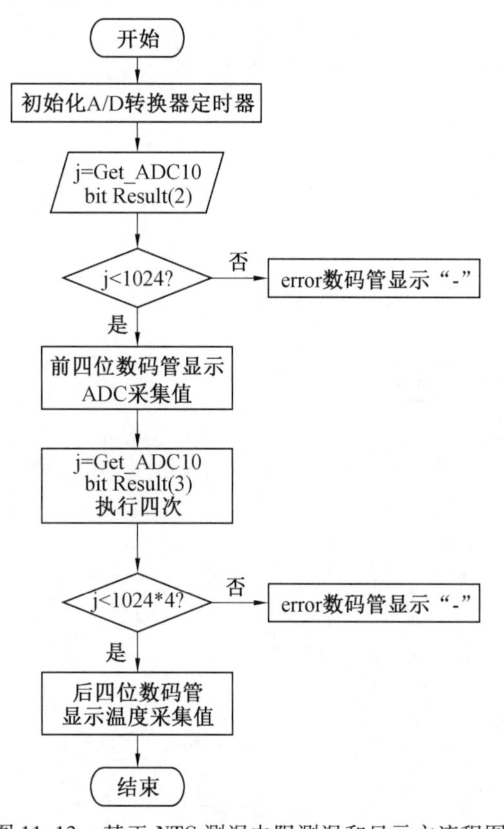

图 11.13　基于 NTC 测温电阻测温和显示主流程图

该项目主流程中包括 A/D 转换器温度采样和温度计算两个子功能，其相应流程图如图 11.14 和图 11.15 所示。

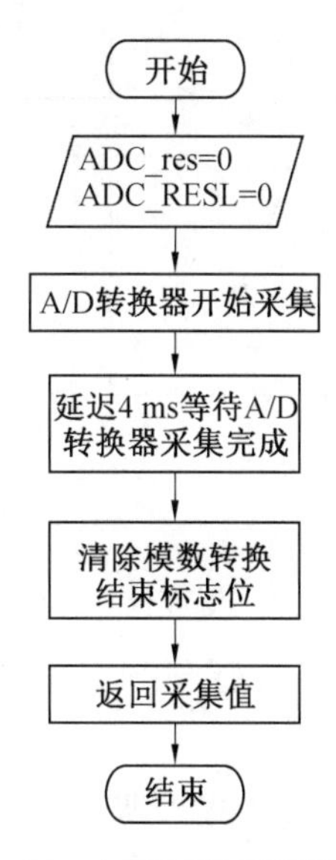

图 11.14　A/D 转换器采样流程图

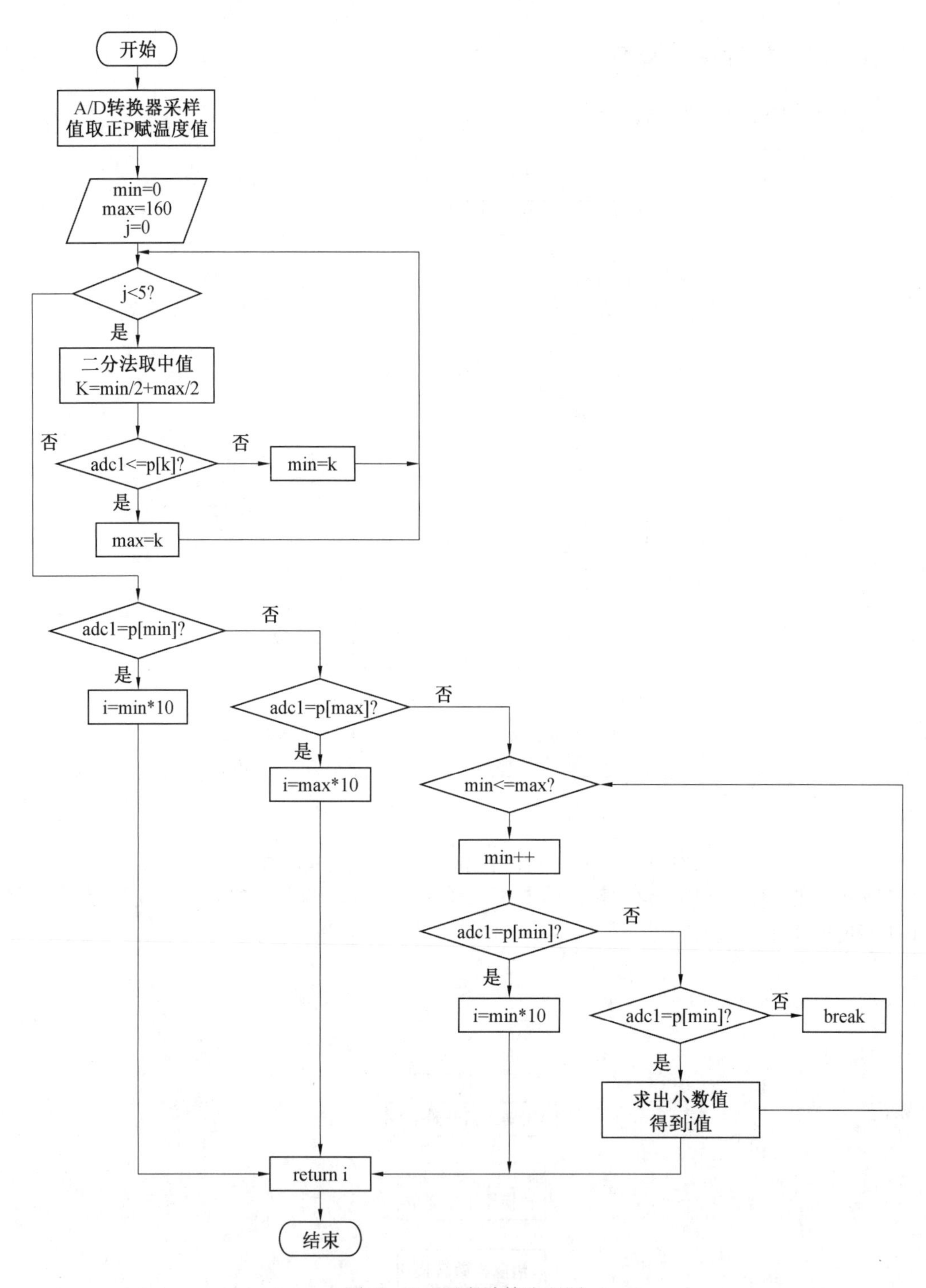

图 11.15　温度计算流程图

基于上述程序流程，参考宏晶科技官网资料完成源程序设计，具体代码如下：

```
/*------------------------------------------------------------*/
/* --- STC 1T Series MCU Demo Programme ------*/
/*-----------------------------------------------------------*/
```

/ * * * * * * * * * * * * * * 本程序功能说明 * * * * * * * * * * * * * *

通过模数转换测量温度并显示温度值。

用 STC 的 MCU 的 I/O 方式控制 74HC595 驱动 8 位数码管。

用户可以修改宏来选择时钟频率。

使用 Timer0 的 16 位自动重装载模式来产生 1 ms 节拍,程序运行于这个节拍下，用户修改 MCU 主时钟频率时,自动定时于 1 ms。

左边 4 位数码管显示 ADC2 接的电压基准 TL431 的读数，右边 4 位数码管显示温度值，分辨率为 0.1 ℃。

NTC 使用 1% 精度的 MF52 10K@25 ℃。

测温度时，为了通用，使用 12 位的 A/D 转换器采样值，使用对分查找表格来计算，小数点后一位数是用线性插补来计算的。

所以，测温度的 ADC3 进行 4 次 A/D 转换器连续采样，变成 12 位的 A/D 转换器采样值来计算温度。

```
* * * * * * * * * * * * * * * * * * * * * * * * * * * * * * * * * * * * /
#defineMAIN_Fosc22118400L//定义主时钟
#include "STC15Fxxxx.H"
/ * * * * * * * * * * * *  用户定义宏  * * * * * * * * * * */
#defineTimer0_Reload(65536UL -(MAIN_Fosc / 1000)
)//Timer0 中断频率，1 000 次/s
/ * * * * * * * * * * * * * * * * * * * * * * * * * * * * * * * * * * * */


#define DIS_DOT0x20
#define DIS_BLACK0x10
#define DIS_0x11


/ * * * * * * * * * * * * * * 本地常量声明 * * * * * * * * * * * * * */
u8 code t_display[ ] = {   //标准字库
//0  1  2  3  4  5  6  7  8  9  A  B  C  D  E  F
0x3F,0x06,0x5B,0x4F,0x66,0x6D,0x7D,0x07,0x7F,0x6F,0x77,0x7C,0x39,0x5E,
0x79,0x71,
//black -     H    J K  L   No   P U    t    G    Q    r   M    y
0x00,0x40,0x76,0x1E,0x70,0x38,0x37,0x5C,0x73,0x3E,0x78,0x3d,0x67,0x50,0x37,
0x6e,
0xBF,0x86,0xDB,0xCF,0xE6,0xED,0xFD,0x87,0xFF,0xEF,0x46}
;//0. 1. 2. 3. 4. 5. 6. 7. 8. 9. -1

u8 code T_COM[ ] = {0x01,0x02,0x04,0x08,0x10,0x20,0x40,0x80} ;//位码

/ * * * * * * * * * * * * * * I/O 口定义 * * * * * * * * * * * * * * */
```

```
sbitP_HC595_SER    = P4^0;
sbitP_HC595_RCLK   = P5^4;
sbitP_HC595_SRCLK = P4^3;

/**************本地变量声明***************/

u8 LED8[8];//显示缓冲
u8 display_index;  //显示位索引
u8 B_1ms=0;  //1 ms 标志

u16 msecond=0;

/**************本地函数声明***************/
u16 get_temperature(u16 adc);
u16 Get_ADC10bitResult(u8 channel);  //channel = 0~7

/*****************************************/
void main(void)
{
    u8 i;
    u16 j;

    P0M1 = 0;P0M0 = 0;  //设置为准双向口
    P1M1 = 0;P1M0 = 0;  //设置为准双向口
    P2M1 = 0;P2M0 = 0;  //设置为准双向口
    P3M1 = 0;P3M0 = 0;  //设置为准双向口
    P4M1 = 0;P4M0 = 0;  //设置为准双向口
    P5M1 = 0;P5M0 = 0;  //设置为准双向口
    P6M1 = 0;P6M0 = 0;  //设置为准双向口
    P7M1 = 0;P7M0 = 0;  //设置为准双向口

    display_index = 0;
    P1ASF = 0x0C;  //P1.2、P1.3 做模数转换
    ADC_RES = 0;
    ADC_RESL = 0;
    ADC_CONTR = 0xE0;  //启动模数转换

    AUXR = 0x80;  //Timer0 工作于 16 位自动重装载模式,Timer0 工作在 1 T 模式
下
```

```
TH0 = (u8)(Timer0_Reload / 256);
TL0 = (u8)(Timer0_Reload % 256);
//TH0 = 0xAA;
//TL0 = 0xFA;
ET0 = 1;  //Timer0 中断使能
TR0 = 1;  //Timer0 中断
EA = 1;  //打开总中断

for(i=0; i<8; i++)LED8[i] = 0X10;  //上电消隐

//for(i=0; i<8; i++)LED8[i] = i;  //上电消隐

while(1)
{

    if(B_1ms)  //1 ms 到
    {

        B_1ms = 0;
        if(++msecond >= 300)  //300 ms 到
        {

            msecond = 0;
            //for(i=0; i<8; i++)LED8[i] = 0X10;  //上电消隐
            j = Get_ADC10bitResult(2);  //参数 0~7,查询方式做一次模数转
                                        换,返回值就是结果,== 1024 为错
                                        误
            //j=0;
            if(j < 1024)
            {

                //显示模数转换值
                LED8[0] = j / 1000;  //千位
                LED8[1] = (j % 1000)/ 100;  //百位
                LED8[2] = (j % 100)/ 10;  //十位
                LED8[3] = j % 10;  //个位
                if(LED8[0] == 0)LED8[0] = DIS_BLACK;
            }
            else  //错误
```

```
                {
                    for(i=0; i<4; i++)LED8[i] = DIS_;
                }

                j = Get_ADC10bitResult(3);  //参数0~7,查询方式做一次模数转
                                              换,返回值就是结果,== 1024 为错
                                              误
                j += Get_ADC10bitResult(3);
                j += Get_ADC10bitResult(3);
                j += Get_ADC10bitResult(3);

                if(j < 1024 * 4)
                {

                    j =get_temperature(j);  //计算温度值

                    if(j >= 400){
                    F0 = 0,j -= 400;  //温度≥0 ℃
                    }
                    else{F0 = 1,j  = 400 -j;}  //温度<0 ℃
                    //显示温度值
                    LED8[4] = j / 1000;  //千位
                    LED8[5] = (j % 1000)/ 100;  //百位
                    LED8[6] = (j % 100)/ 10 + DIS_DOT;  //十位+小数点
                    LED8[7] = j % 10;  //个位
                    if(LED8[4] == 0)LED8[4] = DIS_BLACK;
                    if(F0)LED8[4] = DIS_;  //显示-
                }
                else  //错误
                {
                    for(i=0; i<8; i++)LED8[i] = DIS_;
                }
            }
        }
    }
}
/*********************************************/
```

```
//==========================================
// 函数: u16Get_ADC10bitResult(u8 channel)
// 描述: 查询法读一次模数转换结果
// 参数: channel(选择 A/D 转换器通道)
// 返回: 10 位模数转换结果
//============================================
u16Get_ADC10bitResult(u8 channel)//channel = 0~7
{

    ADC_RES = 0;
    ADC_RESL = 0;

    ADC_CONTR = 0xE0 | 0x08 | channel;  //start the ADC
    NOP(4);

    while((
    ADC_CONTR & 0x10)
     == 0);
    ADC_CONTR &= ~0x10;  //清除模数转换结束标志
    return(((u16)ADC_RES << 2) | (ADC_RESL & 3));
}

//MF52E 10K at 25, B = 3950, ADC = 12 bits
u16 code temp_table[]={
    140,//;-400
    149,//;-391
    159,//;-382
    168,//;-373
    178,//;-364
    188,//;-355
    199,//;-346
    210,//;-337
    222,//;-328
    233,//;-319
    246,//;-3010
    259,//;-2911
    272,//;-2812
    286,//;-2713
    301,//;-2614
```

```
317,//;-2515
333,//;-2416
349,//;-2317
367,//;-2218
385,//;-2119
403,//;-2020
423,//;-1921
443,//;-1822
464,//;-1723
486,//;-1624
509,//;-1525
533,//;-1426
558,//;-1327
583,//;-1228
610,//;-1129
638,//;-1030
667,//;-931
696,//;-832
727,//;-733
758,//;-634
791,//;-535
824,//;-436
858,//;-337
893,//;-238
929,//;-139
965,//;040
1003,//;141
1041,//;242
1080,//;343
1119,//;444
1160,//;545
1201,//;646
1243,//;747
1285,//;848
1328,//;949
1371,//;1050
1414,//;1151
1459,//;1252
1503,//;1353
```

```
1548,//;1454
1593,//;1555
1638,//;1656
1684,//;1757
1730,//;1858
1775,//;1959
1821,//;2060
1867,//;2161
1912,//;2262
1958,//;2363
2003,//;2464
2048,//;2565
2093,//;2666
2137,//;2767
2182,//;2868
2225,//;2969
2269,//;3070
2312,//;3171
2354,//;3272
2397,//;3373
2438,//;3474
2479,//;3575
2519,//;3676
2559,//;3777
2598,//;3878
2637,//;3979
2675,//;4080
2712,//;4181
2748,//;4282
2784,//;4383
2819,//;4484
2853,//;4585
2887,//;4686
2920,//;4787
2952,//;4888
2984,//;4989
3014,//;5090
3044,//;5191
3073,//;5292
```

```
3102,//;5393
3130,//;5494
3157,//;5595
3183,//;5696
3209,//;5797
3234,//;5898
3259,//;5999
3283,//;60100
3306,//;61101
3328,//;62102
3351,//;63103
3372,//;64104
3393,//;65105
3413,//;66106
3432,//;67107
3452,//;68108
3470,//;69109
3488,//;70110
3506,//;71111
3523,//;72112
3539,//;73113
3555,//;74114
3571,//;75115
3586,//;76116
3601,//;77117
3615,//;78118
3628,//;79119
3642,//;80120
3655,//;81121
3667,//;82122
3679,//;83123
3691,//;84124
3702,//;85125
3714,//;86126
3724,//;87127
3735,//;88128
3745,//;89129
3754,//;90130
3764,//;91131
```

```
    3773,//;92132
    3782,//;93133
    3791,//;94134
    3799,//;95135
    3807,//;96136
    3815,//;97137
    3822,//;98138
    3830,//;99139
    3837,//;100140
    3844,//;101141
    3850,//;102142
    3857,//;103143
    3863,//;104144
    3869,//;105145
    3875,//;106146
    3881,//;107147
    3887,//;108148
    3892,//;109149
    3897,//;110150
    3902,//;111151
    3907,//;112152
    3912,//;113153
    3917,//;114154
    3921,//;115155
    3926,//;116156
    3930,//;117157
    3934,//;118158
    3938,//;119159
    3942//;120160
}
;

/* * * * * * * * * 计算温度 * * * * * * * * * * * * * * * * * * * * */
// 计算结果: 0 对应-40.0 ℃, 400 对应 0 ℃, 625 对应 25.0 ℃, 最大 1600 对应 120.0 ℃。
// 为了通用, A/D 转换器输入为 12 位的模数转换值
// 电路和软件算法设计: Coody
/* * * * * * * * * * * * * * * * * * * * * * * * * * * * * * * * * * * * */

#defineD_SCALE10//结果放大倍数, 放大 10 倍就是保留一位小数
```

```
u16get_temperature(u16 adc)
{
    u16 code *p;
    u16 i;
    u8 j,k,min,max;
    u16 adc1;
    adc1 = 4096-adc;//Rt 接地
    p = temp_table;
    if(adc1 < p[0])return (0xfffe);
    if(adc1 > p[160])return (0xffff);

    min = 0;//-40 ℃
    max = 160;//120 ℃

    for(j=0; j<5; j++)//对分查表
    {
        k = min / 2 + max / 2;
        if(adc1 <= p[k])max = k;
        elsemin = k;
    }
    if(adc1 == p[min])i = min * D_SCALE;
    else if(adc1 == p[max])i = max * D_SCALE;
    else// min < temp < max
    {
        while(min <= max)
        {
            min++;
            if(adc1 == p[min]){i = min * D_SCALE;break;}
            else if(adc1 < p[min])
            {
                min--;
                i = p[min];//min
                j = (adc1-i) * D_SCALE / (p[min+1]-i);
                i = min;
                i *= D_SCALE;
                i += j;
                break;
            }
        }
```

```
    }
    return i;
}

/＊＊＊＊＊＊＊＊＊＊＊向 HC595 发送一个字节函数 ＊＊＊＊＊＊＊＊＊＊＊＊/
void Send_595(u8 dat)
{
    u8 i;
    for(i=0; i<8; i++)
    {
        dat <<= 1;
        P_HC595_SER = CY;
        P_HC595_SRCLK = 1;
        P_HC595_SRCLK = 0;
    }
}

/＊＊＊＊＊＊＊＊＊＊＊＊ 显示扫描函数 ＊＊＊＊＊＊＊＊＊＊＊＊＊＊/
void DisplayScan(void)
{
    Send_595( ~T_COM[display_index]);//输出位码
    Send_595(t_display[LED8[display_index]]);//输出段码

    P_HC595_RCLK = 1;
    P_HC595_RCLK = 0;//锁存输出数据
    if(++display_index >= 8)display_index = 0;//8 位结束回 0
}

u16 count;
/＊＊＊＊＊＊＊＊＊＊＊ Timer0 1 ms 中断函数 ＊＊＊＊＊＊＊＊＊＊＊＊＊/
void timer0 (void)interrupt TIMER0_VECTOR
{
    DisplayScan();//1 ms 扫描显示一位
    count++;
    if(count>=1){
        count = 0;
        B_1ms = 1;//1 ms 标志
    }
}
```

11.3.4　仿真调试

软件设计完成后在Keil C51完成软件的编译并生成HEX文件。在Proteus 8.15新建的工程中双击STC15W4K32S4单片机下载HEX程序文件，再双击晶振修改频率为22 118 400 Hz，如图11.16所示。

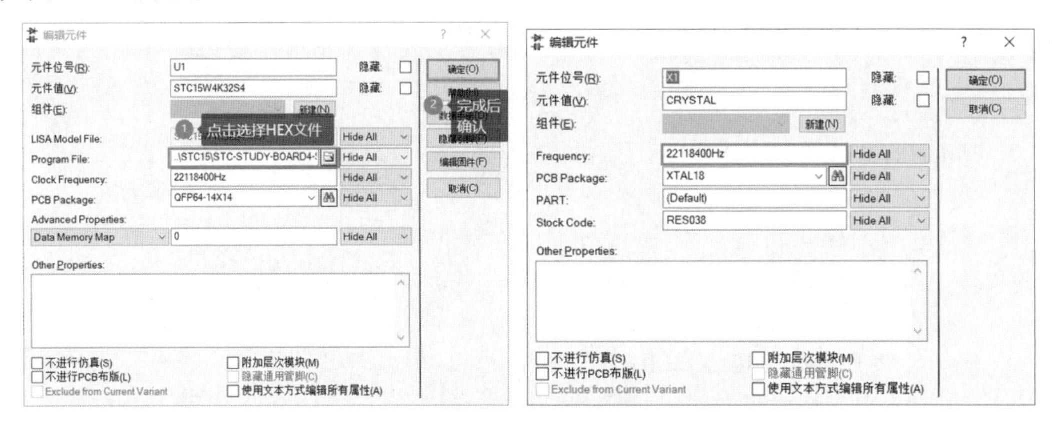

图11.16　下载程序和修改晶振频率

单击左下角的“仿真运行开始”按钮进行仿真，可以看到数码管显示数字，前四行显示ADC采集基准电压比例，后四行显示NTC的温度值，如图11.17所示。可通过调节模拟NTC电阻值来改变温度，观察数码管温度变化。

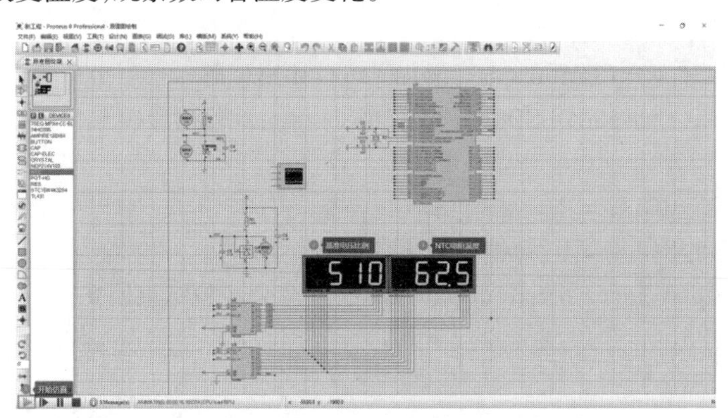

图11.17　仿真结果

第 12 章　单片机与无线通信

12.1　红外通信

在光谱中，波长自 760 nm 至 400 μm 的电磁波称为红外线，它是一种不可见光。目前几乎所有的视频和音频设备都可以通过红外遥控的方式进行遥控，比如电视机、空调、影碟机等。红外线遥控器已被广泛使用在各种类型的家电产品上，它的出现给使用电器提供了很多的便利。

红外遥控系统一般由红外发射装置和红外接收设备两大部分组成。红外发射装置可由键盘电路、红外编码芯片、电源和红外发射电路组成。红外接收设备可由红外接收电路、红外解码芯片、电源和应用电路组成。通常为了使信号能更好地被传输，发送端将基带二进制信号调制为脉冲串信号，通过红外发射管发射。常用的有两种方法：通过脉冲宽度来实现信号调制的脉位圆圈（PWM），又称脉位调制，以及通过脉冲串之间的时间间隔来实现信号调制的脉时调制（PPM，又称脉位调制）。

12.1.1　红外发射器设计

1. 红外发射部分电路原理

红外发射功能主要由红外发射管来实现，红外发射管在外观上和透明的 LED 极为相似，其驱动和控制方式也一致。在使用单片机控制红外发射管时，一般使用三极管来驱动，NPN 三极管和 PNP 三极管都可以实现，如图 12.1 所示。

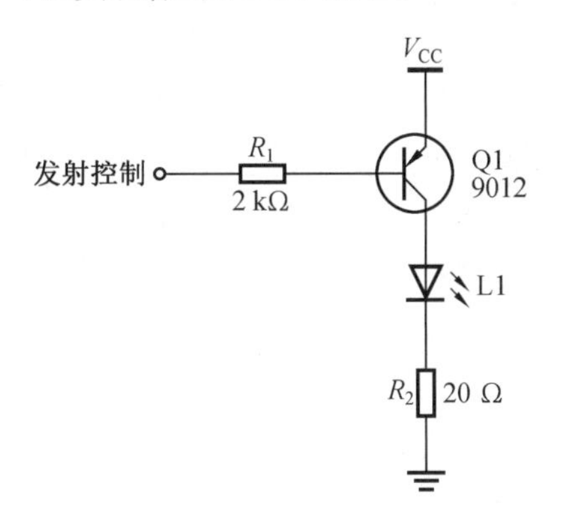

图 12.1　红外发射器

PNP 三极管的基极通过电阻接单片机的 GPIO 口，红外发射管通过限流电阻接在 PNP 三极管的发射极上。当单片机的 GPIO 输出高电平时，PNP 三极管处于截止状态，红外发射管不工作；当 GPIO 输出低电平时，PNP 三极管导通，红外发射管工作，发出肉眼不可见的红外线，被接收管接收到。遥控器上的每一个按键都有一定的编码，该编码其实就是遵循一定规则的高低电平的脉冲,接收电路解析该脉冲从而执行对应的操作。

2. 红外发射器程序设计

```
#include "reg51.h"
#include "intrins.h"
#define MAIN_Fosc    24000000UL   //定义主时钟
typedef unsigned char   u8;
typedef unsigned int   u16;
typedef unsigned long   u32;
//手动输入声明"reg51.h"头文件里面没有定义的寄存器
sfr TH2 = 0xD6;
sfr TL2 = 0xD7;
sfr IE2  = 0xAF;
sfr INT_CLKO  = 0x8F;
sfr AUXR  = 0x8E;
sfr AUXR1  = 0xA2;
sfr P_SW1  = 0xA2;
sfr P_SW2  = 0xBA;
sfr S2CON  = 0x9A;
sfr S2BUF  = 0x9B;
sfr P4  = 0xC0;
sfr P5  = 0xC8;
sfr P6  = 0xE8;
sfr P7  = 0xF8;
sfr P1M1  = 0x91;
sfr P1M0  = 0x92;
sfr P0M1  = 0x93;
sfr P0M0  = 0x94;
sfr P2M1  = 0x95;
sfr P2M0  = 0x96;
sfr P3M1  = 0xB1;
sfr P3M0  = 0xB2;
sfr P4M1  = 0xB3;
sfr P4M0  = 0xB4;
sfr P5M1  = 0xC9;
sfr P5M0  = 0xCA;
sfr P6M1  = 0xCB;
sfr P6M0  = 0xCC;
sfr P7M1  = 0xE1;
sfr P7M0  = 0xE2;
```

```
sbit P00 = P0^0;
sbit P01 = P0^1;
sbit P02 = P0^2;
sbit P03 = P0^3;
sbit P04 = P0^4;
sbit P05 = P0^5;
sbit P06 = P0^6;
sbit P07 = P0^7;
sbit P10 = P1^0;
sbit P11 = P1^1;
sbit P12 = P1^2;
sbit P13 = P1^3;
sbit P14 = P1^4;
sbit P15 = P1^5;
sbit P16 = P1^6;
sbit P17 = P1^7;
sbit P20 = P2^0;
sbit P21 = P2^1;
sbit P22 = P2^2;
sbit P23 = P2^3;
sbit P24 = P2^4;
sbit P25 = P2^5;
sbit P26 = P2^6;
sbit P27 = P2^7;
sbit P30 = P3^0;
sbit P31 = P3^1;
sbit P32 = P3^2;
sbit P33 = P3^3;
sbit P34 = P3^4;
sbit P35 = P3^5;
sbit P36 = P3^6;
sbit P37 = P3^7;
sbit P40 = P4^0;
sbit P41 = P4^1;
sbit P42 = P4^2;
sbit P43 = P4^3;
sbit P44 = P4^4;
sbit P45 = P4^5;
sbit P46 = P4^6;
```

```
sbit P47  = P4^7;
sbit P50  = P5^0;
sbit P51  = P5^1;
sbit P52  = P5^2;
sbit P53  = P5^3;
sbit P54  = P5^4;
sbit P55  = P5^5;
sbit P56  = P5^6;
sbit P57  = P5^7;
/* * * * * * * * * * * * * 用户定义宏 * * * * * * * * * * * * * * * * * */
#define PWMA_ENO    (*(unsigned char  volatile xdata *)  0xFEB1)
#define PWMA_PS   (*(unsigned char  volatile xdata *)  0xFEB2)
#define PWMA_CR1    (*(unsigned char  volatile xdata *)  0xFEC0)
#define PWMA_CR2    (*(unsigned char  volatile xdata *)  0xFEC1)
#define PWMA_SMCR   (*(unsigned char  volatile xdata *)  0xFEC2)
#define PWMA_ETR    (*(unsigned char  volatile xdata *)  0xFEC3)
#define PWMA_IER    (*(unsigned char  volatile xdata *)  0xFEC4)
#define PWMA_SR1    (*(unsigned char  volatile xdata *)  0xFEC5)
#define PWMA_SR2    (*(unsigned char  volatile xdata *)  0xFEC6)
#define PWMA_EGR    (*(unsigned char  volatile xdata *)  0xFEC7)
#define PWMA_CCMR1    (*(unsigned char  volatile xdata *)  0xFEC8)
#define PWMA_CCMR2    (*(unsigned char  volatile xdata *)  0xFEC9)
#define PWMA_CCMR3    (*(unsigned char  volatile xdata *)  0xFECA)
#define PWMA_CCMR4    (*(unsigned char  volatile xdata *)  0xFECB)
#define PWMA_CCER1    (*(unsigned char  volatile xdata *)  0xFECC)
#define PWMA_CCER2    (*(unsigned char  volatile xdata *)  0xFECD)
#define PWMA_CNTRH    (*(unsigned char  volatile xdata *)  0xFECE)
#define PWMA_CNTRL    (*(unsigned char  volatile xdata *)  0xFECF)
#define PWMA_PSCRH    (*(unsigned char  volatile xdata *)  0xFED0)
#define PWMA_PSCRL    (*(unsigned char  volatile xdata *)  0xFED1)
#define PWMA_ARRH   (*(unsigned char  volatile xdata *)  0xFED2)
#define PWMA_ARRL   (*(unsigned char  volatile xdata *)  0xFED3)
#define PWMA_RCR    (*(unsigned char  volatile xdata *)  0xFED4)
#define PWMA_CCR1H    (*(unsigned char  volatile xdata *)  0xFED5)
#define PWMA_CCR1L    (*(unsigned char  volatile xdata *)  0xFED6)
#define PWMA_CCR2H    (*(unsigned char  volatile xdata *)0xFED7)
#define PWMA_CCR2L    (*(unsigned char  volatile xdata *)  0xFED8)
#define PWMA_CCR3H    (*(unsigned char  volatile xdata *)  0xFED9)
#define PWMA_CCR3L    (*(unsigned char  volatile xdata *)  0xFEDA)
```

```
#define PWMA_CCR4H   (*(unsigned char  volatile xdata *)  0xFEDB)
#define PWMA_CCR4L   (*(unsigned char  volatile xdata *)  0xFEDC)
#define PWMA_BKR   (*(unsigned char  volatile xdata *)  0xFEDD)
#define PWMA_DTR   (*(unsigned char  volatile xdata *)  0xFEDE)
#define PWMA_OISR  (*(unsigned char  volatile xdata *)  0xFEDF)

/*************  红外发送相关变量  **************/
#define User_code 0xFF00            //定义红外用户码
sbit    P_IR_TX = P2^7;             //定义红外发送端口
#define IR_TX_ON     0
#define IR_TX_OFF    1
u16     tx_cnt;  //发送或空闲的脉冲计数，频率为 38 kHz，周期为 26.3 μs
u8      TxTime;  //发送时间

/*************  I/O 键盘变量声明  **************/
u8  IO_KeyState, IO_KeyState1, IO_KeyHoldCnt;   //行列键盘变量
u8  KeyHoldCnt;                                  //键按下计时
u8  KeyCode;                                 //给用户使用的键码，1 ~ 16 有效

/*************  本地函数声明  ***************/
void delay_ms(u8 ms);
void IO_KeyScan(void);
void PWM_config(void);
void IR_TxPulse(u16 pulse);
void IR_TxSpace(u16 pulse);
void IR_TxByte(u8 dat);

/****************  主函数  *****************/
void main(void)
{
    P0M1 = 0x00;   P0M0 = 0x00;   //设置为准双向口
    P1M1 = 0x00;   P1M0 = 0x00;   //设置为准双向口
    P2M1 = 0x00;   P2M0 = 0x00;   //设置为准双向口
    P3M1 = 0x00;   P3M0 = 0x00;   //设置为准双向口
    P4M1 = 0x00;   P4M0 = 0x00;   //设置为准双向口
    P5M1 = 0x00;   P5M0 = 0x00;   //设置为准双向口
    P6M1 = 0x00;   P6M0 = 0x00;   //设置为准双向口
    P7M1 = 0x00;   P7M0 = 0x00;   //设置为准双向口
```

```
    PWM_config( );
    P_IR_TX = IR_TX_OFF;
    EA = 1;                          //打开总中断

    while(1)
    {
        delay_ms(30);           //30ms
        IO_KeyScan( );

        if(KeyCode ! = 0)            //检测到键码
        {   TxTime = 0;
            //一帧最小长度=9+4.5+0.5625+24×1.125+8×2.25=59.062 5(ms)
            //一帧最大长度=9+4.5+0.5625+8×1.125+24×2.25=77.062 5(ms)
            IR_TxPulse(342);      //对应 9 ms,引导码间隔 9 ms
            IR_TxSpace(171);      //对应 4.5 ms,引导码间隔 4.5 ms
            IR_TxPulse(21);       //开始发送数据   0.562 5 ms
            IR_TxByte(User_code%256);    //发用户码低字节
            IR_TxByte(User_code/256);    //发用户码高字节
            IR_TxByte(KeyCode);              //发数据
            IR_TxByte( ~KeyCode);             //发数据反码

            if(TxTime < 56)  //一帧按最大 77 ms 发送, 不够补偿时间 108 ms
            {    TxTime = 56-TxTime;
                 TxTime = TxTime + TxTime / 8;
                 delay_ms(TxTime);}
            delay_ms(31);
            while(IO_KeyState ! = 0)//键未释放
            {    IR_TxPulse(342);      //对应 9 ms
                 IR_TxSpace(86);       //对应 2.25 ms
                 IR_TxPulse(21);       //开始发送数据   0.562 5 ms
                 delay_ms(96);
                 IO_KeyScan( );}
            KeyCode = 0;
        }
    }
}
// 延时函数
void delay_ms(u8 ms)
{
```

```
    u16 i;
    do{   i = MAIN_Fosc ;
          while(--i);
    }while(--ms);
}

/*************************************
    行列键扫描程序
    使用XY查找4×4键的方法,只能单键,速度快
   Y      P04       P05       P06       P07
           |         |         |         |
X          |         |         |         |
P00 ---- K00 ---- K01 ---- K02 ---- K03 ----
           |         |         |         |
P01 ---- K04 ---- K05 ---- K06 ---- K07 ----
           |         |         |         |
P02 ---- K08 ---- K09 ---- K10 ---- K11 ----
           |         |         |         |
P03 ---- K12 ---- K13 ---- K14 ---- K15 ----
           |         |         |         |
*************************************/
u8 code T_KeyTable[16] = {0,1,2,0,3,0,0,0,4,0,0,0,0,0,0,0};
void IO_KeyDelay(void)
{
    u8 i;
    i = 60;
    while(--i);}

void IO_KeyScan(void)                  //50 ms
{
    u8  j;
    j = IO_KeyState1;                  //保存上一次状态
    P0 = 0xf0;                          //X低,读Y
    IO_KeyDelay();
    IO_KeyState1 = P0 & 0xf0;
    P0 = 0x0f;                          //Y低,读X
    IO_KeyDelay();
    IO_KeyState1 |= (P0 & 0x0f);
    IO_KeyState1 ^= 0xff;              //取反
```

```
    if(j == IO_KeyState1)              //连续两次读相等
    {   j = IO_KeyState;
        IO_KeyState = IO_KeyState1;
        if(IO_KeyState != 0)                      //有键按下
        {   F0 = 0;
            if(j == 0)   F0 = 1;                  //第一次按下
            else if(j == IO_KeyState)
            {   if(++IO_KeyHoldCnt >= 20)    //1 s 后重键
                  {IO_KeyHoldCnt = 18;F0 = 1;}
            }
            if(F0)
            {   j = T_KeyTable[IO_KeyState >> 4];
                if((j != 0) && (T_KeyTable[IO_KeyState& 0x0f] != 0))
                KeyCode = (j-1) * 4 + T_KeyTable[IO_KeyState & 0x0f] + 16;}
        }
        else IO_KeyHoldCnt = 0;
    }
    P0 = 0xff;
}

/************** 发送脉冲函数 **************/
void IR_TxPulse(u16 pulse)
{   tx_cnt = pulse;
    PWMA_CCER2 = 0x00; //写 CCMRx 前必须先清零 CCxE 关闭通道
    PWMA_CCMR4 = 0x60; //设置 PWM4 模式 1 输出
    PWMA_CCER2 = 0x70; //使能 CC4NE 通道,低电平有效
    PWMA_IER = 0x10;   //使能捕获/比较 4 中断
    while(tx_cnt);}

/************** 发送空闲函数 **************/
void IR_TxSpace(u16 pulse)
{   tx_cnt = pulse;
    PWMA_CCER2 = 0x00; //写 CCMRx 前必须先清零 CCxE 关闭通道
    PWMA_CCMR4 = 0x40; //设置 PWM4 强制为无效电平
    PWMA_CCER2 = 0x70; //使能 CC4NE 通道,低电平有效
    PWMA_IER = 0x10;   //使能捕获/比较 4 中断
    while(tx_cnt);}
```

```
/* * * * * * * * * * * * * * 发送一个字节函数 * * * * * * * * * * * * * * */
void IR_TxByte(u8 dat)
{   u8 i;
    for(i=0; i<8; i++)
    {
        if(dat & 1)IR_TxSpace(63), TxTime += 2;  //数据1对应(1.687 5+0.562 5) ms
        else  IR_TxSpace(21), TxTime++;  //数据0对应(0.562 5+0.562 5) ms
        IR_TxPulse(21);                  //脉冲都是0.562 5 ms
        dat >>= 1;                       //下一个位
    }
}
void PWM_config(void)
{   P_SW2 |= 0x80;
    PWMA_CCER2 = 0x00;   //写 CCMRx 前必须先清零 CCxE 关闭通道
    PWMA_CCMR4 = 0x60;   //设置 PWM4 模式1 输出
    PWMA_ARRH = 0x02;   //设置周期时间
    PWMA_ARRL = 0x77;
    PWMA_CCR4H = 0;
    PWMA_CCR4L = 210;   //设置占空比时间
    PWMA_PS = 0x40;   //高级 PWM 通道 4N 输出脚选择位
    PWMA_ENO = 0x80;   //使能 PWM4N 输出
    PWMA_BKR = 0x80;   //使能主输出
    PWMA_CR1 |= 0x01;   //开始计时
}

/* * * * * * * * * * * * * * * PWM 中断函数 * * * * * * * * * * * * * * */
void PWMA_ISR()interrupt 26
{  if(PWMA_SR1 & 0X10)
    {  PWMA_SR1 = 0;
       if(--tx_cnt == 0)
       {  PWMA_CCER2 = 0x00; //写 CCMRx 前必须先清零 CCxE 关闭通道
          PWMA_CCMR4 = 0x40; //设置 PWM4 强制为无效电平
          PWMA_CCER2 = 0x70; //使能 CC4NE 通道, 低电平有效
          PWMA_IER = 0x00;   // 关闭中断
       }
    }
}
```

12.1.2 红外接收器设计

1. 红外接收部分电路原理

红外发射和红外接收是一对，成对使用。发射管是白色的，接收管是黑色的。可以使用三极管搭建接收电路，也可以使用比较器来搭建电路，下面展示用比较器搭建的红外接收电路，如图 12.2 所示。

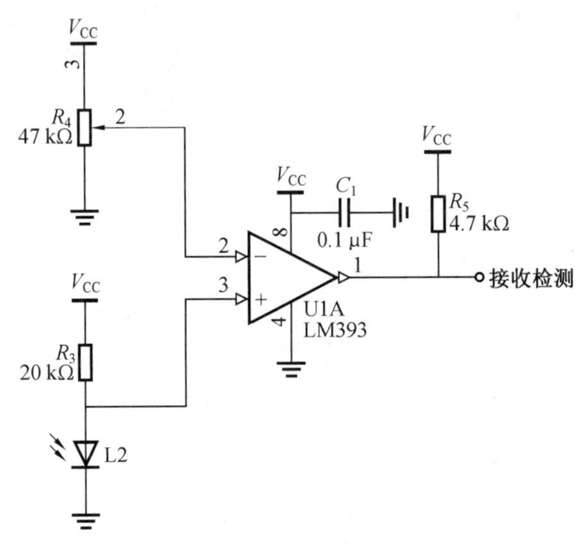

图 12.2　红外接收器

没有信号的时候，接收管接收不到反射红外线，从而不导通，LM393 的正极电压为 V_{CC}，可能会比 V_{CC} 要小，因为即使没有反射光，自然界也有微弱的红外线。另外接收管会有暗电流，大概为微安级，请参考规格书，与 LM393 的正级与负极电压比较，单片机接收到持续的高电平；有信号的时候，接收管接收到了红外线，从而导通，LM393 的正极的电压会根据反射光的强弱变化，反射光越强电压越低，反射光越弱电压越高，单片机接收到低电平。

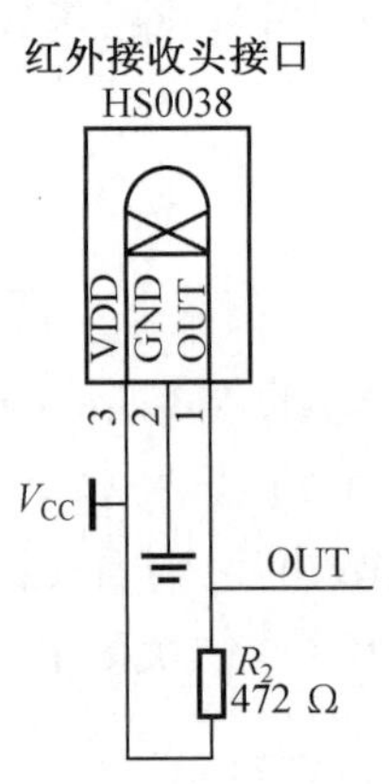

图 12.3　红外接收头

需要注意的是，黑色的红外接收管抗干扰能力比较弱，在设计电路的时候一般不选用，而是选用专用的红外接收头，常用的型号为 HS0038。而且，其红外接收电路简单，抗干扰能

力强,只需在 VDD 与 OUT 之间外接一个电阻,再接单片机 GPIO 口,如图 12.3 所示。

2. 红外接收器程序设计

寄存器声明和发射程序一样,因此只需复制过来即可,接收程序如下:

```
#define SysTick    10000    // 单位为次/s, 系统滴答频率, 在 4 000 ~ 16 000 Hz 范围内
#define DIS_DOT       0x20
#define DIS_BLACK     0x10
#define DIS_          0x11

/* * * * * * * * * * * * * * 自动定义宏 * * * * * * * * * * * * * */
#define Timer0_Reload    (65536UL -((MAIN_Fosc + SysTick/2) / SysTick))
//Timer0 中断频率

/* * * * * * * * * * * * * *    本地常量声明      * * * * * * * * * * * * * */
u8 code t_display[ ] = {
0x3F,0x06,0x5B,0x4F,0x66,0x6D,0x7D,0x07,0x7F,0x6F,0x77,0x7C,0x39,0x5E,
0x79,0x71,0x00,0x40,0x76,0x1E,0x70,0x38,0x37,0x5C,0x73,0x3E,0x78,0x3d,0x67,
0x50,0x37,0x6e,0xBF,0x86,0xDB,0xCF,0xE6,0xED,0xFD,0x87,0xFF,0xEF,0x46};
u8 code T_COM[ ] = {0x01,0x02,0x04,0x08,0x10,0x20,0x40,0x80};
/* * * * * * * * * * * * * *    本地变量声明      * * * * * * * * * * * * * */
u8   LED8[8];            //显示缓冲
u8   display_index;  //显示位索引
bit B_1ms;                //1 ms 标志
u8   cnt_1ms;            //1 ms 基本计时
/* * * * * * * * * * * *    红外接收程序变量声明    * * * * * * * * * * * * */
sbit P_IR_RX  =  P3^5;      //定义红外接收输入 I/O 口
u8   IR_SampleCnt;          //采样计数
u8   IR_BitCnt;             //编码位数
u8   IR_UserH;              //用户码(地址)高字节
u8   IR_UserL;              //用户码(地址)低字节
u8   IR_data;               //数据原码
u8   IR_DataShit;          //数据移位
bit P_IR_RX_temp;          //数据接收最后一位
bit B_IR_Sync;             //已收到同步标志
bit B_IR_Press;           //红外接收标志
u8   IR_code;               //红外键码
u16 UserCode;              //用户码
/* * * * * * * * * * * * * * * * 主函数 * * * * * * * * * * * * * * * */
void main(void)
{      u8   i;
```

```
P0M1 = 0x00;   P0M0 = 0x00;   //设置为准双向口
P1M1 = 0x00;   P1M0 = 0x00;   //设置为准双向口
P2M1 = 0x00;   P2M0 = 0x00;   //设置为准双向口
P3M1 = 0x00;   P3M0 = 0x00;   //设置为准双向口
P4M1 = 0x00;   P4M0 = 0x00;   //设置为准双向口
P5M1 = 0x00;   P5M0 = 0x00;   //设置为准双向口
P6M1 = 0x00;   P6M0 = 0x00;   //设置为准双向口
P7M1 = 0x00;   P7M0 = 0x00;   //设置为准双向口
display_index = 0;
AUXR = 0x80;     //Timer0 设置为定时模式,16 位自动重装载
TH0 = (u8)(Timer0_Reload / 256);
TL0 = (u8)(Timer0_Reload % 256);
ET0 = 1;     //Timer0 中断使能
TR0 = 1;     //Timer0 中断
cnt_1ms = SysTick / 1000;
EA = 1;     //打开总中断
for(i=0; i<8; i++)  LED8[i] = DIS_;
LED8[4] = DIS_BLACK;
LED8[5] = DIS_BLACK;
while(1)
{   if(B_1ms)   //1 ms 到
    {   B_1ms = 0;
        if(B_IR_Press)          //检测到收到红外键码
        {   B_IR_Press = 0;

            LED8[0] = (u8)((UserCode >> 12) & 0x0f);  //用户码高字节
                                                        的高半字节
            LED8[1] = (u8)((UserCode >> 8)  & 0x0f);  //用户码高字节
                                                        的低半字节
            LED8[2] = (u8)((UserCode >> 4)  & 0x0f);  //用户码低字节
                                                        的高半字节
            LED8[3] = (u8)(UserCode & 0x0f);  //用户码低字节的低半字节
            LED8[6] = IR_code >> 4;
            LED8[7] = IR_code & 0x0f;
        }
    }
}
}
```

```
/*************** 显示扫描函数 ***************/
void DisplayScan(void)
{   P7 = ~T_COM[7-display_index];
    P6 = ~t_display[LED8[display_index]];
    if(++display_index >= 8)  display_index = 0;  //8 位结束回 0
}

/******* 红外采样时间宏定义, 用户不要随意修改  *********/
#define IR_SAMPLE_TIME (1000000UL/SysTick)//查询间隔, 60 ~ 250 μs
#if ((IR_SAMPLE_TIME <= 250) && (IR_SAMPLE_TIME >= 60))
    #define D_IR_sample   IR_SAMPLE_TIME //采样时间,60 ~ 250 μs
#end if

#define D_IR_SYNC_MAX       (15000/D_IR_sample)//SYNC 最大时间
#define D_IR_SYNC_MIN       (9700 /D_IR_sample)//SYNC 最小时间
#define D_IR_SYNC_DIVIDE    (12375/D_IR_sample)//判断低电平或高电平
#define D_IR_DATA_MAX       (3000 /D_IR_sample)//最大时间数据
#define D_IR_DATA_MIN       (600  /D_IR_sample)//最小时间数据
#define D_IR_DATA_DIVIDE    (1687 /D_IR_sample)//判断低电平或高电平
#define D_IR_BIT_NUMBER     32              //数据位数

void IR_RX_NEC(void)
{
    u8  SampleTime;
    IR_SampleCnt++;                 //采样数为 01
    F0 = P_IR_RX_temp;              //保存最新的采样状态
    P_IR_RX_temp = P_IR_RX;         //读当前状态
    if(F0 && ! P_IR_RX_temp)        //前采样是高,当前采样是低,所以是下降沿
    {
        SampleTime = IR_SampleCnt;        //得到采样时间
        IR_SampleCnt = 0;                 //清采样计数器
        if(SampleTime > D_IR_SYNC_MAX)      B_IR_Sync = 0;
        else if(SampleTime >= D_IR_SYNC_MIN)
        {   if(SampleTime >= D_IR_SYNC_DIVIDE)
            {
                B_IR_Sync = 1;                //收到 SYNC
                IR_BitCnt = D_IR_BIT_NUMBER;  //加载数据位数
            }
        }
```

```
            else if(B_IR_Sync)                          //收到 SYNC
            {
                if(SampleTime > D_IR_DATA_MAX)          B_IR_Sync=0;
                else
                {
                    IR_DataShit >>= 1;                  //数据左移一位
                    if(SampleTime >= D_IR_DATA_DIVIDE)  IR_DataShit |= 0x80;
                    if(--IR_BitCnt == 0)                //数位为0
                    {
                        B_IR_Sync = 0;                  //消除 SYNC
                        if( ~IR_DataShit == IR_data)    //判断数据正反码
                        {
                            UserCode = ((u16)IR_UserH << 8)+ IR_UserL;
                            IR_code        = IR_data;
                            B_IR_Press     = 1;         //数据有效
                        }
                    }
                    else if((IR_BitCnt & 7)== 0)        //接收一个字节
                    {
                        IR_UserL = IR_UserH;      //保存使用的最高位
                        IR_UserH = IR_data;       //保存使用的最低位
                        IR_data  = IR_DataShit;   //保存红外数据
                    }
                }
            }
        }
}

/*************** Timer0 中断函数 ***************/
void timer0 (void)interrupt 1
{
    IR_RX_NEC();
    if(--cnt_1ms == 0)
    {
        cnt_1ms = SysTick / 1000;
        B_1ms = 1;          //1 ms 标志
        DisplayScan();   //1 ms 扫描显示一位
    }
}
```

12.1.3　红外遥控应用设计

1. 红外遥控应用原理

由于红外线遥控不具有像无线遥控那样穿过障碍物去控制被控对象的能力，所以在设计红外线遥控器时，不必像无线电遥控器那样，每套（发射器和接收器）要有不同的遥控频率或编码（否则，就会隔墙控制或干扰邻居的家用电器），同类产品的红外线遥控器可以有相同的遥控频率或编码，而不会出现遥控信号“串门”的情况。这对大批量生产以及在家用电器上普及红外遥控提供了极大的方便。而且红外线为不可见光，因此对环境影响很小，再由红外光波长远小于无线电波的波长，所以红外线遥控不会影响其他家用电器，也不会影响附近的无线电设备。

目前广泛使用的红外遥控的编码是NEC协议 的PWM（脉冲宽度调制）和Philips RC-5协议的PPM（脉冲位置调制）。以NEC协议的遥控器为例，其特征如下：

（1）8位地址和8位指令长度；

（2）地址和命令2次传输（确保可靠性）；

（3）PWM，以发射红外载波的占空比代表“0”和“1”；

（4）载波频率为38 kHz；

（5）位时间为1.125 ms或2.25 ms。

2. NEC 协议

NEC码的位定义：一个脉冲对应560 μs的连续载波，一个逻辑1传输需要2.25 ms（560 μs脉冲+1 680 μs低电平），一个逻辑0的传输需要1.125 ms（560 μs脉冲+560 μs低电平）。而遥控接收头在收到脉冲的时候为低电平，在没有脉冲的时候为高电平，这样，在接收头端收到的信号为：逻辑1应该是560 μs低+1 680 μs高，逻辑0应该是560 μs低+560 μs高。

NEC遥控指令的数据格式为：同步码头、地址码、地址反码、控制码、控制反码。同步码由一个9 ms的低电平和一个4.5 ms的高电平组成，地址码、地址反码、控制码、控制反码均是8位数据格式。按照低位在前、高位在后的顺序发送。采用反码是为了增加传输的可靠性（可用于校验）。

（1）时序图（图12.4）。

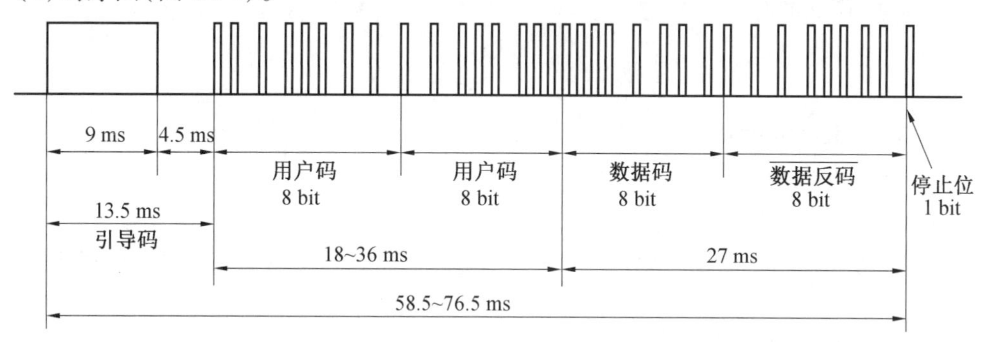

图12.4　NEC时序图

NEC的特点如下。

①协议规定低位首先发送。一串信息首先发送9 ms的AGC（自动增益控制）的高脉

冲,接着发送4.5 ms的起始低电平,接下来发送4个字节的地址码和命令码,这4个字节分别为:地址码、地址码反码、命令码、命令码反码。

②如果你一直按某个按键,一串信息也只能发送一次,按住某个按键,发送的则是以110 ms为周期的重复码。

③接收到的信号是跟发送信号正好反向的。

(2)重复码的格式(图12.5)。

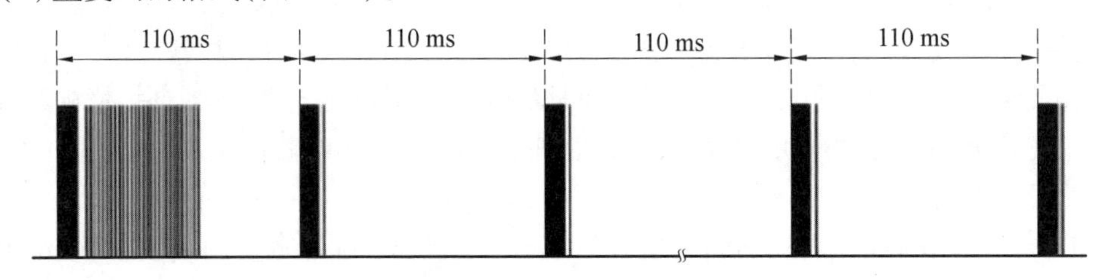

图12.5　重复码的格式

重复码由9 ms的AGC高电平和4.5 ms的低电平及一个560 μs的高电平组成。逻辑1由560 μs的高电平和1.69 ms的低电平组成的脉冲表示,逻辑0由560 μs的高电平和565 μs的低电平组成的脉冲表示。

(3)NEC的解码过程。

一般NEC的解码过程如下。

①产生下降沿,进入外部中断15的中断函数,延时一下之后检测I/O口是否还是低电平,然后等待9 ms的低电平过去。

②等待完9 ms低电平过去,再去等待4.5 ms的高电平过去。

③开始接收传送的4组数据:先等待560 μs的低电平过去,检测高电平的持续时间,如果超过1.12 ms,那么是高电平,高电平的持续时间为1.69 ms,低电平的持续时间为565 μs。

④检测接收到的数据和数据的反码进行比较,是否等到的数据是一样的。

3. 红外遥控器程序设计

通过红外遥控器控制LED的亮灭,程序如下:

```
#define LED_KEY_VALUE0X45       //可根据按键值修改
extern u8 IR_data;
void main()
{
    u8 ired_tempx=0;
    u8 ired_tempy=0;
    u8 key_cnt_led=0;
    while(1)
    {
        red_tempx=IR_data;                    //保存键值
        if(ired_tempx! =0)ired_tempy=ired_tempx;
        if(ired_tempx= =LED_KEY_VALUE)  //如果是第一键按下
        {
```

```
            IR_data=0;                    //清零,等待下次按键按下
            key_cnt_led++;
            if(key_cnt_led==3)key_cnt_led=1;
        }
        if(key_cnt_led==1)LED1=0;
        else LED1=1;
    }
}
```

12.2　无线通信

无线通信是指多个节点间不经由导体或缆线传播进行的远距离传输通信,利用收音机、无线电等都可以进行无线通信。无线通信包括各种固定式、移动式和便携式应用,例如双向无线电、手机、个人数码助理及无线网络。其他无线通信的例子还有 GPS、车库门遥控器、无线鼠标等。

在单片机中无线通信一般多用 2.4G 频段,包括蓝牙和 WiFi,区别在于采用的协议不一样而已。2.4G 无线模块工作在全球免申请 ISM 频道 2 400 ~2 483 MHz 范围内,实现开机自动扫频功能,共有 50 个工作信道,可以同时供 50 个用户在同一场合同时工作,无须使用者人工协调、配置信道。同时,可以根据成本考虑,选择 10 m、50 m、150 m、600 m 多种类型无线模块。接收单元和遥控器单元具有一键自动对码功能,数字地址编码,容量大,避免地址重复。下面以 nRF24L01 无线通信模块为例,简单介绍单片机中无线通信的原理及运用。

12.2.1　nRF24L01 模块的工作原理

1. nRF24L01 模块简介

nRF24L01 模块是由 Nordic 生产的工作在 2.4 ~2.5 GHz 的 ISM 频段的单片无线收发器芯片,有着极低的电流消耗。nRF24L01 与 5 V 单片机通过 SPI 接口进行通信,输出功率、频道选择和协议可以通过 SPI 接口进行设置,几乎可以连接到各种单片机芯片,并完成无线数据传送工作。

2. 引脚说明

nRF24L01 模块一共有 8 个引脚,通过以下 6 个引脚,便可实现模块的所有功能。

(1)MOSI:主器件数据输出,从器件数据输入。

(2)MISO:主器件数据输入,从器件数据输出。

(3)SCK:时钟信号,由主器件产生。

(4)CSN :从器件使能信号(片选线)。

(5)CE:芯片使能,使能器件的发送模式或者接收模式。高电平有效,在发送和接收过程中都要将这个引脚拉高。

(6)IRQ:中断信号线,中断输出。低电平有效,中断时变为低电平,在以下三种情况变低:Tx FIFO 发完并且收到 ACK(使能 ACK 的情况下)、Rx FIFO 收到数据、达到最大重发次数。

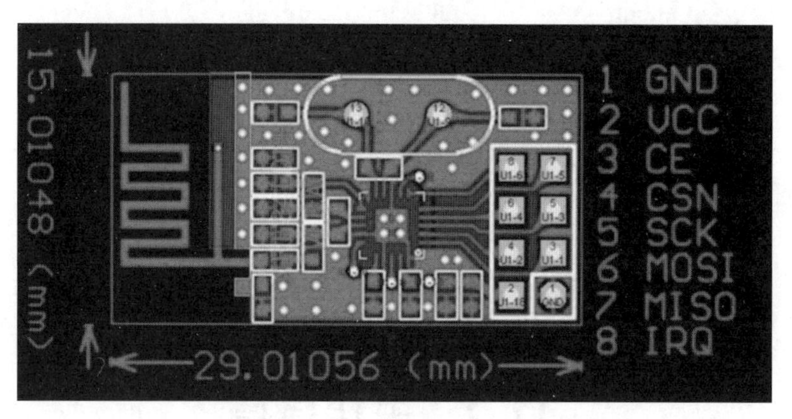

图 12.6　接口电路

另外，如图 12.6 所示，VCC 接电源，GND 接地，电压范围为 1.9 ~ 3.6 V，超过 3.6 V 将会烧毁模块。一般电压 3.3 V 左右。除电源 VCC 和接地端，其余脚都可以直接和普通的 5 V单片机 I/O 口直接相连，无须电平转换。通过 SPI 接口，可激活在数据寄存器 FIFO 中的数据，或者通过 SPI 命令访问寄存器。在待机或掉电模式下，单片机通过 SPI 接口配置模块；在发射或接收模式下，单片机通过 SPI 接口接收或发射数据。

3. SPI 指令

SPI 指令如表 12.1 所示。

表 12.1　SPI 指令表

指令名称	指令格式	字节数	操作说明
R_REGISTER	000AAAAA	1 ~ 5	读寄存器，AAAAA 表示寄存器地址
W_REGISTER	001AAAAA	1 ~ 5	写寄存器，AAAAA 表示寄存器地址，只能在掉电或待机模式下操作
R_RX_PAYLOAD	011000010x61	1 ~ 32	在接收模式下读 1 ~ 32 个字节 RX 有效数据，从字节 0 开始，数据读完后 FIFO 寄存器清空
W_TX_PAYLOAD	101000000xA0	1 ~ 32	在发射模式下写 1 ~ 31 个字节 TX 有效数据，从字节 0 开始
FLUSH_TX	11100001	0	发射模式下，清空 TXFIFO 寄存器
FLUSH_RX	111000100xE2	0	在接收模式下，清空 RXFIFO 寄存器。在传输应答信号时不应执行此操作，否则不能传输完整的应答信号
REUSE_TX_PL	111000110xE3	0	应用于发射端。重新使用上一次发射的有效数据，CE = 1 时，数据不断重新发射。在发射数据包过程中，应禁止数据包重用功能
NOP	11111111	0	空操作，可用于读状态寄存器

12.2.2　nRF24L01 模块的工作模式

nRF24L01 模块的工作模式由 CE 和 PWR_UP（CONFIG 寄存器第 1 位）、PRIM_RX

(CONFIG 寄存器第0位)共同操纵,如表12.2所示。

表12.2　nRF24L01 模块的工作模式

模式	PWR_UP	PRIM_RX	CE	FIFO 寄存器状态
接收模式	1	1	1	—
发射模式	1	0	1[1]	发射所有数据
发射模式	1	0	0→1[2]	发射一个数据
待机模式1	1	0	1	TX FIFO 为空
待机模式2	1	—	0	无正在传输的数据
掉电模式	0	—	—	—

和传统的射频器件一样,数据必须在传输速率为1 Mbps、250 kbps或者低频状态进行设定,以保证接收机能探测到信号。在接收模式下,最多可以接收6路不同的数据。每一个数据通道使用不同的地址,但是共用相同的频道。也就是说6个不同的nRF24L01设置为发送模式后可以与同一个设置为接收模式的nRF24L01进行通信,而设置为接收模式的nRF24L01可以对这6个发射端进行识别。

12.2.3　nRF24L01 的驱动程序

1. nRF24L01 的发送流程

(1)把地址和要发送的数据按时序送入nRF24L01。

(2)配置CONFIG寄存器,使之进入发送模式。

(3)微控制器把CE置高(至少10 μs)。

(4)发射完成,nRF24L01进入空闲状态。

初始化nRF24L01到TX模式:CE置低;写Tx节点的地址;写Rx节点的地址,使能自动应答;使能通道x的自动应答;使能通道x的接收地址;设置自动重发间隔时间和最大自动重发次数;设置RF通道;配置TX发射参数(低噪放大器增益、发射功率、无线速率);配置基本工作模式的参数;CE拉高,进入发送模式,注意CE要拉高一段时间才进入发送模式。

2. nRF24L01 的接收流程

(1)配置接收地址和要接收的数据包大小。

(2)配置CONFIG寄存器,使之进入接收模式,把CE置高。

(3)130 μs后,nRF24L01进入监视状态,等待数据包的到来。

(4)当接收到正确的数据包(正确的地址和CRC校验码),nRF2401自动把字头、地址和CRC校验位移去。

(5)STATUS寄存器的RX_DR置位(STATUS一般引起微控制器中断)通知微控制器。

(6)微控制器把数据从FIFO读出(0X61指令)。

(7)所有数据读取完毕后,可以清除STATUS寄存器。进入四种主要的模式之一。

初始化nRF24L01到RX模式:CE置低;写RX节点地址;使能通道x的自动应答;使能通道0的接收地址;设置RF通信频率;选择通道x的有效数据宽度;设置TX发射参数;配

置基本工作模式的参数;CE 拉高,进入接收模式。

3. nRF24L01 收发程序

```
#define uchar unsigned char
#define uint unsigned int
#define ulong unsigned long

#define TX_ADR_WIDTH 5    // 5 个字节宽度的发送/接收地址
#define TX_PLOAD_WIDTH 4   // 数据通道有效数据宽度

sbit LED = P2^0;            // 根据实际情况修改
sbit beep = P1^5;           // 根据实际情况修改

uchar code TX_ADDRESS[TX_ADR_WIDTH] = {0x34,0x43,0x10,0x10,0x01};
// 定义静态发送地址
uchar RX_BUF[TX_PLOAD_WIDTH];
uchar TX_BUF[TX_PLOAD_WIDTH];
uchar flag;
uchar DATA = 0x01;
uchar bdata sta;
sbit  RX_DR     = sta^6;
sbit  TX_DS     = sta^5;
sbit  MAX_RT     = sta^4;

sbit CE =  P1^2;            // 根据实际情况修改
sbit CSN=  P1^3;            // 根据实际情况修改
sbit SCK=  P1^7;            // 根据实际情况修改
sbit MOSI= P1^1;            // 根据实际情况修改
sbit MISO= P1^6;            // 根据实际情况修改
sbit IRQ = P1^4;            // 根据实际情况修改

// SPI(nRF24L01)commands
#define READ_REG     0x00  // 定义读指令寄存器
#define WRITE_REG    0x20  // 定义写指令寄存器
#define RD_RX_PLOAD 0x61  // 定义接收有效载荷寄存器地址
#define WR_TX_PLOAD 0xA0  // 定义发送有效载荷寄存器地址
#define FLUSH_TX     0xE1  // 定义清除发送寄存器指令
#define FLUSH_RX     0xE2  // 定义清除接收寄存器指令
#define REUSE_TX_PL 0xE3  // 定义复用发送有效载荷寄存器指令
#define NOP          0xFF  // 定义无操作,可能用于读状态寄存器
```

```
// SPI(nRF24L01)registers(addresses)
#define CONFIG          0x00
#define EN_AA           0x01
#define EN_RXADDR       0x02
#define SETUP_AW        0x03
#define SETUP_RETR      0x04
#define RF_CH           0x05
#define RF_SETUP        0x06
#define STATUS          0x07
#define OBSERVE_TX      0x08
#define CD              0x09
#define RX_ADDR_P0      0x0A
#define RX_ADDR_P1      0x0B
#define RX_ADDR_P2      0x0C
#define RX_ADDR_P3      0x0D
#define RX_ADDR_P4      0x0E
#define RX_ADDR_P5      0x0F
#define TX_ADDR         0x10
#define RX_PW_P0        0x11
#define RX_PW_P1        0x12
#define RX_PW_P2        0x13
#define RX_PW_P3        0x14
#define RX_PW_P4        0x15
#define RX_PW_P5        0x16
#define FIFO_STATUS 0x17   // FIFO 状态寄存器地址

sbit MOSIO = P3^4;
sbit R_CLK = P3^5;
sbit S_CLK = P3^6;
void blink(char i);
void ASame(char t);

void init_io(void)
{   CE  = 0;          // 关闭使能
    CSN = 1;          // SPI 禁止
    SCK = 0;          // SPI 时钟置低
    IRQ = 1;          // 中断复位
    LED = 1;          // 关闭指示灯
```

```
}

void delay_ms(uchar x)
{   uchar i, j;
    i = 0;
    for(i=0; i<x; i++)
    {
        j = 250;
        while(--j);
        j = 250;
        while(--j);
    }
}

//读写一个字节
uchar SPI_RW(uchar byte)
{   uchar i;
    for(i=0; i<8; i++)   // 循环 8 次
    {   MOSI = (byte & 0x80);   // byte 最高位输出到 MOSI
        byte <<= 1;   // 低一位移位到最高位
        SCK = 1;   // 拉高 SCK
        byte |= MISO;   // 读 MISO 到 byte 最低位
        SCK = 0;   // SCK 置低
    }
    return(byte);   // 返回读取一个字节
}

//写数据到寄存器
uchar SPI_RW_Reg(uchar reg, uchar value)
{   uchar status;
    CSN = 0;   // CSN 置低,开始传输数据
    status = SPI_RW(reg);   // 选择寄存器,同时返回状态字
    SPI_RW(value);   // 写数据到寄存器
    CSN = 1;   // CSN 拉高,结束数据传输
    return(status);   // 返回状态寄存器
}

//从 reg 寄存器读字节
uchar SPI_Read(uchar reg)
```

```
{uchar reg_val;
    CSN = 0;  // CSN 置低,开始传输数据
    SPI_RW(reg);  // 选择寄存器
    reg_val = SPI_RW(0);  // 然后从该寄存器读数据
    CSN = 1;  // CSN 拉高,结束数据传输
    return(reg_val);  // 返回寄存器数据
}

//从 reg 寄存器读数据
uchar SPI_Read_Buf(uchar reg, uchar * pBuf, uchar bytes)
{  uchar status, i;
    CSN = 0;  // CSN 置低,开始传输数据
    status = SPI_RW(reg);  // 选择寄存器,同时返回状态字
    for(i=0; i<bytes; i++)
    pBuf[i] = SPI_RW(0);  // 逐个字节从 nRF24L01 读出
    CSN = 1;  // CSN 拉高,结束数据传输
    return(status);  // 返回状态寄存器
}

//把缓存的数据写入 NRF
uchar SPI_Write_Buf(uchar reg, uchar * pBuf, uchar bytes)
{  uchar status, i;
    CSN = 0;  // CSN 置低,开始传输数据
    status = SPI_RW(reg);  // 选择寄存器,同时返回状态字
    for(i=0; i<bytes; i++)
    SPI_RW(pBuf[i]);  // 逐个字节写入 nRF24L01
    CSN = 1;  // CSN 拉高,结束数据传输
    return(status);  // 返回状态寄存器
}

//将 nRF24L01 设置为接收模式
void RX_Mode(void)
{CE = 0;
    SPI_Write_Buf(WRITE_REG + RX_ADDR_P0, TX_ADDRESS, TX_ADR_WIDTH);
    SPI_RW_Reg(WRITE_REG + EN_AA, 0x01);  // 使能接收通道 0 自动应答
    SPI_RW_Reg(WRITE_REG + EN_RXADDR, 0x01);  // 使能接收通道 0
    SPI_RW_Reg(WRITE_REG + RF_CH, 40);  // 选择射频通道 0x40
    SPI_RW_Reg(WRITE_REG + RX_PW_P0, TX_PLOAD_WIDTH);
    SPI_RW_Reg(WRITE_REG + RF_SETUP, 0x07);
```

```
    SPI_RW_Reg(WRITE_REG + CONFIG, 0x0f);
    delay_ms(150);
    CE = 1;  // 拉高 CE 启动接收设备
}

//将 nRF24L01 设置为发送模式
void TX_Mode(uchar * BUF)
{  CE = 0;
    SPI_Write_Buf(WRITE_REG + TX_ADDR, TX_ADDRESS, TX_ADR_WIDTH);
    SPI_Write_Buf(WRITE_REG + RX_ADDR_P0, TX_ADDRESS, TX_ADR_WIDTH);
    SPI_Write_Buf(WR_TX_PLOAD, BUF, TX_PLOAD_WIDTH);
    SPI_RW_Reg(WRITE_REG + EN_AA, 0x01);   // 使能接收通道 0 自动应答
    SPI_RW_Reg(WRITE_REG + EN_RXADDR, 0x01);   // 使能接收通道 0
    SPI_RW_Reg(WRITE_REG + SETUP_RETR, 0x0a);
    SPI_RW_Reg(WRITE_REG + RF_CH, 40);   // 选择射频通道 0x40
    SPI_RW_Reg(WRITE_REG + RF_SETUP, 0x07);
    SPI_RW_Reg(WRITE_REG + CONFIG, 0x0e);   // CRC 使能
    delay_ms(150);
    CE = 1;}

//检查接收设备有无数据包,设定没有应答信号重发
uchar Check_ACK(bit clear)
{  while(IRQ);
    sta = SPI_RW(NOP);  // 返回状态寄存器
    if(TX_DS){}
    if(MAX_RT)
    if(clear)  // 是否清除 TX FIFO
    SPI_RW(FLUSH_TX);
    SPI_RW_Reg(WRITE_REG + STATUS, sta);  // 清除 TX_DS 或 MAX_RT 中断标志
    IRQ = 1;
    if(TX_DS)
    return(0x00);
    else
    return(0xff);
}

//检查按键是否按下,按下发送一字节数据
void CheckButtons()
{P3 |= 0x00;
```

```
        if(!(P3 & 0x01))
        {   delay_ms(20);
            if(!(P3 & 0x01))  // 读取按键状态
            {   TX_BUF[0] = ~DATA;
                //TX_BUF[0] = 0xff;  //数据送到缓存
                TX_Mode(TX_BUF);    // 把 nRF24L01 设置为发送模式并发送数据
                //LED = ~DATA;  // 数据送到 LED 显示
                Check_ACK(0);   //等待发送完毕,清除 TX FIFO
                delay_ms(250);
                delay_ms(250);
                LED = 1;  // 关闭 LED
                RX_Mode();  // 设置为接收模式
                while(!(P3 & 0x01));
                DATA <<= 1;
                if(! DATA)
                DATA = 0x01;
            }
        }
}

void ASame(char t)//蜂鸣器函数
{   uchar i,j;
    for(i=0;i<200;i++)
    {   beep=~beep;
        for(j=0;j<t;j++);}
}

void blink(char i)//流水灯函数
{   P2=~0x01;
    delay_ms(450); //大约延时 450 ms
    for(i=0;i<8;i++)
    {
        P2=~(0x01<<i);//将 1 右移 i 位,然后将结果赋值到 P0 口
        delay_ms(450);}
    P2=0Xff;}

void main(void)
{   init_io();  // 初始化 I/O
    RX_Mode();  // 设置为接收模式
```

```
    while(1)
    {   sta = SPI_Read(STATUS);   // 读状态寄存器
        if(RX_DR)  // 判断是否接收数据
        {SPI_Read_Buf(RD_RX_PLOAD, RX_BUF, TX_PLOAD_WIDTH);flag = 1;}
        SPI_RW_Reg(WRITE_REG + STATUS, sta);   // 清除 RX_DS 中断标志
        if(flag)  // 接收完成
        {   if(RX_BUF[0] == 1)
              {blink(2);}
            if(RX_BUF[0] == 2)
              {ASame(30); ASame(50); ASame(80);ASame(100);}
            flag = 0;  // 清除标志
            delay_ms(250);
            delay_ms(250);
            LED = 1;  // 关闭 LED
        }
    }
}
```

第 13 章　单片机与运动控制

运动控制(motion control, MC)是自动化领域的一个分支,起源于早期的伺服控制。简单地说,运动控制就是对机械运动部件的位置、速度等进行实时的控制管理,使其按照预期的运动轨迹和规定的运动参数进行运动。一个运行控制系统,通常由控制器、驱动器、传感器三个部分组成,一般的闭环运动控制系统组成如图 13.1 所示。控制器可以是单片机、可编程逻辑控制器(PLC)、运控控制卡、专用运控控制器等,控制各个部件按照预先设定的要求,协调一致完成各项工作。驱动器是运动控制中的执行部件,一般分为电动式、液压式和气动式三种,其中电动式驱动器控制方便、性能优良、动作灵敏,且容易小型化,已经得到广泛应用。传感器是能感受现实世界中被测量的物理信息,并能将感受到的物理信息按一定规律变换成为电信号或其他所需形式的信息输出,以满足信息的传输、处理、存储、显示、记录和控制等要求的检测装置,是实现自动检测和自动控制的首要环节。

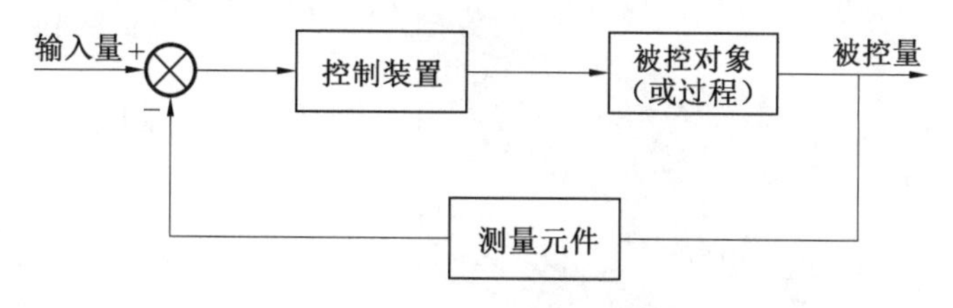

图 13.1　闭环运动控制系统组成

13.1　传感器与单片机的接口设计

13.1.1　光栅尺位移传感器与单片机接口设计

光栅尺位移传感器是一种非接触式运动位移检测传感器,简称光栅尺。它是基于莫尔条纹原理,通过光电转换,以数字方式表示线性位移量的高精度位移传感器。光栅尺被广泛应用于精密运动控制系统的闭环伺服系统中,可用于直线位移或者角位移的检测。

光栅尺由标尺光栅和光栅读数头两部分组成,其内部组成结构图如图 13.2 所示。标尺光栅一般是在玻璃或者钢带尺上,制作一系列条纹和狭缝,一个条纹和狭缝的宽度称为栅距。光栅读数头由光源、会聚透镜、指示光栅、光电元件及调整机构等组成,是光栅检测装置的关键部分。尺体装在移动部件上,读数头装在固定部件上。也可以把读数头装在移动部件上(针对尺体移动不方便的情况),测量效果是一样的,不同的是信号线移动不方便。

尺体移动就是一对光栅中的主光栅(标尺光栅)和副光栅(指示光栅)进行相对位移,在光的干涉与衍射共同作用下产生黑白相间(或明暗相间)的规则条纹(莫尔条纹)。光电器件将黑白(或明暗)相同的条纹分别转换成正弦波变化的电信号,再经过电路的放大和整形后,得到两个相位差 90°的正弦波或方波信号 A 和 B。正弦波或方波的周期数与移动距离成正比。尺体正向移动时,A 信号超前 B 信号 90°;尺体反向移动时,A 信号滞后 B 信号

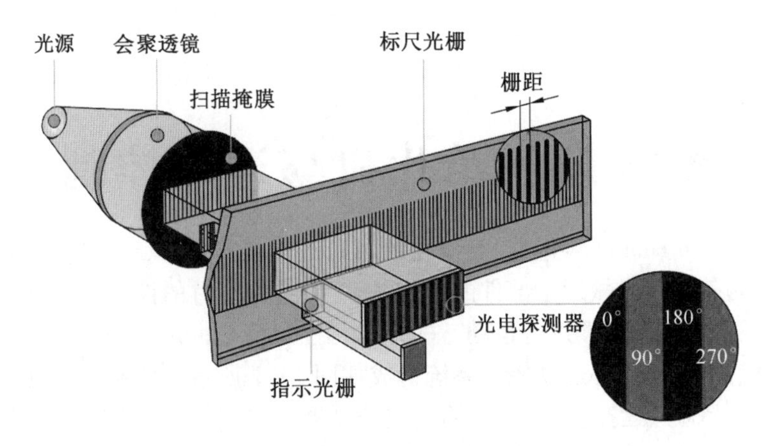

图 13.2　光栅尺位移传感器内部结构图

90°。有些光栅尺还输出一个 Z 信号(回零信号)。图 13.3 所示为某型号光栅尺位移传感器,其输出为 TTL 方波信号,将单片机三个输入引脚分别连接光栅尺 A、B、Z 相输出,判断 A、B 相位和方波周期个数,即可计算得到位移方向和距离。

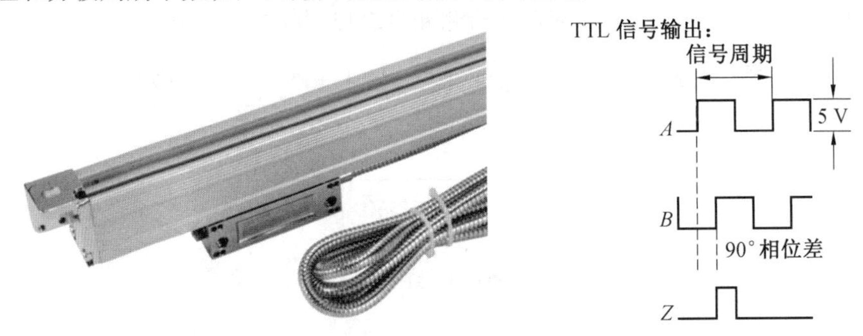

图 13.3　光栅尺位移传感器及其 TTL 信号

13.1.2　编码盘接口设计

编码器是用来测量角位移的一种传感器,通常由编码盘、检测装置等构成。编码盘按照某一规律刻有栅格或磁条,其结构图如图 13.4 所示。检测装置对光电传感器或者霍尔元件刻度检测计数、信号处理和输出。编码器分为绝对式编码器和增量编码器两种,前者能直接给出与角位置相对应的数字码;后者利用计算系统将旋转码盘产生的脉冲增量针对某个基准数进行加减。

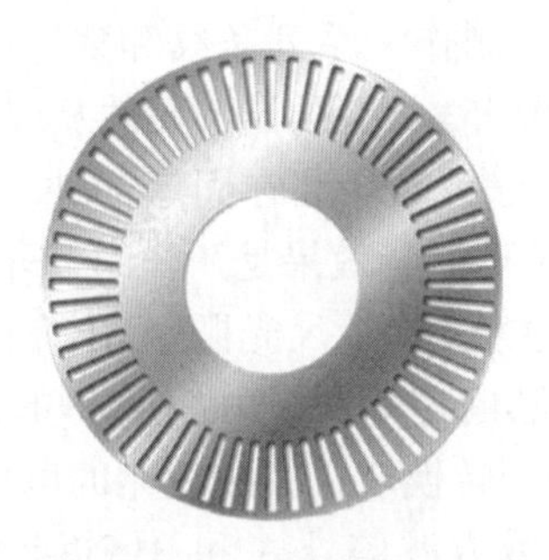

图 13.4　栅格编码盘

以增量编码器为例，其使用码盘每圈产生的脉冲数来计量，数目从6到5 400或更高，脉冲数越多，分辨率越高。增量编码器通常有A、B和Z三路TTL电平信号输出，A与B脉冲相差90°，可利用A超前B或B超前A进行方向判断，每圈发出一个Z脉冲，可作为参考机械零位。

某集成编码器外形结构如图13.5所示，其包括红、黑、绿、白、黄、屏蔽线6条引线，红线和黑线分别接电源和公共地，屏蔽线与公共地相连，绿、白、黄线分别为A、B和Z信号输出线。在软件实现上，单片机对A、B和Z脉冲进行捕获中断检测，经过计算得到传动轴的转动方向、角位移、转动速度、转动圈数等信息。在一般的转动方向判断上，只需要进行脉冲先后检测即可，而不必进行严格相位差检测。例如，将A相连接至单片机外部输入捕获引脚，在产生中断时检测连接B相引脚的电平，高电平为反转，低电平为正转。

图13.5　集成编码器

13.1.3　角度传感器接口设计

角度传感器可以测量物体相对于某一参考点的旋转角度，它广泛应用于机器人、航空航天、汽车、船舶等领域。当传感器与物体连接时，随着物体旋转，传感器产生变化的信号。这些信号可以被传感器读取，然后转换成数字信号，通过处理器进行处理和分析，最终得到物体旋转的精确角度和方向。常见的是旋转角度传感器、磁性角度传感器和光学角度传感器。旋转角度传感器适用于高精度角度测量，可以测量60°以上的旋转角度。磁性角度传感器通过将传感器和磁性物质相连接，可以测量物体相对于磁场的旋转角度。而光学角度传感器则利用光学原理，通过测量光电传感器接收到的光信号的变化来测量角度。

旋转角度传感器通常使用高精度电位器将角度变化转换为电压变化，其实质为高精度旋转滑动变阻器。这种电位器一般使用导电塑料作为电阻材料，通过模压及激光修刻微调，能够保证精度，电位角度传感器如图13.6所示。OUT引脚为电位输出，VCC为电位器电源输入，GND为公共地。机械运动带动传感器中轴转动，引起阻值变化进而改变输出电压。为适配单片机模数转换采样，VCC一般接5 V或3.3 V，线性传感器角度与电位器输出电压关系如图13.7所示。

13.1.4　超声波测距传感器接口设计

超声波指向性强，在介质中传播的距离较远，因而超声波经常用于距离的测量。利用超声波检测往往比较迅速、方便、计算简单，易于做到实时控制，并且在测量精度方面能达到工

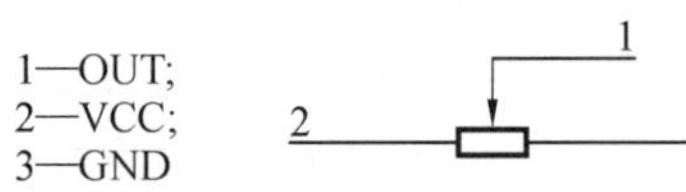

图 13.6　电位角度传感器

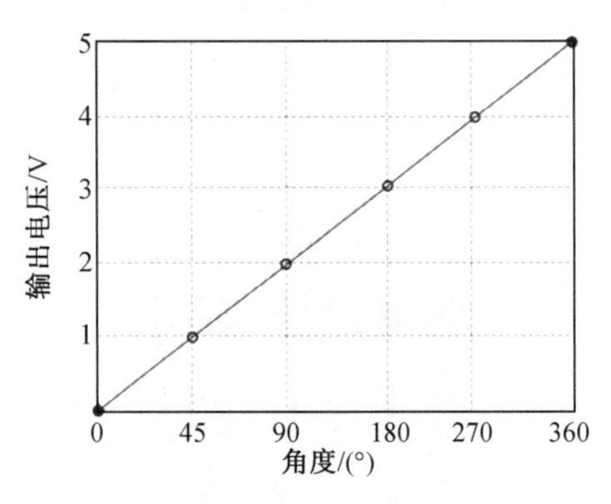

图 13.7　角度与电位器输出电压关系

业实用的要求,因此在移动机器人的研制上也得到了广泛的应用。

超声波测距的原理是通过发射声波,测量声波传播的时间来计算距离。根据声波在介质中的传播速度,计算出发射点至接收点的距离。在实际应用中,回波法测距简单、易于实现,得到广泛的使用。发射设备发出一次超声波信号,当发射的超声波达到目标物体时,超声波被反射,并被接收设备接收。从发射波发出到接收波到达的时间即超声波在介质中的飞越总时间,从而可以计算出距离。通常情况下,超声波在空气中的传播速度是 340 m/s,距离计算公式如下:

$$\text{Distance}=\text{Time}\times v/2 \tag{13.1}$$

其中,Distance 为传感器到目标物的距离;Time 为发射到接收的总时间;v 为超声波在介质中的传播速度。

目前,利用超声波测距已实现模块化,图 13.8 所示为某公司生产的超声波测距模块,VCC 接电源,GND 为地线,TRIG 用于触发控制,ECHO 用于回响信号输出,OUT 用于开关量输出。该模块集成了超声波发射器、超声波接收器以及信号处理电路,使用 TRIG 引脚触发测距,给至少 10 μs 的高电平信号,模块自动发送 8 个 40 kHz 的方波。自动检测是否有信号返回,有则通过 ECHO 引脚输出一个高电平,高电平持续的时间就是超声波从发射到返回的时间。超声波时序图如图 13.9 所示。

13.1.5　红外传感器接口设计

随着探测设备技术的发展,红外感应器已经在现代化的生产实践中广泛应用。红外感应器是一种以红外线为介质来完成测量功能的传感器,能感受物体的红外能量并将其转换

图 13.8　超声波测距模块

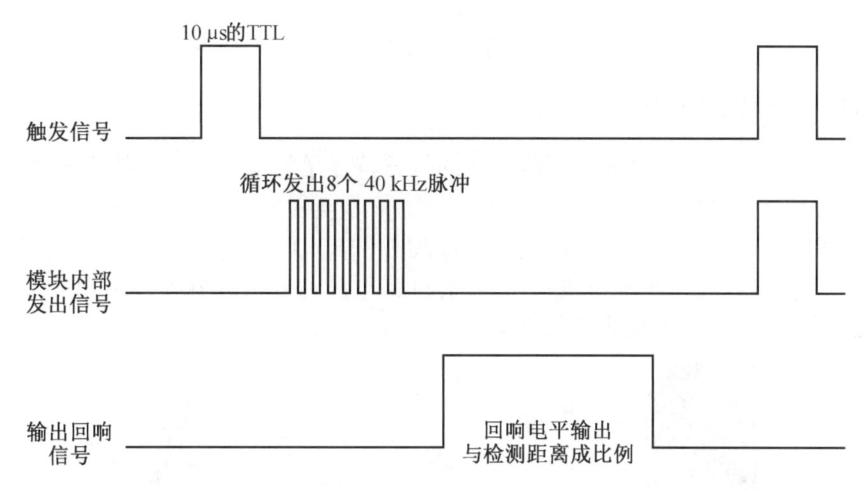

图 13.9　超声波时序图

成电信号。红外线又称红外光,它具有反射、折射、散射、干涉、吸收等性质。红外传感器一般由光学系统、检测元件和转换电路三个部分组成。图 13.10 所示为一款集发射和接收一体的红外光电传感器,VCC 引脚接电源,GND 为公共地,OUT 输出高低电平,连接单片机 I/O 口。发射光经过发射器调制后发出,接收器对反射光进行解调输出,有效避免可见光的干扰,传感器内部调制解调原理如图 13.11 所示。该传感器可以应用于生产线货物自动计件、多功能报警、机器人运动轨迹控制等应用场景。

图 13.10　红外光电传感器

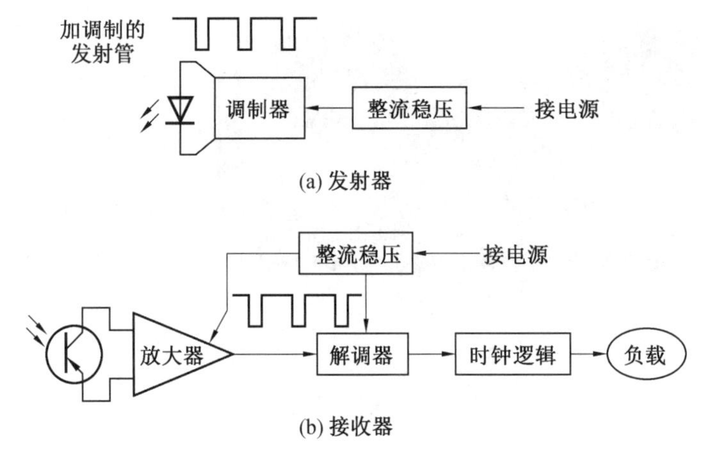

图 13.11　传感器内部调制解调原理

13.1.6　激光雷达测距接口设计

激光雷达测距是以发射激光束探测目标的位置特征量的雷达系统。其工作原理是向目标发射激光束,然后将接收到的从目标反射回来的信号与发射信号进行比较,进行适当处理后,利用飞行时间获得目标距离参数,其测距原理如图 13.12 所示。它由激光发射机、光学接收机、转台和信息处理系统等组成,激光发射机将电脉冲变成光脉冲发射出去,光学接收机再把从目标反射回来的光脉冲还原成电脉冲,送到显示器。

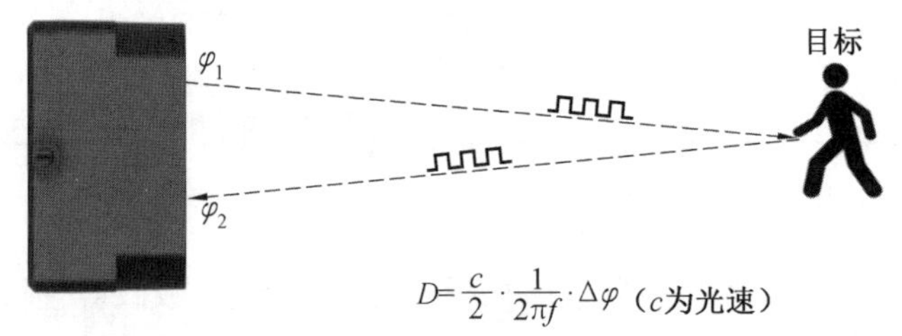

图 13.12　测距原理示意图

图 13.13 所示为深圳玩智商科技有限公司生产的一款型号为 YDLIDAR G4 的 360°二位激光雷达测距传感器,包括 VCC、GND、Rx、Tx、NC 五根连线。VCC 接 5 V 电源,GND 为公共地,Rx、Tx 分别接单片机串口的 TxD、RxD 端,NC 为空引脚。单片机将扫描命令通过串口下发给传感器,传感器按照特定协议将角度信号和距离信号返回给单片机,扫描命令应答数据协议及其描述如图 13.14 和表 13.1 所示。具体的命令及操作说明可通过 YDLIDAR 产品中心下载。

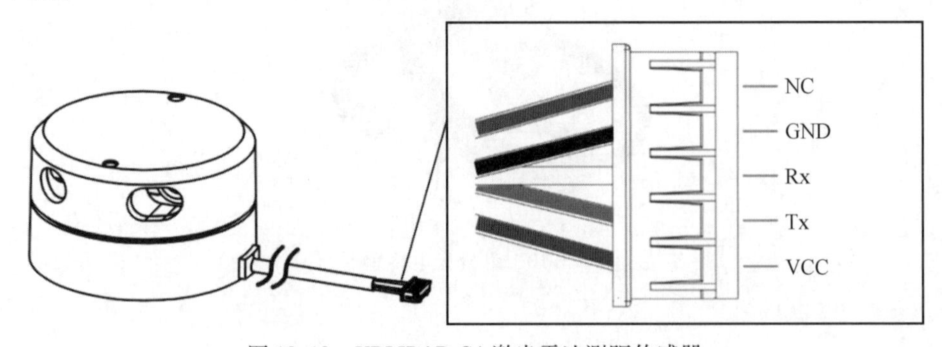

图 13.13　YDLIDAR G4 激光雷达测距传感器

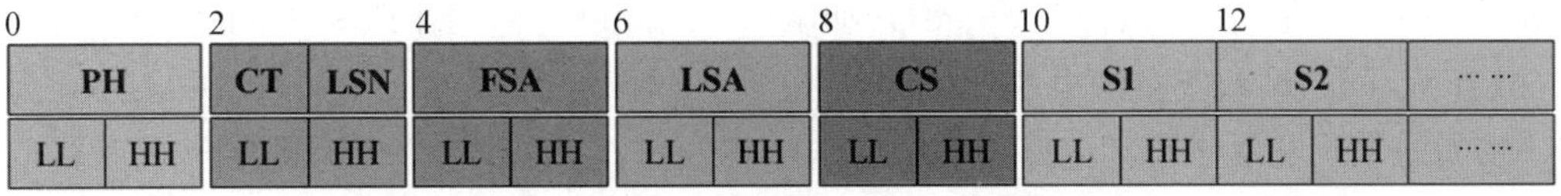

0		2		4		6		8		10		12		
PH		CT	LSN	FSA		LSA		CS		S1		S2		……
LL	HH	LL	HH	LL	HH	LL	HH	LL	HH	LL	HH	LL	HH	……

图 13.14　YDLIDAR G4 命令应答数据协议

表 13.1　YDLIDAR G4 命令应答数据描述

内容	名称	描述
PH(2B)	数据包头	长度为 2B,固定为 0x55AA,低位在前,高位在后
CT(1B)	包类型	表示当前数据包的类型,0x00 表示点云数据包,0x01 表示零位数据包
LSN(1B)	采样数量	表示当前数据包中包含的采样点数量,零位数据包中只有 1 个零位点的数据,该值为 1
FSA(2B)	起始角	采样数据中第一个采样点对应的角度数据
LSA(2B)	结束角	采样数据中最后一个采样点对应的角度数据
CS(2B)	校验码	当前数据包的校验码,采用双字节异或对当前数据包进行校验
Si(2B)	采样数据	系统测试的采样数据,为采样点的距离数据

13.2　直流电机运动控制

13.2.1　直流电机驱动电路设计

H 型全桥电路是一种广泛使用的直流电机驱动电路,能够简单方便地实现正转、正转制动、反转、反转制动四象限运行,其内部电路原理图如图 13.15 所示。在桥式直流驱动电路中,开关管 S1、S2 组成一组,S3、S4 组成另一组,两组转态互补,一组导通则另一组必须关断。当 S1、S2 导通,S3、S4 关断时,电机两端加正向电压,可实现电机的正转或反转制动;当 S3、S4 导通,S1、S2 关断时,电机两端加反向电压,可实现电机的反转或正转制动。

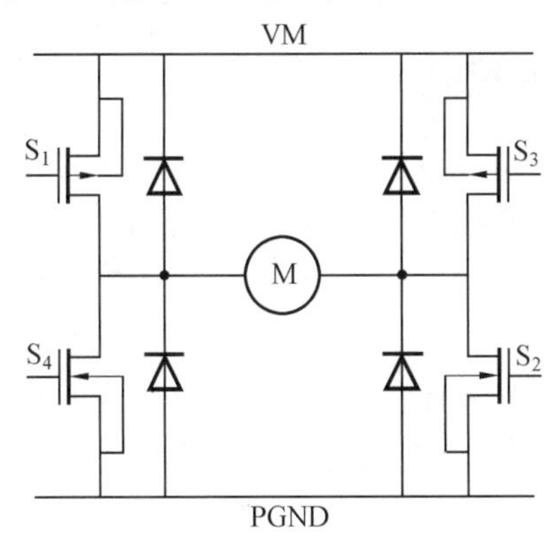

图 13.15　H 型全桥内部电路原理图

TB6612FNG 是一块双路全桥驱动芯片,单通道最大连续驱动电流可达 1.2 A,峰值

2 A/3.2 A(连续脉冲/单脉冲),可驱动一些微型直流电机,控制逻辑与 L298N 类似。基于 TB6612FNG 的微型双路直流电机驱动电路如图 13.16 所示,其中 SN74LVC2G14DBV 为双路施密特触发反相器。驱动电路采用特殊逻辑控制方式,仅需 4 个引脚即可实现双路电机控制,相比纯芯片而言,减少了两个 I/O 引脚,节省了片上 I/O 资源。

在双路直流电机驱动电路图接口 J1 和 J2 中,M1、M2 可接入两个电机,其中标注了“+”“-”表示两个电机的接线方向。VCC 为逻辑电源输入,VM 为电机驱动电源输入,输入电压范围建议为 3.7~12 V。

GND 为逻辑电源和电机驱动电源的公共地。PWM1、PWM2 分别为两个电机控制的使能端,可用于调速。DIR1、DIR2 为正反转控制信号输入端。例如,DIR1=1,M1 电机正转;DIR1=0,M1 电机反转。驱动电路接口引脚说明如表 13.2 所示。

表 13.2 基于 TB6612FNG 的双路直流电机驱动电路引脚说明

标号	名称	功能描述
1	DIR1	电机 M1 的方向控制引脚
2	PWM1	电机 M1 的速度控制引脚
3	PWM2	电机 M2 的速度控制引脚
4	DIR2	电机 M2 的方向控制引脚
5	GND	逻辑部分电源负极
6	VCC	逻辑部分电源正极
7	M1+	M1 路电机输出 1
8	M1-	M1 路电机输出 2
9	M2+	M2 路电机输出 1
10	M2-	M2 路电机输出 2
11	GND	电机电源负极
12	VM(<12 V)	电机电源正极

13.2.2 直流电机速度控制

直流电机的功率采用平均值,驱动电压的大小将影响电机的输出转速,因而可以通过控制平均电压来控制电机转速。在图 13.17 所示的脉冲平均电压图中,A 脉冲有 75% 的时间是 5 V,25% 的时间是 0 V,平均电压为 3.75 V,相当于持续的直流电压 3.75 V;B 脉冲有 50% 的时间是 5 V,50% 的时间是 0 V,平均电压为 2.5 V,相当于持续的直流电压 2.5 V;C 脉冲有 20% 的时间是 5 V,80% 的时间是 0 V,平均电压为 1 V,相当于持续的直流电压 1 V。这种以改变脉冲宽度控制平均值的方法,称为脉宽调制(pulse width modulation, PWM)。

以直流电机开环 PWM 速度控制为例,STC8H 系列单片机有两组 8 通道 PWM,使用 PWM5 中 P2.0 口输出 PWM 信号,控制电机转速。定时器 Timer0 每 1 ms 中断,每 5 ms 更新 PWM 占空比,使电机按周期自动增减速。使用 P2.1 口连接电机驱动接口 DIR1,控制电机 M1 正反转。该程序流程图如图 13.18 所示。

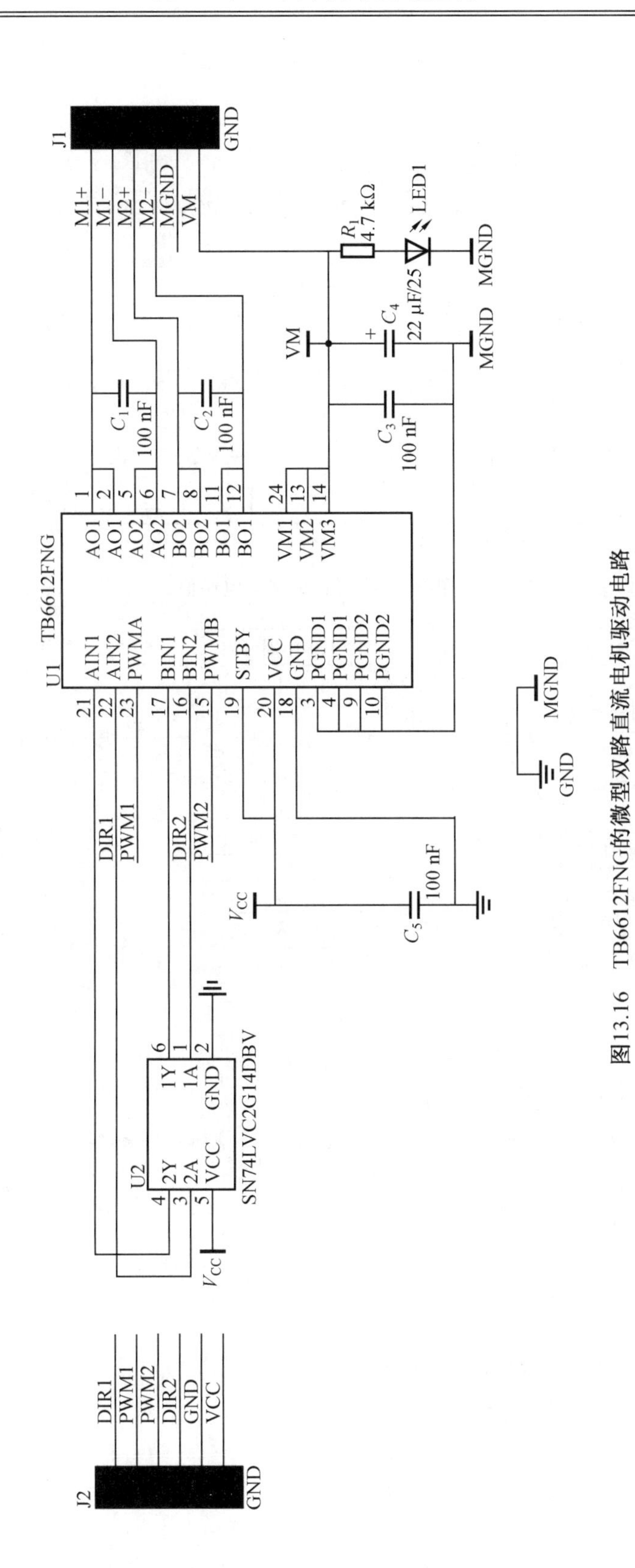

图13.16　TB6612FNG的微型双路直流电机驱动电路

output_Voltage=(on_time/off_time)*max_Voltage

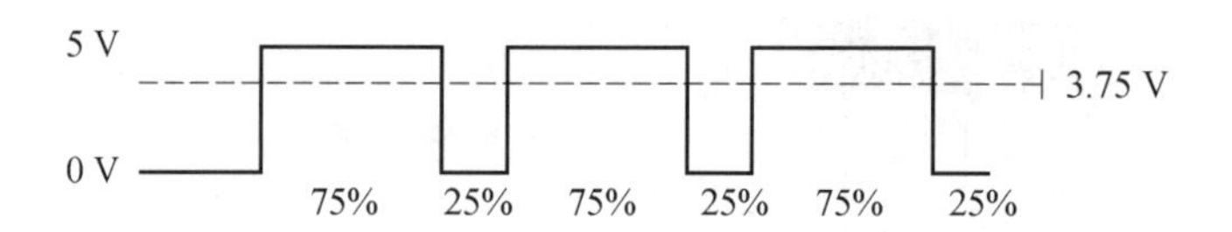

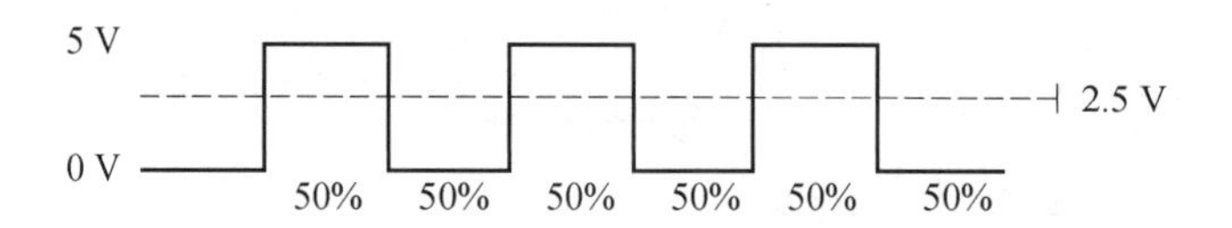

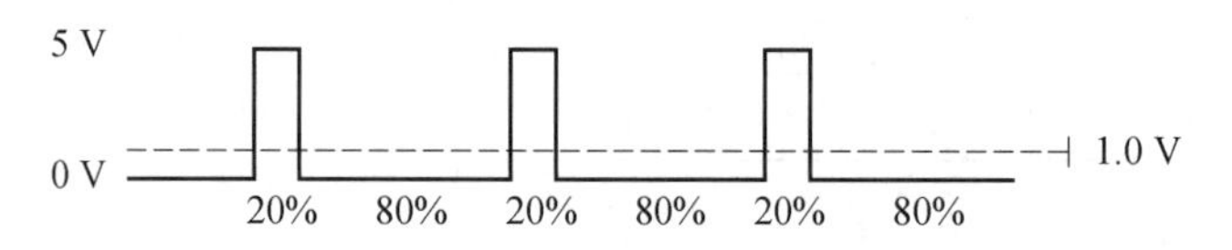

图 13.17　脉冲的平均电压值

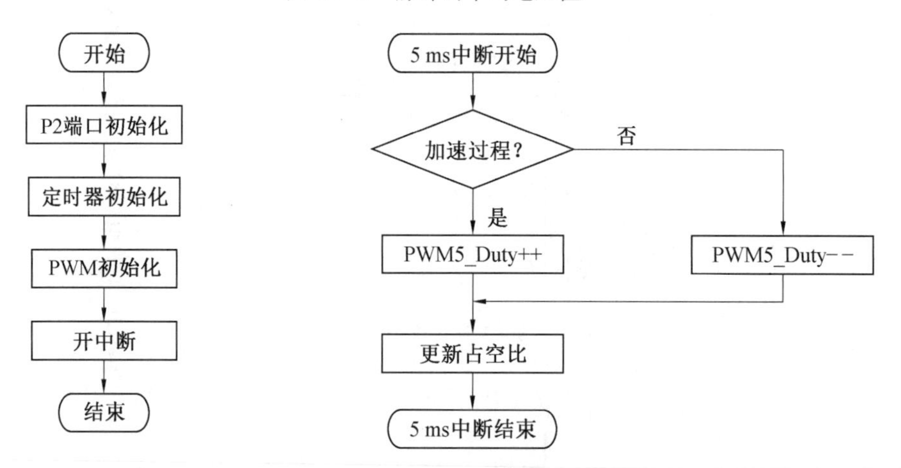

图 13.18　直流电机转速控制程序流程图

直流电机开环 PWM 速度控制源程序:

```
/ * * * * * * * * * * * * * *    功能说明    * * * * * * * * * * * * * *
直流电机速度控制
Target:STC8H8K64U
Crystal:24 MHz
* * * * * * * * * * * * * * * * * * * * * * * * * * * * * * * * * * * * * *
接线方式:
PWM5 P2.0 控制电机转速
P2.1 控制电机 M1 正反转
* * * * * * * * * * * * * * * * * * * * * * * * * * * * * * * * * * * * * * /
#include "stc8h.h"          //包含此头文件后,不需要再包含"reg51.h"头文件
#include "intrins.h"
#define MAIN_Fosc           24000000L    //定义主时钟
```

```
typedef unsigned char u8;
typedef unsigned int u16;
typedef unsigned long u32;
/* * * * * * * * * * * * * * * * * 用户定义宏 * * * * * * * * * * * * * * */
#define Timer0_Reload   (65536UL -(MAIN_Fosc / 1000))
//Timer0 中断频率, 1 000 次/s
/* * * * * * * * * * * * * * * * * * * * * * * * * * * * * * * * * * * * */
#define PWM5_1         0x00//P2.0
#define ENO5P          0x01
#define PWM_PERIOD   1023      //设置周期值
/* * * * * * * * * * * * * 本地变量声明 * * * * * * * * * * * * * * * */
u16 PWM5_Duty;
bit PWM5_Flag;
/* * * * * * * * * * * * * * * * * * 主函数 * * * * * * * * * * * * * * * * */
void main(void)
{   P_SW2 |= 0x80;  //扩展寄存器(XFR)访问使能
    P2M1 = 0x3c;    P2M0 = 0x3c;    //设置 P2.2 ~ P2.5 为漏极开路(需加上拉电
                                      阻到 3.3 V)
    P21 = 1;  //M1 电机正转
    PWM5_Flag = 0;
    PWM5_Duty = 0;       //  Timer0 初始化
    AUXR = 0x80;      //Timer0 工作于 16 位自动重装载模式,Timer0 工作在 1 T 模
                      式下
    TH0 = (u8)(Timer0_Reload / 256);
    TL0 = (u8)(Timer0_Reload % 256);
    ET0 = 1;      //Timer0 中断允许
    TR0 = 1;      //Timer0 开始计时
    //PWM 初始化
    PWMB_CCER1 = 0x00;    //写 CCMRx 前必须先清零 CCxE 关闭通道
    PWMB_CCER2 = 0x00;
    PWMB_CCMR1 = 0x68;    //通道模式配置
    PWMB_CCMR2 = 0x68;
    PWMB_CCMR3 = 0x68;
    PWMB_CCMR4 = 0x68;
    PWMB_CCER1 = 0x33; //配置通道输出使能和极性
    PWMB_CCER2 = 0x33;
    PWMB_ARRH = (u8)(PWM_PERIOD >> 8); //设置周期时间
    PWMB_ARRL = (u8)PWM_PERIOD;
    PWMB_ENO = 0x00;
```

```
    PWMB_ENO |= ENO5P; //使能输出
    PWMB_PS = 0x00;     //高级 PWM 通道输出脚选择位
    PWMB_PS |= PWM5_1; //选择 PWM5_1 通道
    PWMB_BKR = 0x80;   //使能主输出
    PWMB_CR1 |= 0x01;  //开始计时
    EA = 1;       //打开总中断
    while (1)
    {
    }
}
/************ Timer0 1ms 中断函数 ****************/
void timer0(void)interrupt 1
{
    static u8 counter=0;
    counter++;
    if(counter == 5){
        counter = 0;
        if(! PWM5_Flag)
        {
            PWM5_Duty++;
            if(PWM5_Duty >= PWM_PERIOD)PWM5_Flag = 1;
        }
        else
        {
            PWM5_Duty--;
            if(PWM5_Duty <= 0)PWM5_Flag = 0;
        }
        PWMB_CCR5H = (u8)(PWM5_Duty >> 8); //设置占空比时间
        PWMB_CCR5L = (u8)(PWM5_Duty);
    }
}
```

13.2.3 直流电机位置控制

直流电机位置控制就是对电机传动轴的旋转角度或移动距离进行控制,一般把位置控制系统称为伺服系统。在位置控制中,位置输入给定一直在变化,物体的位置随着给定发生变化,像这样的随动控制是伺服控制中的典型应用。

在直流电机位置控制中,需要对电机传动轴的位置进行检测,故需要在传动轴上连接位置传感器。常用的直流电机位置传感器有编码器、角度传感器、旋转变压器等等。编码器由于只能给出变化的相对值,启动时需要原点回归等操作,而旋转变压器相对成本较高,这里

以前面介绍的电位角度传感器作为直流电机位置传感器。直流电机通过位置传感器将电机传动轴的位置反馈给输入端,形成闭环控制,位置控制框图如图 13.19 所示。

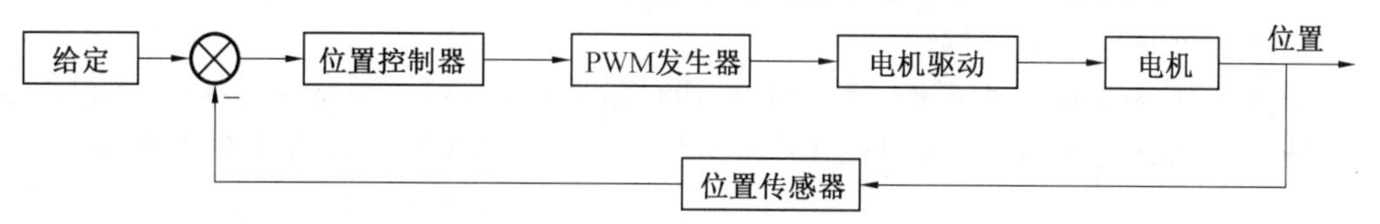

图 13.19　直流电机位置控制框图

在单片机 I/O 资源分配中,使用 P2.1 口连接电机驱动接口 DIR1,控制电机 M1 正反转;使用 PWM5 中 P2.0 口输出 PWM 信号,控制电机转速;使用 ADC 0 通道对电位角度传感器采样,计算电机位置;定时器 Timer0 每 1 ms 中断,控制周期为 50 ms,更新 PWM 占空比,使电机位置跟随输入。该程序流程图如图 13.20 所示。

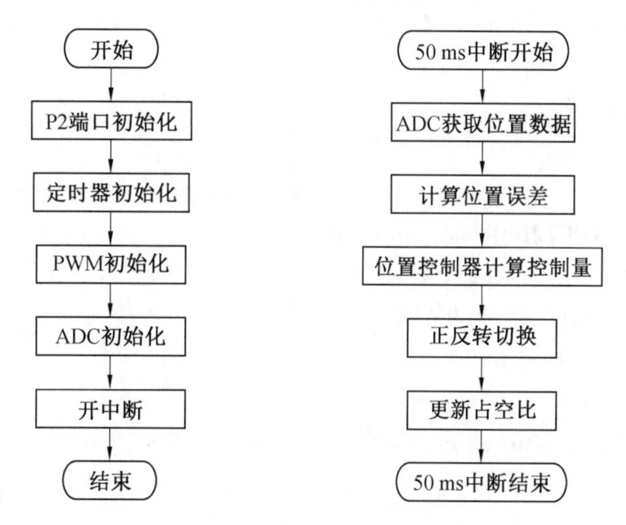

图 13.20　直流电机位置控制流程图

直流电机位置控制源程序:

```
/ * * * * * * * * * * * * * *    功能说明    * * * * * * * * * * * * * *
直流电机位置控制
Target:STC8H8K64U
Crystal:24 MHz
* * * * * * * * * * * * * * * * * * * * * * * * * * * * * * * * * * * * *
接线方式:
PWM5 P2.0 控制电机转速
P2.1 控制电机 M1 正反转
P1.0 连接电机位置角度传感器
* * * * * * * * * * * * * * * * * * * * * * * * * * * * * * * * * * * * * /
#include "stc8h.h"           //包含此头文件后,不需要再包含"reg51.h"头文件
#include "intrins.h"
#define MAIN_Fosc 24000000L    //定义主时钟
```

```
typedef unsigned char u8;
typedef unsigned int u16;
typedef unsigned long u32;
/* * * * * * * * * * * * * * * * 用户定义宏 * * * * * * * * * * * * * * */
#define Timer0_Reload   (65536UL -(MAIN_Fosc / 1000))  //Timer0 中断频率,
                                                          1 000 次/s
/* * * * * * * * * * * * * * * * * * * * * * * * * * * * * * * * * * * */
#define PWM5_1        0x00//P2.0
#define ENO5P         0x01
#define PWM_PERIOD    1023     //设置周期值
#define POSITION_EXP 500      //设置位置期望
/* * * * * * * * * * * * * 本地变量声明 * * * * * * * * * * * * * * * */
u16 PWM5_Duty;
bit PWM5_Flag;
float Position;
/* * * * * * * * * * * * * * * * 模数转换采样 * * * * * * * * * * * * * *
函数:u16 Get_ADC12bitResult(u8 channel)
描述:查询法读一次模数转换结果
参数:channel(选择要转换的 ADC 通道)
返回:12 位模数转换结果
* * * * * * * * * * * * * * * * * * * * * * * * * * * * * * * * * * * */
u16 Get_ADC12bitResult(u8 channel)  //channel = 0~15
{
    ADC_RES = 0;
    ADC_RESL = 0;
    ADC_CONTR = (ADC_CONTR & 0xF0)| 0x40 | channel;     //启动模数转换
    _nop_();
    _nop_();
    _nop_();
    _nop_();
    while((
    ADC_CONTR & 0x20) == 0)  ;  //等待模数转换结束
    ADC_CONTR &=  ~0x20;      //清除模数转换结束标志
    return  (((u16)ADC_RES << 8) | ADC_RESL);
}
/* * * * * * * * * * * * * * * * * 主函数 * * * * * * * * * * * * * * * * */
void main(void)
{
    P_SW2 |= 0x80;  //扩展寄存器(XFR)访问使能
```

```
    P1M1 = 0x31;    P1M0 = 0x30;
    //设置 P1.4、P1.5 为漏极开路(需加上拉电阻到 3.3 V), 设置 P1.0 为 A/D 转换
    器输入口
    P2M1 = 0x3c;    P2M0 = 0x3c;
    //设置 P2.2 ~ P2.5 为漏极开路(需加上拉电阻到 3.3 V)
    P21 = 1;  //M1 电机正转
    PWM5_Duty = 0;     //Timer0 初始化
    AUXR = 0x80;     //Timer0 工作于 16 自动重装载模式
    TH0 = (u8)(Timer0_Reload / 256);
    TL0 = (u8)(Timer0_Reload % 256);
    ET0 = 1;      //Timer0 中断允许
    TR0 = 1;      //Timer0 开始计时
    //  PWM 初始化
    PWMB_CCER1 = 0x00; //写 CCMRx 前必须先清零 CCxE 关闭通道
    PWMB_CCER2 = 0x00;
    PWMB_CCMR1 = 0x68; //通道模式配置
    PWMB_CCMR2 = 0x68;
    PWMB_CCMR3 = 0x68;
    PWMB_CCMR4 = 0x68;
    PWMB_CCER1 = 0x33; //配置通道输出使能和极性
    PWMB_CCER2 = 0x33;
    PWMB_ARRH = (u8)(PWM_PERIOD >> 8); //设置周期时间
    PWMB_ARRL = (u8)PWM_PERIOD;
    PWMB_ENO = 0x00;
    PWMB_ENO |= ENO5P; //使能输出
    PWMB_PS = 0x00;    //高级 PWM 通道输出脚选择位
    PWMB_PS |= PWM5_1; //选择 PWM5_1 通道
    PWMB_BKR = 0x80;   //使能主输出
    PWMB_CR1 |= 0x01;  //开始计时
    //ADC 初始化
    ADCTIM = 0x3f;        //设置 A/D 转换器内部时序
    ADCCFG = 0x2f;        //设置 A/D 转换器时钟为系统时钟/2/16/16
    ADC_CONTR = 0x80;   //使能 A/D 转换器模块
    EA = 1;      //打开总中断
    while (1)
    {
    }
}
/* * * * * * * * * * * Timer0 1ms 中断函数 * * * * * * * * * * * * * * */
```

```
void timer0(void)interrupt 1
{
    static u8 counter=0;
    float Error,ControlOut;
    counter++;
    if(counter == 50){
        counter = 0;
        Position = Get_ADC12bitResult(0);   //参数 0 ~ 15,查询方式做一次模数转
                                              换,返回值就是结果,== 4096 为错误
        Position /= 4;
        Error = POSITION_EXP-Position;   //位置误差
        ControlOut = Error * 1.1;          //比例控制器输出
        if(ControlOut<0)
        {
            P21 = 0;     //反转
            ControlOut = -ControlOut;
        }
        else
        {
            P21 = 1;     //正转
        }
        PWM5_Duty = (u16)ControlOut;
        if(PWM5_Duty > PWM_PERIOD)PWM5_Duty = PWM_PERIOD;
        PWMB_CCR5H = (u8)(PWM5_Duty >> 8); //设置占空比时间
        PWMB_CCR5L = (u8)(PWM5_Duty);
    }
}
```

13.3 无刷电机运动控制

13.3.1 无刷电机驱动电路设计

无刷电机是指无电刷和换向器的电机,又称无换向器电机。无刷直流电机一般由永磁体转子和由线圈形成磁场的定子构成,其内部结构图如图 13.21 所示。转子有 N-S 的 2 极、4 极、6 极等,极数越多,旋转越平滑,但结构就越复杂。定子根据励磁线圈的圈数可分两相和三相励磁,一般使用三相励磁。在三相励磁驱动中,线圈的连接方式有三角形和星型连接方式。在线圈的线径、匝数相同的情况下,三角形连接方式的电流更大,适用于大转矩设计。驱动方式可分单极性和双极性驱动,单极性驱动线圈一端接电源 VCC,各线圈的驱动电流由晶体管开关切换,电压都是相同的极性。双极性驱动方式下,驱动线圈由各上臂、下臂的两个晶体管驱动。单极性驱动电路简单,成本低,但是电机的转矩、旋转的平滑性不如

双极性驱动。根据转子有无位置传感器，又可分为有感和无感无刷电机驱动。为方便初学者，本节以常用的三相星型连接双极性驱动为例进行介绍。

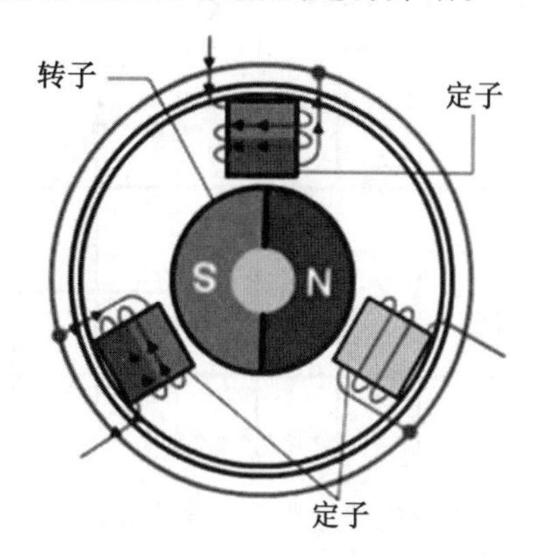

图13.21　无刷电机内部结构图

无刷电机三相全桥逆变驱动电路如图13.22所示，使用六个N沟道MOSFET管（T_1～T_6）作功率输出元件，工作输出电流可达10 A。上臂T_1、T_3、T_5可通过自举电路和三极管进行驱动，下臂T_2、T_4、T_6可通过单片I/O推挽输出驱动。

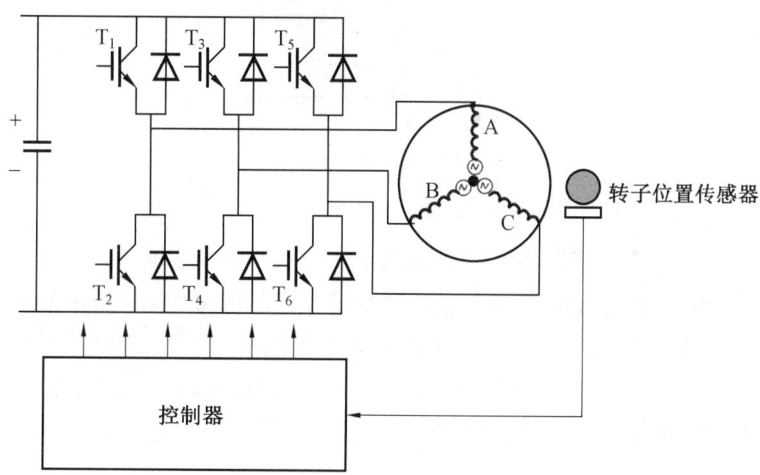

图13.22　三相直流无刷电机驱动电路

为了驱动转子转动，定子需要根据转子的位置进行励磁切换。转子的位置可通过霍尔传感器或者反电动势获取。为产生最大扭矩，逆变器应该每隔60°换相一次，使得电流方向与反电动势同相。在星型连接中，每一时刻只有两相通电励磁驱动转子转动，另一相线圈悬空。由于电机磁体旋转使得悬空的线圈切割磁力线以及线圈的互感，悬空线圈会产生反电动势。在图13.23所示的理想的反电动势和霍尔传感器输出波形对比图中，实线为霍尔传感器的输出波形，虚线为反电动势，反电动势的过零点和霍尔传感器的波形翻转同步。因此，使用反电动势过零信号进行换相可以获得和有感无刷电机一样的运动性能。需要注意的是，反电动势过零点比霍尔传感器的输出波形提前半个电节拍，即30°电角度，可以配合单片机定时器进行延时换相。在换相过程中，每相的导通间隔为120°，导通顺序为AB—AC—BC—BA—CA—CB，更改任意两相的连线可以改变电机的转向，三相直流无刷电机电动势及换相步骤如图13.24所示。

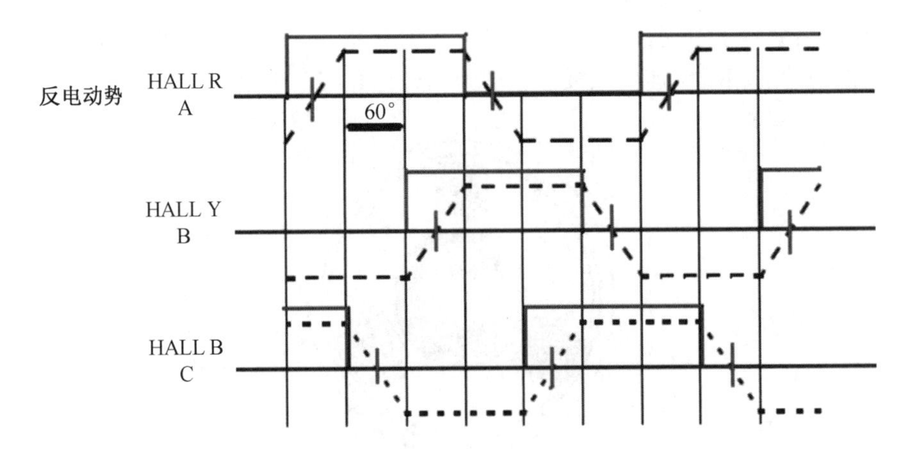

图 13.23 理想反电动势和霍尔传感器输出波形对比图

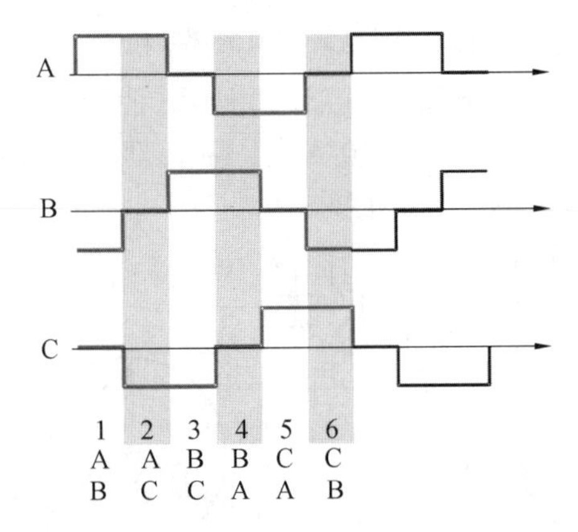

图 13.24 三相直流无刷电机电动势及换相步骤

具体的三相直流无刷电机驱动电路可参照专门的驱动电路设计说明,此处不做详细介绍。市面上一般的三相直流无刷电机驱动电调包括五个输入端口:电机电源正、电机电源地、逻辑电源正、逻辑电源地、PWM 控制端;三个三相输出端口,分别接电机三相线圈,电调实物图如图 13.25 所示。通过 PWM 输入端模拟遥控初始化电调设置,即可通过 PWM 占空比调节换相频率,从而调节电机转速。

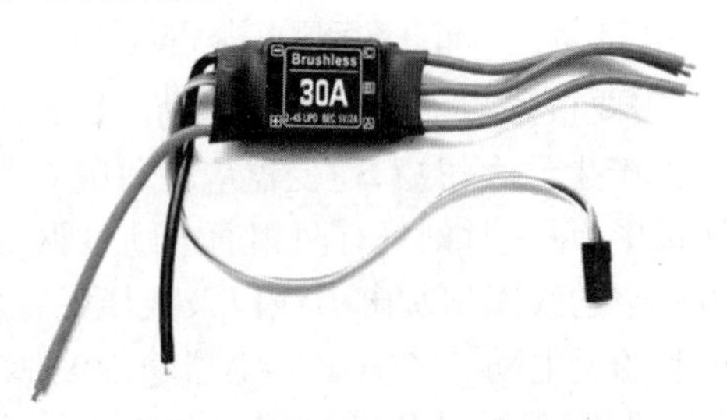

图 13.25 三相直流无刷电机电调

13.3.2 无刷电机速度控制

交流电机的转速可以通过变频和变压两种方式来调节,变频调速相对变压调速范围更宽,平滑性更好。交流电机变频调速计算公式如下:

$$n = \frac{60f}{p}(1-s) \tag{13.2}$$

式中，n 为电机转速，单位为 r/min；p 为电机磁极对数；f 为电源频率；s 为转差率。

由上式可知，影响电机转速的因素有电机的磁极对数 p、转差率 s 和电源频率 f。对异步电机来说，转差率 s 不等于 0；而对同步电机来说，转差率 $s=0$。由于直流无刷电机为同步电机，对于某一个电机，磁极对数 p 是固定的，所以只需改变电源频率就可以达到调速的目的。

市面上一般电调采用 PWM 占空来调节逆变频率，因此可以通过单片机输出 PWM 信号来控制电机转速。不同厂家生产的电调 PWM 信号频率不一，一般在 50～500 Hz，有的支持 500 Hz 以上的 PWM 信号。频率越大，电调与电机的响应速度越快。为了安全起见，电调具备上电安全保护功能，电机安全保护的 PWM 占空比为 50%，此时电机停转。只有当电调上电接收到 3 s 以上 50% 占空比 PWM 信号时，电调才正常工作，否则处于电机保护状态。对于单转向电调，电机单方向转动，只能通过手动切换任意两相连接才能改变转向。PWM 占空比调节范围为 50%～100%，对应停转到最大转速。对于双相电调，通过电调初始化设置可实现电机双向转动。PWM 占空比调节范围为 0%～100%，其中 50%～100% 对应停转到最大正向转速，0%～50% 对应最大反向转速到停转。

在 24 MHz 系统时钟下，设置 PWM 信号频率为 50 Hz，使用 PWM5 中 P2.0 口输出 PWM 信号，通过计算得到 PWM 预分频寄存器 PWMB_PSCR 的初始值为 479，计数重载寄存器 PWMB_ARR 的初始值为 999，计数寄存器 PWMB_CCR5H 和 PWMB_CCR5L 的初始值分别为 0 和 50，直流无刷电机的加减速控制流程图如图 13.26 所示。

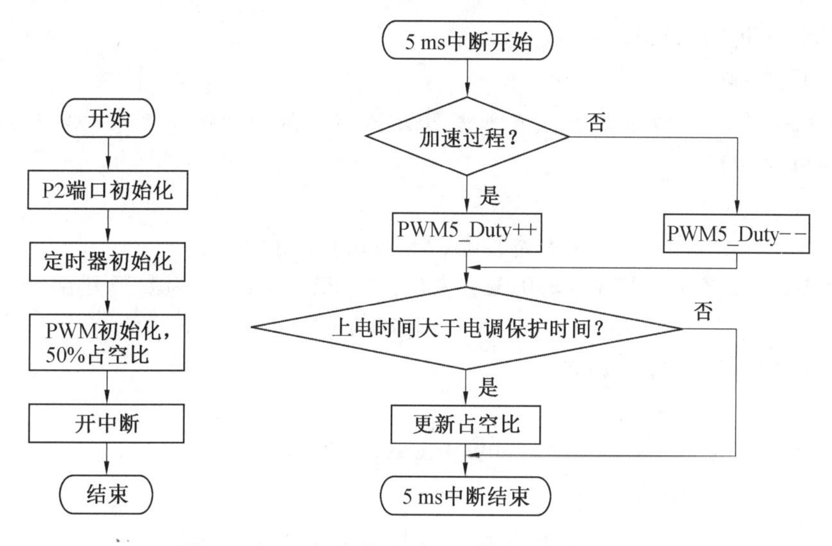

图 13.26　三相直流无刷电机加减速控制流程图

直流无刷电机开环 PWM 速度控制源程序：

```
/ * * * * * * * * * * * * * *   功能说明   * * * * * * * * * * * * * *
直流无刷电机加减速控制
Target:STC8H8K64U
Crystal:24 MHz
```

```
* * * * * * * * * * * * * * * * * * * * * * * * * * * * * * * * * * * *
接线方式:
PWM5 P2.0 控制直流无刷电机电调输入占空比,调节转速
* * * * * * * * * * * * * * * * * * * * * * * * * * * * * * * * * * * * */
#include "stc8h.h"          //包含此头文件后,不需要再包含"reg51.h"头文件
#include "intrins.h"
#define MAIN_Fosc          24000000L   //定义主时钟
typedef unsigned char u8;
typedef unsigned int u16;
typedef unsigned long u32;
/* * * * * * * * * * * * * * * * * 用户定义宏 * * * * * * * * * * * * * * */
#define Timer0_Reload   (65536UL -(MAIN_Fosc / 1000))  //Timer0 中断频率,
                                                          1 000 次/s
/* * * * * * * * * * * * * * * * * * * * * * * * * * * * * * * * * * * * */
#define PWM5_1          0x00//P2.0
#define ENO5P           0x01
#define PWM_PRESCALERS  479      //设置预分频
#define PWM_PERIOD  999     //设置周期值
/* * * * * * * * * * * * * 本地变量声明 * * * * * * * * * * * * * * * */
u16 PWM5_Duty;
u16 Motor_Init_Time=0;
bit PWM5_Flag;
/* * * * * * * * * * * * * * * * * 主函数 * * * * * * * * * * * * * * * * */
void main(void)
{
    P_SW2 |= 0x80;  //扩展寄存器(XFR)访问使能
    P2M1 = 0x3c;   P2M0 = 0x3c;   //设置 P2.2 ~ P2.5 为漏极开路(需加上拉电
                                    阻到 3.3 V)
    P21 = 1;  //M1 电机正转
    PWM5_Flag = 0;
    PWM5_Duty = 500;  //50% PWM 占空比
    //  Timer0 初始化
    AUXR = 0x80;     //Timer0 工作于 16 位自动重装载模式
    TH0 = (u8)(Timer0_Reload / 256);
    TL0 = (u8)(Timer0_Reload % 256);
    ET0 = 1;     //Timer0 中断允许
    TR0 = 1;     //Timer0 计时开始
    //  PWM 初始化
    PWMB_CCER1 = 0x00; //写 CCMRx 前必须先清零 CCxE 关闭通道
```

```
    PWMB_CCER2 = 0x00;
    PWMB_CCMR1 = 0x68; //通道模式配置
    PWMB_CCMR2 = 0x68;
    PWMB_CCMR3 = 0x68;
    PWMB_CCMR4 = 0x68;
    PWMB_CCER1 = 0x33; //配置通道输出使能和极性
    PWMB_CCER2 = 0x33;
    PWMB_PSCRH = (u8)(PWM_PRESCALERS >> 8); //设置 PWM 预分频
    PWMB_PSCRL = (u8)(PWM_PRESCALERS >> 8);
    PWMB_ARRH = (u8)(PWM_PERIOD >> 8); //设置周期时间
    PWMB_ARRL = (u8)PWM_PERIOD;
    PWMB_CCR5H = (u8)(PWM5_Duty >> 8); //设置 50% 占空比时间电调保护
    PWMB_CCR5L = (u8)(PWM5_Duty);
    PWMB_ENO = 0x00;
    PWMB_ENO |= ENO5P; //使能输出
    PWMB_PS = 0x00;     //高级 PWM 通道输出脚选择位
    PWMB_PS |= PWM5_1; //选择 PWM5_1 通道
    PWMB_BKR = 0x80;    //使能主输出
    PWMB_CR1 |= 0x01;  //开始计时
    EA = 1;        //打开总中断
    while (1)
    {
    }
}
/* * * * * * * * * * * * Timer0 1ms 中断函数 * * * * * * * * * * * * * * */
void timer0(void)interrupt 1
{
    static u8 counter=0;
    counter++;
    if(Motor_Init_Time<4000)   Motor_Init_Time++;
    if(counter == 5){
        counter = 0;
        if(! PWM5_Flag)
        {
            PWM5_Duty++;
            if(PWM5_Duty >= PWM_PERIOD)PWM5_Flag = 1;
        }
        else
        {
```

```
            PWM5_Duty--;
            if(PWM5_Duty <= 500)PWM5_Flag = 0;
        }
        if(Motor_Init_Time >= 4000)   //上电 4 s 后为真,电调保护时间 3 s
        {
            PWMB_CCR5H = (u8)(PWM5_Duty >> 8);   //设置占空比时间
            PWMB_CCR5L = (u8)(PWM5_Duty);
        }
    }
}
```

13.3.3 无刷电机位置控制

无刷直流电机的位置控制与直流电机位置控制类似,以电位角度传感器作为电机位置传感器,将电机传动轴的位置反馈给输入端,形成闭环控制。与直流电机不同的是,无刷直流电机的转向切换是通过改变任意两相导电的相序实现的。双相电调 PWM 占空比调节范围为 0% ~100% ,其中 50% ~100% 对应停转到最大正向转速,0% ~50% 对应最大反向转速到停转,因此可以使用 PWM 不同占空比切换电机转向。在单片机 I/O 资源分配中,使用 PWM5 中 P2.0 口输出 PWM 信号,控制电机转速;使用 ADC 0 通道对电位角度传感器采样,计算电机位置;定时器 Timer0 每 1 ms 中断,控制周期为 50 ms,更新 PWM 占空比,使电机位置跟随输入。无刷电机位置控制流程图如图 13.27 所示。

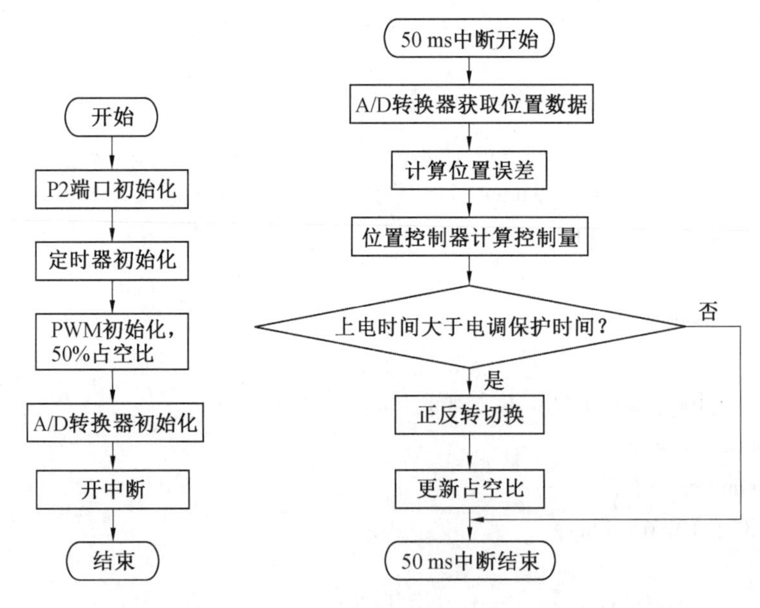

图 13.27　无刷电机位置控制流程图

无刷电机位置控制源程序:

```
/ * * * * * * * * * * * * * *   功能说明   * * * * * * * * * * * * * * *
无刷电机位置控制
```

```
Target:STC8H8K64U
Crystal:24 MHz
* * * * * * * * * * * * * * * * * * * * * * * * * * * * * * * * * * * *
接线方式:
PWM5 P2.0 控制电机转速
P1.0 连接电机位置角度传感器
* * * * * * * * * * * * * * * * * * * * * * * * * * * * * * * * * * * * */
#include "stc8h.h"    //包含此头文件后,不需要再包含"reg51.h"头文件
#include "intrins.h"
#define MAIN_Fosc          24000000L   //定义主时钟
typedef unsigned char u8;
typedef unsigned int u16;
typedef unsigned long u32;
/* * * * * * * * * * * * * * * * * * 用户定义宏 * * * * * * * * * * * * * * */
#define Timer0_Reload    (65536UL -(MAIN_Fosc / 1000))  //Timer0 中断频率, 1000
次/秒
/* * * * * * * * * * * * * * * * * * * * * * * * * * * * * * * * * * * * */
#define PWM5_1 0x00//P2.0
#define ENO5P 0x01
#define PWM_PRESCALERS 479      //设置预分频
#define PWM_PERIOD 999      //设置周期值
#define POSITION_EXP 500       //设置位置期望
/* * * * * * * * * * * * * * 本地变量声明 * * * * * * * * * * * * * * * */
u16 PWM5_Duty;
u16 Motor_Init_Time=0;
float Position;
/* * * * * * * * * * * * * * * * * * 模数转换采样 * * * * * * * * * * * * * *
函数: u16 Get_ADC12bitResult(u8 channel)
描述: 查询法读一次模数转换结果
参数: channel(选择要转换的 A/D 转换器通道)
返回: 12 位模数转换结果
* * * * * * * * * * * * * * * * * * * * * * * * * * * * * * * * * * * * */
u16 Get_ADC12bitResult(u8 channel)   //channel = 0 ~ 15
{
    ADC_RES = 0;
    ADC_RESL = 0;
    ADC_CONTR = (ADC_CONTR & 0xF0) | 0x40 | channel;     //启动模数转换
    _nop_();
    _nop_();
```

```
        _nop_();
        _nop_();
        while((ADC_CONTR & 0x20) == 0)   ;   //等待模数转换结束
        ADC_CONTR &=  ~0x20;      //清除模数转换结束标志
        return  (((u16)ADC_RES << 8) | ADC_RESL);
}
/****************** 主函数 ******************/
void main(void)
{
        P_SW2 |= 0x80;  //扩展寄存器(XFR)访问使能
        P1M1 = 0x31;   P1M0 = 0x30;
        //设置 P1.4、P1.5 为漏极开路(需加上拉电阻到 3.3 V),设置 P1.0 为 A/D 转换
        器输入口
        P2M1 = 0x3c;   P2M0 = 0x3c;
        //设置 P2.2 ~ P2.5 为漏极开路(需加上拉电阻到 3.3 V)
        PWM5_Duty = 500;   //50% PWM 占空比  //Timer0 初始化
        AUXR = 0x80;     //Timer0 设置为 1 T 模式
        TH0 = (u8)(Timer0_Reload / 256);
        TL0 = (u8)(Timer0_Reload % 256);
        ET0 = 1;     //Timer0 中断允许
        TR0 = 1;     //Tiner 0 启动
        // PWM 初始化
        PWMB_CCER1 = 0x00; //写 CCMRx 前必须先清零 CCxE 关闭通道
        PWMB_CCER2 = 0x00;
        PWMB_CCMR1 = 0x68; //通道模式配置
        PWMB_CCMR2 = 0x68;
        PWMB_CCMR3 = 0x68;
        PWMB_CCMR4 = 0x68;
        PWMB_CCER1 = 0x33; //配置通道输出使能和极性
        PWMB_CCER2 = 0x33;
        PWMB_PSCRH = (u8)(PWM_PRESCALERS >> 8); //设置 PWM 预分频
        PWMB_PSCRL = (u8)(PWM_PRESCALERS >> 8);
        PWMB_ARRH = (u8)(PWM_PERIOD >> 8); //设置周期时间
        PWMB_ARRL = (u8)PWM_PERIOD;
        PWMB_CCR5H = (u8)(PWM5_Duty >> 8); //设置 50% 占空比时间电调保护
        PWMB_CCR5L = (u8)(PWM5_Duty);
        PWMB_ENO = 0x00;
        PWMB_ENO |= ENO5P; //使能输出
        PWMB_PS = 0x00;     //高级 PWM 通道输出脚选择位
```

```
    PWMB_PS |= PWM5_1; //选择 PWM5_1 通道
    PWMB_BKR = 0x80;   //使能主输出
    PWMB_CR1 |= 0x01;  //开始计时
    //ADC 初始化
    ADCTIM = 0x3f;  //设置 A/D 转换器内部时序
    ADCCFG = 0x2f;  //设置 A/D 转换器时钟为系统时钟/2/16/16
    ADC_CONTR = 0x80;   //使能 A/D 转换器模块
    EA = 1;      //打开总中断
    while (1)
    {
    }
}
/ * * * * * * * * * * * * Timer0 1ms 中断函数 * * * * * * * * * * * * * * * * */
void timer0(void)interrupt 1
{
    static u8 counter=0;
    float Error,ControlOut;
    counter++;
    if(Motor_Init_Time<4000)   Motor_Init_Time++;
    if(counter == 50){
        counter = 0;
        Position = Get_ADC12bitResult(0);   //参数 0 ~ 15,查询方式做一次模数转
                                             换, 返回值就是结果, == 4096 为错误
        Position /= 4;
        Error = POSITION_EXP-Position;  //位置误差
        ControlOut = Error * 0.4;          //比例控制器输出
        if(ControlOut<0)
        {
            ControlOut = 500-ControlOut;   //反转
        }
        else
        {
            ControlOut = 500+ControlOut;     //正转
        }
        if(ControlOut < 0)   ControlOut = 0;
        PWM5_Duty = (u16)ControlOut;
        if(PWM5_Duty > PWM_PERIOD)PWM5_Duty = PWM_PERIOD;
        if(Motor_Init_Time >= 4000)//上电 4 s 后为真,电调保护时间 3 s
        {
```

```
            PWMB_CCR5H = (u8)(PWM5_Duty >> 8); //设置占空比时间
            PWMB_CCR5L = (u8)(PWM5_Duty);
        }
    }
}
```

13.4 步进电机运动控制

13.4.1 步进电机驱动电路设计

步进电机是一种用脉冲控制的转动设备,其转子是永磁体,线圈绕在定子上。根据定子线圈的配置,步进电机可分为2相、4相、5相等。步进电机每步运动相同的间距,若转子上有 N 个齿,则步进角度(δ)为

$$\delta=\frac{360°}{2N\times 相数} \tag{13.3}$$

2相步进电机是一种比较常用的步进电机,其内部结构图如图13.28所示,其中包括两组具有中间抽头的线圈,A、com 1、B为一组,C、com 2、D为一组。2相6线式步进电机连线就是A、com 1、B和C、com 2、D;而2相5线式步进电机将其中com 1和com 2连接在一起。

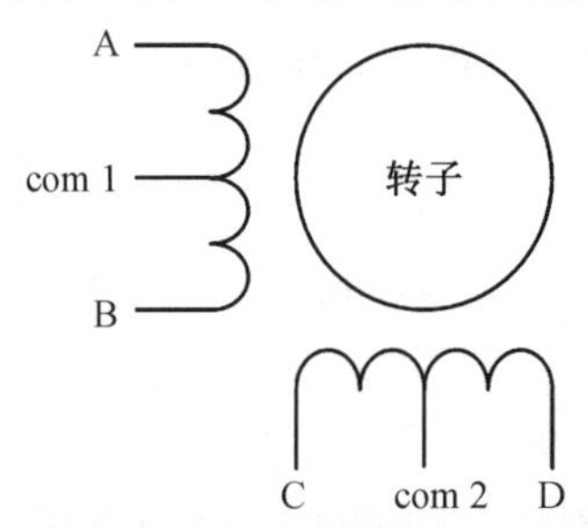

图13.28　2相步进电机内部结构图

对于电流小于0.5 A的步进电机,可以采用ULN2003之类的IC驱动,ULN2003是高耐压,灌电流可达0.5 A的达林顿阵列,由7个硅NPN达林顿管组成。基于ULN2003的2相5线步进电机驱动电路原理如图13.29所示,其中J1中IN1～IN4分别接单片机的I/O口,VM接电机供电电源,VCC接逻辑电源;J2连接2相5线步进电机的5个端口。

13.4.2 步进电机速度控制

步进电机的动作是靠线圈励磁后将邻近转子上相异磁极吸引过来实现的,线圈排列顺序以及励磁信号的顺序将会影响电机的运动。其驱动方式有1相驱动、2相驱动以及1-2相驱动三种,以1相驱动为例,其正反转驱动步序如表13.3所示。步进电机速度可通过控制步序的切换频率控制。2相步进电机转速控制流程图如图13.30所示。需要注意的是,步序的切换频率过快将可能导致电机扭矩过小而失步。

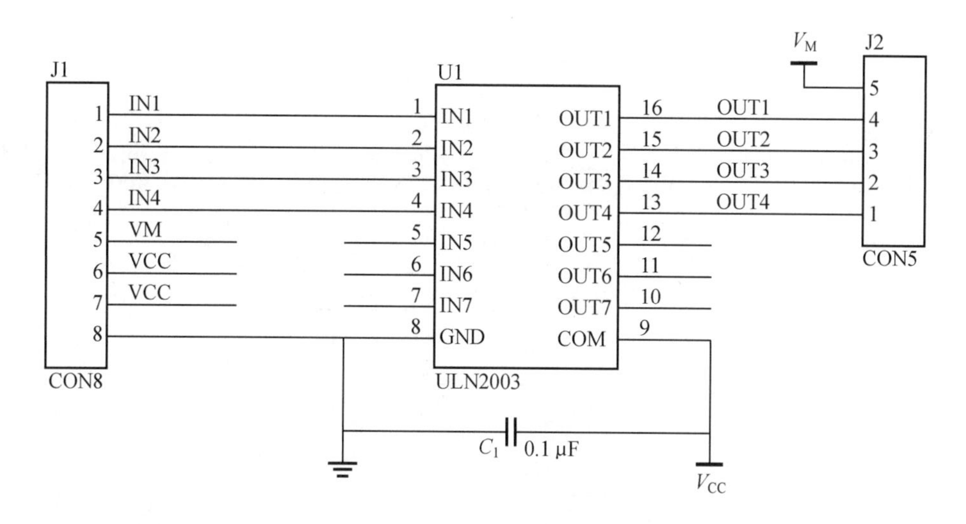

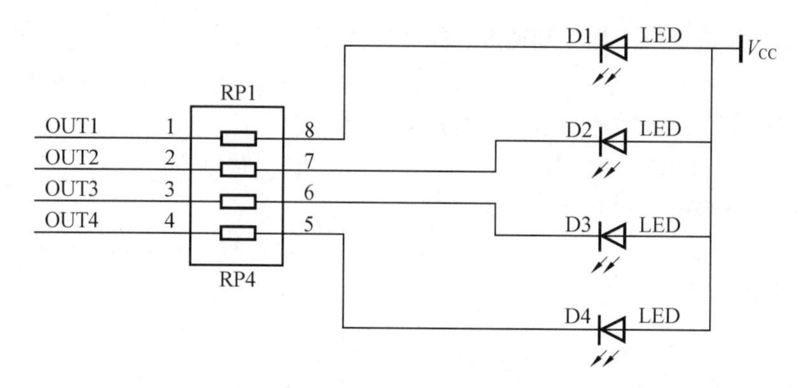

图 13.29　ULN2003 步进电机驱动

表 13.3　2 相步进电机驱动步序

正转	步序	A	B	C	D	反转
↓	1	1	0	0	0	↑
	2	0	1	0	0	
	3	0	0	1	0	
	4	0	0	0	1	

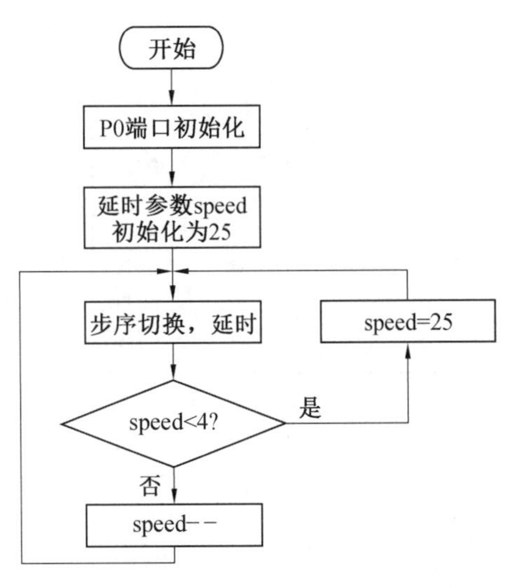

图 13.30　2 相步进电机转速控制程序流程图

2 相 5 线步进电机 1 相驱动速度控制程序如下：

```
/＊＊＊＊＊＊＊＊＊＊＊＊＊＊  功能说明  ＊＊＊＊＊＊＊＊＊＊＊＊＊＊＊＊
ULN2003 驱动 5V 减速步进电机程序
Target:STC8H8K64U
Crystal:24 MHz
＊＊＊＊＊＊＊＊＊＊＊＊＊＊＊＊＊＊＊＊＊＊＊＊＊＊＊＊＊＊＊＊＊＊＊＊
接线方式:
IN1 ---- P00
IN2 ---- P01
IN3 ---- P02
IN4 ---- P03
+   ---- +5V
-   ---- GND
＊＊＊＊＊＊＊＊＊＊＊＊＊＊＊＊＊＊＊＊＊＊/
#include "stc8h.h"          //包含此头文件后,不需要再包含"reg51.h"头文件
#include "intrins.h"
#define uchar unsigned char
#define uint  unsigned int
#define MotorData P0                          //步进电机控制接口定义
uchar phasecw[4] ={0x01,0x02,0x04,0x08};   //正转 电机导通相序 A—B—C—D
uchar phaseccw[4]={0x08,0x04,0x02,0x01};   //反转 电机导通相序 D—C—B—A
uchar speed;
//ms 延时函数
void Delay_xms(uint x)
{
```

```
    uint i,j;
    for(i=0;i<x;i++)
    for(j=0;j<224;j++);
}
//顺时针转动
void MotorCW(void)
{
    uchar i;
    for(i=0;i<4;i++)
    {
        MotorData=phasecw[i];
        Delay_xms(speed);//转速调节
    }
}
//停止转动
void MotorStop(void)
{
    MotorData=0x00;
}
//主函数
void main(void)
{
     uint i;
     P_SW2 |= 0x80;  //扩展寄存器(XFR)访问使能
     P0M1 = 0xFF;  P0M0 = 0xFF;  //设置P0为漏极开路(实验箱加了上拉电阻到3.3 V)
     Delay_xms(50);  //等待系统稳定
     speed=25;
     while(1){
         for(i=0;i<10;i++){
             MotorCW();  //顺时针转动
         }
         speed--;        //减速
         if(speed<4)
         {
             speed=25;      //重新开始减速运动
             MotorStop();
             Delay_xms(500);
         }
     }
```

}

13.4.3 步进电机位置控制

在步进电机运动过程中,每个步进角度都是固定的,因此可以利用运动步数进行相对位置控制。由式(13.3)计算可得到2相50齿步进电机的步进角 δ 为 $1.8°$,电机运动200步,正好转完一圈(360°)。值得注意的是,步进电机在上电时,转子位置未知,需要发一组或两组驱动信号进行归零。此外,可以在系统中增加角度传感器,结合速度控制,完成绝对位置精准闭环控制。为了便于初学者学习,此处以2相50齿步进电机正转180°相对位置控制为例进行说明。步进电机位置控制流程图如图13.31所示。

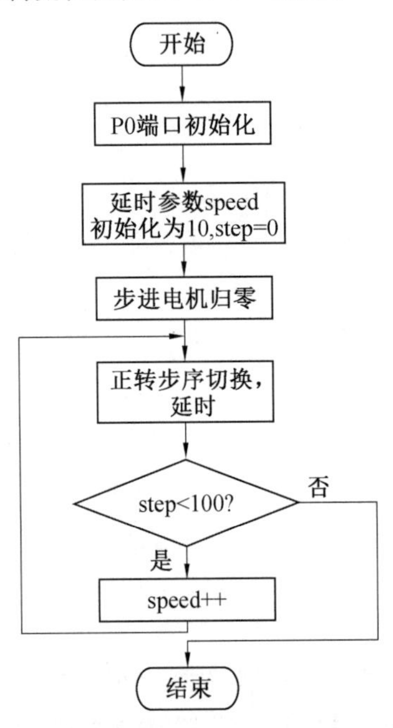

图13.31 步进电机位置控制流程图

2相5线步进电机1相驱动程序如下:

```
/*************功能说明*****************
ULN2003 驱动 5 V 步进电机相对转动 180°程序
Target:STC8H8K64U
Crystal:24 MHz
*************************************
接线方式:
IN1 ---- P00
IN2 ---- P01
IN3 ---- P02
IN4 ---- P03
+   ---- +5V
-   ---- GND
```

```
 * * * * * * * * * * * * * * * * * * * * * * */
#include "stc8h.h"          //包含此头文件后,不需要再包含"reg51.h"头文件
#include "intrins.h"
#define uchar unsigned char
#define uint  unsigned int
#define MotorData P0                        //步进电机控制接口定义
uchar phasecw[4] ={0x01,0x02,0x04,0x08};//正转 电机导通相序 A—B—C—D
uchar phaseccw[4]={0x08,0x04,0x02,0x01};//反转 电机导通相序 D—C—B—A
uchar speed;
//ms 延时函数
void Delay_xms(uint x)
{
    uint i,j;
    for(i=0;i<x;i++)
    for(j=0;j<224;j++);
}
//顺时针转动,每次调用,运行 4 步
void MotorCW(void)
{
    uchar i;
    for(i=0;i<4;i++)
    {
        MotorData=phasecw[i];
        Delay_xms(speed);//转速调节
    }
}
//停止转动
void MotorStop(void)
{
    MotorData=0x00;
}
//主函数
void main(void)
{
    uint i;
    P_SW2 |= 0x80;  //扩展寄存器(XFR)访问使能
    P0M1 = 0xFF; P0M0 = 0xFF;   //设置 P0 为漏极开路(需加上拉电阻到 3.3V)
    Delay_xms(50);//等待系统稳定
    speed=10;
```

```
    MotorCW();    //步进电机归零
    MotorStop();
    for(i=0;i<25;i++){
        MotorCW();    //顺时针转动,4×25=100(步)
    }
    while(1);
}
```

13.5 伺服电机运动控制

13.5.1 单片机与伺服电机驱动器接口设计

伺服一词是由拉丁语“奴隶”的词根“servus”衍生出来的,在电机中是指使传动轴的位置、方位、状态等输出被控量能够跟随给定的任意变化的自动控制系统。其主要靠脉冲来定位,并根据接收到的脉冲数进行转动,一个脉冲对应一个角位移。与此同时,伺服电机每转动一个角度,就会发出对应的脉冲数,和接收到脉冲形成闭环,从而进行精准控制。伺服电机根据供电电源分直流伺服电机和交流伺服电机。直流伺服电机又称舵机,一般可通过单片机输入特定 PWM 信号进行控制。交流伺服电机一般需要专用伺服电机驱动器,单片机输出控制信号至伺服电机驱动器,由伺服电机驱动器完成对伺服电机的控制,图 13.32 所示为某型号伺服电机及其驱动器。

图 13.32　伺服电机及其驱动器

伺服电机驱动器连线端子一般包括驱动器电源端口、电机动力电源端口、上位机指令端口 CN1、电机编码器端口 CN2、通信端口 CN3、能耗制动电阻端口。其中驱动器电源端口为伺服电机驱动器提供电源,电机动力电源端口和电机编码器端口 CN2 与伺服电机相连,上位机指令端口 CN1 和通信端口 CN3 一般与控制器相连,通信端口 CN3 与其他同型号驱动器相连,可实现联机控制。图 13.33 所示为某伺服电机驱动器接线示意图。此外,多数伺服电机驱动器配备了控制面板和交互界面,用户可通过控制面板设置相关参数,完成位置控制、转速控制、转矩控制、增益调节等。

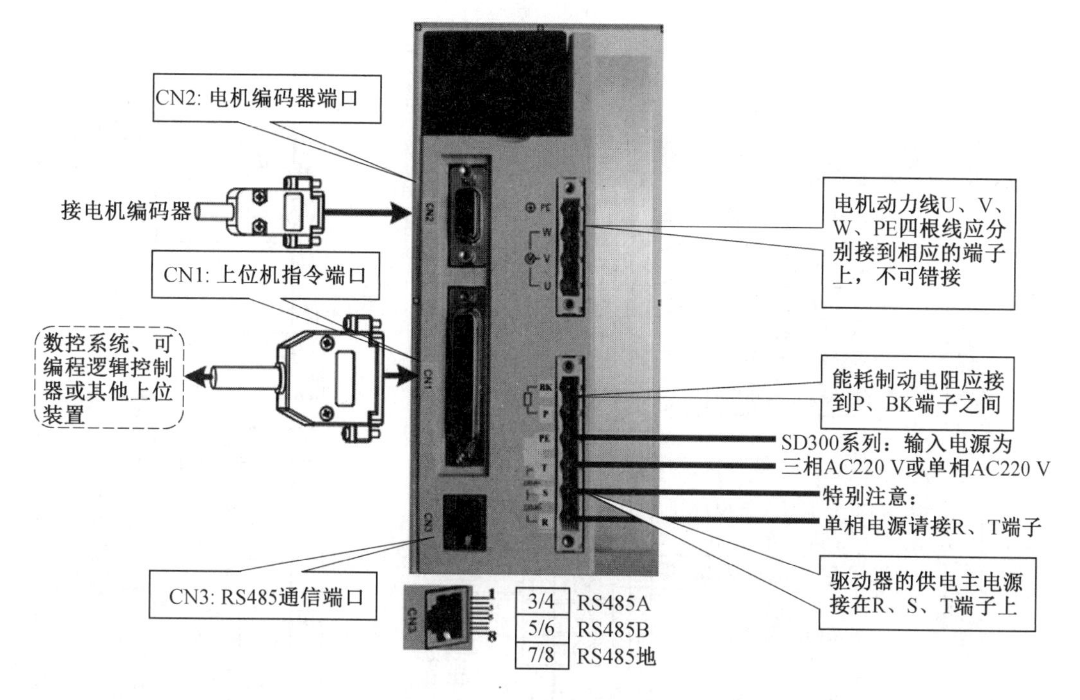

图 13.33　伺服电机驱动器接线示意图

伺服电机驱动器中上位机指令端口 CN1 一般包括模拟量输入端、I/O 开关量输入端、I/O开关量输出端、脉冲指令输入端、编码器信号输出端。模拟量输入端接收外部模拟信号，实现伺服电机速度控制等功能。I/O 开关量输入端主要为控制信号的输入，可通过控制面板设置驱动器相关参数以配置其每个引脚功能，包括伺服使能、报警清除、正反转驱动禁止、脉冲输入禁止控制信号输入口等。I/O 开关量输出端主要为伺服电机状态输出，可通过控制面板设置驱动器相关参数以配置其每个引脚功能，包括伺服就绪、伺服报警、定位状态、机械制动等。脉冲指令输入端主要为脉冲控制端口，控制伺服电机转动距离、转动速度与转动方向。在一般的“脉冲+方向”控制方式下，通过位置指令脉冲 PULS 可实现电机的转动位移和转动速度控制，通过位置指令方向 SIGN 可实现电机方向控制。此外，位置指令脉冲 PULS 与位置指令方向 SIGN 结合可实现正反转脉冲或正交脉冲控制方式。编码器信号输出端为脉冲反馈，用于电机闭环控制。电机编码器端口 CN2 根据不同的编码器型号采用不同的接线方式。对于通信端口 CN3，不同厂商不同型号的伺服电机驱动器采用的接口和方式不尽相同。图 13.34 所示为某伺服电机驱动器上位机指令端口 CN1 和电机编码器端口 CN2 端口定义图。

13.5.2　伺服电机速度控制

伺服电机的转动速度控制中，可通过控制面板设置不同的速度控制方式，当配置为模拟速度指令输入时，可通过单片机进行数模转换，将数字量转换为模拟量，单片机的模拟量输出与伺服电机驱动器的模拟量输入端相连，提供速度给定。STC8H 系列单片机中没有直接的 D/A 转换器，可通过高级 PWM 模块输出连接低通滤波器模拟 D/A 转换器，将数字信号转换成模拟信号。将 STC8H 系列单片机 PWM 输出引脚 P2.0 与伺服电机驱动器模拟量输

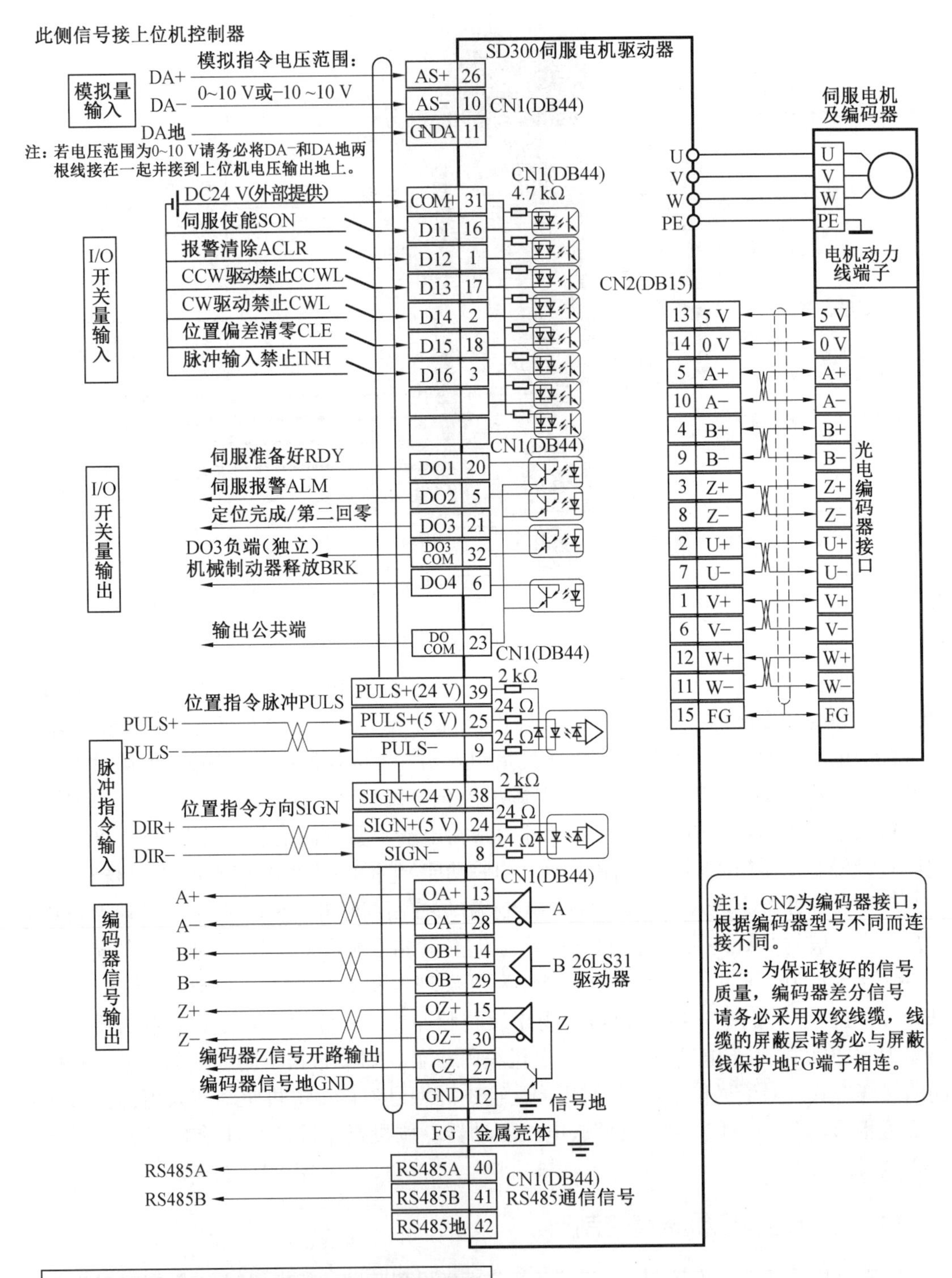

图 13.34　上位机指令端口 CN1 和电机编码器端口 CN2 端口定义图

入端口中 DA+相连，DA-和 DA 地与单片机 GND 相连，P0.0 与驱动器中 I/O 开关量输入端的伺服使能 SON 相连，P0.4 与 I/O 开关量输出端的伺服准备状态 RDY 相连，P0.5 与 I/O 开关量输出端中伺服警报状态 ALM 相连，伺服电机速度控制连线图如图 13.35 所示。

可以通过伺服驱动器控制面板设置速度控制模式、速度指令来源、加速和减速时间、模拟速度指令增益、模拟速度指令方向、模拟速度指令滤波时间常数等参数，具体参数设置如表 13.4 所示，其他参数使用出厂默认值，另外与速度指令有关的参数如表 13.5 所示，详细参数说明可查阅驱动器说明书。

表 13.4　伺服电机速度控制参数表

参数	名称	设置值	默认值	参数说明
Pr004	控制方式	1	0	设为速度控制模式
Pr025	速度指令来源	0	0	设为模拟量输入
Pr060	速度指令加速时间	根据需要设置	100	零速到 1 000 r/min 的加速时间(ms)
Pr061	速度指令减速时间	根据需要设置	100	1 000 r/min 到零速的减速时间(ms)
Pr097	忽略驱动禁止	0（使用驱动禁止）	3（忽略驱动禁止）	使用正转驱动禁止(CCWL)和反转驱动禁止(CWL)。若设置为忽略，可不连接 CC-WL、CWL
Pr104	数字输入 DI5 功能	7	20	DI5 设置为零速箝位 ZCLAMP
Pr110	数字输出 DO3 功能	6	5	DO3 设置为速度到达 ASP

表 13.5　与速度指令有关的参数表

参数	名称	参数范围	默认值	单位
Pr025	速度指令来源	0~3	0	
Pr046	模拟速度指令增益	10~3 000	300	$r/(min \cdot V^{-1})$
Pr047	模拟速度指令零偏补偿	-15 000~15 000	0	0.1 mV
Pr048	模拟速度指令方向	0~1	0	
Pr049	模拟速度指令滤波时间常数	2~500	20	0.1 ms
Pr050	模拟速度指令极性	0~2	0	
Pr051	模拟速度指令死区	0~13 000	0	mV
Pr052	模拟速度指令死区	-13 000~0	0	mV

在 24 MHz 系统时钟下，设置 PWM 信号频率为 500 Hz，使用 PWMB 模块 5 通道，PWM 预分频寄存器 PWMB_PSCR 的初始值为 47，计数重载寄存器 PWMB_ARR 的初始值为 999，

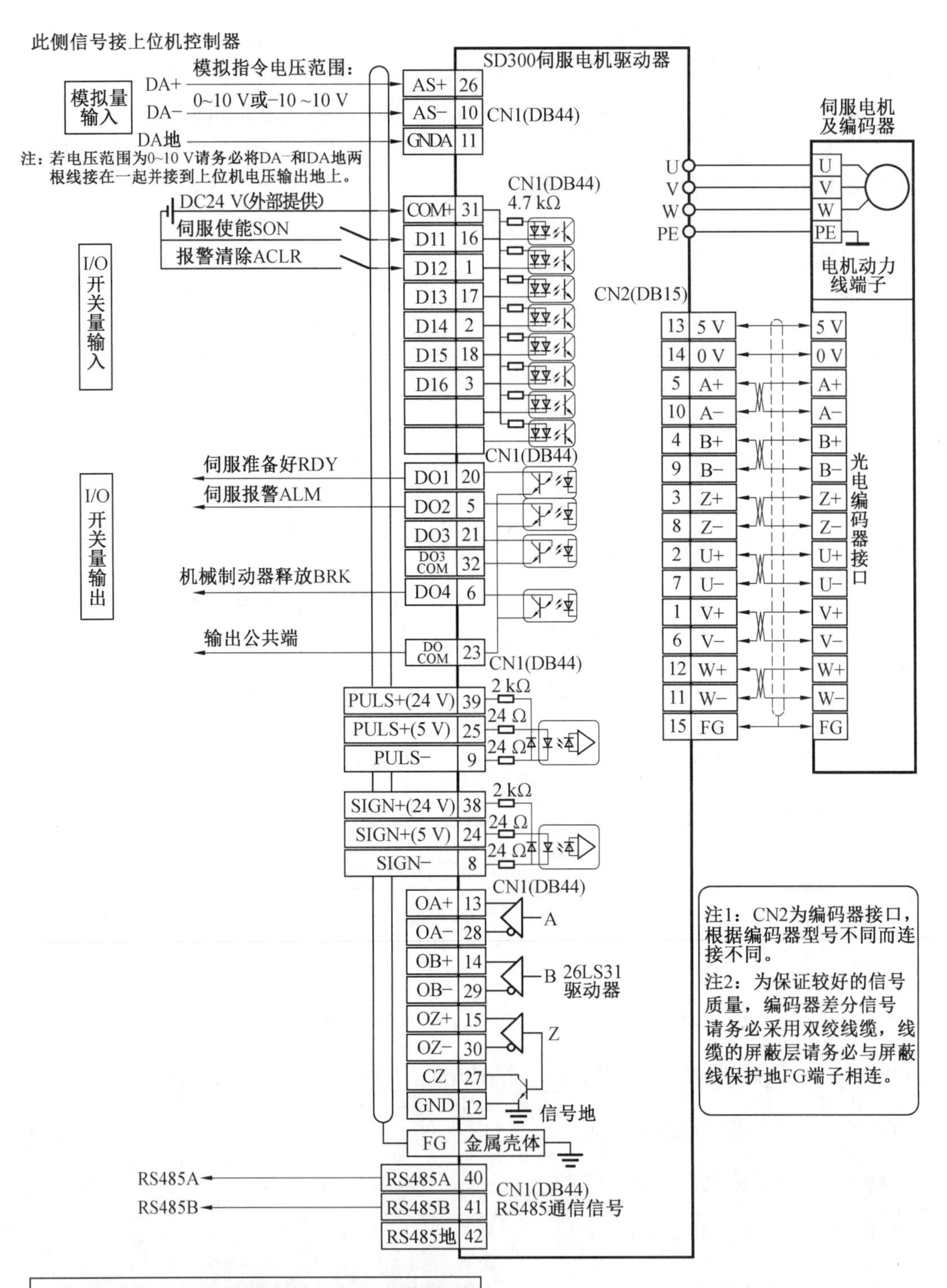

注：DI/DO出厂设置都是低有效，用户可根据需要修改为高有效，DI/DO功能也是可重新定义的，参数Pr100~Pr107配置DI功能和高低电平有效，参数Pr108~Pr113配置DO功能和高低电平有效。

图 13.35　伺服电机速度控制连线图

计数寄存器 PWMB_CCR5H 和 PWMB_CCR5L 构成的 16 位寄存器的初始值分别为 500，对应的 PWM 占空比为 50%，输出的平均电压为 1.65 V，即设置伺服电机的转速为 495 r/min。伺服电机驱动器主电源接通后，等待伺服准备状态 RDY 和伺服警报状态 ALM 为有效无报警电平后，使能伺服 SON，伺服电机转速从 0 上升至 495 r/min 并保持，速度控制流程图如图 13.36 所示。

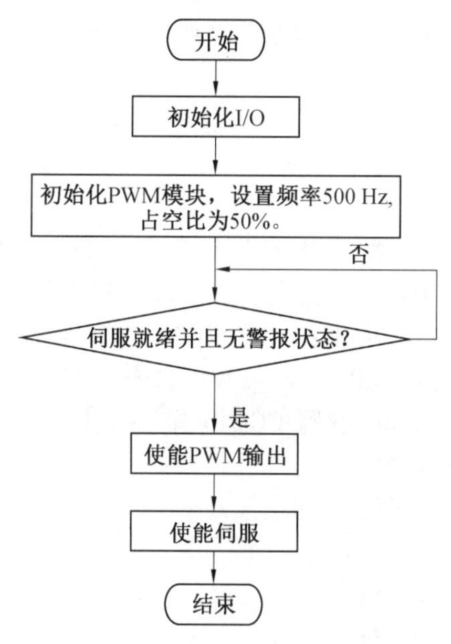

图 13.36　速度控制流程图

配置单片机 PWM 频率为 500 Hz，伺服电机速度控制源程序如下：

```
/***************  功能说明  ***************
伺服电机速度控制
Target:STC8H8K64U
Crystal:24 MHz
******************************
接线方式:
PWM5 P20----DA+
P00----SON
P04----RDY
P05----ALM
******************************/
#include "stc8h.h"          //包含此头文件后，不需要再包含"reg51.h"头文件
#include "intrins.h"
#define MAIN_Fosc           24000000L    //定义主时钟
typedef unsigned char u8;
typedef unsigned int u16;
typedef unsigned long u32;
```

```
#define PWM5_1 0x00         //P2.0
#define ENO5P 0x01
#define PWM_PRESCALERS   47      //设置预分频
#define PWM_PERIOD999       //设置周期值
#define PWM_CCR5   500      //设置装载值
/* * * * * * * * * * * * 本地变量声明 * * * * * * * * * * * * * * * */
u16 PWM5_Duty;
/* * * * * * * * * * * * * * * * 主函数 * * * * * * * * * * * * * * * * */
void main(void)
{
    P_SW2 |= 0x80;  //扩展寄存器(XFR)访问使能
    P0M1 = 0x30;   P0M0 = 0x30;   //设置P0.4、P0.5为漏极开路(需加上拉电阻到3.3V)
    P2M1 = 0x3c;   P2M0 = 0x3c;   //设置P2.2~P2.5为漏极开路(需加上拉电阻到3.3V)
    PWM5_Duty = PWM_CCR5;//  PWM 初始化
    PWMB_CCER1 = 0x00; //写 CCMRx 前必须先清零 CCxE 关闭通道
    PWMB_CCER2 = 0x00;
    PWMB_CCMR1 = 0x68; //通道模式配置
    PWMB_CCMR2 = 0x68;
    PWMB_CCMR3 = 0x68;
    PWMB_CCMR4 = 0x68;
    PWMB_CCER1 = 0x33; //配置通道输出使能和极性
    PWMB_CCER2 = 0x33;
    PWMB_PSCRH = (u8)(PWM_PRESCALERS >> 8); //设置 PWM 预分频
    PWMB_PSCRL = (u8)(PWM_PRESCALERS >> 8);
    PWMB_ARRH = (u8)(PWM_PERIOD >> 8); //设置周期时间
    PWMB_ARRL = (u8)PWM_PERIOD;
    PWMB_CCR5H = (u8)(PWM5_Duty >> 8); //设置占空比时间
    PWMB_CCR5L = (u8)(PWM5_Duty);
    PWMB_ENO = 0x00;
    PWMB_ENO |= ENO5P; //使能输出
    PWMB_PS = 0x00;      //高级 PWM 通道输出脚选择位
    PWMB_PS |= PWM5_1; //选择 PWM5_1 通道
    while(P04==1||P05==1);//等待伺服就绪且无警报状态
    PWMB_BKR = 0x80;    //使能主输出
    PWMB_CR1 |= 0x01;   //开始计时
    P00 = 0;//使能伺服
    while (1)
    {
    }
}
```

13.5.3　伺服电机位置控制

每个位置控制脉冲 PULS 将使得伺服电机向配置的方向运动固定的角度或位移,因此伺服电机的位置控制可通过脉冲指令输入端口输入固定数量脉冲实现。将 STC8H 系列单片机 PWM 输出引脚 P2.0 与伺服电机驱动器位置指令脉冲 PULS+相连,P0.1 与位置指令方向 DIR+相连,单片机外部中断(INT0)P3.2 与编码器输出 A+相连,捕获脉冲反馈,PULS-和 DIR-与单片机 GND 相连,P0.0 与驱动器中 I/O 开关量输入端中伺服使能 SON 相连,P0.4 与 I/O 开关量输出端的伺服准备状态 RDY 相连,P0.5 与 I/O 开关量输出端中伺服警报状态 ALM 相连,伺服电机位置控制连线图如图 13.37 所示。

可以通过伺服驱动器控制面板设置位置控制模式、"脉冲+方向"指令脉冲形式、位置指令脉冲电子齿轮分子与分母、位置指令脉冲输入方式、位置指令脉冲输入方向、位置指令方向信号滤波系数、位置指令脉冲信号滤波系数、位置指令指数平滑滤波时间等参数,具体参数设置如表 13.6 所示,其他参数使用出厂默认值,另外与位置指令有关的参数如表 13.7 所示,详细参数说明可查阅驱动器说明书。

表 13.6　伺服电机位置控制参数表

参数	名称	设置值	默认值	参数说明
Pr004	控制方式	0	0	设为速度控制模式
Pr097	忽略驱动禁止	0(使用驱动禁止)	3(忽略驱动禁止)	设为 0,使用正转驱动禁止(CCWL)和反转驱动禁(CWL)。若设置为 3 忽略正负限位,可不连接 CCWL、CWL,用户需根据实际使用情况正确设置此参数

表 13.7　与位置指令有关的参数表

参数	名称	参数范围	默认值	单位
Pr029	位置指令脉冲电子齿轮第 1 分子	1～32 767	1	
Pr030	位置指令脉冲电子齿轮分母	1～32 767	1	
Pr035	位置指令脉冲输入方式	0～2	0	
Pr036	位置指令脉冲输入方向	0～1	0	
Pr038	位置指令脉冲信号滤波系数	0～3	0	
Pr039	位置指令方向信号滤波系数	0～3	0	
Pr040	位置指令指数平滑滤波时间	0～10 000	0	0.1 ms

系统的位置控制器如图 13.38 所示,位置环包括速度环,依照先内环后外环的顺序,首先设置好负载转动惯量比,然后调整速度环增益、速度环积分时间常数,最后调整位置环增益。位置环增益 K_p 增加可提高位置环频宽,但受速度环频宽限制。欲提高位置环增益,必须先提高速度环频宽,与位置控制有关增益参数如表 13.8 所示。

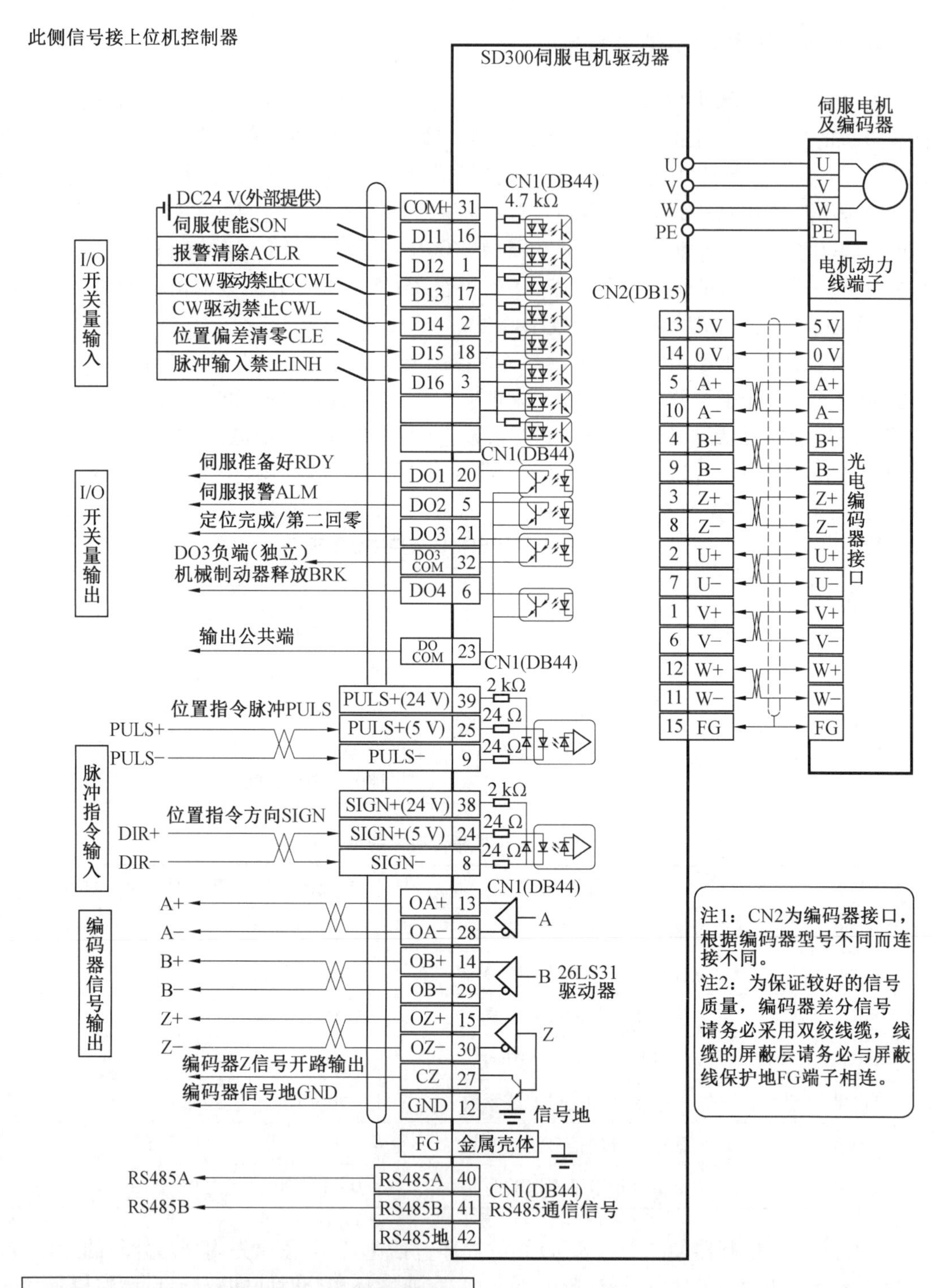

注：DI/DO出厂设置都是低有效，用户可根据需要修改为高有效，DI/DO功能也是可重新定义的，参数Pr100~Pr107配置DI功能和高低电平有效，参数Pr108~Pr113配置DO功能和高低电平有效。

图 13.37　伺服电机位置控制连线图

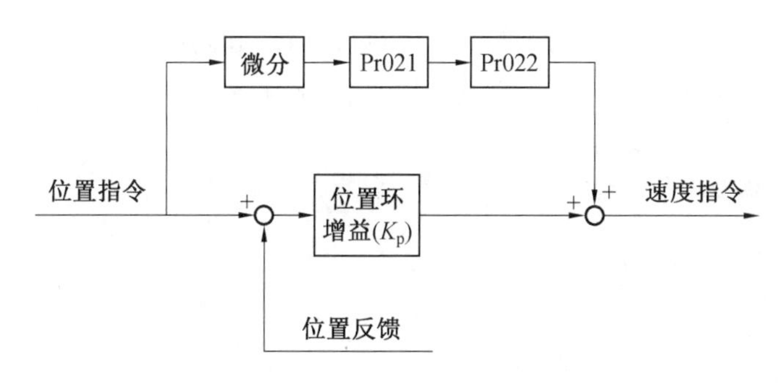

图 13.38　伺服电机位置控制器

表 13.8　伺服电机位置控制增益参数表

参数	名称	参数范围	默认值	单位
Pr009	位置环增益	1～1 000	0	s^{-1}
Pr021	位置环前馈增益	1～100	0	%
Pr022	位置环前馈滤波时间常数	0.20～50.00	1.00	ms

前馈能降低位置环控制的相位滞后,可减小位置控制时的位置跟踪误差以及获得更短的定位时间。前馈量增大,位置控制跟踪误差减小,但过大会使系统不稳定、超调。若电子齿轮比大于 10 也容易产生噪声。一般应用可设置 Pr021 为 0,需要高响应、低跟踪误差时,可适当增加,不宜超过 80%,同时可能需要调整位置环前馈滤波时间常数(参数 Pr022)。

假定伺服电机需要转一圈,伺服编码器分辨率为 10 000,即电机转动一圈需要 10 000 个脉冲。在 24 MHz 系统时钟下,设置 PWM 信号频率为 500 Hz,使用 PWMB 模块 5 通道,PWM 预分频寄存器 PWMB_PSCR 的初始值为 47,计数重载寄存器 PWMB_ARR 的初始值为 999,计数寄存器 PWMB_CCR5H 和 PWMB_CCR5L 构成的 16 位寄存器的初始值分别为 500,对应的 PWM 占空比为 50%,配置外部事件中断 INT0 为下降沿触发中断,编码器输出端 A+每产生一个脉冲触发一次脉冲计数。伺服驱动器主电源接通后,等待伺服准备状态 RDY 和伺服警报状态 ALM 为有效无报警电平后,使能伺服 SON,当编码器输出端 A+产生 10 000 个脉冲时,停止 PWM 输出,伺服电机转完一圈停止,位置控制流程图如图 13.39 所示。

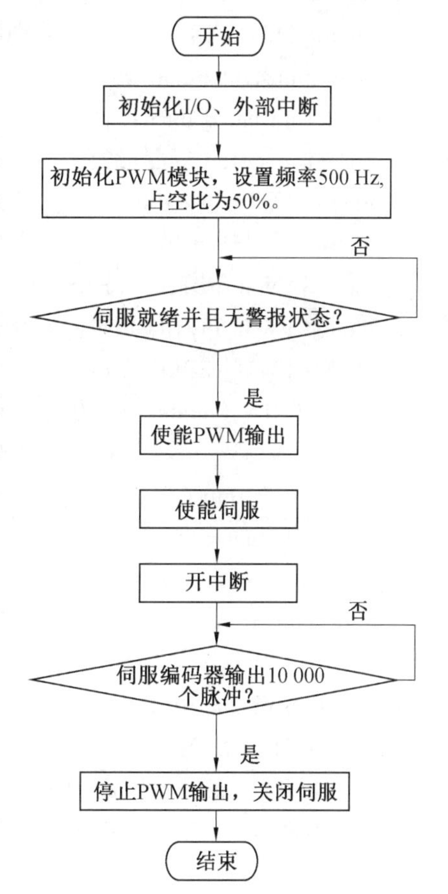

图 13.39　位置控制流程图

配置单片机 PWM 频率为 500 Hz,伺服电机位置控制源程序如下：

```
/* * * * * * * * * * * * * * 功能说明     * * * * * * * * * * * * * * *
伺服电机旋转360°位置控制
Target:STC8H8K64U
Crystal:24MHz
* * * * * * * * * * * * * * * * * * * * * * * * * * * * * * * * * * * *
接线方式:
PWM5 P20----DA+
P00----SON
P04----RDY
P05----ALM
P32----A+
* * * * * * * * * * * * * * * * * * * * * * * * * * * * * * * * * * */
#include "stc8h.h"          //包含此头文件后,不需要再包含"reg51.h"头文件
#include "intrins.h"
#define MAIN_Fosc          24000000L   //定义主时钟
typedef unsigned char u8;
typedef unsigned int u16;
typedef unsigned long u32;
#define PWM5_1 0x00          //P2.0
#define ENO5P 0x01
#define PWM_PRESCALERS   47      //设置预分频
#define PWM_PERIOD999       //设置周期值
#define PWM_CCR5   500      //设置装载值
#definePULS_Counter 10000    //设置伺服期望脉冲数
/* * * * * * * * * * * * * 本地变量声明 * * * * * * * * * * * * * * * */
u16 PWM5_Duty;
u16 INT0_cnt = 0;
/* * * * * * * * * * * * * * * * * * 主函数 * * * * * * * * * * * * * * * * * */
void main(void)
{
    P_SW2 |= 0x80;  //扩展寄存器(XFR)访问使能
    P0M1 = 0x30;   P0M0 = 0x30;   //设置P0.4、P0.5为漏极开路(需加上拉电阻到3.3 V)
    P2M1 = 0x3c;  P2M0=0x3c;   //设置P2.2~P2.5为漏极开路(需加上拉电阻到3.3 V)
    P3M1 = 0x50;   P3M0 = 0x50;   //设置P3.4、P3.6为漏极开路(需加上拉电阻到3.3 V)
    IE0  = 0;  //外部中断0标志位
    EX0 = 1;     //使能外部中断INT0
    IT0 = 1;          //INT0 下降沿中断
    PWM5_Duty = PWM_CCR5;  //PWM初始化
```

```
    PWMB_CCER1 = 0x00; //写 CCMRx 前必须先清零 CCxE 关闭通道
    PWMB_CCER2 = 0x00;
    PWMB_CCMR1 = 0x68;    //通道模式配置
    PWMB_CCMR2 = 0x68;
    PWMB_CCMR3 = 0x68;
    PWMB_CCMR4 = 0x68;
    PWMB_CCER1 = 0x33; //配置通道输出使能和极性
    PWMB_CCER2 = 0x33;
    PWMB_PSCRH = (u8)(PWM_PRESCALERS >> 8); //设置 PWM 预分频
    PWMB_PSCRL = (u8)(PWM_PRESCALERS >> 8);
    PWMB_ARRH = (u8)(PWM_PERIOD >> 8); //设置周期时间
    PWMB_ARRL = (u8)PWM_PERIOD;
    PWMB_CCR5H = (u8)(PWM5_Duty >> 8); //设置占空比时间
    PWMB_CCR5L = (u8)(PWM5_Duty);
    PWMB_ENO = 0x00;
    PWMB_ENO |= ENO5P; //使能输出
    PWMB_PS = 0x00;      //高级 PWM 通道输出脚选择位
    PWMB_PS |= PWM5_1; //选择 PWM5_1 通道
    while(P04==1||P05==1);//等待伺服就绪且无警报状态
    PWMB_BKR = 0x80;    //使能主输出
    PWMB_CR1 |= 0x01;   //开始计时
    P00 = 0;//使能伺服
    EA = 1;       //允许总中断
    while (1)
    {
        if(INT0_cnt == PULS_Counter)
        {
            PWMB_BKR &= 0x7F;    //关闭主输出
            P00 = 1;      //关闭伺服
            INT0_cnt = 0;      //脉冲计数清 0
        }
    }
}
/* * * * * * * * * * * * * * * INT0 中断函数 * * * * * * * * * * * * * * */
void INT0_int (void) interrupt 0          //跳转中断函数时已经清除中断标志
{
    INT0_cnt++; //中断+1
}
```

第 14 章　单片机应用中的无线技术

14.1　Bluetooth 技术

14.1.1　基本原理

1. 概述

蓝牙(bluetooth)是一种全球通用的无线通信技术标准,用于短距离数据传输。单片机蓝牙模块,也称蓝牙串口模块,是将蓝牙技术应用于单片机领域的关键芯片。通过将蓝牙模块连接到单片机的串口或者 I/O 口,可以实现单片机与手机或计算机等蓝牙设备之间的无线通信。

常见的单片机蓝牙模块有 HC-05、HC-06、HC-08,其中 HC-05 和 HC-06 较为常见。本书案例采用 HC-05 模块。

2. AT 指令集

AT 指令是蓝牙模块与单片机之间的通信方式,用于控制蓝牙模块的各种功能。可以通过向蓝牙模块发送 AT 指令来控制蓝牙模块的各项功能。发送 AT 指令时需要遵循指令的格式,即 AT+指令名称+指令参数。其中一些常用指令如表 14.1 所示。

表 14.1　蓝牙模块常用 AT 指令集

指令	说明	返回值	参数	备注
AT	测试	OK		
AT+RESET	复位	OK		
AT+ORGL	恢复默认状态	OK		
AT+NAME=	设置设备名称	OK	蓝牙设备名称	默认名称: “HC-05”
AT+NAME?	查询设备名称	(1)+NAME: OK(成功) (2)FAIL(失败)		
AT+ROLE=	设置设备角色	OK	0:从角色(slave) 1:主角色(master) 2:回环角色 (slave-loop)	默认值:0
AT+ROLE?	查询设备角色	+ROLE: OK		

续表14.1

指令	说明	返回值	参数	备注
AT+CMODE=	设置连接模式	OK	0:指定蓝牙地址连接模式(指定蓝牙地址由绑定指令设置) 1:任意蓝牙地址连接模式(不受绑定指令设置地址的约束) 2:回环角色(slave-loop)	默认连接模式:0
AT+CMODE?	查询连接模式	+CMODE:OK		
AT+PSWD=	设置配对码	OK	配对码	
AT+PSWD?	查询配对码	+PSWD:OK		默认名称:“1234”
AT+ADDR	获取蓝牙地址	+ADDR:OK	模块蓝牙地址	
AT+BIND=	设置蓝牙绑定地址	OK	绑定蓝牙地址	默认绑定蓝牙地址:00:00:00:00:00:00
AT+BIND?	查询蓝牙绑定地址	+BIND:OK		
AT+UART=,,	设置蓝牙串口数据	OK	第 1 个参数:波特率 第 2 个参数:停止位 第 3 个参数:校验位	
AT+UART?	查询蓝牙串口数据	+UART:,,OK		
AT+RMAAD	清空配对列表	OK		

14.1.2　案例设计

bluetooth 一般有以下几种常用工作模式。

(1)模式 1——主设备工作模式。

主设备是能够搜索别人并主动建立连接的一方,主设备模式是从扫描状态转化而来的。其可以和一个或多个从设备进行连接通信,它会定期地扫描周围的广播状态设备发送的广播信息,可以对周围设备进行搜索并选择所需要连接的从设备进行配对连接,成功建立通信链路后,主从双方就可以发送和接收数据。例如,智能手机通常工作在主设备模式。

(2)模式 2——从设备工作模式。

从设备模式是从广播者模式转化而来的,未被连接的从设备首先进入广播状态,等待被主机搜索,当主机扫描到从设备并建立连接后,就可以和主机设备进行数据的收发,其不能主动建立连接,只能等别人来连接自己。和广播模式有区别的地方在于,从设备模式的蓝牙模块是可以被连接的,定期地和主机进行连接和数据传输,在数据传输过程中作从机。例如,蓝牙手表、蓝牙手环、蓝牙鼠标等工作在从设备模式。

(3)模式 3——主从一体工作模式。

主从一体工作模式是指蓝牙模块可以同时作为主设备和从设备。其可以在两个角色间切换,工作在从模式时,等待其他主设备来连接,需要时,转换为主模式,向其他设备发起连接调用。主从一体提供了扩展蓝牙模块的能力,在蓝牙 4.1 协议规范后,添加了“链路层拓扑”的功能,可以允许蓝牙模块同时作为主设备和从设备,在任何角色组合中操作。例如,蓝牙 Hub 终端工作在主从一体模式。

(4)模式 4——广播者工作模式。

在广播者模式下,蓝牙模块定期持续地向周围发送一定长度广播的数据包,该数据可以被扫描者搜索到,模块可以在低功耗的模式下持续地进行广播,应用于极低功耗、小数据量、单向传输的应用场合。蓝牙广播通道的重要功能是用于发现设备、发起连接和发放数据。广播模式主要有两种使用场景。①单一方向的、无连接的数据通信,数据发送者在广播信道上广播数据,数据接收者扫描、接收数据,其目的是定期将数据传输到设备,但不支持任何连接。例如,信标、广告牌、室内定位、物料跟踪等。②面向连接的建立,如蓝牙从设备广播消息后由主设备搜索到后进行连接,广播者和从设备模式的唯一区别是不能被主机连接,只能广播数据。

(5)模式 5——观察者工作模式。

该模式下模块为非连接,相对广播者模式的一对多发送广播,观察者可以一对多接收数据。在该模式中,设备可以仅监听和读取空中的广播数据。和主机唯一的区别是不能发起连接,只能持续扫描从机。观察者工作模式可应用于数据采集集中器的应用场合,如传感器集中器采集等功能;另一个典型的例子是蓝牙网关,蓝牙模块处于观察者模式,无广播,它可以扫描周围的广播设备,但不能要求与广播设备连接。

下面通过两个案例分别针对常用的模式 1 和模式 2 的应用方法进行说明。

1. 案例一:上位机为主设备,蓝牙模块为从设备工作模式

(1)功能介绍。

本案例通过上位机(自带蓝牙模块,主设备)搜索蓝牙模块 HC-05(从设备)发出的蓝牙信号建立起无线连接,然后蓝牙模块 HC-05 接收上位机的信号,通过单片机控制小灯亮灭。其具体功能如下:

①上位机搜索蓝牙模块 HC-05 发出的蓝牙信号,进行配对,建立蓝牙无线连接;

②上位机向蓝牙模块 HC-05 发送 1 或 2 的指令;

③STC8H 主控芯片通过串口通信读取蓝牙模块 HC-05 接收的指令,若为 1 则点亮 LED 小灯,若为 2 则熄灭小灯。

(2)硬件连接。

连接单片机和蓝牙模块的方式有多种,最基本的连接方式是将单片机的 TxD 引脚连接到蓝牙模块的 RxD 引脚,将单片机的 RxD 引脚连接到蓝牙模块的 TxD 引脚,并且将单片机和蓝牙模块的地引脚连接在一起,HC-05 蓝牙模块电源引脚接 3.3 V,如图 14.1 所示。

(3)程序流程图。

单片机控制蓝牙模块程序流程图 1 如图 14.2 所示。

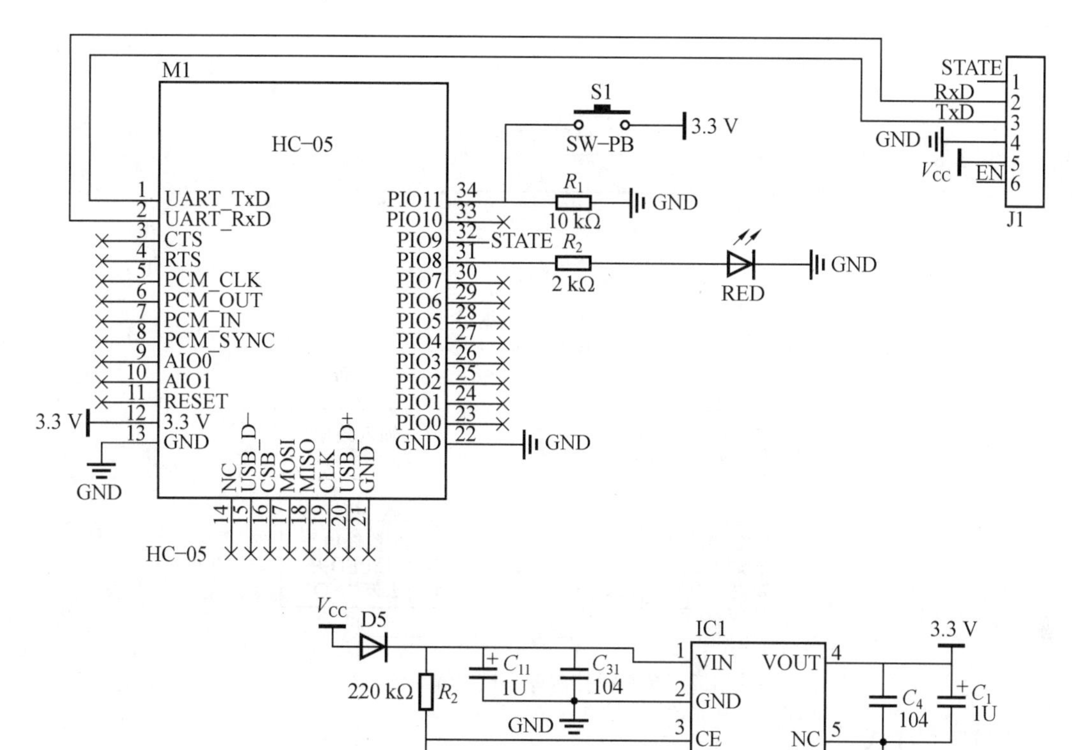

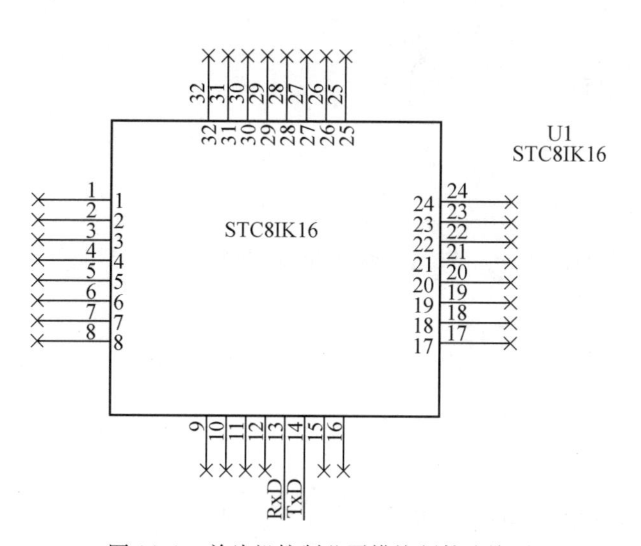

图 14.1　单片机控制蓝牙模块硬件连接图

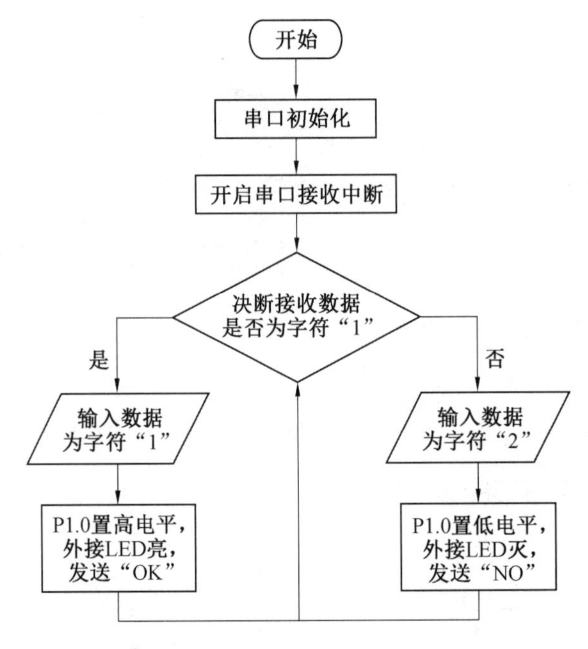

图 14.2　单片机控制蓝牙模块程序流程图 1

(4)主程序代码。

```
void UartInit( )    //串口初始化
{
    SCON = 0x50;
    T2L = BRT;
    T2H = BRT >> 8;
    AUXR = 0x15;
    busy = 0;
}

void UartSend(char dat)    //发送一个字符到串口
{
    while (busy);
    busy = 1;
    SBUF = dat;
}
void UartSendStr(char *p)  //发送一个字符串到串口
{
    while (*p)
    {
        UartSend(*p++);
    }
```

```
}
void UartIsr( ) interrupt 4   //UART 中断服务程序,接收数据
{
    if (TI)
{
        TI = 0;
        busy = 0;
    }
    if (RI)
    {
        RI = 0;
        buf = SBUF;
    }
}
void main( )
{
    //设置端口模式为非双向口
    P0M0 = 0x00;
    P0M1 = 0x00;
    P1M0 = 0x00;
    P1M1 = 0x00;
    P2M0 = 0x00;
    P2M1 = 0x00;
    P3M0 = 0x00;
    P3M1 = 0x00;
    P4M0 = 0x00;
    P4M1 = 0x00;
    P5M0 = 0x00;
    P5M1 = 0x00;
    UartInit( ); //初始化串口
    ES = 1; //开启串口接收中断
    EA = 1; //开启总中断
    //接收到数据发送对应的信息
    while (1)
    {
        if (buf == '1')
        {
            UartSendStr("OK! \r");
            P10=1;
```

```
        }
        if (buf == '2')
        {
            UartSendStr("NO! \r");
            P10=0;
        }
    }
}
```

2. 案例二:蓝牙模块 a 为主设备,蓝牙模块 b 为从设备工作模式

(1)功能介绍。

本案例通过蓝牙模块 a(主设备)连接蓝牙模块 b(从设备)的蓝牙信号,建立无线连接,控制小灯亮灭。a 负责发送,b 负责接收。其具体功能如下:

①蓝牙模块 a 和 b 之间建立蓝牙信号无线连接;

②根据按键按下情况,STC8H 系列单片机 a 通过蓝牙模块主设备向从设备发送 1 或 2 的指令;

③STC8H 系列单片机 b 通过串口通信读取蓝牙模块 b 接收的指令,若为 1 则点亮 LED 小灯,若为 2 则熄灭小灯。

(2)硬件连接。

蓝牙模块 a、b 分别连接 STC8H 系列单片机 a、b;单片机 a 外接按键 SW1(按键按下,则发送指令 2)和 LED 小灯(作为信号发送的显示);单片机 b 外接 LED 小灯,如图 14.1 所示。

(3)程序流程图。

单片机控制蓝牙模块程序流程图 2 如图 14.3 所示。

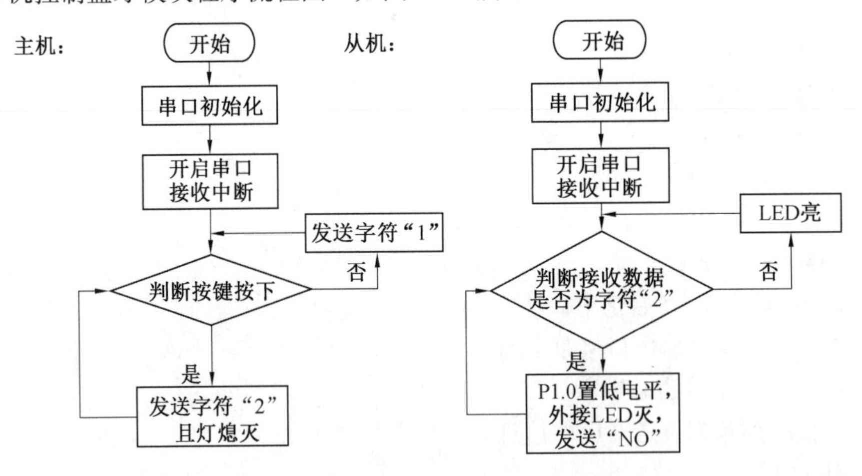

图 14.3 单片机控制蓝牙模块程序流程图 2

(4)主程序代码。

```
//主机程序
void UartInit()
{
```

```
    SCON = 0x50;
    T2L = BRT;
    T2H = BRT >> 8;
    AUXR = 0x15;
    busy = 0;
}
//发送一个字符到串口
void UartSend(char dat)
{
    while (busy);
    busy = 1;
    SBUF = dat;
}
//发送一个字符串到串口
void UartSendStr(char *p)
{
    while (*p)
    {
        UartSend(*p++);
    }
}
//UART 中断服务程序,接收数据
void UartIsr() interrupt 4
{
    if (TI)
    {
        TI = 0;
        busy = 0;
    }
    if (RI)
    {
        RI = 0;
        buf = SBUF;
    }
}
void delayms(int ms)
{
    int i,j;
    for(i=ms;i>0;i--)
```

```
        for(j=845;j>0;j--);
}
void main()
{
        //设置端口模式为非双向口
        P0M0 = 0x00;
        P0M1 = 0x00;
        P1M0 = 0x00;
        P1M1 = 0x00;
        P2M0 = 0x00;
        P2M1 = 0x00;
        P3M0 = 0x00;
        P3M1 = 0x00;
        P4M0 = 0x00;
        P4M1 = 0x00;
        P5M0 = 0x00;
        P5M1 = 0x00;
        UartInit(); //初始化串口
        ES = 1; //开启串口接收中断
        EA = 1; //开启总中断
        //接收到数据发送对应的信息

        while (1)
        {
                if(P32==0)
                {
                        delayms(5);
                        if(P32==0)
                        {
                                UartSendStr("2");P10=0;
                        }
                        while(!P32);            //循环按下,一直判断是否按下
                }
                if (buf == '2')
                {
                        UartSendStr("NO! \r");
                        P10=0;
                }
        }
```

```
}
//从机
while (1)
{
    if (buf == '1')
    {
        UartSendStr("OK! \r");
        P10=1;
    }
    if (buf == '2')
    {
        UartSendStr("NO! \r");
        P10=0;
    }
}
```

14.2　WiFi 技术

14.2.1　基本原理

1. 概述

WiFi 又名串口 WiFi 模块,属于物联网传输层,其功能是将串口或 TTL 电平转为符合 WiFi 无线网络通信标准的嵌入式模块,内置无线网络协议 IEEE 802.11b.g.n 协议栈以及 TCP/IP 协议栈。传统的硬件设备嵌入 WiFi 模块可以直接利用 WiFi 连入互联网,是实现无线智能家居、M2M 等物联网应用的重要组成部分。

常见的单片机 WiFi 模块为 ESP-01s。本节案例采用 ESP8266 模块。

2. AT 指令集

AT 指令是 WiFi 模块与单片机之间的通信方式,用于控制 WiFi 模块的各种功能。可以通过向 WiFi 模块发送 AT 指令来控制 WiFi 模块的各项功能。发送 AT 指令时需要遵循指令的格式,即 AT+指令名称+指令参数。其中一些常用指令如表 14.2 所示。

表 14.2　WiFi 模块常用 AT 指令集

指令	说明	返回值	参数	备注
AT	测试启动	OK		
AT+RST	重启模块	OK		
AT+GMR	查看版本信息	OK	number	number 为 8 位版本号

续表14.2

指令	说明	返回值	参数	备注
AT+CWMODE=	选择 WiFi 应用模式	OK	(1)Station 模式 (2)AP 模式 (3)AP 兼 Station 模式	3 种模式只能同时选择其中 1 个
AT+CWMODE =Mode	设置工作模式	OK	0:非透明传输,默认模式 1:透明传输	默认为 0
AT+CIPMUX ==MODE	设置为多连接	OK	0:单连接模式 1:多连接模式	允许单个或者多个连接
AT+CIPSERVSER=1,端口号	设置为服务器	OK	端口号:可以随意定义	
AT+CWJAP== "SSID","PWD"	设置加入 AP	OK	SSID:接入 AP 的名称 PWD:接入 AP 的密码	全部是以字符串的形式设置
AT+CIPMODE	查询是否为透明传输	当前模式		
AT+CIPMUX?	是否为多连接	当前模式		
AT+CWSAP?	查询当前 AP 配置的参数	当前参数		

14.2.2 案例设计

WiFi 一般有 3 种常用工作模式,分别为 Station 工作模式、AP 工作模式与 Station 工作模式兼 AP 工作模式。每一个连接到无线网络中的终端(如笔记本电脑、PDA 及其他可以联网的用户设备)都可称为一个站点(station);AP 是一个无线接入点,即一个无线网络的创建者,是网络的中心节点,一般家庭或办公室使用的无线路由器就是一个 AP。

WiFi 的主要应用场景为智能家居、智能车辆、工业自动化、智能农业等。

下面通过两个案例分别针对常用的 Station 工作模式和 AP 工作模式的应用方法进行说明。

1. 案例一:Station 工作模式

(1)功能介绍。

本案例通过上位机与 WiFi 模块连接同一个 WiFi 信号进行无线通信,控制小灯亮灭。其具体功能如下:

①ESP8266 模块连接一个 WiFi 信号;

②上位机与 ESP8266 连接同一个 WiFi 信号;

③上位机通过 WiFi 发送信息给 ESP8266 模块,发送 1 时点亮 LED 灯,发送 2 时熄灭 LED 灯。

(2)硬件连接。

单片机连接 WiFi 模块的方式如图 14.4 所示。将单片机的 TxD 引脚连接到 WiFi 模块的 RxD 引脚,将单片机的 RxD 引脚连接到 WiFi 模块的 TxD 引脚。

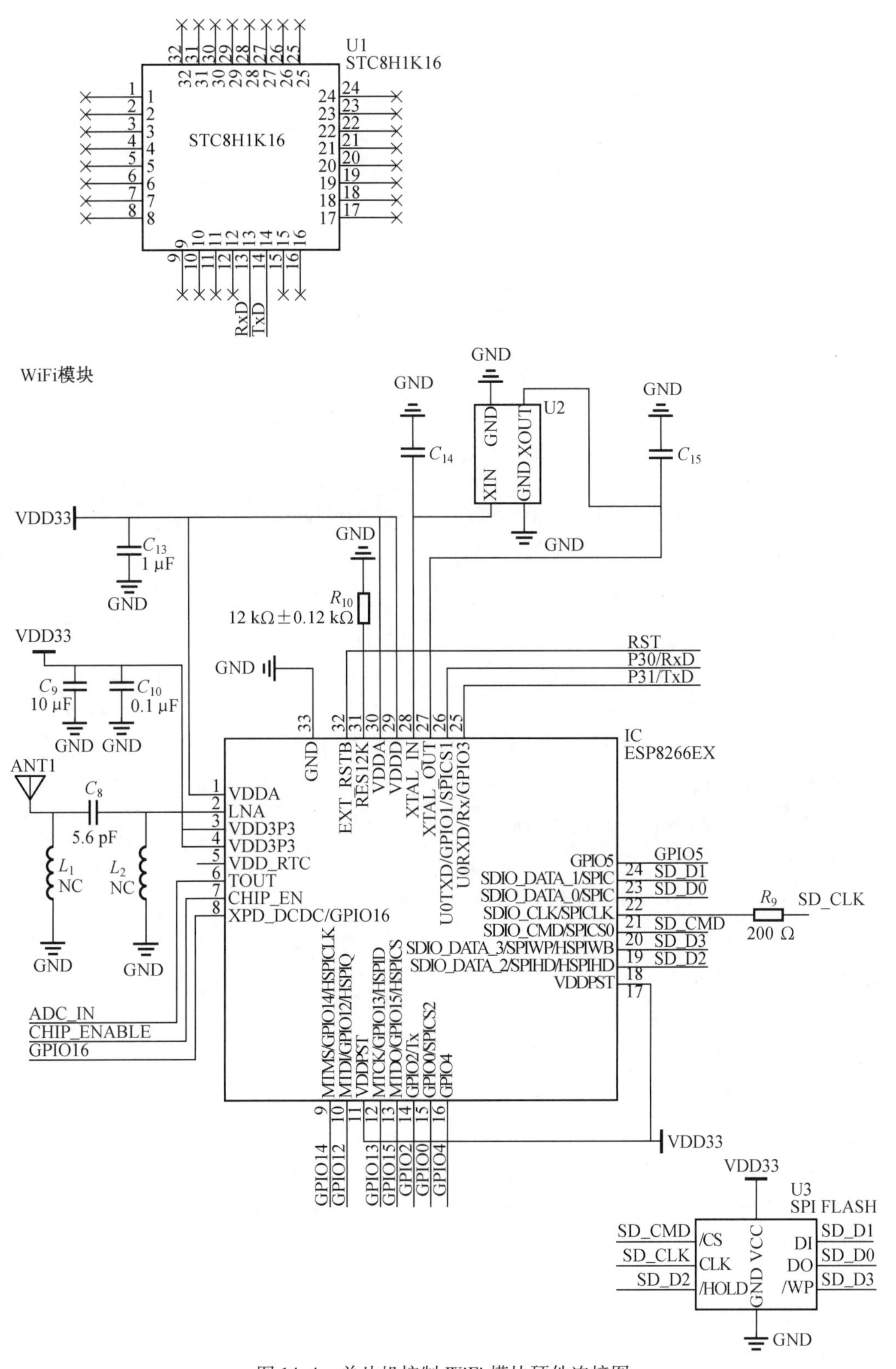

图 14.4　单片机控制 WiFi 模块硬件连接图

(3)程序流程图。

单片机控制 WiFi 模块程序流程图如图 14.5 所示。

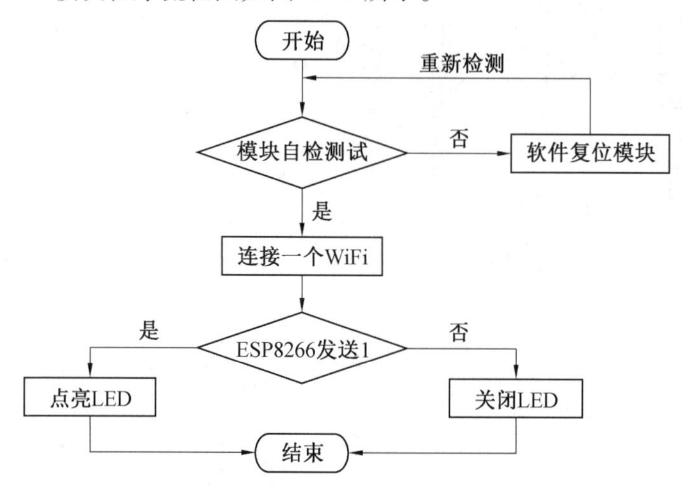

图 14.5　单片机控制 WiFi 模块程序流程图

(4)主程序代码。

```
/*******************************
WiFi
模式:模式 1
          Station 工作模式
*******************************/
delayms(1000);
UartSendStr("AT\r\n");//建立握手
delayms(3000);
UartSendStr("AT+CWMODE=1\r\n");//模式设置
delayms(3000);
delayms(3000);
UartSendStr("AT+RST\r\n");//重启生效
delayms(5000);
delayms(5000);
delayms(5000);
UartSendStr("AT+CWLAP\r\n");//获取 WiFi 列表
delayms(4000);
delayms(3000);
UartSendStr("AT+CWLAP='1234',
'1234567890'\r\n");//获取 WiFi 列表
delayms(4000);
delayms(3000);
```

```
UartSendStr("AT+CIFSR\r\n");//这里查询 IP 地址
delayms(4000);
delayms(3000);
UartSendStr("AT+CIPMUX=1\r\n");//建立多连接
delayms(3000);
delayms(3000);
UartSendStr("AT+CIPSERVER=1,5000\r\n");//建立服务器,端口 5000
delayms(500);
while (1)
{
    if (buf == '1')
    {
        UartSendStr("OK! \r");
        P10=1;
    }

    else
    {
        UartSendStr("NO! \r");
        P10=0;
    }
}
```

2. 案例二:AP 工作模式

(1)功能介绍。

本案例通过 WiFi 模块产生一个 WiFi 信号,上位机连接该信号进行无线通信,控制小灯亮灭。其具体功能如下:

①ESP8266 模块产生一个 WiFi 信号;

②上位机连接 WiFi 信号;

③通过 WiFi 信号发送指令给 ESP8266 模块,发送 1 时点亮 LED 灯,发送 2 时熄灭 LED 灯。

(2)硬件连接。

单片机连接 WiFi 模块的方式与案例一相同(见图 14.4)。

(3)程序流程图。

单片机控制 WiFi 模块程序流程图如图 14.5 所示。

(4)主程序代码。

```
/* * * * * * * * * * * * * * * * * * * * * * * * * * * * * *
WiFi
```

```
模式:模式 2
        AP 工作模式
* * * * * * * * * * * * * * * * * * * * * * * * * * * * * */
delayms(1000);
UartSendStr("AT\r\n");//建立握手
delayms(3000);
UartSendStr("AT+CWMODE=2\r\n");//模式设置
delayms(3000);
delayms(3000);
UartSendStr("AT+RST\r\n");//重启生效
delayms(5000);
delayms(5000);
delayms(5000);
UartSendStr("AT+CIFSR\r\n");//这里查询 IP 地址
delayms(4000);
delayms(3000);
UartSendStr("AT+CIPMUX=1\r\n");//建立多连接
delayms(3000);
delayms(3000);
UartSendStr("AT+CIPSERVER=1,5000\r\n");//建立服务器,端口 5000
delayms(500);

while (1)
{
    if (buf == '1')
    {
        UartSendStr("OK! \r");
        P10=1;
    }
    else
    {
        UartSendStr("NO! \r");
        P10=0;
    }
}
```

14.3　LoRa 技术

14.3.1　基本原理

1. 概述

LoRa 就是远距离无线电(long range radio),是 Semtech 公司开发的一种低功耗局域网无线标准,其目的是解决功耗与传输难覆盖距离的矛盾问题。一般情况下,低功耗则传输距离近,高功耗则传输距离远,通过开发出 LoRa 技术,解决了在同样的功耗条件下比其他无线方式传播的距离更远的技术问题,实现了低功耗和远距离的统一。LoRa 的终端节点可能是各种设备,如水表、气表、烟雾报警器、宠物跟踪器等。

常见的单片机 LoRa 模块有 SX1276/SX1278、RN2483/RN2903、STM SPSGRF-868、ATK-LORA-01 等。本书案例采用正点原子 ATK-LORA-01 无线串口模块。

2. AT 指令集

AT 指令是 LoRa 模块与单片机之间的通信方式,用于控制 LoRa 模块的各种功能。可以通过向 LoRa 模块发送 AT 指令来控制 LoRa 模块的各项功能。发送 AT 指令时需要遵循指令的格式,即 AT+指令名称+指令参数。其中一些常用指令如表 14.3 所示。

表 14.3　LoRa 模块常用 AT 指令集

指令	说明	返回值	参数	备注
AT	测试	OK/ERROR	无	
AT+MODEL?	查询设备型号	+MODEL:< model >	model:设备型号	
AT+CGMR?	查询软件版本号	+VERSION:< param>	param:软件版本号	
AT+RESET	模块复位	OK/ERROR	无	
AT+FLASH=<set>	参数保存	OK/ERROR	set 为 0 不保存,为 1 保存	保持参数之后 MD0 拉低后再掉电
AT+ADDR	地址配置	OK/ERROR	=? 查询范围;? 查询地址;=<ah>,< al>设置地址	根据工作模式而定
AT+TPOWER	发射功率配置	OK/ERROR	=? 查询范围;? 查询功率;=<power>设置功率	
AT+CWMODE	工作模式配置	OK/ERROR	=? 查询范围;? 查询模式;=<mode>设置模式	根据使用场景而定

续表14.3

指令	说明	返回值	参数	备注
AT+TMODE	发送状态配置	OK/ERROR	=? 查询范围;? 查询状态;=<tmode>设置发送状态	
AT+WLRATE	无线速率和信道配置	OK/ERROR	=? 查询范围;? 查询当前配置;=,< rate>设置	不同 LORA－01 之间速率必须相同,地址根据模式而定
AT+WLTIME	休眠时间配置	OK/ERROR	=? 查询范围;? 查询时间;=<time>设置休眠时间	
AT+UART	串口配置	OK/ERROR	=? 查询范围;? 查询当前配置;=<bps>,<par>设置串口	串口和单片机保持一致

14.3.2 案例设计

Lora 主要应用场景为智能农业环境检测、自动化工厂数据动态采集、建筑行业检测施工环境、智能报警系统、停车管理收费。一般有 3 种工作模式,具体如下。

(1)无线透明数据传输。

①地址相同、信道相同、无线速率(非串口波特率)相同的两个模块。

②每个模块都可以做发送/接收,一般完成基础配置后,先开机的默认作为发送,后开机的默认作为接收。

③数据完全透明,所发即所得。

(2)数据定点数据传输。

①地址不同、信道不同、无线速率(非串口波特率)相同的两个模块,一个模块发送,另一个模块接收。发送模块会发送地址、信道和数据信息,地址即接收模块的地址。

②模块发送时可修改地址和信道,用户可以指定数据发送到任意地址和信道。

③可以实现组网和中继功能。

(3)广播和数据监听。

①地址不同、信道相同、无线速率(非串口波特率)相同的两个模块,一个模块发送,另一个模块接收。发送模块会发送数据信息,接收模块接收数据信息。

②模块地址为 0XFFFF,则该模块处于广播监听模式,发送的数据可以被相同速率和信道的其他所有模块接收到(广播);同时,可以监听相同速率和信道上所有模块的数据传输(监听)。

③广播监听无须地址相同。

下面通过 3 个案例分别针对 3 种工作模式的应用方法进行说明。

1. 案例一:无线透明数据传输工作模式

(1)功能介绍。

本案例通过两个 LoRa 模块 ATK-LORA-01 进行无线连接,LoRa 模块 a 向模块 b 发送指令,单片机读取 LoRa 模块 b 接收的指令来控制小灯亮灭。其具体功能如下:

①两个 LoRa 模块之间通过 ATK-LORA-01 配置软件建立无线连接,空中速率、地址、信道相同,如图 14.6 所示。

②单片机 a 控制 LoRa 模块 a 向 LoRa 模块 b 循环发送 1。

③STC8H 主控芯片通过串口通信读取 LoRa 模块 b 接收的指令,若接收到 1 则翻转小灯状态。

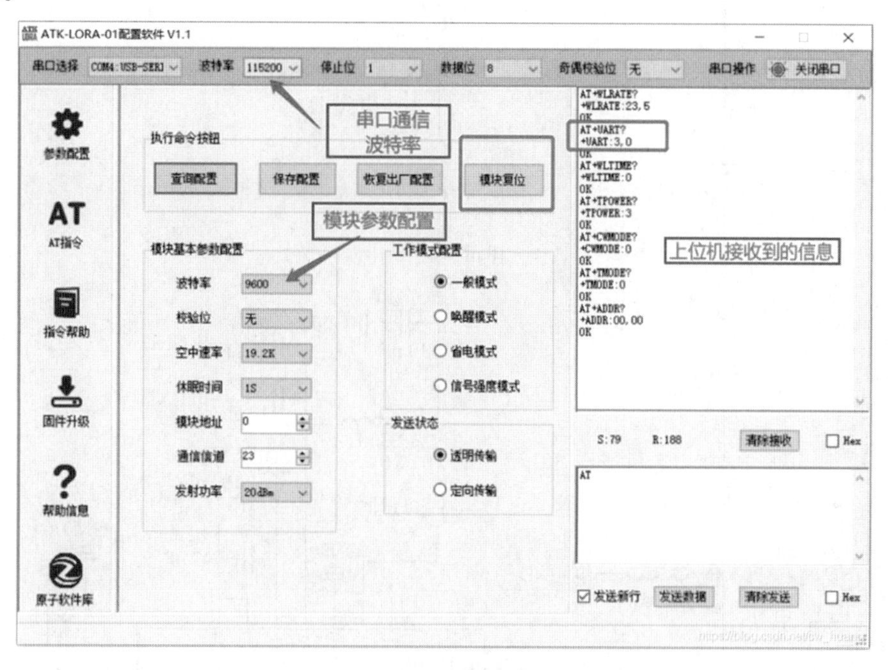

图 14.6　ATK-LORA-01 配置软件

(2)硬件连接。

LoRa 模块 a、b 分别连接 STC8H 系列单片机 a、b(单片机的 TxD 引脚连接到 LoRa 模块的 RxD 引脚,单片机的 RxD 引脚连接到 LoRa 模块的 TxD 引脚);单片机 a 控制 LoRa 模块 a 发送信号 1;单片机 b 通过串口检测 LoRa 模块 b 是否接收到信号,从而控制外接 LED 小灯,如图 14.7 所示。

(3)程序流程图。

单片机控制 LoRa 模块透明传输程序流程图如图 14.8 所示。

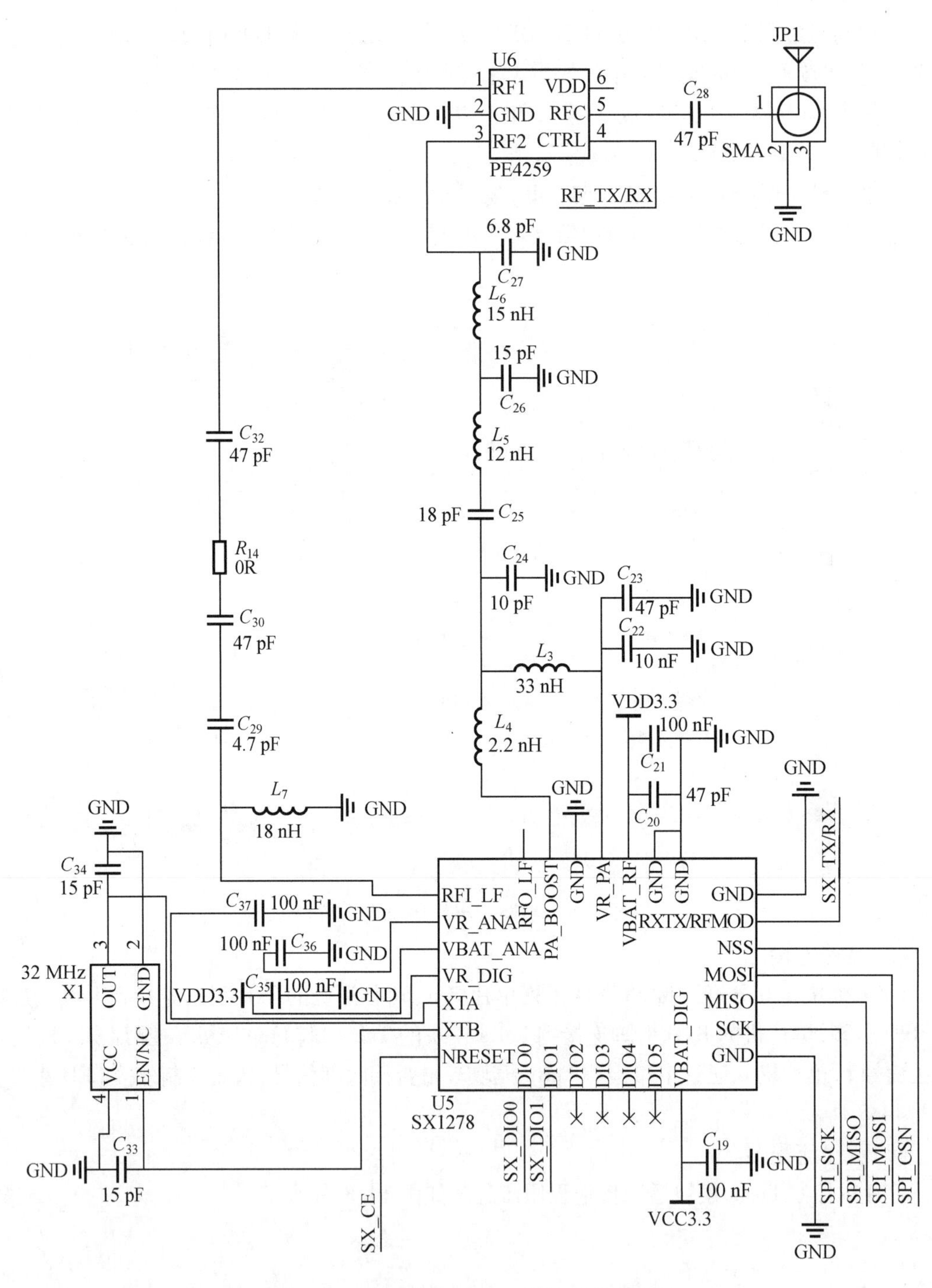

图 14.7　单片机控制 LoRa 模块硬件连接图

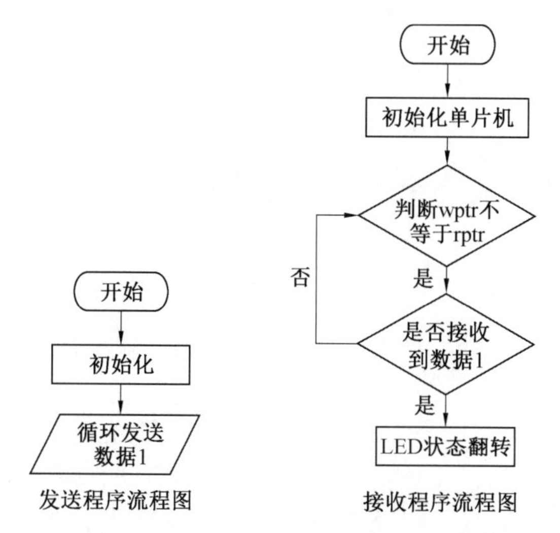

图 14.8　单片机控制 LoRa 模块透明传输程序流程图

(4)主程序代码。

发送程序

```
#include "stc8h.h"
#include "intrins.h"
#include
#define FOSC            11059200UL
#define BRT             (65536-FOSC / 115200 / 4)
bit busy;
char wptr;
char rptr;
char buffer[16];
void Delay500ms()           //@11.059 2 MHz
{
    unsigned char i, j, k;
    _nop_();
    _nop_();
    i = 22;
    j = 3;
    k = 227;
    do
    {
        do
        {
            while (--k);
        } while (--j);
    } while (--i);
```

```
}
void UartIsr( ) interrupt 4
{
    if (TI)
    {
        TI = 0;
        busy = 0;
    }
    if (RI)
    {
        RI = 0;
        buffer[wptr++] = SBUF;
        wptr &= 0x0f;
    }
}
void UartInit( )
{
    SCON = 0x50;
    T2L = BRT;
    T2H = BRT >> 8;
    AUXR = 0x15;
    wptr = 0x00;
    rptr = 0x00;
    busy = 0;
}
void UartSend(char dat)
{
    while (busy);
    busy = 1;
    SBUF = dat;
}
void UartSendStr(char *p)
{
    while (*p)
    {
        UartSend(*p++);
    }
    _nop_();
    _nop_();
```

```
        _nop_();
        _nop_();
  }
  void main()
  {
        P0M0 = 0x00;
        P0M1 = 0x00;
        P1M0 = 0x01;   // P1.0 设为推挽输出
        P1M1 = 0x00;
        P2M0 = 0x00;
        P2M1 = 0x00;
        P3M0 = 0x00;
        P3M1 = 0x00;
        P4M0 = 0x00;
        P4M1 = 0x00;
        P5M0 = 0x00;
        P5M1 = 0x00;
        UartInit();
        ES = 1;
        EA = 1;
        while (1)
        {
              UartSendStr("1\r");
              Delay500ms();
        }
  }
```

接收程序

```
#include "stc8h.h"
#include "intrins.h"
#include
#define FOSC          11059200UL
#define BRT           (65536-FOSC / 115200 / 4)
bit busy;
char wptr;
char rptr;
char buffer[16];
void Delay500ms()          //@11.059 2 MHz
{
```

```
    unsigned char i, j, k;
    _nop_();
    _nop_();
    i = 22;
    j = 3;
    k = 227;
    do
    {
        do
        {
            while (--k);
        } while (--j);
    } while (--i);
}
void UartIsr() interrupt 4
{

    if (TI)
    {
        TI = 0;
        busy = 0;
    }
    if (RI)
    {
        RI = 0;
        buffer[wptr++] = SBUF;
        wptr &= 0x0f;
    }
}
void UartInit()
{
    SCON = 0x50;
    T2L = BRT;
    T2H = BRT >> 8;
    AUXR = 0x15;
    wptr = 0x00;
    rptr = 0x00;
    busy = 0;
}
```

```
void UartSend(char dat)
{
    while (busy);
    busy = 1;
    SBUF = dat;
}
void UartSendStr(char *p)
{
    while (*p)
    {
        UartSend(*p++);
    }
    _nop_();
    _nop_();
    _nop_();
    _nop_();
}
void main()
{
    P0M0 = 0x00;
    P0M1 = 0x00;
    P1M0 = 0x01;  // P1.0 设为推挽输出
    P1M1 = 0x00;
    P2M0 = 0x00;
    P2M1 = 0x00;
    P3M0 = 0x00;
    P3M1 = 0x00;
    P4M0 = 0x00;
    P4M1 = 0x00;
    P5M0 = 0x00;
    P5M1 = 0x00;
    UartInit();
    ES = 1;
    EA = 1;
    while (1)
    {
        if (wptr != rptr)
        {
            if (buffer[rptr] == '1')
```

```
            {
                P1_0 = ~P1_0;
            }
            rptr++;
            rptr &= 0x0f;
        }
    }
}
```

2. 案例二:广播和数据监听

(1)功能介绍。

本案例通过3个LoRa模块ATK-LORA-01建立无线连接(信道、速率相同,地址可以不同),LoRa模块a连接单片机a,模块b连接单片机b,模块c连接计算机。LoRa模块a用广播模式向模块b和模块c发送指令,单片机b读取LoRa模块b接收的指令来控制小灯亮灭;计算机串口软件显示模块c接收的数据,其具体功能如下:

①3个LoRa模块之间通过ATK-LOAR-01配置软件建立无线连接,信道、速率相同,地址可以不同;

②LoRa模块a向另外两个LoRa模块循环发送1;

③单片机b通过串口通信读取LoRa模块b接收的指令,若接收到1则翻转小灯状态;

④LoRa模块c连接计算机,计算机上位机显示LoRa模块c接收的指令。

(2)硬件连接。

LoRa模块a连接单片机a,模块b连接单片机b,模块c连接计算机。单片机连接LoRa模块的方式与案例一相同(见图14.7)。

(3)程序流程图。

STC8H系列单片机a和b程序流程图与案例一相同。

(4)主程序代码。

STC8H系列单片机a和b程序代码与案例一相同。

3. 案例三:定点数据传输

(1)功能介绍。

本案例通过3个LoRa模块ATK-LORA-01建立无线连接(空中速率相同,地址、信道不同),LoRa模块a、b、c分别连接单片机a、b、c。

LoRa模块a向模块b和模块c选择一个发送指令(通过地址匹配目标从机),单片机读取LoRa模块是否接收到指令来控制小灯亮灭。其具体功能如下:

①3个LoRa模块之间通过ATK-LOAR-01配置软件建立无线连接并且记录下目标从机的地址;

②LoRa模块a选择另外两个LoRa模块中的一个循环发送1;

③STC8H主控芯片通过串口通信读取LoRa模块接收的指令,若任意LoRa模块接收到1,相应的STC8H主控芯片翻转小灯状态。

(2)硬件连接。

LoRa 模块 a、b、c 分别连接 STC8H 系列单片机 a、b、c(单片机的 TxD 引脚连接到 LoRa 模块的 RxD 引脚,单片机的 RxD 引脚连接到 LoRa 模块的 TxD 引脚);单片机 a 控制 LoRa 模块 a 发送信号 1;单片机 b、c 通过串口检测 LoRa 模块 b、c 是否接收到信号,从而控制外接 LED 小灯。单片机连接 LoRa 模块的方式与案例一相同(见图 14.7)。

(3)程序流程图。

STC8H 系列单片机 a(发送信号)程序流程图如图 14.9 所示。单片机 b 和 c(接收信号)程序流程图与案例一相同。

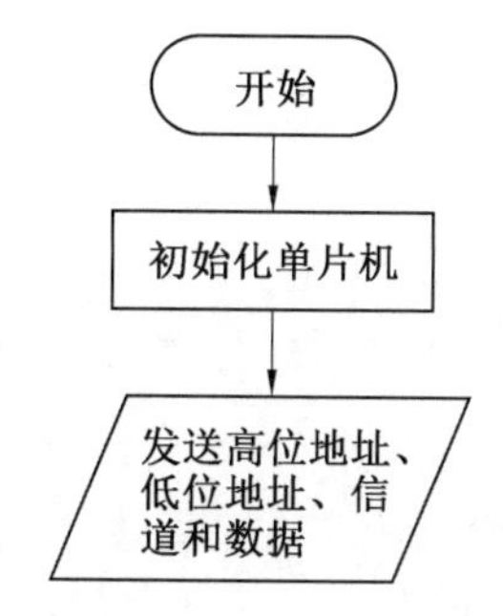

图 14.9　单片机控制 LoRa 模块发送信号程序流程图

(4)主程序代码。

```
//发送程序
#include "stc8h.h"
#include "intrins.h"
#include
#define FOSC            11059200UL
#define BRT             (65536-FOSC / 115200 / 4)
bit busy;
char wptr;
char rptr;
char buffer[16];
void Delay500ms()           //@11.059 2 MHz
{
    unsigned char i, j, k;
    _nop_();
    _nop_();
    i = 22;
    j = 3;
    k = 227;
    do
    {
        do
```

```
            {
                while (--k);
            } while (--j);
        } while (--i);
}
void UartIsr() interrupt 4
{
    if (TI)
    {
        TI = 0;
        busy = 0;
    }
    if (RI)
    {
        RI = 0;
        buffer[wptr++] = SBUF;
        wptr &= 0x0f;
    }
}
void UartInit()
{
    SCON = 0x50;
    T2L = BRT;
    T2H = BRT >> 8;
    AUXR = 0x15;
    wptr = 0x00;
    rptr = 0x00;
    busy = 0;
}
void UartSend(char dat)
{
    while (busy);
    busy = 1;
    SBUF = dat;
}
void UartSendStr(char *p)
{
    while (*p)
    {
```

```
        UartSend( * p++);
    }
    _nop_();
    _nop_();
    _nop_();
    _nop_();
}
void main()
{
    P0M0 = 0x00;
    P0M1 = 0x00;
    P1M0 = 0x01;  // P1.0 设为推挽输出
    P1M1 = 0x00;
    P2M0 = 0x00;
    P2M1 = 0x00;
    P3M0 = 0x00;
    P3M1 = 0x00;
    P4M0 = 0x00;
    P4M1 = 0x00;
    P5M0 = 0x00;
    P5M1 = 0x00;
    UartInit();
    ES = 1;
    EA = 1;
    while (1){
        UartSend(0x00);//高位地址
        UartSend(0x05);//低位地址
        UartSend(0x05);//信道
        UartSend(0x1);
        Delay500ms();
    }
}
```

接收程序与案例一接收程序相同。

14.4 GPS 技术

14.4.1 基本原理

1. 概述

GPS 模块即 GPS 信号接收器,用于接收、解调卫星的广播 C/A 码信号,并记录相关的位置、速度、时间等信息, GPS 模块通过串口不断输出 NMEA 格式的定位信息及辅助信息,供接收者选择应用。GPS 模块主要应用于智慧交通和智慧城市结合的定位追踪与车辆信息服务、城市公共资产管理、物流追踪管理、农业上的精准定位、地质灾害监测与气象监测等。

ATGM336H-5N 系列模块是 9.7×10.1 尺寸的高性能 BDS/GNSS 全星座定位导航模块系列的总称。基于中科微第四代低功耗 GNSS SOC 单芯片——AT6558,支持多种卫星导航系统,包括我国的 BDS、美国的 GPS、俄罗斯的 GLONASS、欧盟的 Galileo 等。AT6558 是一款真正意义的六合一多模卫星导航定位芯片,包含 32 个跟踪通道,可以同时接收 6 个卫星导航系统的 GNSS 信号,并且实现联合定位、导航与授时。ATGM336H-5N 系列模块具有高灵敏度、低功耗、低成本等优势,适用于车载导航、手持定位、可穿戴设备。

常用模块有 ATGM336H-5N-1X、ATGM336H-5N-2X、ATGM336H-5N-3X、ATGM336H-5N-5X、ATGM336H-5N-7X,本案例采用 ATGM336H-5N-3X 模块。

2. GPS 配置

ATGM336H-5N-3X 模块须在户外开阔地进行定位,定位受楼距、遮挡物等因素影响。首次定位一般时间是 1 min 以内。板载 LED 保持一定的频率闪烁证明定位成功。串口软件基本配置方法如图 14.10 所示,只需将波特率改为 9600,串口选择正确就能使用。

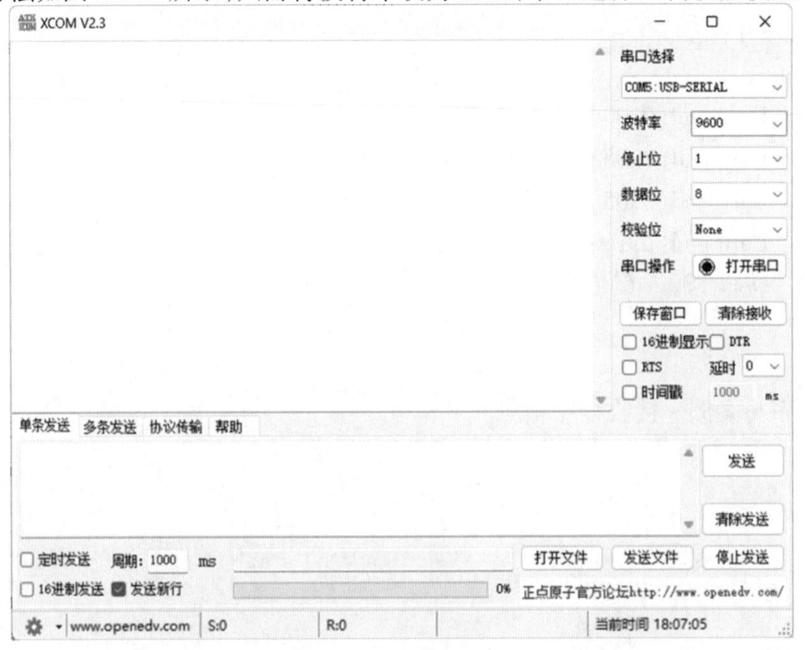

图 14.10 GPS 配置图

14.4.2　案例设计

1. 功能介绍

本案例中,ATGM336H-5N 模块将 GPS 数据发送至单片机,单片机通过外接 OLED 屏将数据输出及显示,并实时更新数据。

2. 硬件连接

ATGM336H-5N 模块可与计算机通过 USB 转 TTL 直接连接,连接方式如图 14.11 所示。

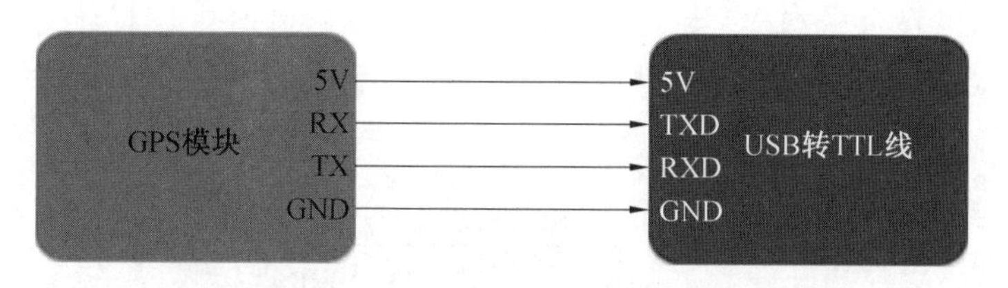

图 14.11　GPS 模块和 USB 转 TTL 线连接示意图

ATGM336H-5N 模块也可与单片机串口相连接,连接方式如图 14.12 所示。

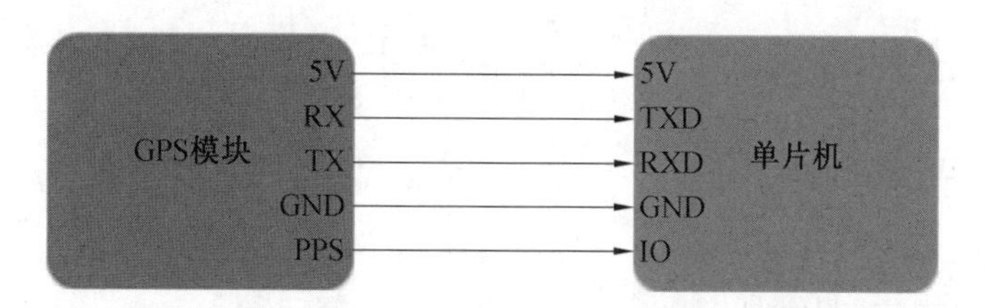

图 14.12　GPS 模块和单片机连接示意图

单片机控制 GPS 模块的硬件原理图如图 14.13 所示,模块供电 3.3 ~5 V。

3. 程序流程图

单片机控制 GPS 模块程序流程图如图 14.14 所示。

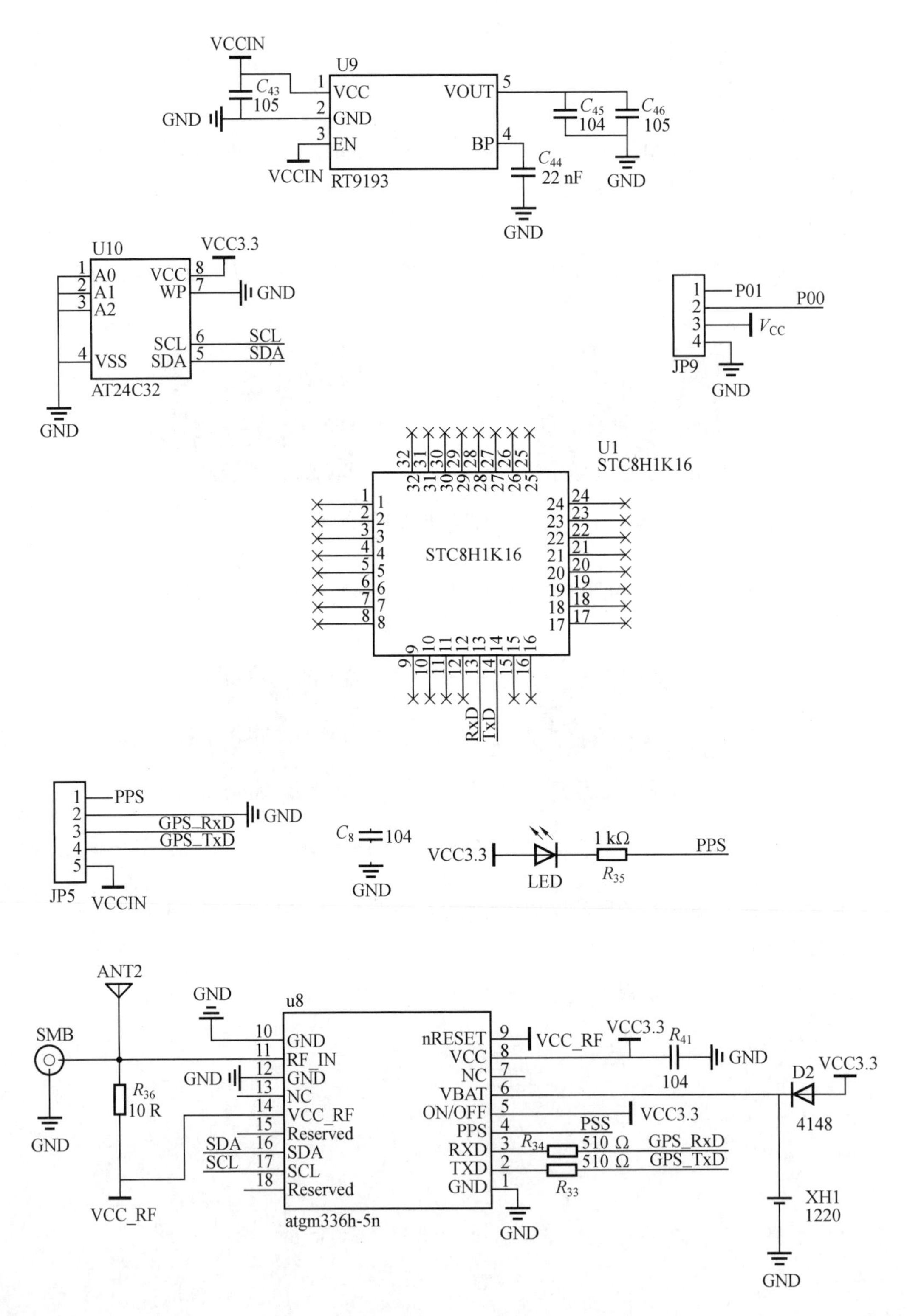

图 14.13　单片机控制 GPS 模块硬件连接图

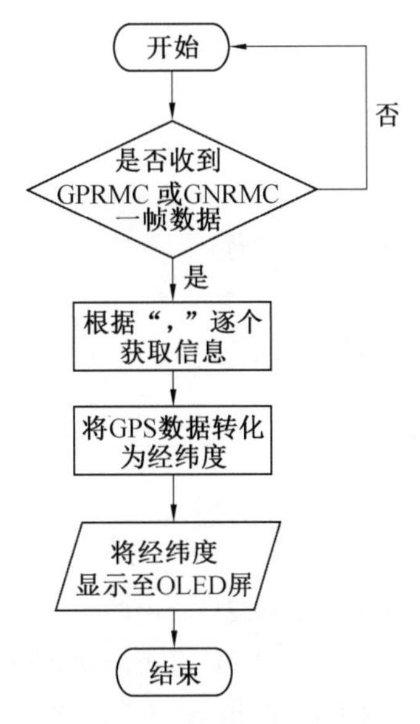

图 14.14　单片机控制 GPS 模块程序流程图

4. 主程序代码

```
/* * * * * * * * * * * * * * * * * * * * * * * * * * * * * * * * * * * *
判断是否收到所需的一帧数据(相关代码)
* * * * * * * * * * * * * * * * * * * * * * * * * * * * * * * * * * * */
else if(gpsRxBuffer[0]=='
 $'
&gpsRxBuffer[4]=='M'&&gpsRxBuffer[5]=='C')
//确定是否收到"GPRMC/GNRMC"这一帧数据,并把数据放到缓冲数组
{
    gpsRxBuffer[RX_Count++] = temp;
    if(temp == '\n')//收到换行符停止接收,并将数据放到结构体 Save_Data. GPS_
Buffer
    {
        memset(Save_Data. GPS_Buffer, 0, GPS_Buffer_Length);        //清空
        memcpy(Save_Data. GPS_Buffer, gpsRxBuffer, RX_Count);//保存数据
        Save_Data. isGetData = true;
        RX_Count = 0;
        memset(gpsRxBuffer, 0, gpsRxBufferLength);        //清空缓冲区
    }

    if(RX_Count >= 75)
    {
        RX_Count = 75;
        gpsRxBuffer[RX_Count] = '\0';
```

```
        //添加结束符
    }
}
/*********************************************************
根据逗号逐个获取相关数据(相关代码)
*********************************************************/
if ((subStringNext = strstr(subString, ",")) != NULL)//根据逗号逐个获取
{
    char usefullBuffer[2];
    switch(i)
    {
        //获得的数据为当前数值减去上一个数值
        case 1:memcpy(Save_Data.UTCTime, subString, subStringNext-subString);
              break;//获取 UTC 时间
        case 2:memcpy(usefullBuffer, subString, subStringNext-subString);
              break;//获取 UTC 时间
        case 3:memcpy(Save_Data.latitude, subString, subStringNext-subString);
              break;//获取纬度信息
        case 4:memcpy(Save_Data.N_S, subString, subStringNext -subString);
              break;//获取 N/S
        case 5:memcpy(Save_Data.longitude, subString, subStringNext-subString);
              break;//获取经度信息
        case 6:memcpy(Save_Data.E_W, subString, subStringNext-subString);
              break;//获取 E/W
        default:break;
    }
    subString = subStringNext;
    Save_Data.isParseData = true;
    if(usefullBuffer[0] == 'A')
    Save_Data.isUsefull = true;
    else if(usefullBuffer[0] == 'V')
    Save_Data.isUsefull = false;
}
/*********************************************************
将 GPS 数据转化为经纬度(相关代码)
*********************************************************/
//转化为数字
longitude_sum = atof(Save_Data.longitude);
//atof()会扫描参数字符串,跳过前面的空格字符,直到遇上数字或正负符号才开始做
```

转换，而后严格按照格式要求来判断，直到格式违规或遇到字符串结束标志"\0"才会结束转换，返回一个 double 类型的数据

```
latitude_sum = atof(Save_Data.latitude);
//基数
longitude_int = longitude_sum / 100;
latitude_int = latitude_sum / 100;
//将 GPS 数据转化为经纬度(切割字符串在进行化整计算)

longitude_sum=longitude_int+((longitude_sum/100-longitude_int) *100)/60;

//(longitude_sum / 100)为整型,(longitude_int)为浮点型,输出结果不同所以括号内相减不为零

latitude_sum=latitude_int+((latitude_sum/100-latitude_int) *100)/ 60;
/*********************************
将经纬度输出至 OLED 屏(相关代码)
*********************************/
sprintf(str,":%.5f   ",longitude_sum);
OLED_P6x8Str(10,1,str);
sprintf(str,":%.5f   ",latitude_sum);
OLED_P6x8Str(10,3,str);
```

参考文献

[1] 陈忠平,刘琼.51 单片机 C 语言程序设计经典实例[M].3 版.北京:电子工业出版社,2021.
[2] 陈忠平.基于 Proteus 的 51 系列单片机设计与仿真[M].4 版.北京:电子工业出版社,2020.
[3] 侯玉宝,陈忠平,邬书跃.51 单片机 C 语言程序设计经典实例[M].2 版.北京:电子工业出版社,2016.
[4] 胡伶俐,何建铵.单片机技术基础与应用[M].重庆:重庆大学出版社,2015.
[5] 邓胡滨,陈梅,周洁,等.单片机原理及应用技术:基于 Keil C 和 Proteus 仿真[M].北京:人民邮电出版社,2014.
[6] 刘大茂.智能仪器:单片机应用系统设计[M].北京:机械工业出版社,1998.
[7] 何立民.单片机高级教程:应用与设计[M].北京:北京航空航天大学出版社,2000.
[8] 荻野弘司,井桁健.直流电机控制技术[M].娄宜之,陈希文,译.北京:科学出版社,2019.
[9] 孙冠群,蔡慧,李璟,等.控制电机与特种电机[M].北京:清华大学出版社,2012.
[10] 江崎雅康.无刷直流电机矢量控制技术[M].查君芳,译.北京:科学出版社,2019.
[11] 丁向荣.单片微机原理与接口技术:基于 STC15 系列单片机[M].北京:电子工业出版社,2012.
[12] 何宾.STC 单片机原理及应用:从器件、汇编、C 到操作系统的分析和设计[M].北京:清华大学出版社,2015.
[13] 林洁.STC8 系列单片机原理及应用(C 语言版)[M].西安:西安电子科技大学出版社,2020.
[14] 向敏,朱智勤,唐晓铭,等.单片机原理与工程应用[M].北京:电子工业出版社,2021.
[15] 沈放,何尚平.单片机实验及实践教程[M].北京:人民邮电出版社,2014.